東方通 TongTech® | 中国自主基础软件技术与应用丛书

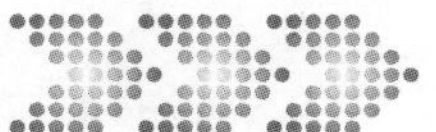

TongWeb 中间件实用教程

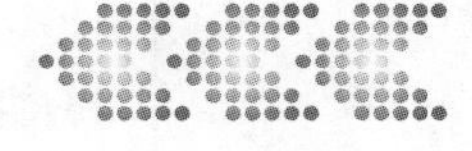

李利军◎主编
北京东方通科技股份有限公司◎著

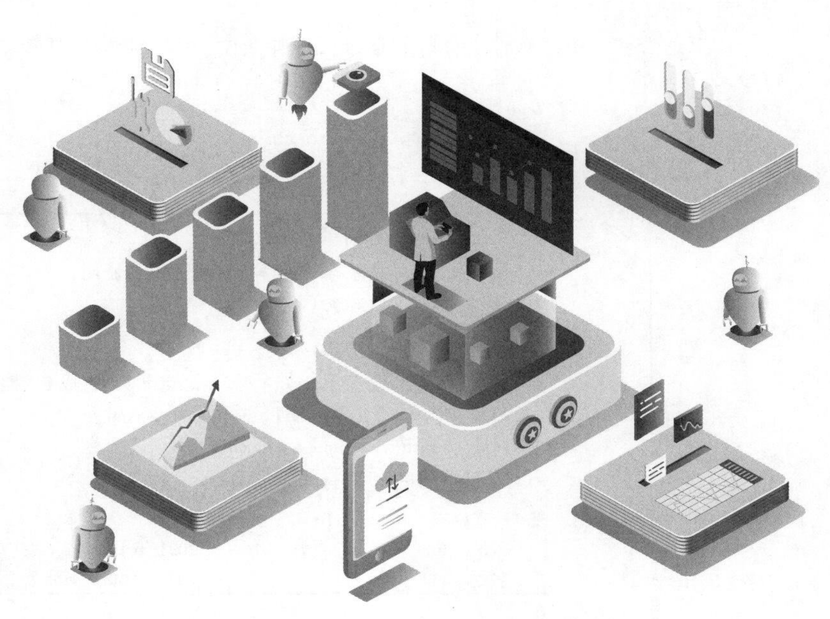

人民邮电出版社
北京

图书在版编目（CIP）数据

TongWeb中间件实用教程 / 李利军主编 ; 北京东方通科技股份有限公司著. -- 北京 : 人民邮电出版社, 2021.10
（中国自主基础软件技术与应用丛书）
ISBN 978-7-115-56972-1

Ⅰ. ①T… Ⅱ. ①李… ②北… Ⅲ. ①Web服务器－教材 Ⅳ. ①TP393.092.1

中国版本图书馆CIP数据核字(2021)第150230号

内 容 提 要

东方通是国内知名的中间件开发商，国内第一款商用的中间件就在东方通诞生。TongWeb 应用服务器作为东方通的旗舰产品，为各行各业的应用业务系统提供更可靠、更稳定的基础应用中间件支撑环境。

本书首先讲解中间件的基础知识，然后重点讲解 TongWeb 中间件的使用与常用功能，包括 TongWeb 应用管理、Web 容器的使用、EJB 容器的使用、TongWeb 常用服务及配置、TongWeb 安全加固和集群管理；最后讲解运维知识与应用，重点讲解 TongWeb 的监控接口、性能监控工具、性能调优和故障分析。

本书适合初、中级软件工程师和运维工程师阅读参考，对中间件技术感兴趣的学生或从业人员也可参考。

◆ 主　　编　李利军
著　　　北京东方通科技股份有限公司
责任编辑　赵祥妮
责任印制　王　郁　陈　犇

◆ 人民邮电出版社出版发行　　北京市丰台区成寿寺路 11 号
邮编　100164　　电子邮件　315@ptpress.com.cn
网址　https://www.ptpress.com.cn
三河市君旺印务有限公司印刷

◆ 开本：787×1092　1/16
印张：20.5　　　　2021 年 10 月第 1 版
字数：434 千字　　　2021 年 10 月河北第 1 次印刷

定价：79.90 元

读者服务热线：(010)81055410　印装质量热线：(010)81055316
反盗版热线：(010)81055315
广告经营许可证：京东市监广登字 20170147 号

《TongWeb 中间件实用教程》编委会

主编

李利军

编写人员

李春青　于滨峰　李　蕾　于　洋

王　普　武立强　李彦清　徐有明

刘玉杰　黄　锋　王鹏亮　朱红琴

刘雪明　汪玉龙　李雅勤　俞立平

前　言

北京东方通科技股份有限公司（以下简称东方通）成立于 1997 年，是国内首家在 A 股上市的基础软件厂商。作为国内中间件的开拓者和领导者，东方通不断引领中国中间件的发展与创新，是国家规划布局内重点软件企业，承担多项国家重大科技专项的研制任务，是 2018 年北京软件和信息服务业综合实力百强企业，曾荣获国家科技进步二等奖、北京市科学技术进步奖二等奖等多项荣誉。在中间件领域，经过近 30 年的不断开拓和耕耘，东方通研发出了 TONG 系列中间件软件，包括基础类、数据集成类、云计算类等多种产品，广泛应用于国内数千个行业业务。

中间件是基础软件的重要组成之一，同时也是信创生态体系不可或缺的基础设施之一。受益于政策利好，我国中间件的市场规模近年来持续增长，国产中间件厂商与国外厂商之间的差距逐渐缩小，产品从可用发展到好用，在党政、金融、电信等领域逐步打破国外厂商的垄断。

应用服务器是现在使用最广的中间件软件，东方通应用服务器软件 TongWeb 是东方通自主研发的遵循 Java EE 规范的企业级产品，应用遍及各行各业，产品成熟稳定，具备满足行业核心业务需求的能力，目前在党政领域已经实现了规模化应用，在金融、电信、交通等行业亦有大量应用案例。

随着 TongWeb 的推广使用，用户希望能快速学习该软件的操作及运维知识，对软件有更全面、更体系化的掌握，我们应广大用户的需求，在业内专家的指导下，精心编写了本书。作为国内中间件的第一本实用教程，本书主要具有以下 3 个特色。

1. 内容系统全面。TongWeb 属于基础软件，具有一定的技术门槛，本书内容系统全面，首先对中间件基础知识和了解 TongWeb 需要掌握的技术知识进行了讲解，有利于读者查缺补漏，从而顺利进行后续章节的学习；对于 TongWeb 的使用，详细讲解了安装、常用功能以及性能调优、故障分析等运维操作，可满足用户日常使用中的大部分需求。

2. 注重实操、易于上手。本书全面模拟 TongWeb 的真实运行环境，详细介绍每一项功能。用户在使用 TongWeb 过程中遇到问题时，查找相关章节便可快速解决，能够学以致用。在操作步骤的讲解中，配有相应的界面截图和文字说明，这种图文并茂的呈现方式更方便读者快速上手。

3. 注重工程实践。本书编撰人员大部分来自一线，而写作素材源自实际工程项目。本书基于案例实践经验，总结提炼了 TongWeb 日常使用过程中的配置建议、常见问题、注意事项、解决办法等，并将这些内容融入各项操作的讲解中，更贴近用户需求，希望对用户的实际工作有所裨益。

本书可作为业内相关企业以及软件工程师与运维工程师学习 TongWeb 的参考书；同时，也适合科研院所、高等职业院校中有志于国产中间件推广应用的技术人员或学生阅读。

本书的撰写得到了业内多位专家的指导，公司研发、售前、售后等部门多名同事参与了本书各章节的讨论，在此一并表示感谢。

在本书的编写过程中，各章节的内容都经过反复校对，力求完美，但由于时间仓促，书中难免有疏漏和不妥之处，恳请广大读者批评指正。

北京东方通科技股份有限公司董事长

2021 年 8 月

目录

第 1 章 中间件基础知识

第 2 章 初识 TongWeb

第 3 章 TongWeb 应用管理

第 4 章 Web 容器的使用

第 5 章 EJB 容器的使用

第 6 章 TongWeb 常用服务及配置

第 7 章 TongWeb 安全加固

第 12 章 TongWeb 故障分析

附录 英文缩写释义

第 1 章 中间件基础知识

在 IT 领域，人们习惯于把操作系统、数据库系统和中间件（Middleware）并称为基础软件的“三驾马车”。中间件作为 IT 系统的重要组成部分，在简化应用开发、提升应用的可靠性和性能等方面具有重要作用。根据中间件的通用性和成熟度，我们可以把中间件划分为基础中间件、集成中间件、行业领域中间件和新型中间件等类型。其中基础中间件最成熟，通用性最好，它又可以细分为应用服务器、消息中间件和交易中间件等；集成中间件包括企业服务总线中间件、数据处理及交换类中间件等，主要用于完成不同业务系统之间的集成整合；行业领域中间件是针对某个行业应用而开发的中间件，具有特定行业特色；新型中间件是随着新兴技术的发展而产生的具有某些新技术特性的中间件。

东方通 TongWeb（简称 TW）属于基础中间件中的应用服务器，用途广泛，成熟可靠。

在讲解 TongWeb 之前，首先对中间件及其发展状况做简要的介绍，包括如下内容：

- 什么是中间件；
- 中间件的分类；
- 中间件的主要作用；
- 中间件发展展望。

1.1 什么是中间件

随着信息技术的发展，计算机和网络深深影响着人们的生活模式和工作模式，越来越多的领域已经离不开计算机、网络和通信技术，以及作为相关设施之“魂”的软件。各种各样的软件也随着技术的进步、商业需求的变化在功能、种类、使用方式等多个方面发生变化。

应用或系统的部署模式经历了从单机部署向多机部署，再从多机部署向分布式部署的发展演变。多机部署时期，又可以划分为 C/S 架构时期和 B/S 架构时期。从 C/S 架构时期开始，特别是进入 B/S 架构时期后，多机部署的应用产生了大量的交互类需求。为满足这些需求，大量网络通信、信息和数据处理等信息技术应运而生。中间件作为解决多机应用交互和运行支撑问题的底层技术解决方案被提出来，逐渐得到行业的广泛认可。

中间件作为一种通用的软件，其诞生是为了满足多机远程调用的需求，主要作用是屏蔽底层系统和通信的异构性，进而支撑应用实现稳定、可靠和高并发运行，并简化应用的开发流程。随着计算机技术的快速发展，越来越多的应用需要支持不同厂商生产的软硬件、不同的网络平台和环境，以及不同的网络协议。应用在兼容不同操作系统等软硬件环境的过程中往往存在技术实现难度大和实现成本高等问题，一些企业和组织专门研发出解决此类问题的软件，这就是中间件。通过使用中间件，开发应用的企业和组织只需要编写业务逻辑，即可实现有关功能，底层功能的实现直接调用中间件即可。中间件的采用降低了业务系统的实现难度，也降低了业务系统不稳定的风险。

中间件一般是指网络环境下处于操作系统、数据库等系统软件和应用之间的一种起连接作用的分布式软件，主要用于解决异构网络环境下分布式应用的互联与互操作问题，可提供标准接口、协议，屏蔽实现细节，提高应用系统易移植性。中间件定位示意如图 1-1 所示。

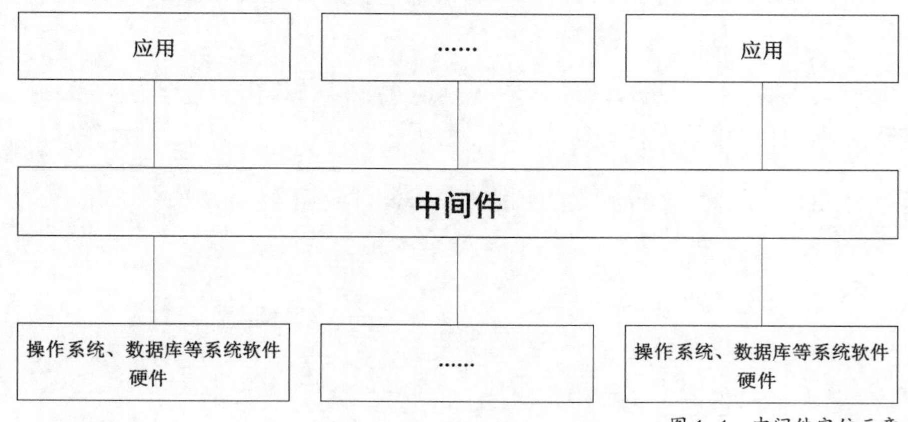

图 1-1　中间件定位示意

中间件是基础软件的一大类，它对用户是透明的。用户通过中间件能顺利获取所需信息，完成对事务的处理，并不需要关心具体处理是怎样进行的。由此可见，中间件是一种独立的服务程序，分布式应用可借助中间件在不同环境之间利用和共享资源。中间件可为处于上层的应用提供运行与开发的环境支撑，帮助用户灵活、高效地开发、集成和运行复杂的应用。

1.2 中间件的分类

随着中间件技术的发展，中间件产品的种类越来越多。根据中间件的通用性和成熟程度来进行划分，我们可以把中间件大致分为基础中间件、集成中间件、行业领域中间件和新型中间件等。

基础中间件最成熟，通用性最好，又可以细分为应用服务器、消息中间件、事务处理中间件等；集成中间件包括企业服务总线中间件、数据处理及交换类中间件、通用文件传输类中间件等，主要用于不同业务系统之间的集成整合，通用性略差；行业领域中间件是针对某个行业的应用而开发的，通用性一般；新型中间件是随着新兴技术的发展而产生的，其具体分类、定义也随着技术的发展而变化。

行业领域中间件与客户应用非常贴近，有明显的行业特点或应用特色，非常难从理论上给出一个比较明确、标准的定义。反观基础中间件，基本不会带有行业或应用特点。

下面结合中间件产品的不同作用，简要介绍几种常见中间件。

1.2.1 应用服务器

应用服务器是现在使用最广的中间件，主要应用于 Web 系统，它是创建、部署、运行、集成和维护多层分布式企业级应用的平台。Web 应用位于客户端（浏览器）和数据库之间，其主要作用为把业务逻辑（应用）“暴露”给客户端，同时为业务逻辑（应用）提供运行平台和系统服务，并管理对数据库的访问。应用服务器可为 Web 系统下的应用开发者提供开发工具和运行平台。企业级的应用服务器通过 Web 容器和 EJB 容器为上层应用的运行提供基础平台支撑。

1.2.2 消息中间件

消息中间件可保证数据传输的可靠性，其主要作用是在不同平台之间建立通信通道，在分布式系统中实现可靠、高效、实时的跨平台数据传输。它常被用来屏蔽各种平台及协议之间的异构性，实现应用之间的协同。其优点在于能够为客户端和服务器提供同步和异步的连接，并且在任何时刻都可以将消息进行传送或者存储转发。

1.2.3 事务处理中间件

事务处理中间件是指联机事务处理平台软件。它是高性能事务处理系统的基础支撑软件，主要的作用是高效地传递交易事务请求，协调事务的各个分支，保证事务的完整性，调度应用的运行，保证整个系统运行的高效性。随着多层分布式企业级应用的兴起，事务处理中间件得到了广泛的推广和应用。

1.2.4 企业服务总线中间件

企业服务总线中间件是面向服务架构，采用总线方式支持异构环境中的服务、消息及事件交互的中间件。该中间件是可持续拓展、松耦合、可管理的 SOA 系统，该系统可以帮助企业级用户以服务的方式整合多个异构系统，实现对各种应用的集成。企业服务总线中间件可提供多种适配器，让各种异构系统方便地接入总线，由总线负责协调各应用系统间的服务调用工作。

1.2.5 数据处理及交换类中间件

数据处理及交换类中间件可实现分布式应用之间的数据共享服务，提供不同数据源之间数据格式的转换处理。从功能形态来看，该中间件又可分为数据处理工具、数据交换平台等。

数据处理工具：支撑复杂数据结构、大批量、异构的数据的高效整合，可以方便地将各个系统中大量、异构的数据整合成完整、一致、准确并可集中存取的数据，支撑上层应用对数据的挖掘、分析。

数据交换平台：在分布式应用系统之间进行数据交换共享和业务协同的数据交换系统，可以对跨层级、跨地域、大规模分布的数据实现交换管理，适用于政府、企业等行业信息资源交换共享的应用，能快速实现数据集成。系统一般适配多种标准数据源，具有数据路由和事务处理、管理能力。

1.2.6 通用文件传输类中间件

通用文件传输类中间件是位于分布式应用系统之间进行电子文件交换的专业系统，可提供安全、可靠、稳定、高效的文件传输功能。用户无须编码，只需要通过配置就可以管理和实现不同系统之间的文件传输。系统可以传输各种类型的文件，文件大小不受限制，并提供多种文件传输控制功能。

1.3 中间件的主要作用

中间件是处于操作系统、数据库等系统软件和应用之间的软件，它可解决分布式环境下数据传输、数据访问、应用调度、系统构建和系统集成、流程管理等问题，是分布式环境下支撑应用开发、运行和集成的平台。分布式应用可借助中间件在不同的应用之间共享资源。在网络环境中，中间件与操作系统和网络虚拟化系统共同作为支撑分布式应用的系统软件主体。

中间件是在克服复杂企业级应用的共性问题过程中不断发展和壮大起来的，是构建应用的基础，也是应用运行的底层支撑平台，与操作系统和数据库构成三大核心基础软件。

中间件的主要作用简介如下。

1.3.1 支撑上层应用

中间件的最终目的是支撑上层应用，它也是软件技术发展至今对应用提供的较为完善、彻底的支撑方案。面向服务的中间件可为上层应用快速、通用和标准化的研发提供强有力的支撑。

1.3.2 实现复用

中间件的重要发展趋势就是以服务为核心，通过服务或者服务组件来实现更高层次的复用、解耦和互操作。中间件将技术功能封装为服务，并通过服务组件之间的组装、编排和重组来实现服务的复用，而且这种复用可以在不同企业之间实现，是动态可配置的复用。

1.3.3 平台化

平台化是指中间件能够独立运行并自主存在，为其所支撑的上层应用提供运行所依赖的环境。中间件是运行时的系统软件，它能为上层的业务应用提供运行环境，并通过标准接口和 API 来隔离底层系统。

中间件技术决定了应用的一些关键能力，例如稳定性、高并发处理能力和可扩展能力等。中间件向下可屏蔽操作系统和数据库系统的复杂性，简化开发人员面对的开发环境；向上使得应用开发简便，开发周期缩短，减少开发和集成成本。使用中间件构建应用还具有如下优点。

- 提高应用开发效率，缩短开发周期，降低开发成本，提高开发质量。
- 保护现有硬件、网络和软件资源，方便系统集成。
- 便于系统升级、维护、扩充和移植，适应业务流程重组，延长应用的生命周期，降低运维成本。

1.4 中间件发展展望

近年来中间件的概念快速延伸，功能快速扩展，整个中间件市场规模越来越大。伴随着操作系统、数据库等传统技术的不断演进，云计算、大数据、移动互联等新技术、新需求的高速发展促使行业用户的业务需求及应用场景不断变化，应用系统基础设施和开发方式随之不断创新。传统中间件已经无法持续满足用户急速变化的 IT 基础架构需求，因此需要中间件的种类不断增加，功能不断扩展，以融合新兴技术，支撑不断扩大的应用边界和不断创新的应用场景。

1.4.1 需求方面

随着行业信息化水平的不断提升，用户对于中间件的需求产生了新变化。用户的采购需求逐渐从产品转向服务，寻求基于产品的完整解决方案，以支持其实现业务管理目标或 IT 升级，这一点在大的行业客户中表现明显。

1. 安全需求

随着各行业对 IT 系统自主创新需求的“爆发”，信息系统等级保护和分级保护需求日益强烈，中间件厂商须增强产品的安全性，研发具备通用安全功能的相关安全产品及服务，以满足安全创新需要。

2. 云化需求

云计算相关技术正在被各行各业广泛应用，企业不但使用云计算基础设施即服务（IaaS）的计算、存储和网络能力，而且使用云平台提供的以各种中间件等为基础的平台即服务（PaaS）。中间件软件将服务变得越来越强大，使得中间件在云计算环境中越来越重要。各类中间件在云环境的平台服务能力，是中间件未来迅速发展的方向。

3. 整体解决方案需求

随着应用系统越来越复杂，单一的中间件采购模式给用户带来了大量集成工作，用户期望中间件软件以平台形式对上层应用形成全方位的支撑，提供软件基础设施层的整体解决方案。中间件厂商应不断提升面向重点行业用户的深度服务能力。

4. 运维及管理需求

随着各行业信息化建设的不断深入，IT 系统技术架构越来越复杂多样，运维的重要性已经和开发不相上下。中间件在信息系统中肩负着“承上启下”的重任，其运维和管理较为复杂。中间件应支持通过软件定义运维，支持运维与开发的协作（DevOps），以满足大规模复杂应用场景下软件的运维和管理需要。中间件还需提高自动扩展能力、故障恢复能力、统一管控能力、资源利用率、性能和可用性，实现运维与管理的自动化和智能化。

1.4.2 市场方面

随着中间件技术的不断发展，中间件市场仍处于不断扩张的状态。国内厂商在中间件领域不断发力，其中间件产品市场占有率不断提高，成绩斐然。

1. 市场规模

随着金融、电信、交通等机构和行业信息化建设的加速，大量新的应用系统项目纷纷启动，未来 5 年，中间件市场规模大概率将保持稳定的增长势头。特别是随着数据类应用的广泛普及，市场对数据采集传输、数据治理、数据加工、数据服务类中间件的需求将保持快速增长。随着云计算技术的不断发展，各类云化中间件产品不断涌现，中间件平台服务在云应用基础设施建设中获得新的发展机遇。

2. 竞争格局

中间件很早便作为重点基础软件之一受到高度重视。在云计算、大数据技术的驱动下，中间件产品的范围和种类逐步扩大和增加。以东方通为代表的传统中间件厂商正积极转型、创新，助力各行业信息化逐步向自主创新方向转变。市场竞争格局将发生重大变化，随着一些国内云服务及平台厂商在中间件领域发力，市场竞争将加剧，传统厂商的主导性将逐步减弱。

3. 自主创新

中间件作为分布式应用系统的重要基础支撑，是业务系统软硬件基础设施中的关键一环，作用重大。中间件可为上层应用屏蔽基础环境的差异，解决中间件相关问题，会带动一大批应用问题的解决。国家通过政策、机制等多种方式促进各方力量在基础软件行业创新发展，鼓励企业掌握核心技术，保障基础软件的安全。国内中间件的创新发展经历了从无到有，再从弱到强的过程。发展到今天，我国逐步形成了自主创新的中间件生态体系，为基础软件自主创新提供了有效支撑。

4. 采购模式

当前行业用户对于中间件的采购模式，正在从传统的基础中间件套件产品走向服务。不论是以产品作为解决方案的模式还是云计算的 PaaS 模式，用户都正在积极地寻求能够灵活支持其实现业务以及面向未来的完整解决方案，这一点在重要行业的客户中表现尤为明显。

1.4.3 技术方面

随着 IT 基础设施、5G 通信、云计算、大数据、人工智能等技术的高速发展，中间件技术有了新的变化。从中间件自身技术领域来看，中间件已从基础、独立的产品向平台化形态发展。从横向技术领域来看，云计算、大数据、人工智能等技术的发展也推动了中间件的云化、大数据化及智能化。尤其是各行业应用向云架构方面转变的趋势，使得中间件技术与云计算结合得更为紧密，并衍生出了适合部署应用于云计算环境下的相关中间件产品形态。

1. 中间件在云计算技术的驱动下演进

按照服务类型进行划分，云计算可以划分为 IaaS、PaaS 和 SaaS（软件即服务）。PaaS 作为云计算平台的中间核心层，位于 IaaS 和 SaaS 之间，可为应用的开发和运行提供平台环境服务能力，用户不必关心底层的操作系统或开发语言，这也正是中间件概念的延伸。应用系统上云前依托于中间件提供的事务、消息、安全、缓存、规则、策略、容灾备份、负载均衡等功能，可直接由 PaaS 层中间件以服务的方式快速供给。与 PaaS 所提供的数据库服务、安全认证服务一样，中间件服务将成为 PaaS 的重要组成部分。我们相信，几年后人类将进入云化中间件时代。

当中间件走上云端后，云化中间件的产品形态、功能特性、支持的语言种类都会发生很大的变化。它将能提供原有企业级中间件的功能，而且能扩展出更多的功能，从而起到统一传统中间件和云计算开发环境的作用，企业可以不再围绕 SOAP/XML 来构建标准化的方案。微服务架构带来了新的思路，企业用户能够使用云化中间件将业务逐步迁移到基于云的集成服务上，最终实现灵活扩展和降本增效。但是中间件云化也需要标准，在没有新的业界规范时，现有的中间件接口和规范作为已经多方验证的成熟技术还是会被普遍采用。

2．中间件在大数据技术驱动下演进

随着大数据技术的深入发展和应用推广，人们对数据的采集、清洗、分析起到支撑作用的数据基础设施的需求突显，传统中间件亟须升级，以适应海量数据的加工处理。在大数据背景下，业内通常将企业级数据分为前、中、后 3 层结构：前台是具体的数据应用，重点关注客户的具体业务，解决数据需求者的实际问题；中台的核心是数据服务，重点关注数据采集、数据质量、数据开发以及如何安全共享数据；后台的核心是存储与计算，重点关注速度与成本。数据中台通过数据交换、数据治理、数据开发和数据服务，衔接前台与后台，实现高质量数据管理和数据安全共享。数据中台的定位，其实就是中间件概念在大数据领域的延伸。

目前，数据中台已成为企业数据资产管理中枢，通过对企业内、外部多源异构数据的采集、治理、建模、分析和服务，使数据对内可以优化管理、提高业务效率，对外可以释放数据合作价值。大数据中间件包括大数据采集传输类、数据集成交换类、数据治理类、数据服务共享类、流数据处理类和数据安全共享类等多个分支，已经成为大数据解决方案的重要组成部分。

第 2 章

初识 TongWeb

Java EE 应用服务器软件 TongWeb 是北京东方通科技股份有限公司推出的遵循 Java EE 规范的企业级应用服务器软件，可提供诸如负载均衡、集群、Web 服务、数据库连接池、事务处理服务、安全管理等功能。它可为企业级应用提供可靠、可伸缩、可管理和高度安全的基础平台，同时具有功能完善、支持开放标准和基于组件开发、多层架构、轻量等特点，还可为开发和部署企业级应用提供必需的底层核心功能。TongWeb 可适应各类企业级应用的基础环境及多种主流应用框架，广泛地应用于电信、金融、政府、交通、能源等领域的应用，可媲美国际同类优秀产品。本章我们将首先对 TongWeb 的体系结构及特征进行概念性介绍，然后详细说明其在不同操作系统平台上的安装、卸载、启动、停止操作以及 TongWeb 管理控制台的登录、退出登录过程，最后介绍 TongWeb 域管理及操作。

本章包括如下主题：

- Java 与 Java EE；
- TongWeb 基础知识；
- TongWeb 安装与卸载；
- TongWeb 启动与停止；
- TongWeb 域管理；
- TongWeb 管理控制台。

2.1 Java 与 Java EE

随着网络技术的发展，各种高级编程语言应运而生，Java 就是其中之一。Java 的诞生解决了网络程序的安全、健壮、与平台无关、可移植等很多难题，使用 Java 可以编写桌面、Web、分布式系统和嵌入式系统等应用。Java 的平台有 3 个版本，Java EE 是其中的一个版本，是一个开发分布式企业级应用的规范和标准。

2.1.1 认识 Java

Java 是一门解释性、跨平台、通用的高级编程语言。它的语法与 C++ 很相似，但又具有一些独特的优点。

Java 作为一门高级语言，它以独特的优势，给网络世界带来了巨大的变革。Java 具有“一次编写，到处运行”的特点，可实现不同系统之间的相互操作。Java 平台包括 Java 虚拟机（JVM）和 Java 应用程序接口（Java API），Java 程序都是基于 JVM 和 Java API 开发的。

一、为什么要学习 Java

网络使得 Java 成了非常流行的编程语言，同时 Java 也促进了网络的发展。在动态网站和企业级应用系统开发中，Java 作为一种主流编程语言占有很大份额。Java 不只应用于网络开发，还可以用于其他很多领域的开发，包括桌面开发、嵌入式开发等。Java 在嵌入式开发方面的发展更为迅速，现在流行的手机游戏也有很大比例是使用 Java 开发的。

二、Java 的特点

Java 能成为长期热门的编程语言，是有一定原因的，Java 具有以下几个典型特性。

（1）简单性。很多学习程序设计的人遇到的真正困难往往是编程语言的某些基础知识难以掌握，例如 C 指针，有些技术人员甚至工作几年后还不能完全明白 C 指针是怎么回事。对于这个问题，设计者在设计 Java 之初就注意到了，Java 实际上可被视为一个简化版的 C++。即使读者没有编程经验，也会发现 Java 并不难掌握。如果读者有 C 语言或是 C++ 基础，则会觉得 Java 简单，因为 Java 继承了 C 语言和 C++ 的大部分特性。

Java 是一门非常容易入门的语言，但是需要注意的是，入门容易不代表精通容易，在学习 Java 的过程中还要多理解、多实践。

（2）面向对象。Java 是一门纯粹的面向对象语言，按照面向对象语言的特点设计，具有面向对象的三大特征：继承、多态和封装。

（3）健壮性和自动内存管理。学过 C 语言或者 C++ 的人都知道，对内存进行操作时，都必须手动分配并且手动释放内存。如果将技术人员从低到高分为 10 个等级的话，前 8 个等级的人都可能会犯没有释放内存的错误。没有释放内存，在短期内不容易被发现，而且也不影响程序运行，但是长时间后就会造成内存的大量浪费，甚至造成系统崩溃。

一门编程语言的健壮性体现在它对常见错误的预防能力上。Java 能很好地体现这一点，它采用的是自动内存管理机制，通过自动内存管理机制就可以自动完成内存分配和释放的工作。虽然自动内存管理机制也有缺点，但在其优点面前这些缺点似乎显得有些微不足道。

（4）安全性。网络的发展给人们的生活带来了很多便捷之处，但也为一些破坏分子提供了新的破坏方式。目前网络中病毒层出不穷，其中一个原因是开发的程序中存在漏洞，或者使用的编程语言安全性不高。

Java 作为一种应用广泛的语言，安全性是它的一个非常重要的课题。Java 在安全性上的考虑和设计首先表现在 Java 是一门强类型语言，其中定义的每一个数据都有一个严格固定的数据类型，并且数据在传递时，要进行数据类型匹配，出现任何不能匹配的数据类型都会报错。

其次，指针一直是黑客侵犯内存的重要手段。Java 对指针进行了屏蔽，从而让人不能直接对内存进行操作，进而大大地提高了内存的安全性。

（5）跨平台性。随着硬件和操作系统越来越多样化，编程语言的跨平台性越来越重要。一门语言跨平台性的优劣体现在该语言开发的程序在跨平台运行时需要修改的代码的多少上。Java 是一门完全跨平台的语言，使用它开发的程序在跨平台运行时，本身几乎不需要进行任何修改，可真正做到“一次编写，到处运行”。

三、Java 平台

Java 平台可为用户提供一个程序开发环境，这个程序开发环境可提供开发与运行 Java 软件的编译器、软件库及 JVM 等开发工具。

Java 平台有 3 个版本，它们分别是适用于小型设备和智能卡的 Java ME、适用于桌面系统的 Java SE、适用于创建服务器应用和服务的 Java EE（也简称为 JEE）。

2.1.2 认识 Java EE

一、Java EE 核心技术

Java EE 为开发基于 Web 的多层应用程序提供了功能支持，由服务、应用程序接口（API）和协议构成。

服务是一种在后台运行的应用程序，适合用于执行那些不需要与用户交互且要长期执行的任务，通过开启或关闭某些服务可以达到管理相应功能的目的。

API 可被理解为软件系统中不同组成部分衔接的约定。随着软件功能的增加，程序的结构会变得越来越复杂。为了简化开发的难度，需要将复杂的系统划分成小的组成部分，而 API 的职责就是合理划分软件系统。良好的 API 可以降低系统各部分的相互依赖，提高组成单元的内聚性，降低组成单元间的耦合程度，从而提高系统的可维护性和可扩展性。

协议是网络协议的简称，是计算机之间进行通信时必须共同遵守的一组约定。例如，如何建立连接、如何互相识别等。只有遵守这些约定，计算机之间才能相互通信。

注意 Java EE 8 是 JCP 领导下的企业级 Java 规范的最后一个版本，之后 Java EE 的所有代码和 TCK 测试集都移交给了 Eclipse 基金会，移交后改名为 Jakarta EE。Eclipse 不再通过 JCP 而是通过独立开源社区来更新后续规范版本。

二、Java EE 应用程序结构

Java EE 组件是具有独立功能的单元，它们通过相关的类和文件组装成 Java EE 应用程序，并与其他组件交互。Java EE 应用程序架构包含如下 3 层结构。

- 表示层：由用户界面和用户生成界面的代码组成。
- 业务逻辑层：包含系统的业务和功能代码。
- 数据访问层：负责完成存取数据库中的数据和对数据进行封装。

Java EE 应用程序使用 3 层结构有以下几个优点。

（1）修改一个组件不会影响其他两个组件。例如，用户需要更换数据库，那么只有数据访问层组件需要修改代码。同样，如果要修改用户界面设计，那么只有表示层组件需要修改。

（2）由于表示层和数据访问层相互独立，因而可以方便地扩充表示层，使系统具有良好的可扩展性。

（3）代码重复的情况减少，因为在 3 个组件之间可尽可能地共享代码。

（4）分工与协作良好。3 层结构将使不同的小组能够独立地开发应用程序的不同部分，并充分发挥各自的优势。

2.2 TongWeb 基础知识

TongWeb 是遵循 Java EE 规范的企业级应用服务器软件，它可为企业级应用提供可靠、可伸缩、可管理和高度安全的基础平台，同时具有功能完善、支持开放标准和基于组件开发、多层架构、轻量等特点，还可为开发和部署企业级应用提供必需的底层核心功能。用户通过 TongWeb 的管理控制台可方便地对应用进行管理，同时能够监控系统组件和应用运行时的状态，并进行调试和优化（简称调优）。

本书根据 TongWeb 7.0.4.2 企业版进行编写，如需提供该产品实验环境，请联系东方通客服 400-650-7088。

2.2.1 术语说明

本书部分重要的术语说明如下。

- TongWeb：Java EE 应用服务器软件。
- Master：集中管理工具的代称。
- NodeAgent(NA)：节点代理，安装到各个主机上，与集中管理工具进行交互。
- Web 节点：单个 Java EE 应用服务器，本书中指的是 TongWeb 节点。
- Web 集群：由多个 Web 节点组成的集群，本书中指的是 TongWeb 集群。
- 缓存节点：单个分布式缓存服务器，本书中指的是 TongDataGrid 节点。
- 缓存集群：由多个缓存节点组成的集群，TongWeb 采用 TongDataGrid 进行 session 的复制。
- 粒度：指计算机系统内存扩展增量的最小值。
- 组件：指对数据和方法的简单封装。
- 脚本：指批量处理文件的延伸，是一种以纯文本格式保存的程序。
- 接口：系统与系统之间，以及系统与用户之间的一种连接机制。
- 数据库连接池：也叫数据源，是提供给用户某种其所需要的数据的器件或原始媒体。
- 协议：计算机共同遵循以进行网络通信的一组约定。
- 日志：网络设备及服务程序在运行过程中产生的事件记录。
- 进程：计算机中的程序关于某数据集合上的一次运行活动，是系统进行资源分配和调度的基本单位。
- 线程：操作系统中的基本执行线索和调度单位。

2.2.2 规范支持

TongWeb 遵循的 Java EE 规范包含组件、资源和服务、协议、安全 4 种类型，下面将逐一进行介绍。

一、组件

组件是一个应用程序块，是可以复用的代码单元。组件一般代表一个或者一组可以独立出来的功能模块，但不是完整的应用程序，不能单独运行。组件必须运行在容器里，如果容器之外的程序需要和这些组件交互，必须通过容器。Java EE 容器就是用来管理组件行为的一个集合工具，组件的行为包括与外部环境的交互、组件的生命周期、组件之间的合作依赖关系等。

TongWeb 支持的组件包括 JSP、servlet、WebSocket、JSF、JSTL、EJB、EL、JCA、JPA、CDI、JMS 等十余种，下面逐一进行介绍。

1. JSP

JSP 是由 Sun Microsystems 公司主导创建的一种动态网页技术标准，JSP 由 HTML 代码和嵌入其中的 Java 代码组成。它部署于网络服务器上，可以响应客户端发送的请求，并根据请求的内容动态地生成 HTML、XML 或其他格式的 Web 页面，然后将之返回给请求者。JSP 技术以 Java 作为脚本语言，为用户的 HTTP 请求提供服务，并能与服务器上的其他 Java 程序共同处理复杂的业务需求。

JSP 将 Java 代码和特定的变动内容嵌入静态页面，实现以静态页面为模板，动态生成其中的部分内容。JSP 引入了被称为“JSP 动作”的 XML 标签，用来调用内建功能。另外，可以创建 JSP 标签库，然后像使用标准 HTML 或 XML 标签一样使用库中的标签。JSP 标签库能增强服务器功能和提升性能，而且不受跨平台问题的限制。因为 JSP 文件在运行时会被其编译器转换成更原始的 servlet 代码。JSP 编译器可以把 JSP 文件编译成用 Java 代码写的 servlet，然后由 Java 编译器来编译成能快速执行的二进制机器码，也可以直接编译成二进制码。TongWeb 7.0 支持的是 JSP 2.3。

2．servlet

servlet 是一种小型的 Java 程序，是 Java EE 的重要组件之一。它扩展了 Web 服务器的功能，使开发 Web 应用变得更加简单。servlet 具有以下两个特点。

- 作为一种服务器端的应用，servlet 和 CGI Perl 脚本很相似，都是被请求时开始执行。
- servlet 提供的功能大多与 JSP 类似，两者的区别在于实现的方式不同。JSP 通常是大多数 HTML 代码中嵌入少量的 Java 代码，而 servlet 全部用 Java 写成并且生成 HTML。

servlet 可以在 Java EE 应用的 Web 配置文件中声明（web.xml 是 Java EE 项目的一个重要的配置文件），也可以通过注解来声明。TongWeb 7.0 支持的是 servlet 4.0。

3．WebSocket

WebSocket 是 HTML5 技术定义的一种新协议。它可实现浏览器与服务器的全双工通信，能更好地节省服务器资源和带宽，并达到实时通信的效果。TongWeb 7.0 支持的是 WebSocket 1.0。

4．JSF

JSF 是 Java EE 5 规范中提出的关于 Web 层的开发框架。与其他 Web 框架不同的是，JSF 以用户界面为核心，将控制力度细化到页面的“组件”级，即 JSF 将各类页面元素抽象成 UI 组件。这些 UI 组件可以灵活地组装生成页面，并被方便地定制和复用。JSF 使开发人员摆脱了琐碎的 HTML 代码和 Java Script 脚本调试，可以应用面向对象的思想开发 Web 应用。TongWeb 7.0 支持的是 JSF 2.2。

5．JSTL

JSTL 是一个不断完善的开放源代码的 JSP 标签库。在 JSP 标签库中可以使用一组标准的标记。基于这种标准的标记，用户可以将应用部署在支持 JSTL 的任何 JSP 容器上，这样能保证标记得到优化。JSTL 包括的标记有处理控制流的迭代器、条件标记、管理 XML 文档的标记、国际化标记、使用 SQL 访问数据库的标记，以及完成一些常用功能的标记。TongWeb 7.0 支持的是 JSTL 1.2。

6. EJB

EJB 可提供一个框架来开发和实施分布式业务逻辑，由此可以很显著地简化具有可伸缩性和高度复杂的企业级应用的开发。EJB 规范定义了 EJB 组件在特定时间下如何与它们的容器进行交互。容器负责提供公用的服务，例如目录服务、事务管理、安全性服务、资源缓冲池以及容错性服务。但这里值得注意的是，EJB 并不是实现 Java EE 的唯一途径。正是因为 Java EE 的开放性，有的厂商能够以一种与 EJB 平行的方式来达到同样的目的。

TongWeb 7.0 支持的是 EJB 3.2。与 EJB 3.0 和 EJB 3.1 相比，EJB 3.2 降低了 EJB 技术的使用复杂度，并增加了许多新特性和新功能，例如，单例的 Bean、Nointerface 的 session Bean、异步 session Bean、嵌入式 API 等，使平台更加轻量化。

7. EL

EL 可提供在 JSP 中简化表达式的方法，让 JSP 的代码更加简化，EL 的灵感来自 ECMAScript 和 XPath 表达式语言。TongWeb 7.0 支持的是 EL 3.0。

8. JCA

JCA 可提供一个应用服务器和企业信息系统（EIS）连接的标准 Java 解决方案，以及把这些系统整合起来的方法。TongWeb 7.0 支持的是 JCA 1.7。JCA 1.7 可简化异构系统的集成，用户构造一个基于 JCA 规范的 Connector 应用，并将该 Connector 应用部署到 Java EE 服务器上即可，这样不用编写任何代码就可以实现 EIS 与 Java EE 应用服务器的集成。

9. DSOL

DSOL 定义了一种机制规范，使非 Java 语言编写的通过 JVM 执行的程序，在调试时能引用源文件信息，例如，引用源文件行编号等。TongWeb 7.0 支持的是 DSOL 1.0。

10. CAJP

CAJP 用于 Java EE 中的组件乃至整个平台的注释规范。TongWeb 7.0 支持的是 CAJP 1.2。

11. JPA

JPA 是 Java EE 和 Java SE 共有的有关对象持久化的接口。TongWeb 7.0 支持的是 JPA 2.1。

12. Bean Validation

数据验证是贯穿企业级应用各处的一个公共任务，从表示层到持久层，每一层都需要数据验证。Bean Validation 则避免了每一层采用重复的验证代码，可提供统一的注解和验证框架。TongWeb 7.0 支持的是 Bean Validation 1.1。

13. Managed Bean

Managed Bean 是 JSF 注册的常规 Java Bean 类。Managed Bean 包含 getter 和 setter 方法、业务逻辑。Managed Bean 作为 UI 组件的 Model，用于存储 JSF XHTML 页面使用的数据。借助 JSF 框架，可以从 JSF 页面访问Managed Bean。TongWeb 7.0 支持的是 Managed Beans 1.0。

14. Interceptors

Interceptors 即拦截器，每一个 Action 请求都包装在一系列拦截器的内部，拦截器可以在 Action 执行之前做相似的操作，也可以在 Action 执行之后做回收操作。TongWeb 7.0 支持的是 Interceptors 1.1。

15. CDI

依赖注入（Dependency Injection，DI）是一种流行于开发企业级应用的技术，CDI 将其扩展到了应用服务器内部的各个容器，如 EJB 容器、Web 容器。该规范可以使普通 Java Bean、session Bean 和 JSF Backing Bean 通过依赖注入的方式在应用中使用，并且可以关联到一个特定范围，如 Request 范围、session 范围等。TongWeb 7.0 支持的是 CDI 1.1。

16. JMS

JMS 是用于和面向消息的中间件相互通信的 API。它既支持点到点的域，也支持发布 / 订阅（Publish/Subscribe）类型的域，并且提供对经认可的消息的传递、事务型消息的传递、一致性消息的传递和具有持久性的发布 / 订阅等类型的支持。

JMS 提供内置及外置 JMS Server 以提供 JMS 服务，JMS 用于在两个应用程序之间或分布式系统中发送消息，进行异步通信。TongWeb 7.0 支持的是 JMS 1.1。

17. DIJ

DIJ 是 Java 的依赖注入标准规范。该规范对注入器实现、配置未进行详细要求，主要面向的是依赖注入使用者。TongWeb 7.0 支持的是 DIJ 1.0。

二、资源和服务

TongWeb 支持的资源和服务方面的规范主要包括 JTA 和 JDBC。

1. JTA

JTA 定义了一种标准的 API，应用系统由此可以访问各种事务监控。

JTA 可为 Java EE 平台提供分布式事务服务。如果计划使用 JTA 来划分事务，用户将需要一个实现了 javax.sql.XADataSource、javax.sql.XAConnection 和 javax.

sql.XAResource 等接口的 JDBC 驱动，实现了这些接口的驱动将有能力参与到 JTA 事务中。TongWeb 7.0 支持的是 JTA 1.2。

2. JDBC

JDBC API 可为用户访问不同的数据库提供一种统一的途径。像 ODBC 一样，JDBC 对开发者屏蔽了一些细节。另外，JDBC 对数据库的访问也具有平台无关性。TongWeb 7.0 支持的是 JDBC 4.0。

三、协议

TongWeb 支持的协议包含 HTTP 和 RMI 等。

1. HTTP

HTTP 是互联网上应用较为广泛的一种网络协议，所有的 WWW 文件都必须遵循这个标准。设计 HTTP 最初的目的是提供一种发布和接收 HTML 页面的方法。1960 年特德 · 纳尔逊（Ted Nelson）构思了一种通过计算机处理文本信息的方法，并将其称为超文本（Hypertext），这成了 HTTP 标准架构的发展根基。特德 · 纳尔逊组织协调 W3C 和 IETF 共同合作研究，最终发布了一系列的 RFC，其中著名的 RFC 7540 定义了 HTTP 2.0。TongWeb 7.0 支持的是 HTTP 2.0。

2. RMI

RMI 是一种用于实现 RPC 的 Java API，能直接传输序列化后的 Java 对象和分布式垃圾收集。正如其名字所表示的那样，RMI 协议通过调用远程对象上的方法，使用序列化方式在客户端和服务器端传递数据。它的实现依赖于 JVM，因此它仅支持从一个 JVM 到另一个 JVM 的调用。RMI 协议是一种被 EJB 使用的更底层的协议。

四、安全

JAAS 可提供灵活和可伸缩的机制，是保证客户端或服务器端安全的 Java 程序。Java 早期的安全框架强调的是通过验证代码的来源和作者，保护用户避免受到下载下来的代码的攻击。JAAS 强调的是通过验证谁在运行代码以及其权限来保护系统免受用户的攻击。它让用户能够将一些标准的安全机制，例如 Solaris NIS、Windows NT、LDAP、Kerberos 等，通过一种通用的、可配置的方式集成到系统当中去。TongWeb 7.0 支持的是 JAAS 1.0。

2.2.3 体系结构

TongWeb 的体系结构如图 2-1 所示。

TongWeb 采用微内核架构，在 Java SE 之上，由 JMX 服务、类加载服务、配置服务和生命周期服务构成应用服务器的最小内核。在此微内核基础上，围绕着 Web 容器和 EJB 容器这两大核心容器，构建基础服务层和扩展服务层。

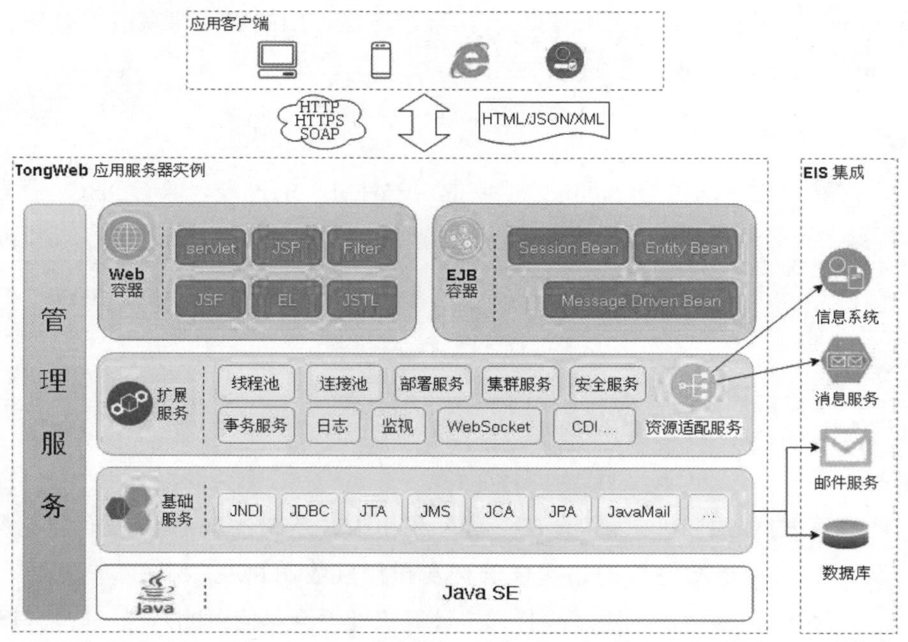

图 2-1 TongWeb 的体系结构

1. 基础服务层

基础服务层包括 JNDI、JDBC、JTA、JMS、JCA、JPA、JavaMail 等服务，用于 Java EE 核心基础资源对象的创建和生命周期管理，并为上层容器和扩展服务提供基础服务接口。

2. 扩展服务层

扩展服务层在微内核和基础服务之上，采用松散耦合的模式接入应用服务器框架，为上层服务和 Web 容器、EJB 容器这两大核心容器提供企业级扩展服务，包括线程池、连接池、部署服务、集群服务、安全服务、事务服务及日志、监视、WebSocket.CDI 等。其中资源适配服务作为连接应用服务器和外部资源的关键服务，可为应用服务器和第三方企业资源系统的对接与通信提供通用模型，从而极大地提高应用服务器和其他外部系统的互操作能力。

3. 两大核心容器

Web 容器和 EJB 容器提供 Web 应用和企业级应用部署运行所需的底层核心组件，如 servlet、JSP、session Bean 组件等，还负责接收和处理来自各种客户端的请求，如浏览器、终端以及各种语言写的客户端；核心容器通过内部的连接通道和协议处理器，可以处理各种协议（如 HTTP、HTTPS、SOAP、AJP 等）的客户端请求。

4. 管理服务

为了便于用户更好地管理应用服务器的内部资源，以及部署运行在应用服务器上的企业级应用，TongWeb 还可提供覆盖所有核心容器和服务的管理服务。用户可以通过管理服务，对应用服务器内的所有服务、资源和应用进行管理，同时管理服务还可提供 UI 和命令行工具来进一步简化用户的操作，具有良好的易用性。

2.2.4 TongWeb 特性

1. 遵循 Java EE 规范

TongWeb 7.0 支持 Java EE 7 规范中的特性，如 CDI 1.1、EJB 3.2、servlet 3.1、JPA 2.1、JSF 2.2 和 Bean Validation 1.1 等以及 Java EE 8 中的 servlet 4.0。

2. 高可靠、强伸缩、灵活扩展的集群

TongWeb 的集群采用集中式的缓存集群解决方案，可提供极高的可靠性，不存在任何单点问题，同时拥有很强的伸缩性。缓存集群可以在运行时支持动态扩展，为整个集群提供灵活的扩展性。

3. 基于 JMX 的管理机制

JMX 技术是 Java 关于应用和资源管理的标准技术，它可为开发标准化、集中式、安全的远程管理应用提供方案。TongWeb 采用 JMX 作为管理框架的基础，清晰简洁。

4. 提供多种管理工具

TongWeb 提供 3 种管理工具，分别是管理控制台、命令行和第三方 JMX 工具 JConsole。管理控制台和命令行可提供应用组件和资源的管理等功能，JConsole 是基于 JMX 的 GUI 工具，可提供 JVM、MBeans 等信息。

5. 提供调优辅助工具

TongWeb 提供日志服务、快照服务、监视服务、链路追踪服务和 APM 工具，便于用户解决功能或者性能的问题。

2.3 TongWeb 安装与卸载

本节主要讲解 TongWeb 在不同操作系统上的安装与卸载，包括安装要求、基于 Windows 操作系统安装与卸载 TongWeb，以及基于 Linux 操作系统安装与卸载 TongWeb。

2.3.1 安装要求

在安装 TongWeb 之前需要查看安装设备是否符合安装要求，从操作系统到系统要求再到安装环境都需要进行确认。

1. 支持的操作系统

TongWeb 支持的操作系统如下。

- Microsoft Windows 系列。
- Linux 操作系统，包括 RedHat 系列、RedFlag 系列、Suse Linux 系列、国产芯片平台 Linux 系列（如龙芯系列、飞腾系列、鲲鹏系列、申威系列、海光系列、兆芯系列）、统信 UOS 系列等。

2. 系统要求

安装 TongWeb 的系统要求如表 2-1 所示。

表 2-1　系统要求

系统组件	系统要求
Java 环境	JDK 1.7 以上（支持 OpenJDK）
内存	至少需要 2GB 的内存
磁盘空间	至少需要 1024MB 磁盘空间
监视器	图形界面安装需要 256 色，字符界面安装没有色彩要求
浏览器	Microsoft IE 8 或 Firefox 3.0 及以上版本浏览器

3. 安装 JDK 环境

安装 TongWeb 前需要先安装 JDK 环境并配置环境变量。

01 在 Java 官网上下载 JDK 安装文件。

02 安装成功后，配置 JDK 环境变量，使之生效。

03 在“命令提示符”界面，输入 java -version。若提示 Java 版本，则说明安装成功，如图 2-2 所示。

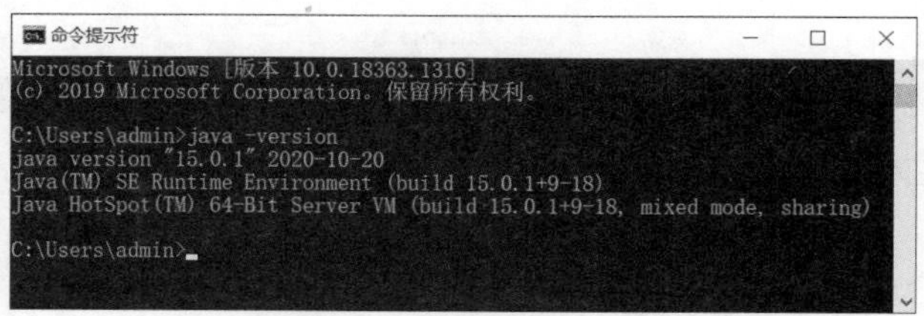

图 2-2　验证 Java 版本

2.3.2 Windows 操作系统

在确定计算机符合安装要求后即可进行安装。

1. 安装软件

01 运行 TongWeb 产品提供的 Install_TW7.0.x.x_x_Windows.exe，出现图 2-3 所示的安装界面。

> **说明** 7.0.x.x 表示 TongWeb7.0 下的所有版本，_x 表示标准版、企业版、安全版、轻量版等的字母标识。

02 在安装界面中选择好语言（简体中文）后，单击“OK”按钮，进入“简介”界面，如图 2-4 所示。

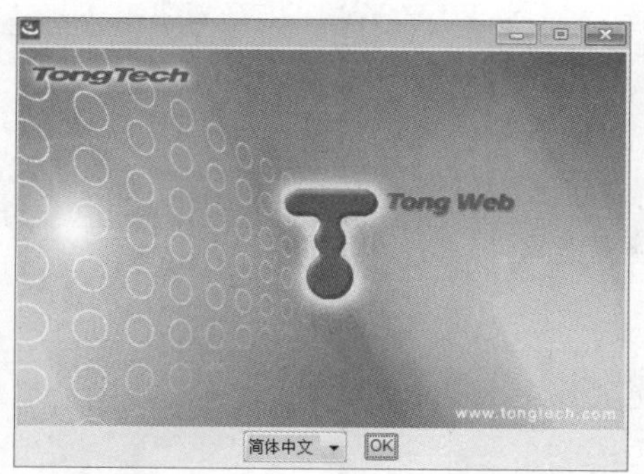

图 2-3　安装

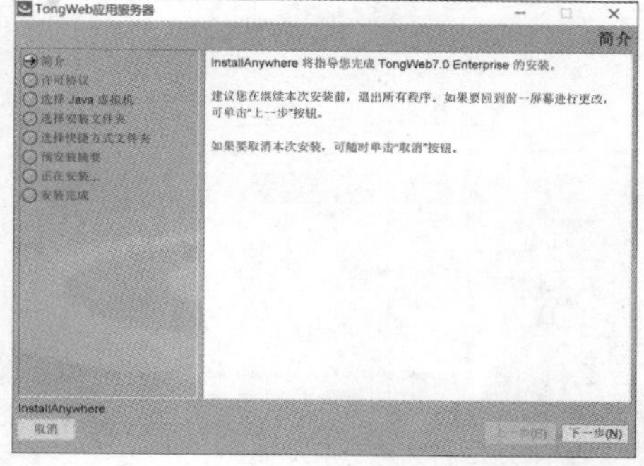

图 2-4　简介

03 单击“下一步”按钮，进入“许可协议”界面，如图 2-5 所示。

04 勾选“我接受许可协议条款（A）”，单击“下一步”按钮，进入“选择 Java 虚拟机”界面。进入“选择 Java 虚拟机”界面后，选择本地的 JDK 安装目录（并非唯一），如图 2-6 所示。

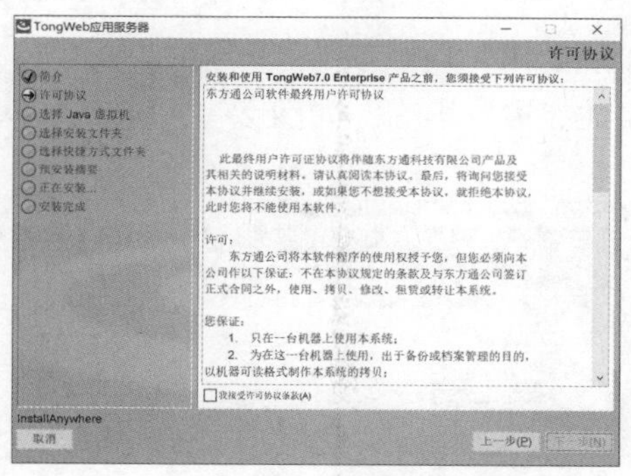

图 2-5　许可协议

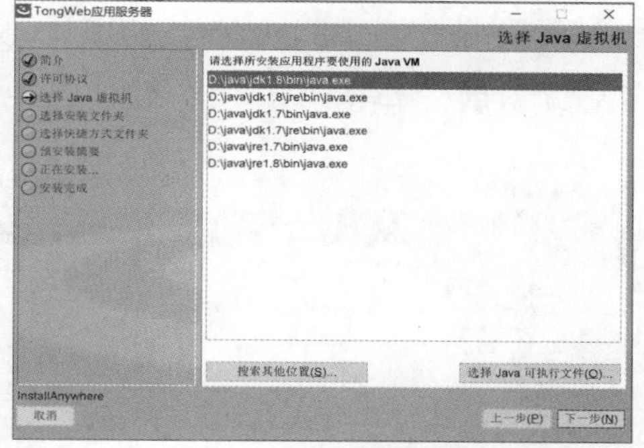

图 2-6　选择 Java 虚拟机

05 选择 JDK 安装目录后，单击“下一步”按钮进入“选择安装文件夹”界面，如图 2-7 所示。

06 选择 TongWeb 的安装位置，使用默认文件夹（C:\TongWeb7.0）或者其他安装文件夹，单击“下一步”按钮，进入“选择快捷方式文件夹”界面，如图 2-8 所示。

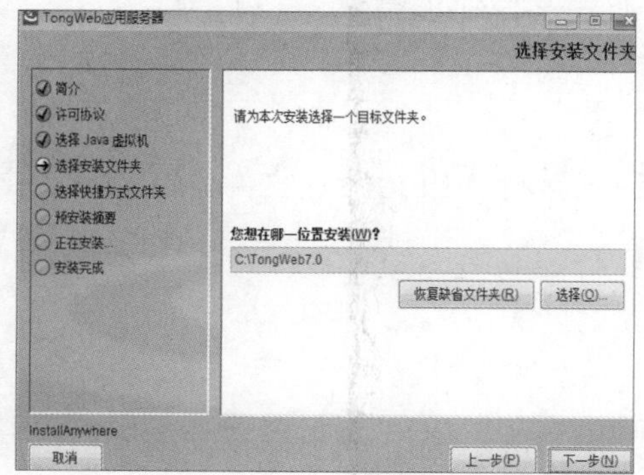

图 2-7　选择安装文件夹

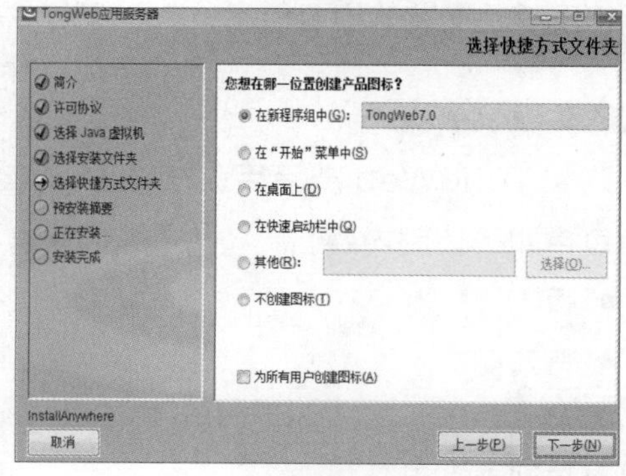

图 2-8　选择快捷方式文件夹

07 选择创建产品图标位置，用户可选中“为所有用户创建图标”，为所有用户创建产品图标。完成后，单击“下一步”按钮，进入“预安装摘要”界面，如图 2-9 所示。

08 查看并审核预安装摘要后，单击“安装”按钮，显示 TongWeb 正在安装，如图 2-10 所示。

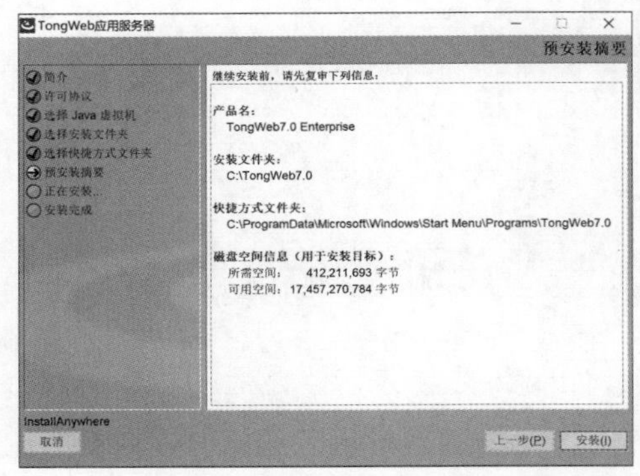

图 2-9　预安装摘要

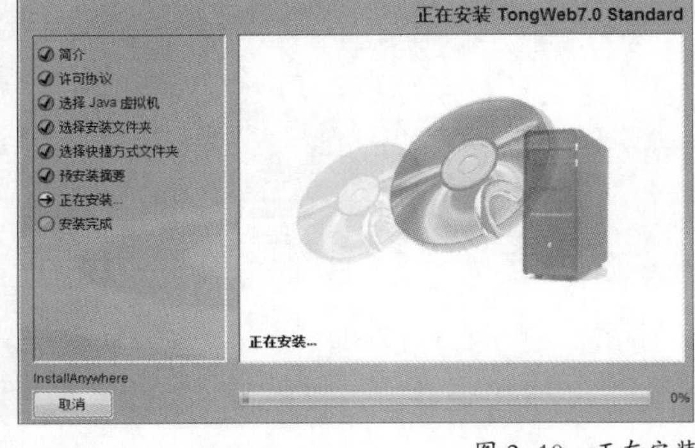

图 2-10　正在安装

09 上一步骤完成后，将跳转到端口设置界面，可以修改 http-listener、jmx-service、shutdown-port 端口号，也可以使用默认端口。图 2-11 所示为默认端口。

10 设置端口后，单击“下一步”按钮，进入“安装完成”界面，如图 2-12 所示。

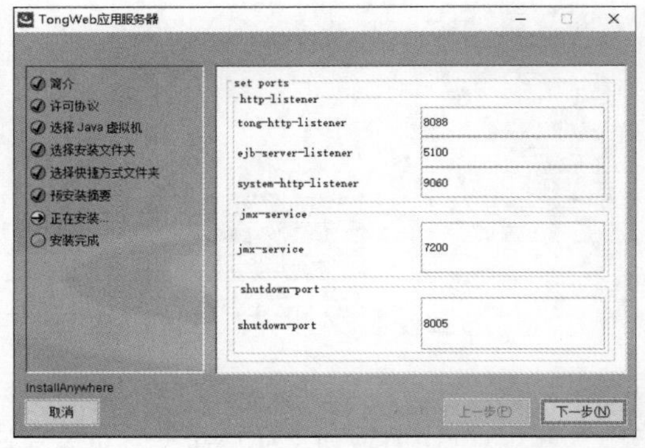

图 2-11　默认端口

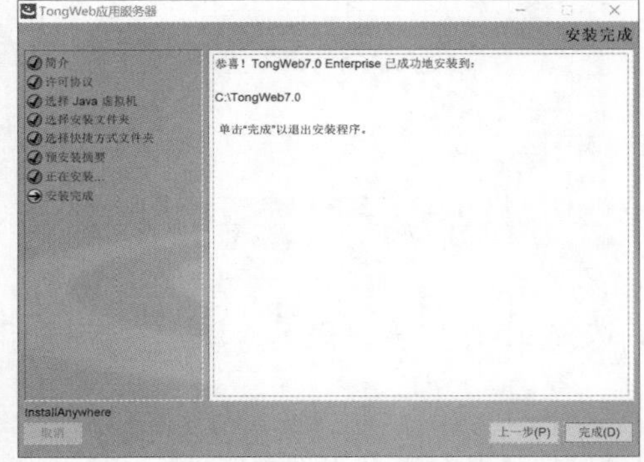

图 2-12　安装完成

11 出现成功安装的提示信息，表示安装成功。单击“完成”按钮退出安装程序。

2. 安装 License

购买 TongWeb 产品后，在 TongWeb 产品光盘中有 License 文件。License 文件目前包含如下控制内容。

- 版本。
- 有效期。

安装方法是，将 TongWeb 产品光盘中的 license.dat 文件复制到安装 TongWeb 的根目录下即可。

3．卸载

通过选择快捷方式卸载 TongWeb。

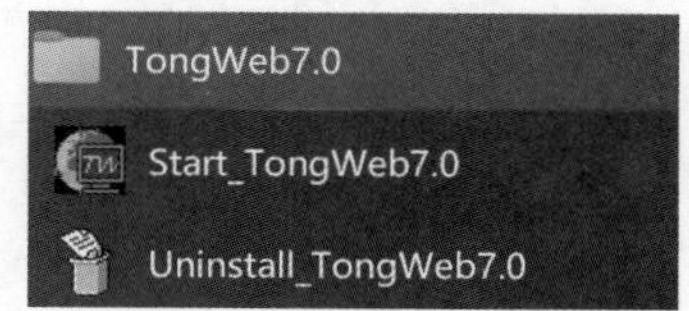

图 2-13 快捷方式卸载

01 单击桌面上的"开始"按钮，查看所有程序，找到"TongWeb7.0"，单击"Uninstall_TongWeb7.0"，如图 2-13 所示。

02 执行卸载程序后，出现"卸载"界面，如图 2-14 所示。

03 确认卸载后，单击"卸载"按钮。出现"卸载完成"界面后，单击"完成"按钮即可退出卸载程序，如图 2-15 所示。

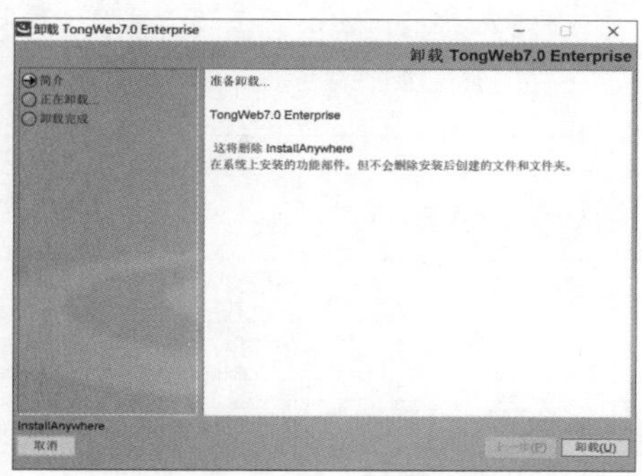

图 2-14 卸载

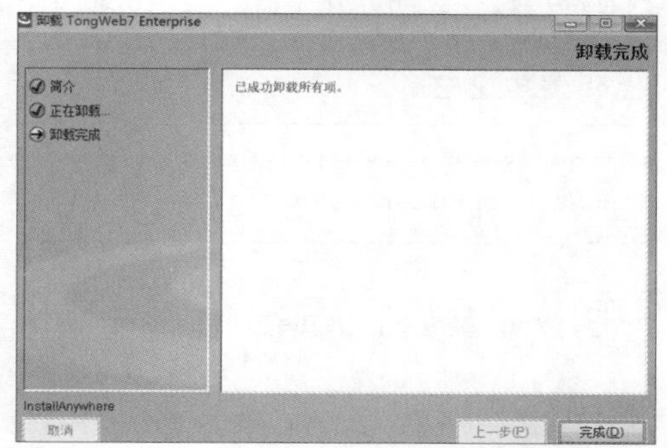

图 2-15 卸载完成

注意 如果文件在卸载过程中被修改，则卸载时无法删除。

2.3.3 Linux 操作系统

在确定计算机符合安装要求后即可开始进行安装。

1．命令行安装

如果 Linux 提供了图形界面安装模式，可直接执行安装程序 sh Install_TW7.0.x.x_x_Linux.bin，安装过程和 Windows 平台的类似。

如果没有开启图形界面，可以通过命令行安装。以 Linux 企业版为例，安装过程如下。

01 在 Linux 平台上可以使用 root 系统用户，运行 sh Install_TW7.0.*.*_Enterprise_Linux.bin 命令安装 TongWeb 7.0，出现代码清单 2-1 所示的信息。

代码清单 2-1

```
[root@Config123VM0 mengal]# sh Install_TW7.0.*.*_Enterprise_Linux.bin
Preparing to install
Extracting the installation resources from the installer archive...
Configuring the installer for this system's environment...

Launching installer...
```

```
==============================================================================
 Preparing CONSOLE Mode Installation...
-------


  ->1- English
    2- 中文简体

CHOOSE LOCALE BY NUMBER:
```

02 输入信息中所述的 1 或者 2 进行语言选择，或者直接按 Enter 键，表示选择默认选项，出现代码清单 2-2 所示的信息后，按 Enter 键继续安装。

代码清单 2-2

```
==============================================================================
TongWeb7.0 Enterprise                          (created with InstallAnywhere)
------------------------------------------------------------------------------

Preparing CONSOLE Mode Installation...




==============================================================================
License Agreement
-----------------


Installation and Use of TongWeb7.0 Enterprise Requires Acceptance of the
Following License Agreement:
End user license agreement for Tongtech co., LTD software


  The End user license agreement will be accompanied with the products and
related documents of Tongtech co., LTD. Please read it carefully. You will
be asked to accept this license and continue the installation.  If you do
not accept this license, you should refuse it and quit the installation.

Grant of license:
  Tongtech co., LTD grants you the license to use the software program, but
you must make such assurance as following to our company: Do not
use,copy,modify,rent or convey this system besides the terms listed in this
license and the formal contact signed with Tongtech co., LTD.

You guarantee:
1. Using this software only on a single computer;
  2. For the purpose of backup or archival management for the use on one
computer, making copy of this system by machine-reading format.

You guarantee not:
1. Transfer license of this system again.
  2. Getting source codes of this system by altering, modifying, translating,
```

```
reversing, anti-editing, anti-compiling or any other methods.

PRESS <ENTER> TO CONTINUE:
```

03 出现代码清单 2-3 所示的信息后，按 Enter 键继续安装。

代码清单 2-3

```
   3. Copy or transfer this software in whole or in part.

 When you transfer this software in part or in whole to any third part, your
right to use the software shall terminate immediately and without notice.

The copyright and ownership of this software:
 The copyright of this software is owned by Tongtech co., LTD. The
structures, tissues and codes are the most valuable commercial secrets of
Tongtech co., LTD. This software and documents are protected by national
copyright laws and international treaty provisions. You are not allowed to
delete the copyright notice from this software. You must agree to prohibit any
kind of illegal copy of this software and documents.

Limited warranty:
 In the largest permitting area of the law, In no situation shall Tongtech
co., LTD be liable for any special, unexpected, direct or indirect damages
(including, without limitation, damages for loss of business profits, business
interruption, loss of business information, or any other pecuniary loss)
arising out of the use of or inability to use this product and the providing
or inability to provide supporting services, even if Tongtech co., LTD has
been advised of the possibility of such damages.


PRESS <ENTER> TO CONTINUE:
```

04 选择是否接受许可条款，若接受，则输入 y，如代码清单 2-4 所示，按 Enter 键。

代码清单 2-4

```
Termination:
 Tongtech co., LTD may terminate the license at any time if you violate any
term or condition of the license. When the license is terminated, you must
destroy all copies of the software and all of its documents immediately, or
return them to Tongtech co., LTD.

Law:
"Intelligent Property Protection Regulation", "Copyright Law", "Exclusive Law"

Now, you must have already carefully read and understand this license, and
agreed to obey all the terms and conditions strictly.
DO YOU ACCEPT THE TERMS OF THIS LICENSE AGREEMENT? (Y/N): y
```

05 选择JAVA VM，如代码清单2-5所示。若默认为当前系统正在使用的VM，按Enter键。

代码清单 2-5

```
===============================================================================
Choose Java Virtual Machine
---------------------------

Please Choose a Java VM for Use by the Installed Application

  ->1- /home/software/jdk/jdk1.8.0_144/bin/java

    2- Choose a Java VM already installed on this system

ENTER THE NUMBER FOR THE JAVA VM, OR PRESS <ENTER> TO ACCEPT THE
      CURRENT SELECTION:
```

06 选择安装路径，如代码清单 2-6 所示。若同意使用默认安装路径，按 Enter 键。

代码清单 2-6

```
===============================================================================
Choose Install Folder
---------------------

Where would you like to install?

  Default Install Folder: /root/TongWeb7.0

ENTER AN ABSOLUTE PATH, OR PRESS <ENTER> TO ACCEPT THE DEFAULT
      :
```

07 选择链接位置，如代码清单 2-7 所示。若同意使用给出的默认链接路径，按 Enter 键继续安装。建议选择 4 不创建连接。

代码清单 2-7

```
===============================================================================
Choose Link Location
--------------------

Where would you like to create links?

  ->1- Default: /root
    2- In your home folder
    3- Choose another location...
    4- Don't create links

ENTER THE NUMBER OF AN OPTION ABOVE, OR PRESS <ENTER> TO ACCEPT THE DEFAULT
      :
```

08 出现代码清单 2-8 所示的信息后，确认预安装信息是否正确，若正确，按 Enter 键。

代码清单 2-8

```
===============================================================================
Pre-Installation Summary
------------------------

Please Review the Following Before Continuing:

Product Name:
   TongWeb7.0 Enterprise

Install Folder:
   /root/TongWeb7.0

Link Folder:
   /root

Disk Space Information (for Installation Target):
   Required:      209,664,521 Bytes
   Available: 834,549,784,576 Bytes

PRESS <ENTER> TO CONTINUE:
```

09 继续进行安装，如代码清单 2-9 所示。

代码清单 2-9

```
===============================================================================
Installing...
-------------

 [==================|==================|==================|==================]
 [------------------|------------------|------------------|------------------]
```

10 安装完成后，提示修改端口，输入端口号后按 Enter 键，如代码清单 2-10 所示。

代码清单 2-10

```
===========================================================================
Set Ports
---------
Enter requested information
tong-http-listener (Default: 8088): 8089
system-http-listener (Default: 9060): 9061
ejb-server-listener (Default: 5100): 5101
jmx-service (Default: 7200): 7201
shutdown-port (Default: 8005): 8006
```

11 出现代码清单 2-11 所示的信息后，按 Enter 键退出。

代码清单 2-11

```
Installation Complete
---------------------
```

```
Congratulations. TongWeb7.0 has been successfully installed to:

   /root/TongWeb7.0

PRESS <ENTER> TO EXIT THE INSTALLER:
```

2. 静默安装

如果想要在 Linux 平台上静默安装 TongWeb（安装时无提示也无须操作），需要制作一个名为 install.properties 的属性配置文件，将该配置文件放到安装程序同级目录下，具体的参数解析如下。

- INSTALL_UI：安装模式，此处介绍的是静默安装模式，为 INSTALL_UI=silent。
- USER_INSTALL_DIR：TongWeb 的安装路径，例如，USER_INSTALL_DIR=/home/tong/twns。
- SILENT_JDK_HOME：设置JDK路径，该JDK路径优先，例如，SILENT_JDK_HOME=/home/jdk/jdk1.7.0_67。
- USER_INPUT_PORTS_RESULTS：TongWeb 端口配置，格式如下。

```
USER_INPUT_PORTS_RESULTS="tong-http-listener"," system-http-listener","ejb-server-listener ","jmx-service","shutdown-port ",
```

例如：USER_INPUT_PORTS_RESULTS= "8081","9061","5101","7201","8006"。

运行命令 sh Install_TW7.0.x.x_x_Linux.bin -i silent -f install.properties 即可完成安装。

3. 安装 License

购买 TongWeb 产品后，在 TongWeb 产品光盘中有 License 文件。License 文件目前包含如下控制内容。

- 版本。
- 有效期。

安装方法是，将 TongWeb 产品光盘中的 license.dat 文件复制到安装 TongWeb 的根目录下即可。

4. 卸载

找到 TongWeb 的安装目录，运行 Uninstall_TongWeb7.0 目录下的 Uninstall_TongWeb7.0 脚本。

2.3.4 TongWeb 目录说明

TongWeb 安装后目录名称及说明如表 2-2 所示。

表 2-2 TongWeb 安装后目录名称及说明

目录名称	说明
Agent	代理服务器注册节点
TongDataGrid	分布式缓存目录
apache-activemq	activemq 所在目录
autodeploy	服务器默认提供的自动部署监听目录
bin	服务器启动、停止等脚本文件所在目录
conf	服务器的配置文件所在目录
deployment	已部署应用的目录
domain_template	TongWeb 域服务器模板
applications	系统应用所在目录
lib	服务器运行所需的类文件所在目录，主要以 JAR 文件形式存在
logs	服务器存放日志文件的目录，日志文件包括访问日志文件和服务器日志文件
samples	TongWeb 的示例目录，示例包括 EJB、Web 等模块
service	自启动服务器目录
native	APR native 在不同平台所需要的库文件
temp	服务器产生的临时文件以及应用预编译文件所在的目录
tools	应用服务器所带的工具目录
doc	产品使用手册
Uninstall_TongWeb7.0	卸载 TongWeb 脚本目录

2.4 TongWeb 启动与停止

安装完 TongWeb 后，即可对其进行启动与停止。

2.4.1 Windows 操作系统

一、启动

服务器的启动方法包括快捷方式启动和命令行启动。

1. 快捷方式启动

TongWeb 启动有多种快捷方式，可通过选择快捷方式启动 TongWeb。例如，单击桌面“开始”按钮，查看所有程序，找到 TongWeb7.0，单击 Start_TongWeb7.0，如图 2-16 所示。

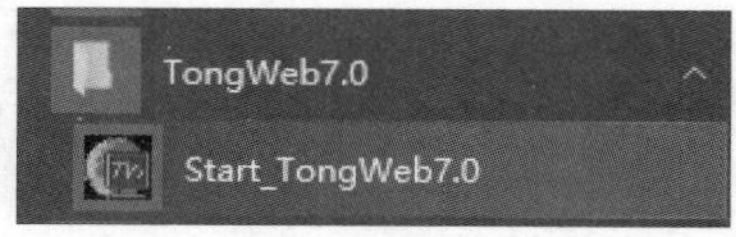

图 2-16　快捷方式启动

2. 命令行启动

TongWeb 安装成功后，可运行 TW_HOME/bin 目录下的 startserver.bat，启动 TongWeb（注：TW_HOME 代表 TongWeb 的根目录）。

二、停止

TongWeb 提供两种停止方法，分别是使用【Ctrl+C】组合键强行停止和运行停止脚本。

1. 使用【Ctrl+C】组合键

在 TongWeb 的运行窗口中直接按【Ctrl+C】组合键，即可停止 TongWeb。

2. 运行停止脚本

TongWeb 安装成功后，运行 TW_HOME/bin 目录下的 stopserver.bat，即可停止 TongWeb。

2.4.2 Linux 操作系统

一、启动

TongWeb 安装成功后，可运行 TW_HOME/bin 目录下的 startserver.sh 启动 TongWeb。为了防止前台启动进程停止，可以运行 TW_HOME/bin 目录下的 startservernohup.sh，以后台运行的方式启动 TongWeb。

后台启动命令为 nohup ./startserver.sh &。

查看日志命令为 tail -f nohup.out。

二、停止

Linux 操作系统的 TongWeb 停止方法有两种，分别是使用【Ctrl+C】组合键强行停止和运行停止脚本。

1. 使用【Ctrl+C】组合键停止

在 TongWeb 的前台运行窗口中直接按【Ctrl+C】组合键，即可停止 TongWeb。

2. 运行停止脚本

在 TW_HOME/bin 下运行 stopserver.sh 来停止 TongWeb。

2.4.3 安全启动

安全启动功能可以防止恶意用户通过停止脚本，非法停止 TongWeb。开启该功能需要在 TW_HOME/bin/external.vmoptions 脚本中做以下修改：将 -Dstartup.secure=false

改成 -Dstartup.secure=true。

注意 如果脚本中没有 -Dstartup.secure 参数，需要添加该参数。

此后，用户在通过停止脚本 stopserver 来停止 TongWeb 时，需要在调用停止脚本时输入登录用户认证信息，用户名和密码要同管理控制台用户名、密码一样，如图 2-17 所示。

```
[root@master bin]# sh stopserver.sh
[2020-07-30 17:17:51 248] [INFO] [main] [core] [input username: ]
thanos
[2020-07-30 17:17:54 190] [INFO] [main] [core] [input password: ]
thanos123.com
[root@master bin]#
```

图 2-17 调用停止脚本时验证用户名和密码

2.4.4 宕机重启模式启动

当 TongWeb 在运行中因为出错而“宕机”，即进程异常时，可以采用宕机重启模式自动重新启动 TongWeb。以宕机重启模式运行的 TongWeb 有主进程（TongWeb 重启监控进程）和子进程（TongWeb 进程）共两个 Java 进程，主进程只能监控同目录下启动的 TongWeb 子进程。运行服务器停止命令会同时停止监控主进程和子进程，如果要启动它们则需要通过 restart 命令来进行，本小节将讲解 Windows 和 Linux 操作系统下宕机重启 TongWeb 的方法。

1. Windows 操作系统

使用命令行模式启动 TongWeb，在 TW_HOME/bin 目录下，使用 .\startserver.bat restart 命令。当发生宕机终止进程时，TongWeb 会自动重新启动。

2. Linux 操作系统

使用命令行模式启动 TongWeb，在 TW_HOME/bin 目录下，使用 ./startserver.sh restart 命令。当发生宕机终止进程时，TongWeb 会自动重新启动。

3. 宕机重启间隔

发生宕机时，重新启动有一个时间间隔，这个时间间隔可以在 TW_HOME/bin 目录下的 external.vmoptions 文件中进行设置。在该文件中增加参数 -Dtongweb.restart.interval=1，设置宕机后重启的时间间隔，以秒（s）为单位。如果不设置这个参数，默认为 1s，如图 2-18 所示。

4. 启动参数说明

应用服务器子进程启动参数是由监控主进程传递给子进程的，所以 external.vmoptions 设置的启动参数，包括获取到的 JAVA_HOME 环境变量、设置的 JVM 参数、服务器参数，完全作用于应用服务器子进程。因此，宕机重启模式下和以标准方式启动服务器一样，在 external.vmoptions 文件中配置启动参数即可。

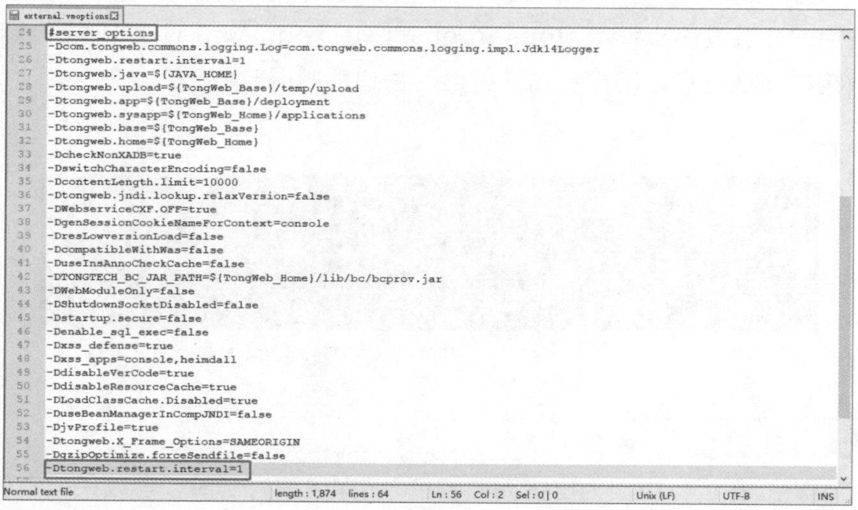

```
external.vmoptions
#server_options
-Dcom.tongweb.commons.logging.Log=com.tongweb.commons.logging.impl.Jdk14Logger
-Dtongweb.restart.interval=1
-Dtongweb.java=${JAVA_HOME}
-Dtongweb.upload=${TongWeb_Base}/temp/upload
-Dtongweb.app=${TongWeb_Base}/deployment
-Dtongweb.sysapp=${TongWeb_Home}/applications
-Dtongweb.base=${TongWeb_Base}
-Dtongweb.home=${TongWeb_Home}
-DcheckNonXADB=true
-DswitchCharacterEncoding=false
-DcontentLength.limit=10000
-Dtongweb.jndi.lookup.relaxVersion=false
-DWebserviceCXF.OFF=true
-DgenSessionCookieNameForContext=console
-DresLowversionLoad=false
-DcompatibleWithWas=false
-DuseInsAnnoCheckCache=false
-DTONGTECH_BC_JAR_PATH=${TongWeb_Home}/lib/bc/bcprov.jar
-DWebModuleOnly=false
-DShutdownSocketDisabled=false
-Dstartup.secure=false
-Denable_sql_exec=false
-Dxss_defense=true
-Dxss_apps=console,heimdall
-DdisableVerCode=true
-DdisableResourceCache=true
-DLoadClassCache.Disabled=true
-DuseBeanManagerInCompJNDI=false
-DjvProfile=true
-Dtongweb.X_Frame_Options=SAMEORIGIN
-DgzipOptimize.forceSendfile=false
-Dtongweb.restart.interval=1
Normal text file    length : 1,874    lines : 64    Ln : 56    Col : 2    Sel : 0 | 0    Unix (LF)    UTF-8    INS
```

图 2-18　宕机重启间隔设置

2.5 TongWeb 域管理

TongWeb 域管理的定义为逻辑服务器管理。通过安装介质首次安装的服务器为物理服务器。通过物理服务器的域功能，可创建出多个逻辑服务器。这些逻辑服务器各自的配置信息、日志文件等私有属性保存在与其对应的各个域中。目前定义为一个域中只有一台逻辑服务器。逻辑服务器依赖的公有属性（如 lib 文件、License 文件、系统应用、Agent、apache-activemq、samples 等）都引自物理服务器（域中不含这些物理文件）。基于域功能，只需要安装一个物理 TongWeb 就可以创建多个逻辑 TongWeb。

提示　域管理的逻辑服务器和物理服务器相比，在功能上除了缺少集中管理工具（heimdall）以外，其他功能完全一致。

2.5.1 创建 TongWeb 域

物理 TongWeb 提供创建域的脚本，创建时需要指定一个名字，创建后在 TW_HOME/domains 目录下会生成一个以该名字命名的目录，该目录就是一个逻辑 TongWeb。这种域称为“相对域”，创建时也可以指定一个绝对路径用以保存域文件，这种域称为“绝对域”。“相对域”在物理 TongWeb 路径变化后不用任何修改仍可使用，“绝对域”在物理 TongWeb 路径变化后，需手动将相关脚本更新为新的物理 TongWeb 路径。

以 Linux 平台为例，创建名称为“tw_domain_1”的相对域，在 TW_HOME/bin 目录下运行命令 ./domain.sh create tw_domain_1 即可。若要创建绝对路径为“/opt/tw_domain_1”的绝对域，则运行命令 ./domain.sh create /opt/tw_domain_1。

2.5.2 删除 TongWeb 域

物理 TongWeb 提供删除域的脚本，删除“相对域”时需要指定域的名字（物理 TW_HOME/domains 下的文件夹名称），删除“绝对域”则需要指定其绝对路径。

以 Linux 平台为例，删除名称为“tw_domain_1”的相对域，在 TW_HOME/bin 目录下运行命令 ./domain.sh delete tw_domain_1 即可。若要删除绝对路径为“/opt/tw_domain_1”的绝对域，则运行命令 ./domain.sh delete /opt/tw_domain_1。

2.5.3 启动 TongWeb 域

物理 TongWeb 提供启动域的脚本，启动“相对域”时需要指定域的名字，启动“绝对域”则需要指定其绝对路径。同时域本身的 bin 目录下也提供其启动脚本，可直接使用，使用时不需要指定任何名字或路径。

以 Linux 平台为例，要启动名称为“tw_domain_1”的相对域，在 TW_HOME/bin 目录下运行命令 ./startdomain.sh tw_domain_1 即可。若要启动绝对路径为“/opt/tw_domain_1”的绝对域，则运行命令 ./startdomain.sh /opt/tw_domain_1。当然，也可以在逻辑 TongWeb 的 bin 目录下运行命令 ./startserver.sh 启动该服务器。

2.5.4 停止 TongWeb 域

物理 TongWeb 提供停止域的脚本，停止“相对域”时需要指定域的名字，停止“绝对域”则需要指定其绝对路径，同时域本身的 bin 目录下也提供停止动脚本，可直接使用，使用时不需要指定任何名字或路径。

以 Linux 平台为例，要停止名称为“tw_domain_1”的相对域，在 TW_HOME/bin 目录下运行命令 ./stopdomain.sh tw_domain_1 即可。若要停止绝对路径为“/opt/tw_domain_1”的绝对域，则运行命令 ./stopdomain.sh /opt/tw_domain_1。当然，也可以在逻辑 TongWeb 的 bin 目录下运行命令 ./stopserver.sh 停止该服务器。

2.6 TongWeb 管理控制台

TongWeb 管理控制台是 TongWeb 应用服务器提供的图形界面管理工具，它允许系统管理员以 Web 方式管理系统服务、应用等，以及监控 TongWeb 或部署在 TongWeb 上的应用的运行状态。

2.6.1 登录

TongWeb 管理控制台通过 http://IP 地址 :9060/console 进行访问，其中 IP 地址表示 TongWeb 应用服务器主机 IP 地址，9060 为 TongWeb 管理控制台的监听端口。（注意：TongWeb 安装在本机时，也可以通过 http://localhost:9060/console 登录管理控制台。）

TongWeb 管理控制台的初始用户名为 thanos，密码为 thanos123.com。用户名不可以修改，但是可以添加，密码可以修改，“管理控制台登录”界面如图 2-19 所示。

如果管理控制台已被某用户登录，再次使用该用户登录时会出现如图 2-20 所示的提示信息。用户可以根据情况进行选择，单击“确定”按钮进行登录。

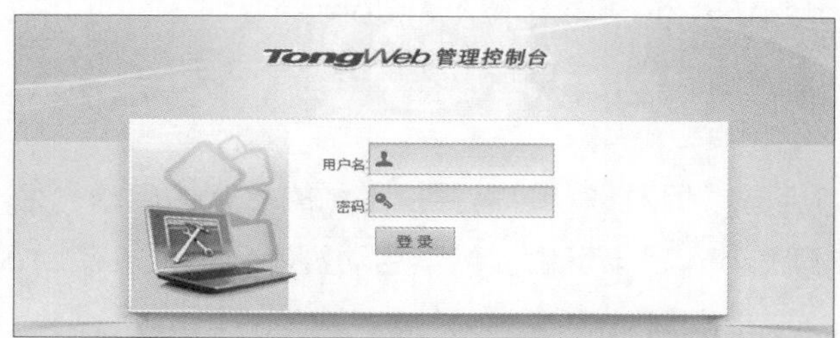

图 2-19　管理控制台登录

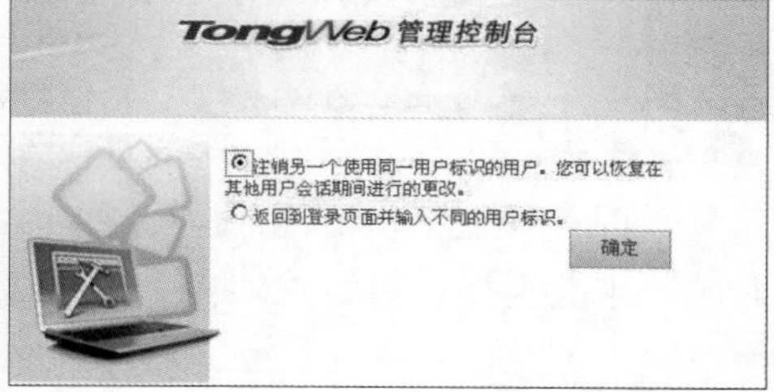

图 2-20　登录提示信息

登录管理控制台后，默认进入首页。此页用于显示 TongWeb 安装信息、JDK 信息及 License 信息，左侧导航树上展示了管理控制台提供的所有功能。管理控制台首页如图 2-21 所示。

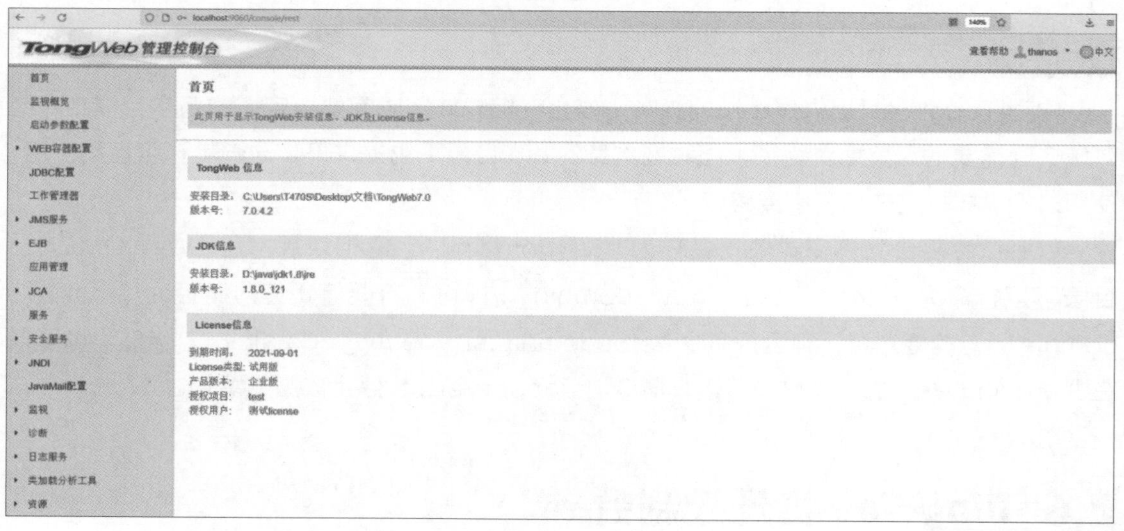

图 2-21　管理控制台首页

2.6.2 退出登录

TongWeb 管理控制台中提供用户退出登录的功能，单击右上角用户名下的“退出登录”按钮，即可退出当前用户的登录，如图 2-22 所示。

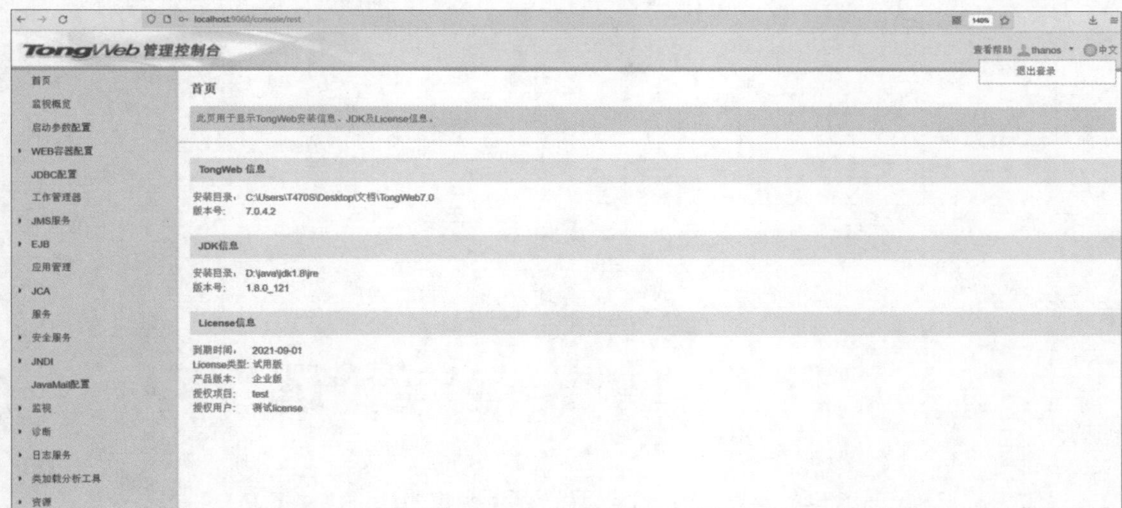

图 2-22　退出登录

第 3 章 TongWeb 应用管理

通过上一章，我们对 TongWeb 有了初步的认识。接下来，我们将进一步学习 TongWeb 各个功能组件的使用方法。其中“应用管理”是 TongWeb 管理控制台提供的最重要的功能模块。在本章中，我们会学习如何将已开发完成的应用部署到 TongWeb 上，以及如何统一管理已经部署的应用。在阅读本章后，我们将了解 TongWeb 支持的应用类型及其结构，并掌握在 TongWeb 中部署和管理应用的方法。

关于 TongWeb 应用管理，请牢记以下一个“5”、两个“4”和一个“2”！

一个“5”：TongWeb 支持 Web 应用、EJB 应用、Connector 应用、EAR 应用以及其他应用，共计 5 种 Java EE 应用文件[1]。

第一个“4”：TongWeb 支持管理控制台部署、自动部署、热部署、命令行部署，共计 4 种部署方式。

第二个“4”：TongWeb 支持在管理控制台中管理应用、自动扫描（自动解部署和自动重部署）、命令行管理和接口管理，共计 4 种应用管理方式。

一个“2”：TongWeb 支持文件部署和目录部署 2 种部署源类型。

本章包括如下主题：

- 应用类型；
- 应用部署；
- 应用管理；
- 应用配置；
- 虚拟目录；
- 资源；
- 类加载。

[1] 应用文件指的是 .jar、.war、.ear、.rar、.car 这 5 种软件包。

3.1 应用类型

企业级应用以服务器为中心，用户通过网络使用应用所提供的服务。一般来说，企业级应用应当具有的特征包括：并发支持、事务支持、交互支持、集群支持、Web 支持、安全支持等。这些特征需要基础运行环境的支撑，TongWeb 作为一款符合 Java EE 标准体系的应用服务器，可以很好地为企业级应用提供运行环境，从而最大化地降低应用的开发难度。

TongWeb 支持 5 种 Java EE 应用，包括 Web 应用、EJB 应用、Connector 应用、EAR 应用、其他应用。

3.1.1 Web 应用

Web 应用指的是可以通过浏览器访问的应用。Web 应用（WAR 应用）的扩展名为 .war，由动态资源（如 JSP、servlet、JSP Tag 库等）和静态资源（如 HTML 页面和图片文件等）组成，Web 应用的具体结构如图 3-1 所示。

WEB-INF 用来存储服务端配置文件信息和在服务端运行的类文件。WEB-INF 存储的文件不允许客户端直接访问，WEB-INF 存储的各类信息介绍如下。

- classes：该目录下存放的是 Web 应用所需的类和资源，如 servlet、EJB、工具类以及 Java Bean 组件等 。
- lib：该目录下存放的是 Web 应用所需的类包。
- web.xml：Java EE 标准的部署描述文件。
- tongweb-web.xml：TongWeb 自定义的部署描述文件。

在 Java EE 7 规范中，由于应用的配置可以通过原注释的方式写到类中，因此可以允许没有 web.xml 文件和 tongweb-web.xml 文件。

图 3-2 所示的 test.war 就是一个符合 Java EE7 规范的典型 Web 应用，其结构满足 Web 应用组成条件。

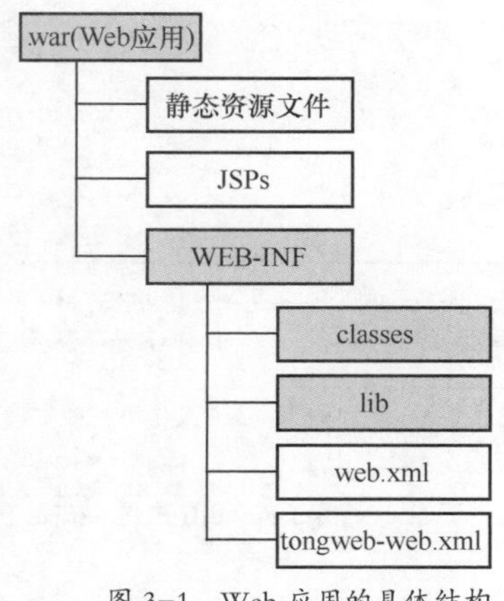

图 3-1 Web 应用的具体结构

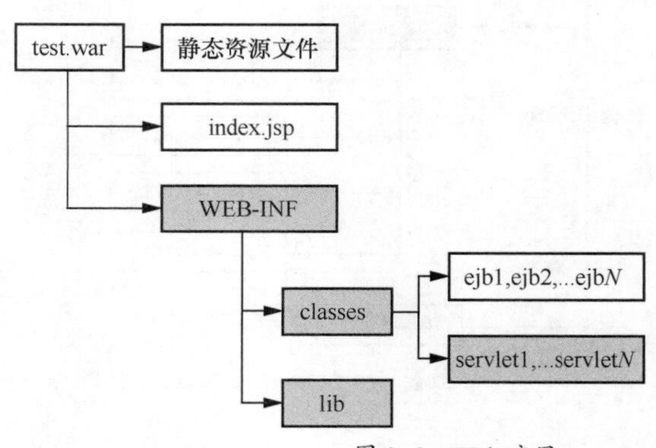

图 3-2 Web 应用 test.war

在test.war中，classes既可以是传统的小服务程序（servlet），也可以是EJB应用。servlet 是 Java servlet 的简称，称为小服务程序或服务连接器，是用 Java 编写的服务器端程序。其具有独立于平台和协议的特性，主要功能在于生成动态 Web 内容和数据，实现交互式的浏览效果。因为传统部署描述文件 web.xml 已经省略掉，所以应用的配置需要通过 Java EE 7 的注释定义在 servlet 类中。

3.1.2 EJB 应用

EJB 是基于分布式事务处理的企业级应用的组件。EJB 是用于开发和部署多层结构、分布式、面向对象的 Java 应用系统的跨平台的构件体系结构。

EJB 应用可以部署在符合 Java EE 标准规范的应用服务器上。应用服务器及 EJB 容器可提供对象事务处理、日志记录、负载均衡、持久性机制、异常处理等系统级的服务。因此，开发者只需重点关注应用的业务逻辑，从而可以大幅简化大型企业级应用的开发工作。

一个 EJB 应用应包含 EJB 实现以及 EJB 实现所需的类，EJB 应用的具体结构如图 3-3 所示。

META-INF 文件夹相当于一个信息包，在 META-INF 中包含的目录和目录中的文件获得了 Java 平台的认可与解释，可以用来配置应用、扩展程序、类加载器和服务。该文件夹和其中的 MANIFEST.MF 文件，是在 JAR 打包时自动生成的。META-INF 可以包含如下配置文件。

- ejb-jar.xml：Java EE 标准部署描述文件。
- tongweb-ejb-jar.xml：TongWeb 自定义的部署描述文件。
- persistence.xml: Entity 使用 JPA 时所需的持久化配置文件。

EJB 的 JAR 文件的配置定义，完全可以通过原注释的方式定义在 EJB 的类中。

图 3-4 所示的 test.jar 是一个符合 EJB 3.1 以上规范的 EJB 应用的 JAR 包，其 ejb-jar.xml 已经不再是必选的部分。

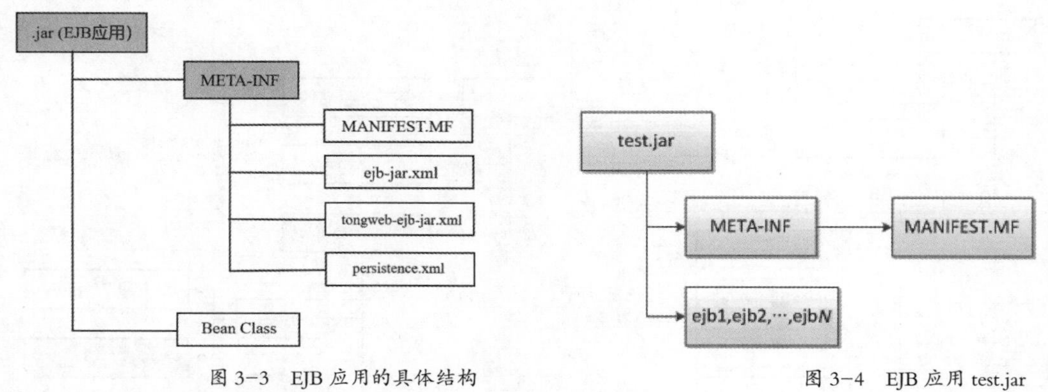

图 3-3　EJB 应用的具体结构

图 3-4　EJB 应用 test.jar

3.1.3 Connector 应用

Connector 应用（连接器应用）是一种资源适配器。在扩展名为 .rar 的文件里，包含资源适配器的实现类，它允许 Java EE 应用组件访问企业信息系统的底层资源管理器，并与之交互。Connector 应用主要由符合 JCA 规范的 Connector 应用类（JAR 包形式）和符合 Java EE 标准的部署描述文件 ra.xml 组成，具体结构如图 3-5 所示。

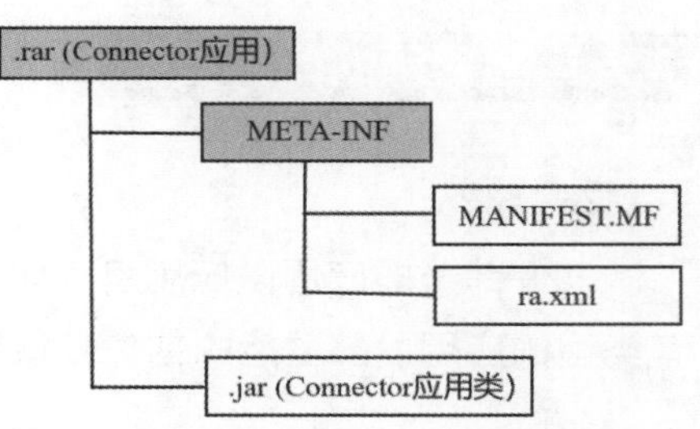

图 3-5 Connector 应用的具体结构

3.1.4 EAR 应用

EAR 应用是企业级应用的项目集合，它将应用所包括的子项目的多个 JAR 文件和 WAR 文件打包在一个 EAR 文件中，以便在应用服务器中整体部署。EAR 应用可包含 Web 应用（.war）、EJB 应用（.jar）和公用包。一个 EAR 应用可以包含一个或多个 Java EE 应用或者组件，EAR 应用的具体结构如图 3-6 所示。

其中 application.xml 是 Java EE 标准的部署描述文件，APP-INF 是 EAR 应用的公共类。

图 3-7 所示的 test.ear 是一个典型的 EAR 应用。

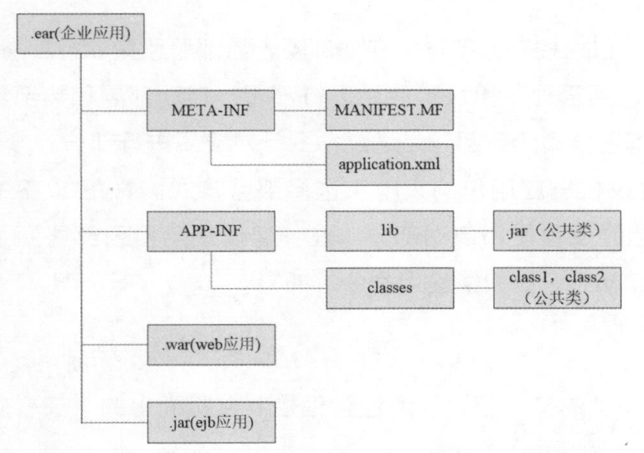

图 3-6 EAR 应用的具体结构

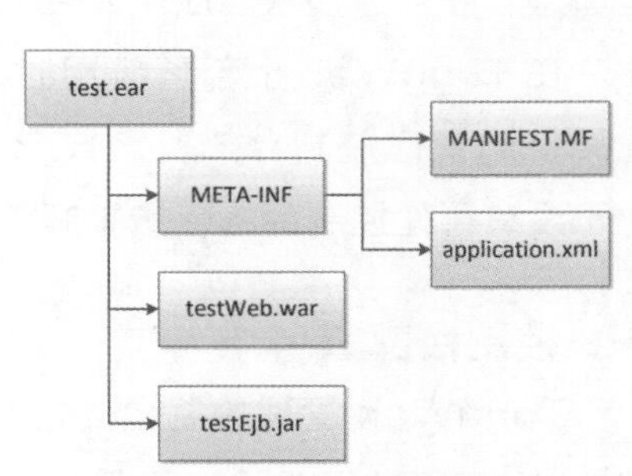

图 3-7 EAR 应用 test.ear

3.1.5 其他应用

TongWeb 还支持其他扩展名的应用文件（指标准格式 .jar、.war、.ear、.rar 之外的格式，如 .car），选择此类应用文件后，只能通过后台获取其应用类型。

3.2 应用部署

TongWeb 管理控制台支持文件部署和目录部署两种部署源类型，以及控制台部署、自动部署、热部署和命令行部署等 4 种部署方式。

3.2.1 部署源的两种类型

1. 文件部署

文件部署即应用以应用包（如 .war，.ear 等）的形式进行部署，该形式的部署支持所有类型的应用。部署后的信息默认存放在 TW_HOME/deployment 目录中。

2. 目录部署

目录部署即应用以展开的目录形式进行部署，目录部署支持 Web 应用、EJB 应用、Connector 应用和 EAR 应用等类型的应用。目录部署的优点是方便应用的修改，当应用包含需要频繁修改的文件时，使用目录部署会相对方便。

> **注意** EAR 应用在使用目录部署时，如果子模块中包含 Web 应用，需要将其解压为以 .war 或 _war 结尾的目录，否则将无法识别该子模块。子模块中的 EJB 应用可以不解压，如果也要解压，其目录需要以 .jar 或 _jar 结尾。

3.2.2 应用部署的 4 种方式

TongWeb 应用部署的 4 种方式，包括控制台部署、自动部署、热部署和命令行部署。控制台部署是通过管理控制台上的“应用管理”模块对应用进行部署，自动部署和热部署是通过“服务”模块对应用开启自动部署，命令行部署是通过命令行对应用进行部署。

在 TongWeb 上部署应用时，建议根据应用包的大小来选择部署方式。1GB 以下的优先使用管理控制台部署，1GB 以上的推荐使用自动部署（注：建议使用目录部署源）。对于没有管理控制台的轻量级版 TongWeb，则只能使用命令行部署。

一、控制台部署

TongWeb 管理控制台支持多种类型的文件部署，通过管理控制台页面上的“部署应用”，对应用进行部署的操作步骤如下。

01 在管理控制台的左侧导航树中单击“应用管理”。

02 单击“部署应用”按钮，如图 3-8 所示。

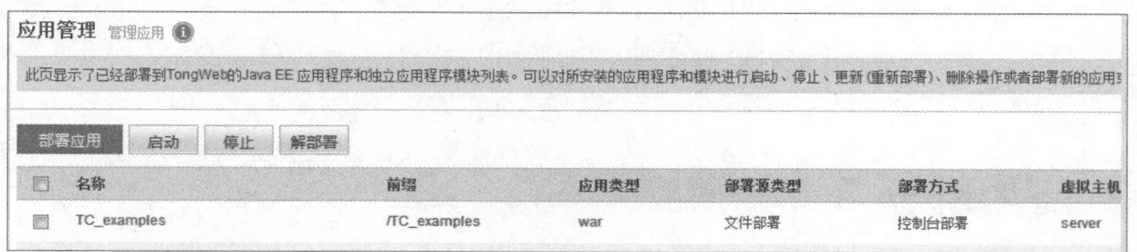

图 3-8　部署应用

03 进入“应用管理”界面，文件位置分为本机和服务器，如图 3-9 所示。

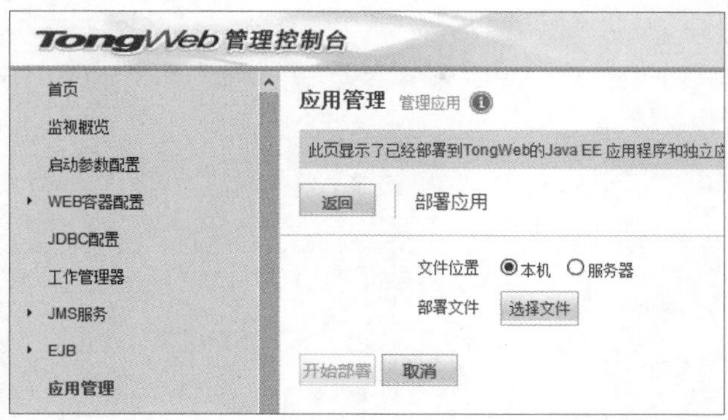

图 3-9 选择部署文件

04 如果部署文件在本机，会将本地文件 TC_examples.war（TW_HOME\samples\servletjsp-samples\servletjsp-tomcatexamples\TC_examples.war）上传到服务器上，如图 3-10 所示。

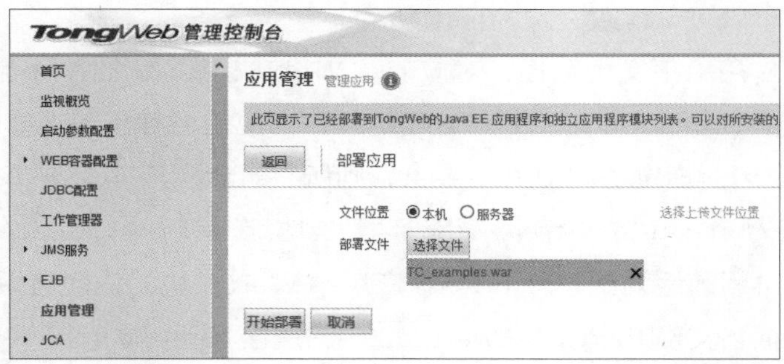

图 3-10 上传本地文件

> **说明** TC_examples.war 是一个用于练习本机操作的范例文件。

05 如果部署文件已经在服务器上，直接选择服务器上对应的文件（见图 3-11）或其解压后的目录。

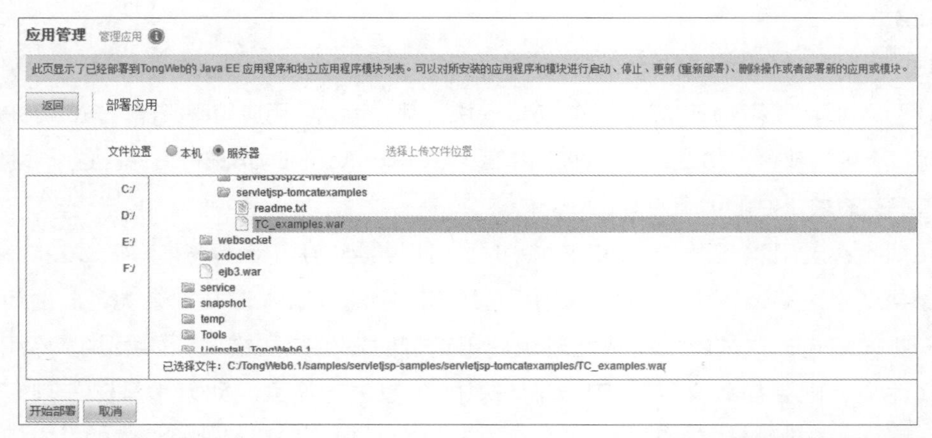

图 3-11 在服务器上选择文件

06 单击“开始部署”按钮，进入“基本属性”界面，设置应用基本属性，如图 3-12 所示。

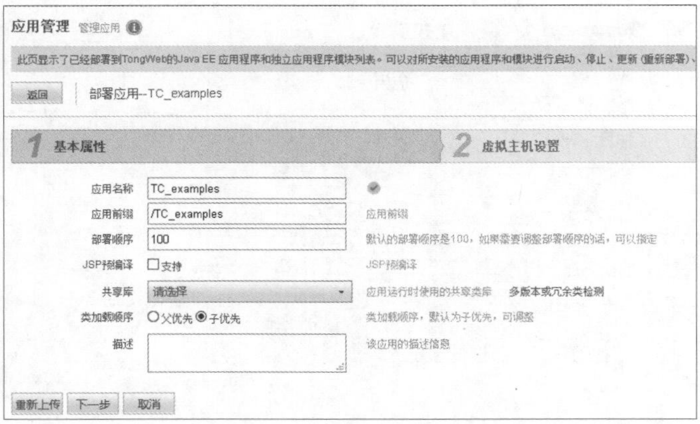

图 3-12 设置应用基本属性

部分基本属性的作用如下，本案例中所有基本属性保持默认即可。

- 应用名称：默认情况下，应用名称就是部署时选择的应用文件名或者目录名，这个名称在部署阶段可以修改。
- 应用前缀：应用上下文根路径，对应的是 Web 应用。每个 Web 应用对应一个访问前缀，当访问具体 Web 应用时，应用前缀作为应用名称出现在请求 URI 中。例如，部署 Web 应用时指定访问前缀为 test，则所有对该应用下 JSP 页面和 servlet 的请求形式必须为 http（或 https）://服务器 IP 地址:监听端口/test/…。如果访问前缀为 / 则表示访问前缀为空。每个 EAR 应用中 Web 模块的访问前缀，由 Web 应用的自定义部署描述文件 tongweb-web.xml 中的属性 context-root 决定，或由 META-INF/application.xml 中的 web-uri 决定（注：应用前缀在 application.xml 中优先级高于 tongweb-web.xml）。如果没有上述相应的配置，则使用 Web 应用包名（文件部署，不含 .war 扩展名）或目录名（目录部署）作为访问前缀。在 EAR 应用中，每一个 Web 应用都要有一个唯一的访问前缀，任何两个 Web 应用不能有相同的访问前缀。
- 部署顺序：默认值 100，根据值的高低决定 TongWeb 重新启动后应用部署的先后顺序。
- JSP 预编译：在管理控制台部署应用时，可以设置当前应用的 JSP 预编译。设置完成后，对于 Web 应用和 EAR 应用中的 Web 模块，都会首先调用应用服务器内置的 JSPC 工具。随着应用的部署，JSP 会进行预编译，避免在第一次访问时再进行编译。这个属性的作用是提高请求 JSP 的访问速度。
- 共享库：应用类型为 WAR、EAR 时，可以给当前应用配置共享库，支持多选。选择共享库之后，可以手动检测出所选共享库中的多版本以及冗余类，同时可以排除一些加载包，这样就能有效地避免应用运行时发生某些错误。如果共享库引用的是文件夹，则会加载文件夹下面所有的 JAR 包进行检测。如果未排除任何冗余或者多版本，应用将加载所选共享库下的全部加载包（按路径去除重复）。应用类型为

EAR 时，配置的共享库会作用于该应用的所有子模块。

- 类加载顺序：类加载顺序是指定 Web 应用、EAR 应用中 Web 模块和 EJB 模块的类加载顺序，分为父优先和子优先两种。父优先即在加载类的时候，在从类加载器自身的类路径上查找加载类之前，首先尝试在父类加载器的类路径上查找和加载类；子优先即在加载类的时候，首先尝试从自己的类路径上查找加载类，在找不到的情况下，再尝试父类加载器的类路径。

注意 通过管理控制台部署 EAR 应用时，可以为 EAR 应用中所有的 Web 模块指定同样的类加载顺序，也可以在编辑时单独为每个 Web 模块设置不同的类加载顺序。

管理控制台指定的类加载顺序优先于应用中 tongweb-web.xml 部署描述文件指定的类加载顺序，tongweb-web.xml 中的类加载顺序优先于其他配置文件的类加载顺序。

- 描述：用来注明该 Web 应用项目的描述信息，每一个应用都默认在 TW_HOME/conf 的 tongweb.xml 中存储着关于这个应用的描述。

07 应用的基本属性设置完成后，单击“下一步”按钮进入“虚拟主机设置”界面，单击下拉列表框选择“server”虚拟主机，如图 3-13 所示。虚拟主机只能用于 Web 应用与含有 Web 模块的 EAR 应用。同一个应用可以部署到多个虚拟主机上，通过在 DNS 配置的主机名称，在浏览器中进行指定的访问。

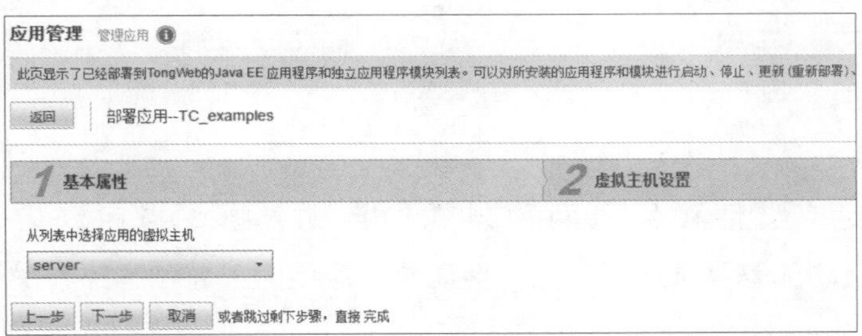

图 3-13 虚拟主机设置

08 单击“下一步”按钮进入“完成部署”界面，确认部署信息，如图 3-14 所示。如果想对基本属性进行更改，单击“上一步”按钮返回即可。

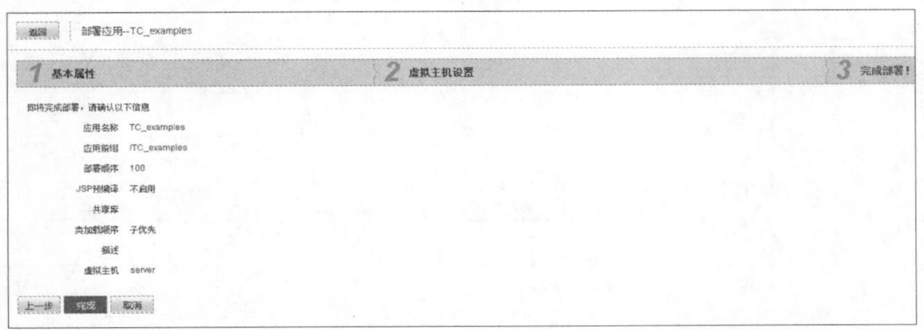

图 3-14 确认部署信息

09 确定基本属性设置的信息后，单击“完成”按钮。如果没有出现任何异常，说明应用部署成功。在已部署的应用页面可看到该应用已经部署成功，如图 3-15 所示。

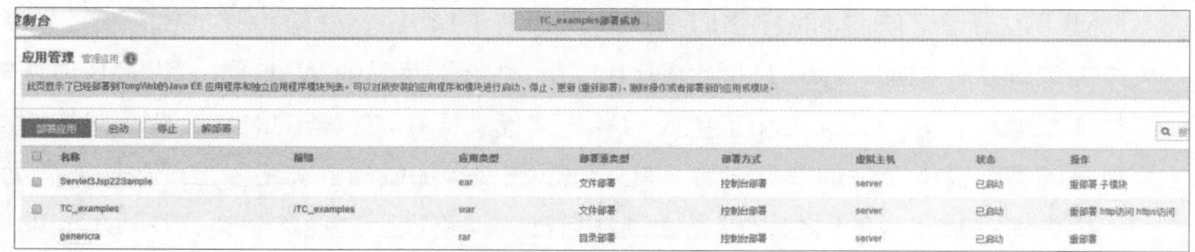

图 3-15　应用部署成功

注意 如果部署过程中出现异常的信息，即应用部署出现错误，页面会跳转到查看已部署的应用页面，在页面最上端会出现部署失败的提示框，如图 3-16 所示。单击提示框中的“了解详情”超链接，将弹出下载文件提示，文件里面包含异常的详细信息，可用来分析本次部署失败的原因。

控制台　jpa2_0_sample部署失败 了解详情

应用管理 管理应用

此页显示了已经部署到TongWeb的Java EE 应用程序和独立应用程序模块列表。可以对所安装的应用程序和模块进行启动、停止、更新(重新部署)、删除操作或者部署新的应用或模块。

部署应用 启动 停止 解部署

名称	前缀	应用类型	部署源类型	部署方式	虚拟主机	状态	操作
ejb3(versioned)	/ejb3	war	——	控制台部署	server	已启动	子版本 http访问 https访问
ejb2		ear	文件部署	控制台部署	server	已启动	重部署 子模块
TC_examples	/TC_examples	war	文件部署	控制台部署	server	已启动	重部署 http访问 https访问
jpa2_0_sample	/jpa2_0_sample	war	文件部署	控制台部署	server	出错	重部署 http访问 https访问
ejb3_1_war	/ejb3_1_war	war	文件部署	控制台部署	server	已启动	重部署 http访问 https访问
genericra		rar	目录部署	控制台部署	server	已启动	重部署

图 3-16　应用部署失败

二、自动部署

TongWeb 支持文件和目录两种方式的自动部署，当启动自动部署功能后，TongWeb 会对自动部署目录进行监控，自动执行应用的部署和解部署操作。

1. 自动部署设置

自动部署的启动和停止可通过 TongWeb 管理控制台进行配置。进入管理控制台，选中“服务”模块，开启自动部署，如图 3-17 所示。

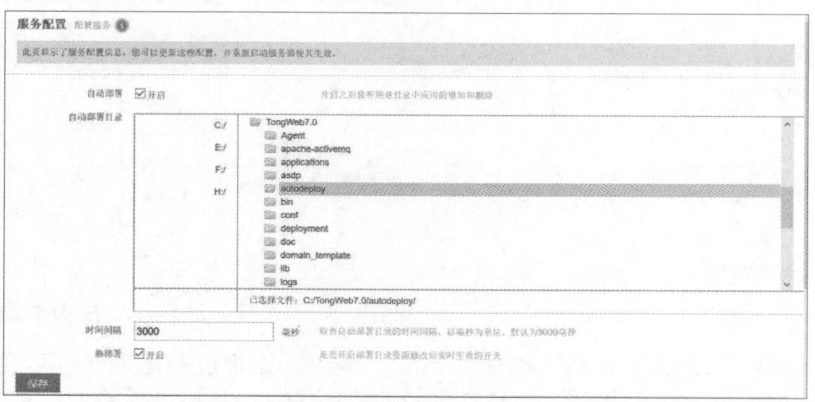

图 3-17　开启自动部署

在“服务配置”页面中，可以设置自动部署的以下 3 个选项。

- 自动部署：选中该属性，则启动自动部署功能；取消选中，则停止自动部署功能。

注意 在修改该属性后，需要重启服务器才可以生效。

- 自动部署目录：可以选择在服务器的任何一个目录进行自动部署，默认自动部署目录为 TW_HOME/autodeploy。
- 时间间隔：自动部署目录的监控线程扫描时间，以毫秒（ms）为单位。

上述选项设置完成后，单击服务配置页面下方的“保存”按钮，即可启动自动部署的功能。

2. 自动部署应用的方法

自动部署应用需要将部署的应用文件或目录复制到自动部署目录，支持的应用文件形式包括 EAR 应用（.ear）、Web 应用（.war）和 EJB 应用（.jar）。例如，某个 EAR 应用的目录名称为 enterprise，那么可以直接将 enterprise 目录设置为自动部署目录进行自动部署。

部署操作结束后，在自动部署目录中的 TW_HOME/autodeploy/.autodeploystatus 文件夹下会出现一个对应部署应用的部署状态文件夹。这是个空的文件夹，标志着部署操作成功。

当出现上述文件夹，并且文件夹名称与应用名称相同时，说明自动部署应用成功；当 .autodeploystatus 文件夹下出现“应用名 .failed”的时候，说明该应用自动部署失败。

注意 如果通过自动部署的方式部署带版本的应用，会将其作为普通应用来部署。自动部署应用的类加载顺序使用应用的自定义部署描述文件中配置的顺序。如果应用中无自定义部署描述文件或该文件未指定类加载顺序，则默认使用子优先。

三、热部署

采用热部署方式部署应用后，可在线实时对应用进行修改，结果可立刻展现。

1. 热部署设置

开启热部署需要通过 TongWeb 管理控制台进行设置。如图 3-18 所示，进入管理控制台，选中“服务配置”页面下的“热部署”的选项后，即可开启热部署。

2. 热部署应用的方法

当热部署开启后，修改 TW_HOME/deployment 中的应用的类文件或应用的配置文件 web.xml，应用会发生热部署，重新加载并将最新的内容提供给用户。

如果热部署的是 EAR 应用，则只需要替换 deployment 下该 EAR 应用目录下未解压的子模块（Web 模块或 EJB 模块），该 EAR 应用就会发生热部署。

注意 替换 EAR 目录下已经解压的子模块中的内容，不会触发热部署。

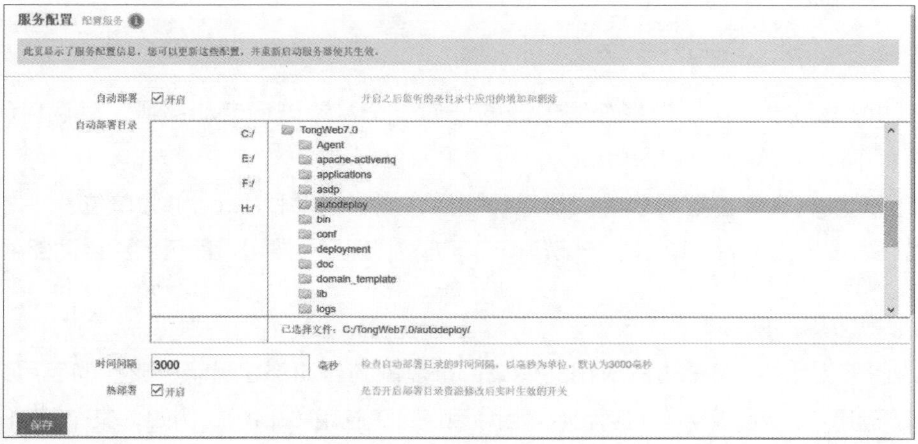

图 3-18　开启热部署

四、命令行部署

TongWeb 支持命令行部署，命令行的启动脚本位于 TW_HOME/bin 目录下，为以 commandstool 命名的脚本，有 bat（Windows）和 sh（Linux/UNIX）两个版本。此处将介绍 commandstool 脚本的执行方式及参数，并提供部署应用命令的使用说明。

1. 执行方式

本命令行工具有直接执行和多级交互式执行两种执行方式，介绍如下。

- 直接执行。

进入 TW_HOME/bin 目录后，直接在命令提示符下输入脚本文件名、相应命令及参数即可。如：

```
Windows:  TW_HOME/bin>commandstool list-sys-properties --host=localhost
Linux:    TW_HOME/bin>sh commandstool.sh list-sys-properties --host=localhost
```

- 多级交互式执行。

即先启动 TW_HOME/bin 目录下的 commandstool 脚本，进入次级命令提示符 commandstool>。

之后只需输入相应命令，不用多次执行 commandstool 脚本。如：

```
Windows:  TW_HOME/bin>.\commandstool.bat
Linux:    TW_HOME/bin>sh commandstool.sh
commandstool>list-sys-properties --host=localhost
```

2. 安全认证

在 TongWeb 中，每次执行命令都需要进行安全认证，安全认证是系统应用资源受保护所需的认证。执行命令时，需要提供正确的用户名、密码才能通过认证，认证方式分为以下两种。

- 交互方式，即可以通过用户名、密码的提示来进行认证：

```
commandstool>list-sys-properties --host=localhost
```

```
Please enter the admin user name>cli
Please enter the admin password>cli123.com
```

- 直接方式，直接在输入命令时，提供需认证的用户名与密码文件。如：

```
commandstool>list-sys-properties --host=localhost --user=cli --passwordfile= <passwordfile>
```

> **说明** <passwordfile> 是保存用户密码的文件，文件中的属性名必须是 AS_ADMIN_password，如：AS_ADMIN_password=cli123.com。
>
> Linux 下如：--passwordfile=TW_HOME/bin/passwordfile；
>
> Windows 下路径使用 \\ 或者 /，如：--passwordfile=C:\\passwordfile

3. 基本参数

命令行包含一些基本参数，这些参数适用于任何命令。端口为 9060 的服务器实例上处于停止状态的 test-listener 通道的命令为：

```
commandstool>start-http-listener --port=9060 test-listener
```

命令行常用参数如下。

- --host：用于连接。代表需要连接的 IP 地址，默认为 localhost。
- --port：用于连接。要连接的端口，默认为 9060。
- --user：连接所需的认证用户。如不填写，则进行交互输入。默认为 cli。
- --passwordfile：保存用户密码的文件（文件中的属性名必须是 AS_ADMIN_password，如 AS_ADMIN_password=cli123.com）。
- --help：帮助信息。

所有的参数都可以 --param=value 的格式进行输入，如果参数为 Boolean 值（布尔值），则可以省略 =value，参数的数值为描述属性的默认值。另外，参数的值当中如果包含空格，如将一些文件和地址等作为属性值，或者特殊字符，如 & 等，需要将该属性用 "" 标注起来，命令行才会识别这个值。如：

```
jdbcurl="jdbc:mysql://localhost/tw?useUnicode=true&characterEncoding=GBK"
```

4. 错误提示

当输入错误命令的时候，命令行工具会提示输入错误；如果输入的内容不包含必选参数，命令行工具还会提示哪个参数是必需的。像 create-** 一类的命令，都需要一个操作数。如 create-http-listener 要创建一个名为 test-listener 的通道，则 test-listener 就是这个操作数。如果输入的命令不包含 test-listener 这个操作数，命令行工具也会给出错误提示。错误提示如图 3-19 所示。

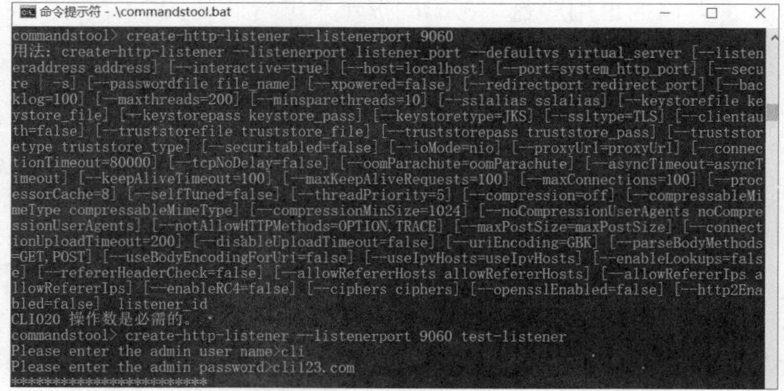

图 3-19 错误提示

5. 部署应用

使用 commandstool 定义的 deploy 命令，可以部署 Web 应用、EJB 应用及企业级应用等。如：

```
commandstool>deploy --contextroot=ejb3_1_war --precompilejsp=true --applocation=
C:\\TongWeb\\samples\\ejb\\ejb3_1_war.war testapp1
```

相关参数说明如下。

- --applocation：客户端应用文件的路径，必填（注：Windows 下路径使用“\\”或者“/”）。
- --defaultvs：虚拟服务器。
- --contextroot：应用前缀。只有在 Web 应用部署时可用。
- --precompilejsp：JSP 是否预编译。
- --deployorder：设置部署顺序。
- --appdescription：应用描述。
- --delegate：类加载策略，默认是子优先（false），如果想配置父优先，则设置为 true。
- 目标参数：应用名称（如 testapp1、testapp2），必填。

3.3 应用管理

TongWeb 的应用管理包括使用管理控制台、自动扫描、命令行管理和接口管理等 4 种方式。

3.3.1 使用管理控制台

应用管理最方便的途径是通过管理控制台的“应用管理”模块进行统一的管理，包括查看已经部署的应用，部署应用，查看 EAR 应用的子模块，应用的解部署、重部署、编辑、访问，应用的启动和停止。

本小节的操作都在“应用管理”页面进行。在管理控制台左侧的导航树中单击“应用管理”按钮即可进入应用管理页面。

1. 查看应用

应用部署完成后，即可在应用管理页面查看所有已经部署的应用，并以列表的形式展现，如图 3-20 所示。

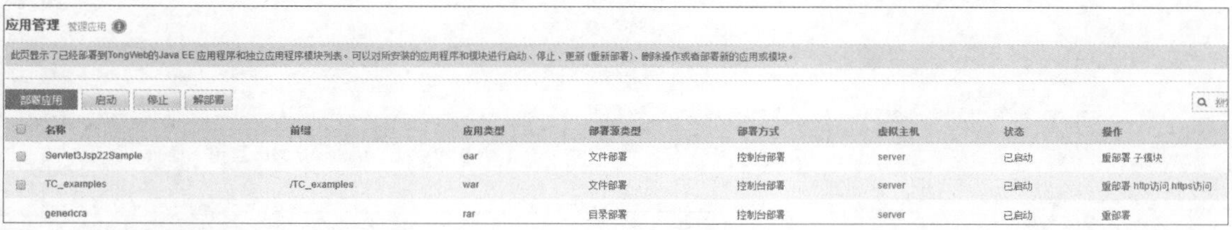

（注：为与软件界面一致，截图中的“http”“https”未修改为“HTTP”“HTTPS”）

图 3-20 应用管理

列表可显示部署应用时设置的名称、前缀、虚拟主机等基本属性（注：基本属性说明可参见 3.2.2 小节），应用类型、部署源类型及部署方式。

列表也可显示应用的部署状态，包括正在部署、已启动、已停止、未退休、已退休、退休中、出错。

列表还可提供对各个应用的操作，包括 HTTP/HTTPS 访问、重部署、子版本、子模块。

- “http/https 访问”：单击可以访问应用，若应用部署的虚拟主机所关联的通道均为空，则该超链接显示为灰色，不可用。
- 重部署：当应用部署完成后，如果发现应用中的某些类或配置不正确，可以重新部署应用。
- 子版本：可以查看应用所有的版本，仅适用于带版本的应用。
- 子模块：可以查看应用所有的子模块，仅适用于带子模块的应用。

2. 编辑应用

在查看完所有已部署应用后，如果想对应用的基本属性进行修改，可以对其进行编辑。

01 在应用管理页面，单击“名称”列下面的应用名，例如 WAR 应用“TC_examples”，进入“编辑应用”页面。如图 3-21 所示，编辑 WAR 应用后，单击“保存”按钮更新应用的信息。

02 对于 EAR 应用，编辑应用页面的类加载顺序以树状形式展示，可编辑“web 模块类加载顺序”，保存后将更新应用信息，如图 3-22 所示。

图 3-21　编辑 WAR 应用

图 3-22　编辑 EAR 应用

3．访问应用

对应用的基本属性编辑确认完成后，就能对应用进行访问了。可访问的应用类型包括 WAR 和 EAR 两种，对于 WAR 应用，可通过应用列表中的超链接进行访问；EAR 应用的超链接在子模块页面的操作栏中。

- 访问 WAR 应用。

WAR 应用的超链接在已部署应用列表的操作栏下。

单击 WAR 应用“操作”列下面的“HTTP 访问”，即可在弹出的新窗口中对该应用进行访问。

- 访问 EAR 应用。

EAR 应用存在子模块，其超链接在子模块页面的操作栏中。

01 在应用列表中 EAR 应用 Servlet3Jsp22Sample 的“操作”列中，存在“子模块”的超链接，如图 3-23 所示。

应用管理 管理应用

此页显示了已经部署到TongWeb的Java EE 应用程序和独立应用程序模块列表。可以对所安装的应用程序和模块进行启动、停止、更新（重新部署）、删除操作或者部署新的应用或模块。

部署应用 启动 停止 解部署

	名称	前缀	应用类型	部署源类型	部署方式	虚拟主机	状态	操作
	Servlet3Jsp22Sample		ear	文件部署	控制台部署	server	已启动	重部署 子模块
	TC_examples	/TC_examples	war	文件部署	控制台部署	server	已启动	重部署 http访问 https访问
	genericra		rar	目录部署	控制台部署	server	已启动	重部署

图 3-23 应用列表

02 单击“子模块”超链接，将弹出子模块的列表页面。单击“操作”列下面的“http 访问”或“https 访问”，即可弹出新窗口对该应用进行访问，EAR 应用的子模块信息如图 3-24 所示。

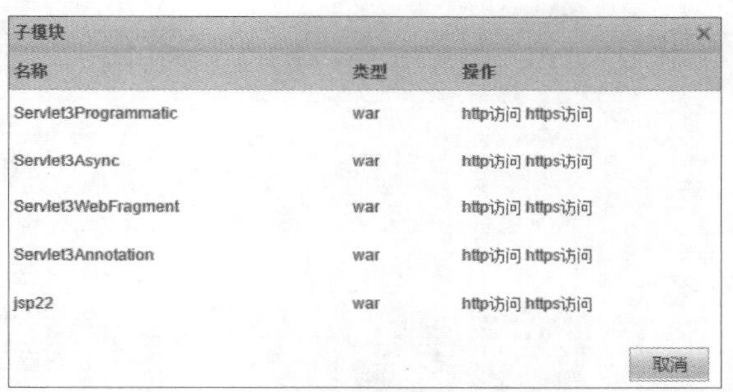

子模块

名称	类型	操作
Servlet3Programmatic	war	http访问 https访问
Servlet3Async	war	http访问 https访问
Servlet3WebFragment	war	http访问 https访问
Servlet3Annotation	war	http访问 https访问
jsp22	war	http访问 https访问

取消

图 3-24 EAR 应用的子模块信息

4. 停止应用

应用部署完成后，默认为“已启动”的状态，这个时候可以对应用进行停止。如图 3-25 所示，在列表中选中对应的应用，其应用状态为“已启动”状态。单击列表上方的“停止”按钮，即可将其停止。

应用管理 管理应用

此页显示了已经部署到TongWeb的Java EE 应用程序和独立应用程序模块列表。可以对所安装的应用程序和模块进行启动、停止、更新（重新部署）、删除操作或者部署新的应用或模块。

部署应用 启动 停止 解部署

	名称	前缀	应用类型	部署源类型	部署方式	虚拟主机	状态	操作
	ejb3(versioned)	/ejb3	war	——	控制台部署	server	已启动	子版本 http访问 https访问
	ejb2		ear	文件部署	控制台部署	server	已启动	重部署 子模块
✔	TC_examples	/TC_examples	war	文件部署	控制台部署	server	已启动	重部署 http访问 https访问
	ejb3_1_war	/ejb3_1_war	war	文件部署	控制台部署	server	已启动	重部署 http访问 https访问
	genericra		rar	目录部署	控制台部署	server	已启动	重部署

正在停止

图 3-25 停止应用

图 3-25　停止应用（续）

5．启动应用

当应用处于停止状态时，可再次启动应用。在列表中选中对应的应用，其应用状态为“已停止”状态。单击列表上方的“启动”按钮，即可将其启动，如图 3-26 所示。

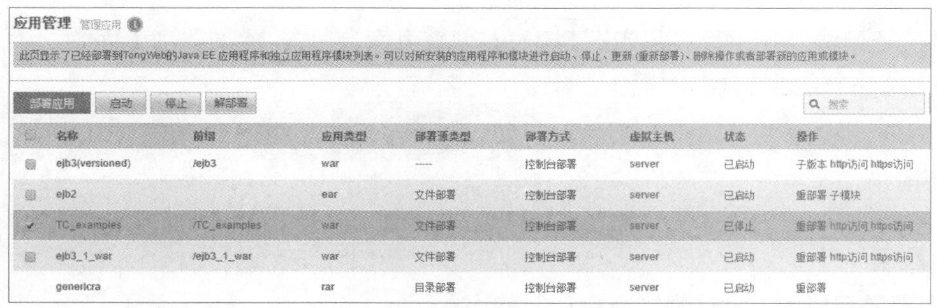

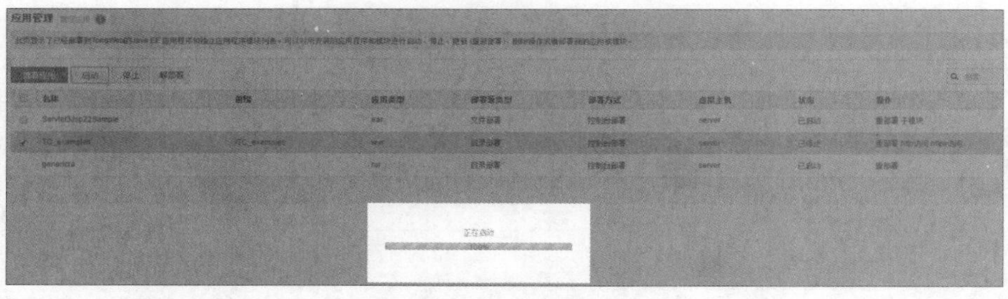

图 3-26　启动应用

6．解部署应用

在应用列表中显示的是所有已经部署完成的应用，如果想要删除应用列表中的应用，可以对应用进行解部署。

如图 3-27 所示，勾选需要解部署应用左侧的复选框，选中对应的应用，然后单击列表上方的“解部署”按钮，将弹出确认删除提示对话框。单击“删除”按钮，应用即被解部署。

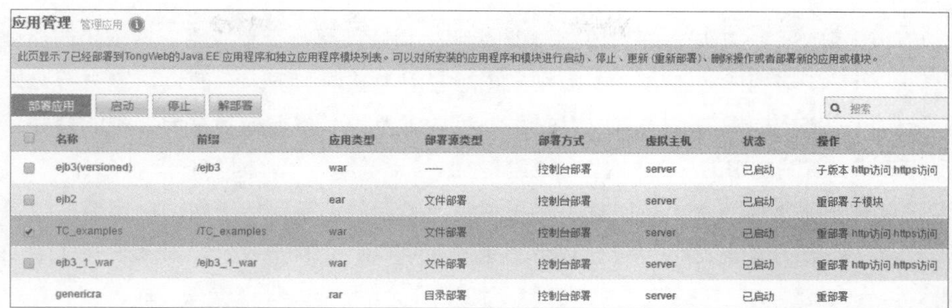

图 3-27 解部署应用

7. 重部署应用

当应用部署完成后，如果发现应用中的某些类或配置不正确，这时就需要重新部署应用。

01 如图 3-28 所示，修改已部署应用目录下的应用后，单击“操作”列下面的“重部署”，将弹出“重部署应用”页面。单击“确定”按钮后，对应的应用将进行重部署。

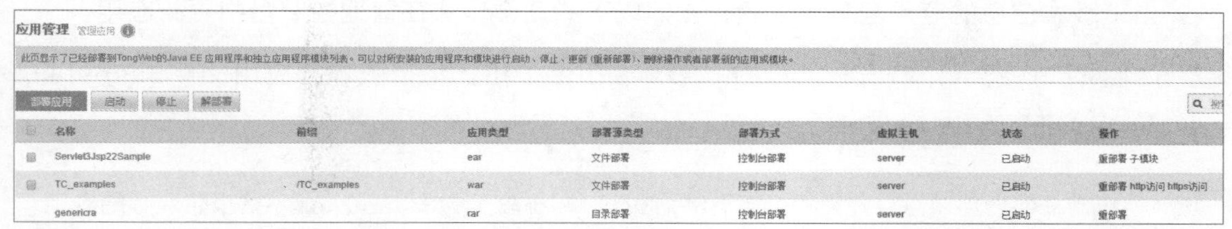

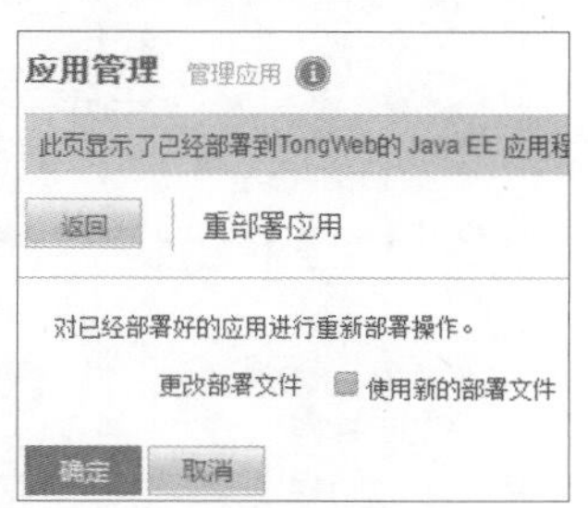

图 3-28 重部署应用

02 勾选“使用新的部署文件”还可以使用新的部署文件进行重部署，如图 3-29 所示。

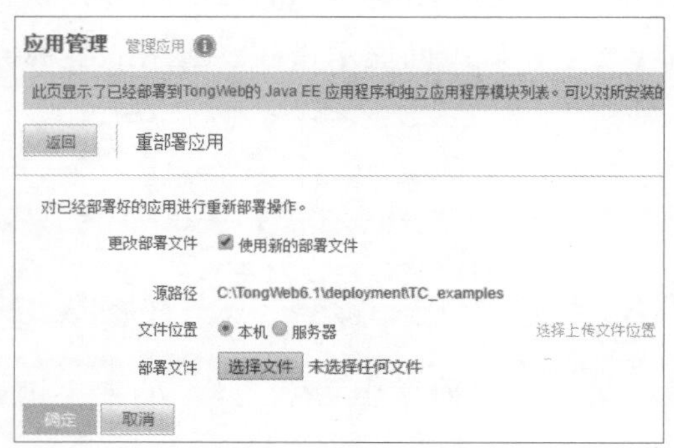

图 3-29 使用新的部署文件进行重部署

> **注意** 勾选“使用新的部署文件”，相当于销毁旧应用，重新部署一个新应用。这一步的操作和部署页面的类似，但是原应用的“部署基本属性”在新应用中被继承下来，而且不能进行选择。从这一点可以看到，如果当前重部署的新应用与原应用从应用的形态上相差过大，可能会导致应用重部署失败。另外，新旧应用的应用类型必须保持一致。
>
> 使用原来的部署文件部署，类加载顺序与原来的类加载顺序保持一致；使用新的部署文件部署，类加载顺序与新的部署文件的自定义部署描述文件中配置的一致。如果部署文件中无自定义部署描述文件或该文件未指定类加载顺序，默认使用子优先。

8．更新应用

更新应用是带有版本的应用对自身版本升级的一种手段，当前仅支持 Web 应用的更新。更新的内容包括跟随着应用发布的 JNDI 对应资源节点以及 Web 应用对应的资源。

首先需要准备好新版本应用，在应用目录包下的 META-INF/MANIFEST.MF 文件中定义属性名为 Tongweb-App-Version，属性值为版本号，采用 X.Y 的形式，其中 X 和 Y 都是数字（如 1.0、1.1、1.2 等）。如 Tongweb-App-Version: 1.3。

当带版本信息的应用准备完成后，按照以下的几个步骤在管理控制台中更新应用。

01 如图 3-30 所示，单击左上角的“部署应用”按钮，将带版本的应用文件 JasperJsp (versioned) 部署到 TongWeb 上。

> **注意** 该应用文件为用户自行开发的应用示例，TongWeb 安装包的 samples 不提供带版本的应用。

控制台　JasperJsp 部署成功　查看帮助 thanos 中文

应用管理 管理应用

此页显示了已经部署到TongWeb的Java EE 应用程序和独立应用程序模块列表。可以对所安装的应用程序和模块进行启动、停止、更新(重新部署)、删除(解部署)操作或者部署新的应用或模块。

部署应用　启动　停止　解部署　搜索　定制列表

名称	前缀	应用类型	部署源类型	部署方式	虚拟主机	状态	操作
genericra		rar	目录部署	控制台部署	server	已启动	重部署
JasperJsp(versioned)	/JasperJsp	war	----	控制台部署	server	已启动	子版本 http访问 https访问

图 3-30　部署带版本的应用文件

02 当 JasperJsp(versioned) 需要更新时，单击“操作”列的“子版本”，进入“应用版本管理”页面，如图 3-31 所示，该页面显示带版本应用的名称、前缀、应用类型、虚拟主机、退休状态和版本号等信息。

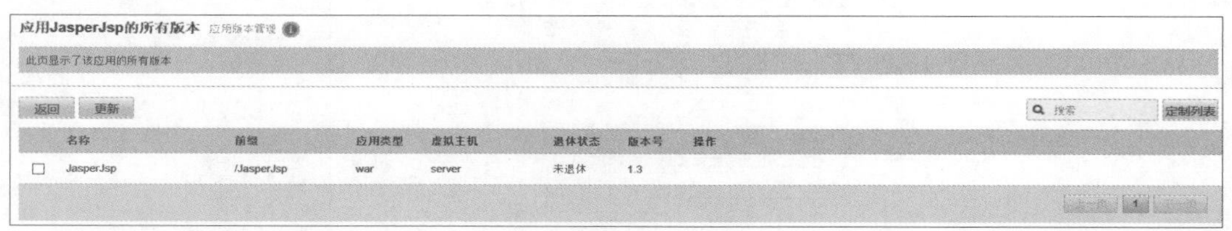

应用JasperJsp的所有版本 应用版本管理

此页显示了该应用的所有版本

返回　更新　搜索　定制列表

名称	前缀	应用类型	虚拟主机	退休状态	版本号	操作
JasperJsp	/JasperJsp	war	server	未退休	1.3	

图 3-31　应用版本管理

03 选择要更新的应用，单击列表上方的“更新”按钮，进入“更新应用”页面，如图3-32所示。

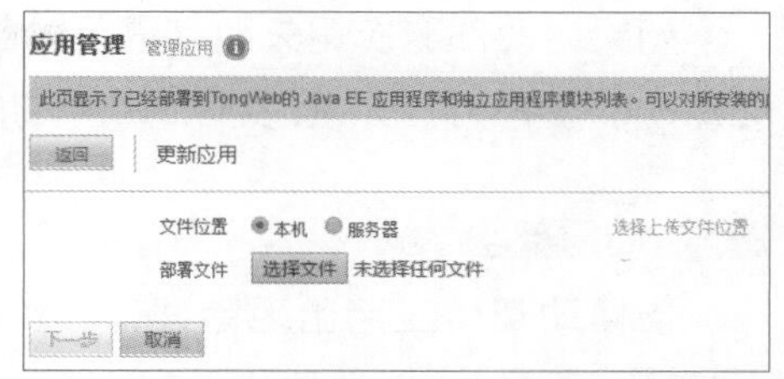

图 3-32 更新应用

04 将新版本文件上传到服务器端，单击“下一步”按钮，进入“应用版本更新”页面。在该页面中，增加了更新策略：自然退休和强制退休。自然退休即当前应用不再接受新的请求，等待“老”的请求（已经建立了会话的请求）的会话超时之后再进行退休，如图 3-33 所示；强制退休是立即退休，选中“强制退休”选项之后，可以添加一个强制退休时间作为备选选项。

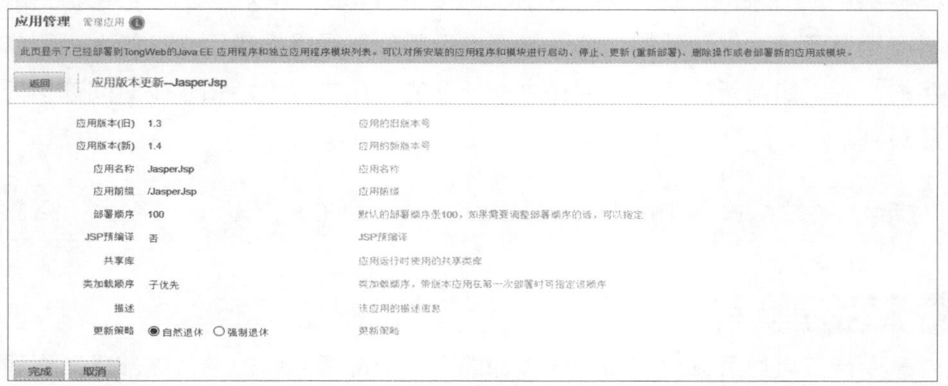

图 3-33 应用版本更新

05 应用版本更新结束后，会跳转到“应用版本管理”页面。应用已经更新完成，列表中存在两个应用，名称和前缀相同，但是版本号不同。被更新的应用的状态为已退休或者正在退休，而更新的应用的状态为未退休，如图 3-34 所示。

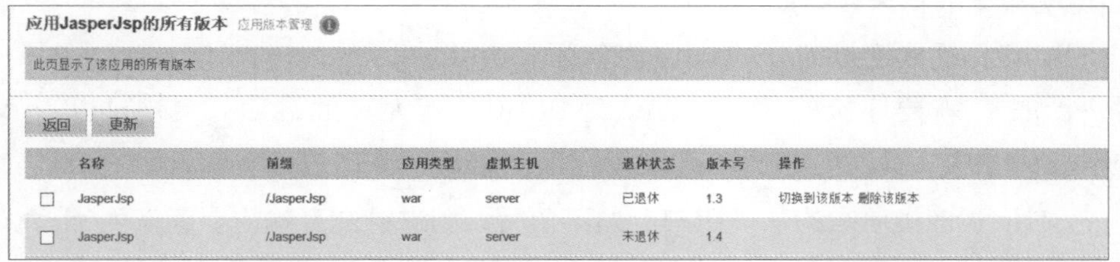

图 3-34 应用版本管理

06 TongWeb 对“已退休”的应用版本，还提供切换和删除的功能。单击“切换到该版本”，可以将当前的应用切换到不同的版本；单击“删除该版本”可以将对应版本的应用删除。

3.3.2 自动扫描

自动扫描为应用管理的一种形式，分为自动解部署和自动重部署。

1. 自动解部署

要将已经自动部署的应用进行解部署，可直接删除部署时复制到自动部署目录 TW_HOME/autodeploy 下的应用文件。自动解部署结束后，TW_HOME/autodeploy/.autodeploystatus 文件夹下面的应用同名文件夹也会被自动删除。如果上述文件夹被删除，说明应用已经成功解部署。

如果自动部署应用失败，进行解部署后，过一段时间查看 .autodeploystatus 文件夹，会发现扩展名为 .failed 文件也被自动删除。

2. 自动重部署

当自动部署应用出现错误，即 TW_HOME/autodeploy/.autodeploystatus 文件夹出现“应用名 . failed”文件时，对此应用可以进行重部署。

将修改过的相同应用文件或目录重新复制到自动部署目录 TW_HOME/autodeploy 下，自动重部署会直接替换部署目录 TW_HOME/deployment 下对应的原应用文件和目录。

如果应用是通过文件部署的，那么是否进行重部署是根据应用文件的大小和修改时间进行判定的，所以如果新的应用文件和之前部署的应用文件大小和修改时间都相同，则不会进行重部署。

注意 针对目录部署的情况，是根据同级文件夹的大小和修改时间判定的。

3.3.3 命令行管理

通过命令行工具也可以对应用进行本地或远程的部署、解部署、重部署及查看已部署应用等。

1. deploy 命令

deploy 命令的功能是部署，它可以部署企业级应用、Web 应用、EJB 模块。

deploy 命令的相关参数如下。

- --host：需要连接的 IP 地址。默认为 localhost。
- --port：需要连接的端口。默认为 9060。若为其他端口，会自动从 tongweb.xml 中解析。
- --user：连接所需的认证用户。如不填写，则进行交互输入。默认为 cli。
- --passwordfile：保存用户密码的文件（文件中的属性名必须是 AS_ADMIN_password，如：AS_ADMIN_password=cli123.com）。
- --applocation：客户端应用文件的路径，必选。
- --defaultvs：虚拟服务器。
- --contextroot：应用前缀，只有在 Web 应用部署时可用。
- --precompilejsp：JSP 是否预编译。
- --deployorder：设置部署顺序。
- --appdescription：应用描述。
- --delegate：类加载策略，默认为 false（子优先），可设置为 true（父优先）。
- 目标参数：应用名称。

deploy 命令的命令行及实例如下。

本地部署：deploy --contextroot=/dbpooltest --precompilejsp=true --applocation=C:\\test\\dbpooltest.war testapp。

> 注意 Windows 的路径使用“\\”或者“/”。

使用 deploy 命令时的注意事项：deploy 命令只支持本地主机进行目录部署。

使用 deploy 命令时的验证方式：在管理控制台的应用管理下的应用列表中查看或用 list-apps 查看，testapp 是否部署成功。

2. undeploy 命令

undeploy 命令的功能是解部署，它可以解除部署在指定目标上的组件。

undeploy 命令的相关参数如下。

- 目标参数：应用名称。

undeploy 命令的命令行及实例如下。

本地解部署：undeploy testapp。

使用 undeploy 命令时的注意事项：应用名称指去掉文件扩展名的名称。例如：应用文件为 dbpooltest.war，默认的应用名称为 dbpooltest。如果部署时更改其应用名称为 testapp，解部署应用时也需要指定应用名称为 testapp。如果应用名称不正确，将导致解部署失败。为了确认应用名称，可以通过 list-apps 查看是否有当前应用的名称。

使用 undeploy 命令时的验证方式：在管理控制台应用管理的应用列表中查看或用 list-apps 查看，testapp 是否解部署成功。

3. redeploy 命令

redeploy 命令的功能是重部署，它可以重新部署在指定目标上的组件，支持远程重部署。

redeploy 命令的相关参数如下。

- --applocation：新的应用文件的路径。
- 目标参数：应用名称。

redeploy 命令的命令行及实例如下。

- 本地重部署（不替换应用文件）：redeploy testapp。
- 本地重部署（替换为新的应用文件）：redeploy --applocation=C:/test/dbpooltest_new.war testapp。

使用 redeploy 命令时的注意事项：redeploy 命令只支持本地主机进行目录部署，应用名称指去掉文件扩展名的名称。如果部署时更改其应用名称为 testapp，重部署应用时也需要指定应用名称为 testapp。如果应用名称不正确，将导致重部署失败。为了确认应用名称，可以通过 list-apps 查看是否有当前应用的名称。

使用 redeploy 命令时的验证方式：在管理控制台应用管理的应用列表中单击 testapp 后的 HTTP 访问，查看修改是否生效。

4. list-apps 命令

list-apps 命令的功能是查看已部署应用，它可以列出所有部署的应用。

list-apps 命令的相关参数如下。

- --host：需要连接的 IP 地址。默认为 localhost。
- --port：需要连接的端口。默认为 9060。

使用 list-apps 命令的命令行如下。

- list-apps --port=<port>。

redeploy 命令的实例如下。

```
commandstool> list-apps
Please enter the admin user name>cli
Please enter the admin password>cli123.com
************************
name=testapp type=war context-root=/dbpooltest vNames=server status=started
************************
Command list-apps executed successfully.
```

3.3.4 接口管理

TongWeb 提供 JMX 和 RestFul 两种类型的接口，两类接口中都有应用管理的接口，可以通过开发程序调用接口进行应用管理。

3.4 应用配置

在应用中可以配合 Java EE 应用中标准描述文件 web.xml 和 ejb-jar.xml 等，通过配置 TongWeb 的自定义部署描述文件，进一步地自定义应用。在 Web 应用中可以配置 tongweb-web.xml（图 3-1），在含有 EJB 的应用中可以配置 tongweb-ejb-jar.xml（图 3-3）。

3.4.1 tongweb-web.xml

tongweb-web.xml 的结构定义可参考 TW_HOME/conf/tongweb-web.xsd，其相关属性说明如表 3-1 ~ 表 3-3 所示。

表 3-1　tongweb-web. xml 相关属性说明

元素 / 属性名	说明
context-root	Web 应用访问前缀，该值可能被部署 Web 应用时的“应用前缀”属性覆盖
security-role-mapping	把角色映射到当前安全域中的用户或组。最多配置一个

续表

元素 / 属性名	说明
role-name	被映射的角色名称，根据用户名或者用户所在组进行映射。 角色名（唯一），对应 Java EE 标准部署描述符文件中的 security-role 元素
principal-name	拥有该角色的用户名。如果有 group-name，用户名可以写 0 个或者多个；如果没有 group-name，至少要有 1 个用户名。 注意：在没有 group-name 时，只有 principal-name 设置的用户名可以通过安全认证；需要配置多个用户名时用冒号分隔
group-name	拥有该角色的组名。如果有 principal-name，组名可以写 0 个或者多个；如果没有 principal-name，至少要有 1 个组名。 注意：当应用绑定的安全域的分配组和应用中的 group-name 设置的组相同，则应用绑定的安全域中的所有用户都可以通过安全认证；需要配置多个组名时用冒号分隔
resource-links	用于指定对外部资源引用的声明，最多配置一个，包含 0 个或多个 resource-link 元素
name	被创建的资源链接的名称，相对于 java:comp/env 上下文
global	在全局的 JNDI 上下文中，链接的全局资源的名称
type	资源类型，全类名。例如：java.lang.Integer
loader	配置 Web 应用加载资源的类加载方式，最多配置一个
delegate	当为 true 时，加载类时采用的是双亲委托机制，即先从父类加载器加载类，依次递归，如果父类加载器可以完成类加载任务，就成功返回；只有父类加载器无法完成此加载任务时，才由加载 Web 应用的类加载器从 Web 应用中查找和加载类。默认为 false
search-external-first	当为 true 时，首先从 external-classpath 配置的路径寻找资源；为 false 时，从 classload（类加载器）加载。默认 false
external-classpath	该属性可以配置目录或者 JAR 的路径。配置目录时，首先在该目录下寻找 class（类）进行加载；为 JAR 时，将首先在该 JAR 中寻找 class（类）进行加载，同时支持 *.jar 格式，即首先在上级目录下的所有 JAR 中寻找；目录或者 JAR 不存在时自动跳过。多个路径使用分号分隔
watched-resource	监视 Web 应用的静态资源，如果被监视的资源有更新，则重部署应用。 可以包含一个或多个 property 元素。name 和 value 为 property 的属性，例如：<property name="web" value="WEB-INF/web.xml">
name	任意有意义的名称
value	要监视的资源的物理路径
listeners	用于监听 Context 组件（当前应用）的事件。通过这个 listener，可以实现在监听到 Context 的事件（例如应用启动前后、应用卸载等）发生时执行用户自定义的逻辑。可以包含 0 个或多个 listener 元素。 name 和 class-name 为 listener 的属性，例如： <listener name="test" class-name="com.tongweb.web.monitor.WebAppMonLifecycleListener">
name	任意有意义的名称

续表

元素 / 属性名	说明
value	实现了 com.tongweb.web.thor.LifecycleListener 接口的类
jar-scanner	用于扫描 Web 应用的 JAR 文件
scan-all-directories	默认为 false。如果为 true，到类加载路径下的所有目录去判断其是否是展开的 JAR 文件
scan-all-files	默认 false。如果是 true，检查所有的在类加载路径下的文件是不是 JAR 文件，而不仅仅是以 .jar 为扩展名的文件
scan-class-path	默认 false。如果为 true，除了 web 应用，所有的其他的类加载路径都会被扫描，以加载 JAR 文件
manager	设置 session 管理器的实现类名，session 管理器是 Web 容器用来创建、维持 Web 应用的 HTTP session 的组件，最多可以设置一个
max-active-sessions	最大活跃 session 数，-1（默认）表示无限制
max-inactive-interval	会话超时时间，默认为 30min
session-id-length	session ID 的长度，默认为 16
session	应用中 session 相关的属性设置
cookie-properties	设置 session Cookie 相关属性，包括 session Cookie 的名字，如果不设置这个属性，将使用默认值：JSESSIONID

session 高可用相关属性说明如表 3-2 所示。

表 3-2　session 高可用相关属性说明

元素 / 属性名	说明
tongdatagrid-group-name	集群组名称，默认为 dev
tongdatagrid-group-password	集群组密码，默认值为 dev-pass
tongdatagrid-cluster-members	要连接到的集群节点 IP 地址。可以指定 1 个或多个，用逗号分隔；可以加端口号也可以不加。客户端按此顺序尝试连接服务端，直到连接上
tongdatagrid-asyncwrite	是否异步写入，默认 false（同步）
tongdatagrid-timeout	对缓存集群的操作超时，默认为 100ms
tongdatagrid-stick	Web 集群亲和设置开关，默认 true（亲和）。设置为 false 表示非亲和。该参数与参数 -Dwebcluster.session.sticky 至少有一个设置了非亲和，则 TongWeb 集群将运行在非亲和模式；只有在两个参数都是亲和配置（默认值）下，TongWeb 集群才会运行在亲和模式下

续表

元素 / 属性名	说明
tongdatagrid-enabled	是否启用集群功能，默认为 false
multicast-group	组播分组的 IP 地址。当要创建同一个网段的集群时，需要配置这个参数。取值范围为 224.0.0.0 到 239.255.255.255，默认为 224.2.2.3
multicast-port	组播协议启用套接字的端口（Socket Port），这个端口用于 TongDataGrid 监听外部发送来的组网请求。默认为 54327
multicast-time-to-live	组播协议发送包的生存时间周期（TTL）
multicast-timeout-seconds	当节点启动后，这个参数指定了当前节点等待其他节点响应的时长。例如，设置为 60s 时，每一个节点启动后通过组播协议广播消息。如果主节点在 60s 内返回响应消息，则新启动的节点加入这个主节点所在的集群；如果设定时间内没有返回消息，那么节点会把自己设置为一个主节点，并创建新的集群（主节点可以理解为集群的第一个节点）。默认为 2s
trusted-interfaces	可信任成员的 IP 地址。当一个节点试图加入集群，如果其不是一个可信任节点，他的加入请求将被拒绝。可以在 IP 地址的最后一个数字上使用通配符（*）来设置 IP 地址范围（例如：192.168.1.* 或 192.168.1.100-110）
interfaces	指定 TongDataGrid 使用的网络接口地址，服务器可能存在多个网络接口，因此需要限定可用的 IP 地址。如果配置的 IP 地址找不到，则会输出一个异常信息，并停止启动节点

共享库依赖配置说明如表 3-3 所示。

表 3-3　共享库依赖配置说明

元素 / 属性名	说明

sharedlib-config	共享库配置的顶级元素，最多可以设置一个。例如：
	`<sharedlib-config>`
	`        <shared-lib-relation/>`
	`        <app-exclude/>`
	`</sharedlib-config>`

shared-lib-relation	关联共享库的 Group，最多可以设置一个。例如：
	`<shared-lib-relation>`
	`        <shared-lib-ref name="springlibs1"/>`
	`        <shared-lib-ref name="springlibs2"/>`
	`</shared-lib-relation>`

shared-lib-ref	使用 name 指定已配置好的共享库名称，需要先在管理控制台配置。此标签可有多个。如果当前 name 指定的共享库不存在，则忽略此条配置。例如：
	`<shared-lib-ref name="springlibs1">`
	`    <exclude-jar>`
	`        <path>/home/userlib/service.jar</path>`
	`    </exclude-jar>`
	`</shared-lib-ref>`
	注：path 为绝对路径，可以查看 TW_HOME/conf/assets.xml 里面的路径

续表

元素 / 属性名	说明
exclude-jar	配置当前关联的共享库中要排除的 JAR 包。子标签 path 指定包的绝对位置。可为空
app-exclude	配置排除当前应用自带的 JAR 包，最多可以设置一个，即排除 lib/xx.jar。子标签 path 指定包的全名称。可为空 例如： <app-exclude> <path>aopalliance-1.0.jar</path> <path>commons-digester-2.1.jar</path> </app-exclude>

3.4.2 tongweb-ejb-jar.xml

tongweb-ejb-jar.xml 是 EJB 应用的自定义配置文件，可以定义多个 ejb-deployment 节点。每个 ejb-deployment 节点的内容都代表着一个 EJB 应用，可以在这个自定义配置文件"定制"每个 EJB 应用的内容，如代码清单 3-1 所示。

代码清单 3-1

```
<tongweb-ejb-jar>
    <ejb-deployment ejb-name =""> //EJB 应用的名称
        <jndi></jndi> //Jndi 全局资源
        <resource-link res-id="" res-ref-name=""></resource-link> // 资源映射
        <pool></pool> //EJB 容器定制映射
    </ejb-deployment>
</tongweb-ejb-jar>
```

其具体属性描述如表 3-4 ～表 3-7 所示。

表 3-4　ejb-deployment

元素 / 属性名	说明
ejb-name	EJB 应用名称，对应标准部署描述符文件（ejb-jar.xml）中的 ejb-name 元素
resource-link	定义资源引用
pool	配置该无状态会话 Bean 或消息驱动 Bean 的实例池属性

表 3-5　JNDI

元素 / 属性名	说明
name	定义 EJB 应用接口的全局 JNDI 名
interface	在 EJB2 中设置 home 接口名，EJB3 中设置 local 或者 remote 接口名。无接口的 EJB 应用直接使用 EJB 类名

表 3-6 resource-link

元素 / 属性名	说明
res-id	引用的自定义 JNDI 名
res-ref-name	引用的全局 JNDI 名

表 3-7 pool

元素 / 属性名	说明
max	池里面最大实例数
strict	是否禁止池溢出，设置为 true，则超过最大实例数，不再分配
min	池里面最小实例数
garbage-collection	是否支持垃圾回收软引用，设置为 true，则池里面的实例都是软引用
max-age	实例存在的最大生存时间，单位为小时（h），默认为 0，永不超时
replace-aged	超过实例的最大生存时间，再进行实例替换
replace-flushed	当进行池刷新时，进行实例替换
max-age-offset	延迟参数
idle-timeout	空闲超时时间，单位为 min，默认为 0，永不超时
interval	池周期扫描时间，默认为 5min

3.5 虚拟目录

应用中的 JSP、HTML 和静态资源可以在放在虚拟目录中（本地任意目录），其加载优先级如下。

- WAR 中不存在，虚拟目录下存在，加载虚拟目录下的文件。
- WAR 中存在，虚拟目录下不存在，加载 WAR 中的文件。
- WAR 和虚拟目录下都存在并且同名的话，加载虚拟目录下的文件。

虚拟目录功能仅限 JSP、HTML 和静态资源，JSP 引用的 class 需要在应用的类路径下，使用方式如下。

在 tongweb-web.xml 文件的根节点下加入如下内容：

```
<propertyname="aliases" value="/aliasPath1=docBase1,/aliasPath2=docBase2"/>
```

如果应用前缀为 /，则配置如下：

```
<property name="aliases" value="/=D:\virtualdir">;
```

其中，aliasPath1 指 HTTP 请求 URL 中该资源的访问路径，docBase1 是资源所在的绝对目录。如果有多个虚拟目录需要指定，将多个 /aliasPathN=docBaseN 用逗号隔开即可，具体的运用代码如下。

```
<?xml version="1.0" encoding="UTF-8"?>
    <TongWeb-web-app>
    <property name="aliases" value="/images=D:\Work\vdir\images,/script=D:\Work\vdir\
  script,/pages=D:\Work\vdir\pages,/css=D:\Work\vdir\css"/>
    </TongWeb-web-app>
```

说明 如果某应用的静态图片的访问 URL 为 http://ip:port/appname/images/code.gif，那么其虚拟目录可以配置为 /images=D:\Work\vdir\images，其中 /images 是请求 URL 中该资源的访问路径，D:\Work\vdir\images 是存放该资源的绝对路径。同理，/script 下可以放置 JS 资源，/pages 下可以放置 JSP 资源，/css 下可以放置 CSS 文件。

3.6 资源

3.6.1 文件集

文件集功能是维护管理共享库需要的 JAR 文件，支持客户端上传或服务器选择。服务器选择时可为 JAR 文件或文件夹。展开管理控制台左侧导航树中的“资源”，单击“文件集”，会出现如图 3-35 所示的“文件集管理”页面。

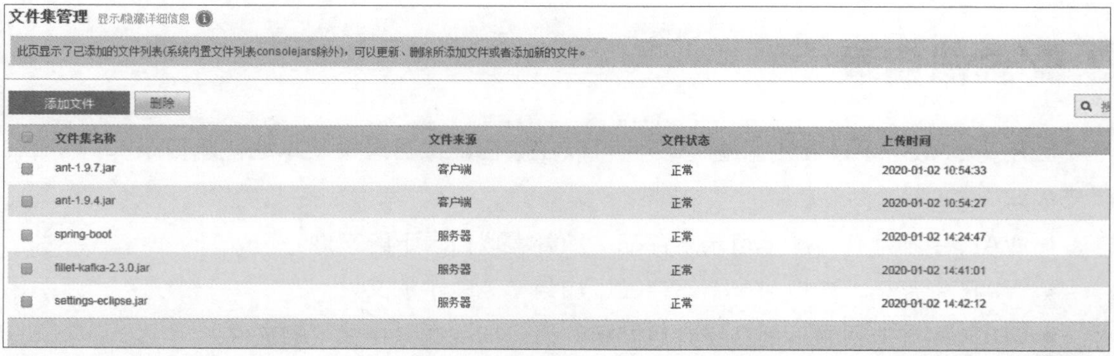

文件集管理 显示/隐藏详细信息

此页显示了已添加的文件列表(系统内置文件列表consolejars除外)，可以更新、删除所添加文件或者添加新的文件。

添加文件 删除

文件集名称	文件来源	文件状态	上传时间
ant-1.9.7.jar	客户端	正常	2020-01-02 10:54:33
ant-1.9.4.jar	客户端	正常	2020-01-02 10:54:27
spring-boot	服务器	正常	2020-01-02 14:24:47
fillet-kafka-2.3.0.jar	服务器	正常	2020-01-02 14:41:01
settings-eclipse.jar	服务器	正常	2020-01-02 14:42:12

图 3-35 文件集管理

文件集管理页面会显示已添加的文件列表，包含文件集名称、文件来源、文件状态、上传时间。其中文件来源分为“客户端”和“服务器”，文件状态表示文件集对应的文件是否存在，分为“正常”和“文件不存在”。

在文件集管理页面单击“添加文件”按钮后可进入“文件上传”页面，如图 3-36 所示。文件集名称不能重复，默认取文件名称。本机上传不支持修改文件集名称，上传的 JAR 文件将位于 lib/sl 目录下。从服务器上添加文件时可修改文件集名称，如果在服务器上选择的文件夹包含 .class 文件，请确保文件路径和包名一致。

单击文件集列表里的文件集名称，可显示资源文件的相关信息。如果是文件夹，则可以查看文件夹下面的所有 JAR 包或 .class 文件目录。如图 3-37 所示，查看后只能修改描述信息。

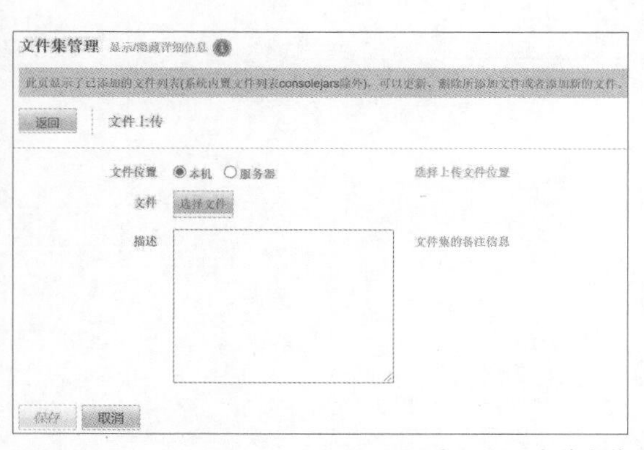

图 3-36 文件上传

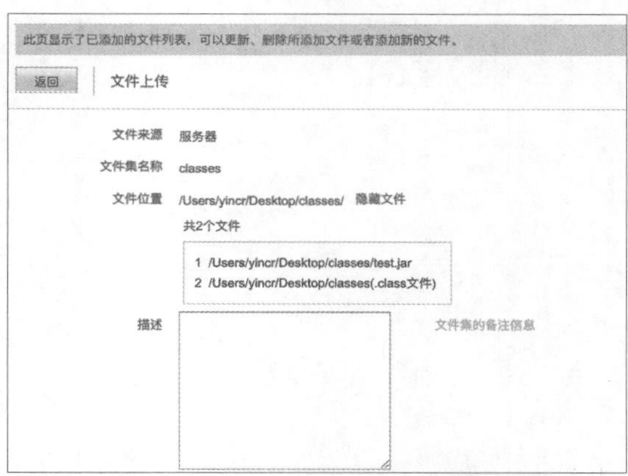

图 3-37 查看文件集信息

在文件集列表里勾选某个文件集后单击“删除”按钮可删除该文件集。如果该文件集被共享库引用，则无法删除，应先解除引用关系。如果文件来源是客户端，则会同时删除上传的文件。如果文件来源是服务器，则只会删除引用，不会删除服务器源文件。

3.6.2 共享库

共享库是维护、管理应用所需要的类库集合，依赖于文件集，可以配置公有库和私有库。一个文件集可以被多个共享库引用，一个共享库也能被多个应用使用。展开管理控制台左侧导航树中的“资源”，单击“共享库”，出现图 3-38 所示的“共享库管理”页面。

共享库管理 管理共享库

此页显示了已经创建的共享库(系统内置共享库consolejars除外)，可以对这些共享库进行更新、删除操作或者创建新的共享库。

创建共享库 删除 搜索

共享库名称	共享类型	更新时间	创建时间
ant194	私有	2020-01-02 14:23:21	2020-01-02 10:54:58
boot	私有	2020-01-02 14:24:56	2020-01-02 14:24:56
ant197	私有	2020-01-02 14:40:26	2020-01-02 10:54:48

图 3-38 共享库管理

共享库管理页面会显示已添加的共享库列表，包含共享库名称、共享类型、更新时间、创建时间。

在共享库管理页面单击“创建共享库”按钮可进入图 3-39 所示的页面。创建共享库时，共享库名称不能重复，资源文件必选，左侧列表中为全部文件集，右侧为所选文件集。可以双击左侧列表中的文件来选择文件，也可以通过中间的按钮来操作。

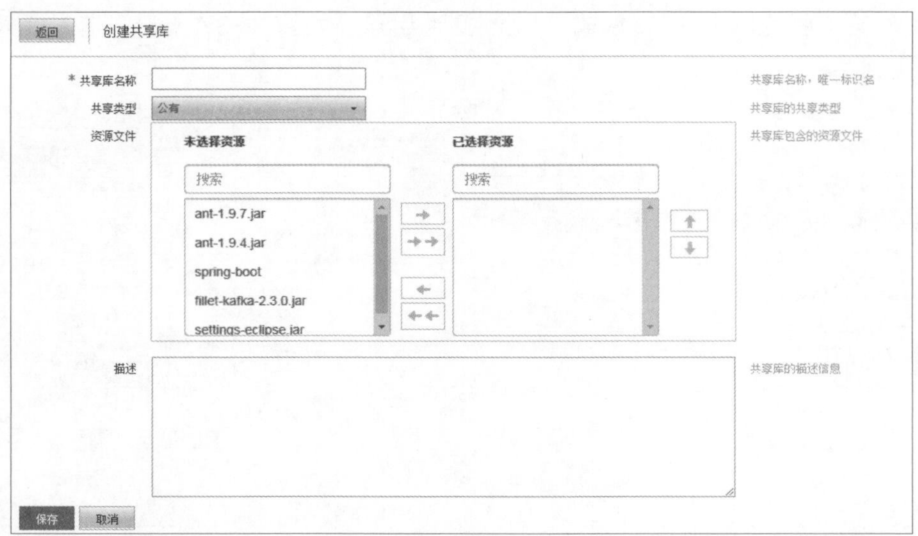

图 3-39　创建共享库

共享库类型分为以下两种。

1. 公共共享库

新建公共共享库后，内存中会创建一个包含此文件列表的 ClassLoader。多个应用依赖此公共共享库时，对同一个 class 只会加载一次，并且各个应用对共享库中可访问的静态变量的修改是相互可见的。

2. 私有共享库

新建私有共享库后，内存中会创建一个包含此文件列表的 ClassLoader。在应用依赖此私有共享库后，会把 ClassLoader 中包含的 JAR 添加到应用级的 ClassLoader 中。多个应用同时依赖一个私有共享库时，对同一个 class 会加载多次，并且共享库中可访问的静态变量对各个应用是独立的。

单击共享库列表里的共享库名称，可查看共享库的相关信息，并可修改共享库类型、资源文件以及描述。如果修改了共享库类型或者资源文件已被应用，则会提示是否确认修改，并且受影响的应用需要重新部署才能使用新的共享库。如果引用的文件集为文件夹，则其增加或者修改后，需要修改共享库才能生效。

在共享库列表里勾选某共享库后单击“删除”按钮可删除该共享库。如果该共享库已被应用引用，则无法删除，应先解除引用关系。

3.7 类加载

Java 应用运行时，在 class 执行和被访问之前，它必须通过类加载器加载使之有效。类加载器是 JVM 代码的一部分，负责在 JVM 中查找和加载所有的 Java 类和本地的 lib 库。

3.7.1 类加载机制

JVM 和 TongWeb 都可提供多种不同的类加载器，TongWeb 中的类加载器是自上而下的层次结构，最上层是系统的运行环境 JVM 系统类加载器，最下层是具体的应用类加载器，上下层之间形成父子关系，类加载器的分层结构如图 3-40 所示。

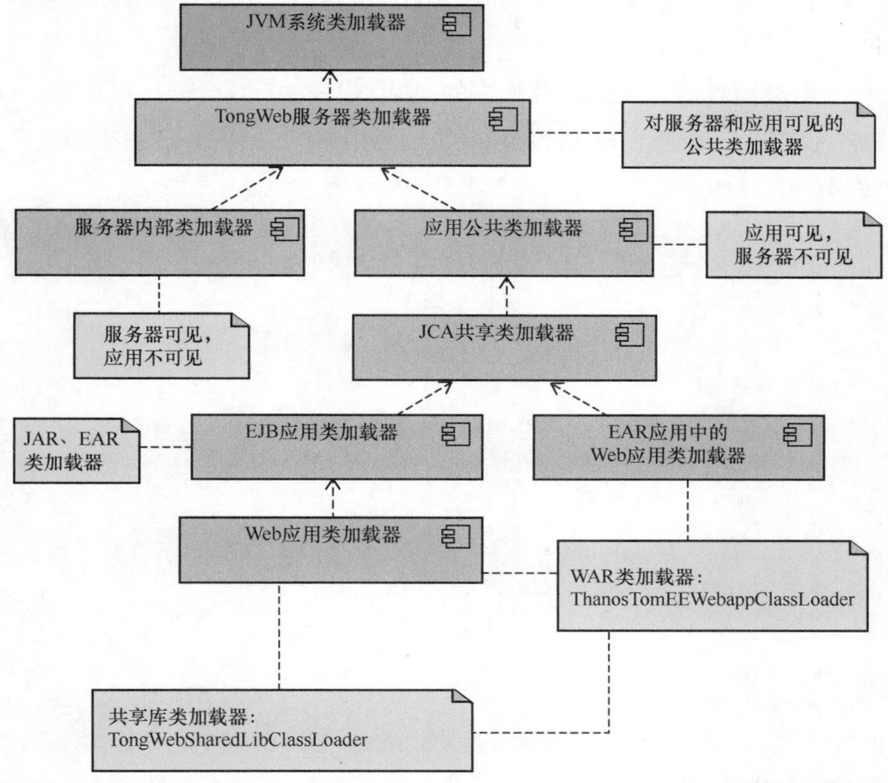

图 3-40　类加载器的分层结构

TW_HOME/conf/tongweb.properties 配置文件中定义了类加载器所需要的类路径，服务器启动时会根据此配置文件创建好各个层级的 ClassLoader。

- JVM 系统类加载器：JVM 自带的类加载器，分为以下 3 种。
  - ◇ Bootstrap Classloader：JVM 自带的类加载器，负责加载核心 Java 类库。
  - ◇ Launcher$ExtClassLoader：负责加载用户需要扩展 JVM 核心平台时所引用的类，查找的 URL 由 java.ext.dirs 指定，默认为 <JAVA_HOME>/jre/lib/ext。
  - ◇ Launcher$AppClassLoader：负责加载服务器启动所需的类，查找的 URL 由 -classpath 指定。
- TongWeb 服务类加载器：加载类的路径对应为 TW_HOME/lib 目录，是 TongWeb 服务器及应用都可以加载到的公共的类加载器。
- 服务器内部类加载器：服务器内部 Server、Service 等核心类的类加载器。
- 应用公共类加载器：加载类的路径对应为 TW_HOME/lib/common 及 TW_HOME/lib/classes 目录，部署的应用可以共享此目录中的类。

- JCA 共享类加载器：资源适配器共享，对所有应用可见。
- EJB 应用类加载器：负责加载 EAR 应用中所包含的公共类、EJB 模块和独立 EJB 应用下所有的类。
- EAR 应用中的 Web 应用类加载器：负责加载 EAR 应用中所包含的 Web 模块中的 servlet 和其他类，加载路径是 WEB-INF/classes 中的类和 WEB-INF/lib 中的 JAR 包。
- Web 应用类加载器：负责加载独立的 Web 模块中的 servlet 和其他类以及 Web 模块中包含的 EJB 类。每个 Web 模块都会创建一个 Web 应用类加载器，用于加载 WEB-INF/classes 中的类和 WEB-INF/lib 中的 JAR 包。

注意 （1）每个类加载器负责在自身定义的类路径上进行查找和加载类。

（2）一个子类加载器能够委托它的父类加载器查找和加载类，一个加载类的请求会从子类加载器发送到父类加载器，但是从来不会从父类加载器发送到子类加载器。

（3）一旦一个类被成功加载，JVM 会缓存这个类直至其生命周期结束，并把它和相应的类加载器关联在一起，这意味着不同的类加载器可以加载相同名字的类。

（4）如果一个加载的类依赖于另一个或一些类，那么这些被依赖的类必须存在于这个类的类加载器查找路径上或者父类加载器查找路径上。

（5）如果一个类加载器以及它所有的父类加载器都无法找到所需的类，系统就会抛出 ClassNotFoundExecption 异常或者 NoClassDefFoundError 错误。

3.7.2 类加载模式

TongWeb 可提供父优先和子优先两种类加载模式，这两种模式可决定类加载器在查找一个类的时候，是优先查找类加载器自身指定的类路径还是优先查找父类加载器上的类路径。

Web 应用和 EJB 应用支持两种类加载模式，tongweb-web.xml 中的 delegate 属性用于决定应用是使用子优先模式还是父优先模式，默认使用子优先模式。另外，在应用部署时，可以选择父优先或子优先模式，管理控制台上设置的加载模式优先于 tongweb-web.xml 中 delegate 配置。tongweb-web.xml 中 delegate 属性配置优先于其他文件中的 delegate 配置。当 delegate 设置为 true 时是父优先，设置为 false 时是子优先。具体的运用代码如下。

```
<tongweb-web-app>
  <loader delegate="true" />
</tongweb-web-app>
```

各 Classloader 默认使用父优先的类加载模式，即当父类加载器找不到所加载的资源时，才使用当前的子类加载器。

1. 父优先

在加载类的时候，在从类加载器自身的类路径上查找加载类之前，会尝试在父类加载器的类路径上查找和加载类。

当 ClassLoader 被请求加载某个类时，它会委托自己的父类加载器去加载，若父类加载器能加载，则返回这个类所对应的类对象；如果父类加载器不能加载，才由当前类加载器去加载；如果都不能成功，则系统就会抛出 ClassNotFoundExecption 异常或者 NoClassDefFoundError 错误。

例如，在 Web 应用中 lib 下的 utility.jar 中存在类 A.class，TW_HOME/lib 目录下的 package.jar 中也存在一个同名的类 A.class。若采用父优先的类加载模式，则当应用级的 ClassLoader 被请求加载类 A.class 时，返回的是其父类加载器加载的 package.jar 中的 A.class 对象，而不是 utility.jar 中的类 A.class。

2. 子优先

在加载类的时候，首先会尝试从自己的类路径上查找加载类，在找不到的情况下，再尝试父类加载器类路径。

当 ClassLoader 被请求加载某个类时，它会试图自己去加载，如果能加载成功，则返回这个类所对应的 Class 对象；如果不能加载成功，才由该类加载器的父类加载器去加载；如果都不能成功，则系统就会抛出 ClassNotFoundExecption 异常或者 NoClassDefFoundError 错误。

例如，对于前面类加载的示例，使用子优先的类加载模式，则最终被加载的类为 utility.jar 中的 A.class，这个对象由 Application ClassLoader 加载。

3.7.3 类加载推荐策略

在组装企业级应用时，唯一性是处理类加载问题的很好的指导原则，即相同的类只放置在一个地方，从一种途径加载，TongWeb 推荐的策略如下。

（1）EJB 应用自身依赖的类，封装在自身的 EJB 和 JAR 包中。

（2）Web 应用自身依赖的类，或者以 JAR 包的形式放置于 WAR 中 WEB-INF/lib 目录下，或者以类的形式放置于 WEB-INF/classes 目录下。

（3）在一个 EAR 应用中，多个 EJB 或 Web 模块共同使用的公用包，直接以普通 JAR 包方式放置于 EAR 根目录下。在一个 EAR 应用中，多个 Web 模块中包含类名相同、功能（代码）不同的类，使用子优先模式。避免 EAR 的类加载器选择 Web 模块中的某一个类（取决于 Web 模块在部署文件中的顺序）共享给所有 Web 模块使用。

（4）在部署多个应用，这些应用要共享相同类且不需要更多服务配置时，可以选择以下 3 种模式。

- 一般共享模式。将需要共享的类放在 TongWeb 默认提供的类共享目录 lib/common 和 lib/classes 目录下，其中 lib/common 目录下放 JAR 包，lib/classes 目录下放 class。启动服务器后会把这两个目录的文件加载并创建共享的 ClassLoader。
- 公共共享库模式。在 TongWeb 资源文件集中选取需要作为公共共享库的 JAR 包或文件夹资源，服务器会立即创建包含以上 jar 包的 ClassLoader，应用部署时关联上公共共享库即可。

- 私有共享库模式。在 TongWeb 资源文件集中选取需要作为私有共享库的 JAR 文件或文件夹资源，服务器会在有应用关联到此私有共享库并部署时创建包含以上 jar 包的 ClassLoader。

> **注意** 一般共享模式和公共共享库模式是所有应用功能可以实现多个应用共享类，但所对应的 class 只会被加载一次，并且应用对共享库中可访问的静态变量的修改是相互可见的，所以可能会出现不同应用相互覆盖等冲突问题。如果想实现每个应用使用的共享类 ClassLoader 相互独立，则应采用私有共享库模式。

（5）如果部署的应用希望依赖非服务器默认提供的 Java EE API 版本，如 Annotation-API，可以选择将期望版本的 JAR 包放置在 lib/endorsed 中实现 API 替换。此功能基于 Java 提供的 endorsed 技术，endorsed 可以简单理解为 -Djava.endorsed.dirs 指定的目录里放置的 JAR 文件，具有覆盖系统 API 的功能。但是能够覆盖的类是有限制的，其中不包括 java.lang 包中的类（出于安全的考虑）。

> **说明** 使用此参数是因为 java 是采用双亲委派机制加载 class 的。而 JDK 提供的类只能由类加载器 Bootstrap 进行加载。想要在应用中替换掉 JDK 中的某个类是无法做到的，所以 Java 提供 endorsed 来替换系统中的类。

3.7.4 类加载参数

在服务器启动和应用部署过程中，可供参考的参数如下。

- exclusions.list：位置为 TW_HOME/bin/conf，默认无。
- default.exclusion：位置为 TW_HOME/lib/tw7.jar，默认有。
- tongweb.properties：位置为 TW_HOME/conf，默认有。

生效范围如下。

应用服务器会取 exclusions.list 中的内容作为启动过程中 JAR 包等内容的过滤列表，如果该列表不存在，则取默认列表（default.exclusion）作为基本的过滤列表。在启动过程中，还会读取 TongWeb.properties，取其 TongWeb.util.scan.StandardJarScanFilter.jarsToSkip 的值，加入过滤列表。在随后的加载过程中，会将环境变量中的 TongWeb.util.scan.StandardJarScanFilter.jarsToSkip 设置为上述列表中的值。

> **说明** 上述参数描述了应用服务器在启动和应用部署过程中过滤掉的类和 JAR 包的列表。

第 4 章 Web 容器的使用

在 Java EE 平台上，Web 应用运行在 Web 容器中。Web 容器可提供 Web 应用运行时的环境，包括生命周期管理、安全保障、请求转发等。使用容器能让 Web 应用不需要实现很多和自身业务逻辑不相关的复杂逻辑，如数据库连接池等。同时，Web 容器具有为 Web 应用提供访问其他 API 的能力，如命名服务等。Web 应用只需要在 XML 格式的部署描述文件中声明或者在应用中通过标注（annotation）将资源注入。Web 容器可通过读取应用的部署描述文件，了解该应用需要什么样的服务，在应用部署后自动实现。

一个容器可以同时运行多个 Web 应用，具有支持虚拟主机特性。它们一般通过不同的 URL 来进行区分和访问，如 http://host:port/contextroot/servletname，即 http（或 https）:// 虚拟主机名或别名:虚拟主机关联的通道的监听端口/虚拟主机上部署应用的访问前缀/应用中的 servlet 名。

通过第 3 章的学习，我们已经学会如何将应用部署在 TongWeb 上，本章主要讲解 Web 容器的使用方法。通过本章的学习，读者将掌握 TongWeb 的 Web 容器使用方法，包括配置容器参数、启用会话高可用特性、配置和使用访问日志、将单个物理主机分成多个"虚拟"的主机、使用通道接收用户请求等 Web 容器的核心功能。

本章包括如下主题：

- 容器配置；
- 会话高可用；
- 访问日志；
- 虚拟主机；
- 通道。

4.1 容器配置

容器配置是对应用服务器的 Web 容器基本属性数据进行设置，包括 JSP 开发模式、默认请求参数解码字符集、默认应答编码字符集、session 超时时间等。管理控制台“Web 容器配置”中的“容器配置”模块，可对 Web 容器属性进行配置，具体操作步骤如下。

01 展开管理控制台左侧导航树中的“Web 容器配置”，单击“容器配置”，出现图 4-1 所示的“容器配置”页面。

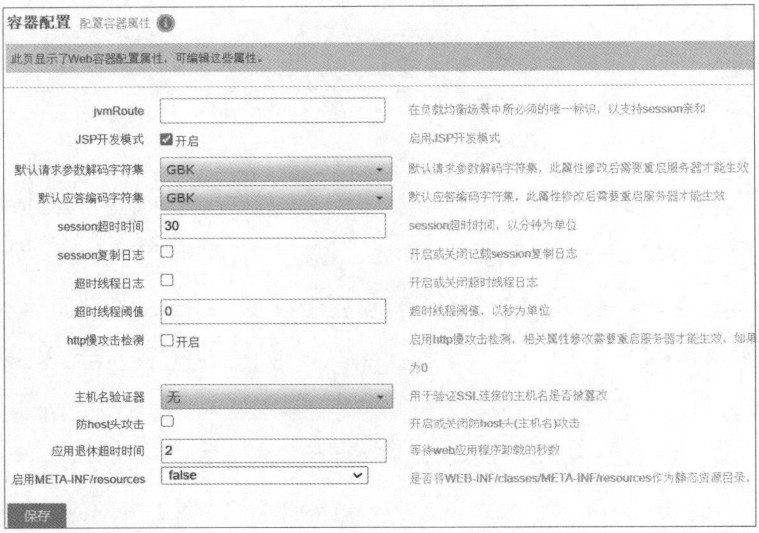

图 4-1 Web 容器配置

容器配置页面属性介绍如下。

- jvmRoute：在负载均衡场景中所必须提供的唯一标识，THS 可通过该属性来区分不同的 TongWeb 容器，用以实现 session 亲和（指在集群环境下，同一客户端的请求会被始终分发到同一个 TongWeb 节点上）。
- JSP 开发模式：开启 JSP 开发模式后，每次访问 JSP 页面时，如果页面被更新，则重新编译该页面，对页面做的修改能够实时生效。默认开启。
- 默认请求参数解码字符集：默认的请求参数解码字符集。修改此属性后需要重启服务器才能生效。默认为 GBK。
- 默认应答编码字符集：默认的应答编码字符集。修改此属性后需要重启服务器才能生效。默认为 GBK。
- session 超时时间：session 超时的全局配置，优先级小于应用的 session 超时时间。单位为分钟，默认为 30。
- session 复制日志：开启或关闭 session 复制日志。默认为关闭。
- 超时线程日志：开启或关闭记录超时线程日志。默认为关闭。
- 超时线程阈值：超时线程的阈值，单位为秒，默认为 0，表示不开启超时线程检测任务。

- HTTP 慢攻击检测：开启或关闭 HTTP 慢攻击检测，修改相关属性需要重启服务器才能生效，如果关闭慢攻击检测，则“完整请求时间”属性值将自动设置为 0。默认关闭。
- 主机名验证器：用于验证 SSL 连接的主机名是否被篡改。当选择“无”时，表示客户端应用访问服务器时，没有验证器验证；当选择“TW 主机名验证器”时，表示无论客户端应用是否加入验证器干扰，始终会经过 TW 主机名验证器验证。如果访问的链接精确匹配，则验证通过；否则，验证不通过。当选择“自定义主机名验证器”时，会显示主机名验证器类文本框，表示无论客户端应用是否加入验证器干扰，始终会经过自定义主机名验证器验证。用户自定义的验证器类必须实现 JDK 的接口 HostnameVerifier，并且打成 JAR 包，放入启动工程的 lib 目录，并重启服务器，然后在文本框中填入自定义验证器类的全路径，包括包名。文本框主机名验证器类为空或者输入错误，则表示没有加入自定义验证器。
- 防 host 头攻击：开启或关闭防 host 头攻击。开启时，需要配置正确的主机名白名单，否则可能导致无法访问应用。默认关闭。
- 应用退休超时时间：等待 Web 应用卸载程序的秒数，在此期间服务器将继续处理未处理完毕的请求，处理完毕后卸载。单位为秒，默认为 2。
- 启用 META-INF/resources：是否将 WEB-INF/classes/META-INF/resources 作为静态资源目录，servlet 3 及以上版本有效。默认关闭。

02 编辑属性完成后，单击“保存”按钮。

注意 默认请求参数解码字符集和默认应答编码字符集所提供的可选的内容是可扩展的。目前下拉列表中可提供 4 种常用的字符集，如果需要添加其他的字符集，可以在 TW_HOME\application\console\WEB-INF\classes\webcontainer_charset.xml 配置文件中添加需要的字符集。

4.2 会话高可用

4.2.1 会话高可用的特性

开启会话高可用后，在 Web 集群中，某些节点故障后 session 数据不会丢失，Web 集群中其他可用节点仍然可以使用此 session 数据为用户请求提供服务，从而使得 Web 集群节点的故障对用户请求透明化。相关的使用及配置可参考第 8 章集群管理。

4.2.2 全局会话高可用的配置

全局配置会话高可用后，可以为所有部署的应用开启会话高可用特性。需要注意的是，如果在 TongWeb 运行期间，在打开全局会话高可用配置之前部署的应用都无法使用会话高可用特性，则需要对应用进行重部署操作。

01 展开管理控制台左侧导航树中的“Web 容器配置”节点，单击“会话高可用”节点，出现“会话高可用”页面，配置全局会话高可用如图 4-2 所示。

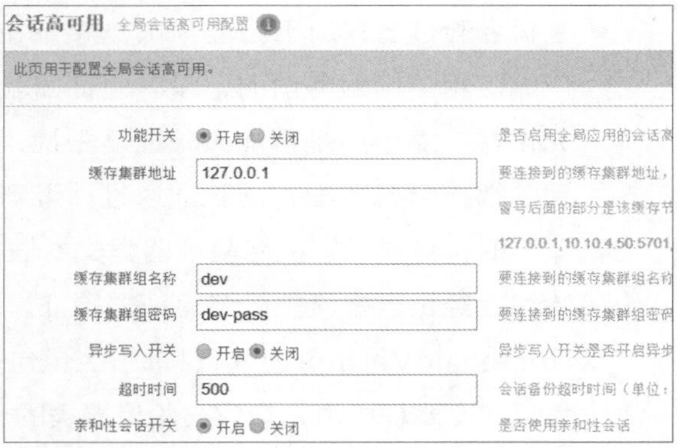

全局会话高可用配置属性介绍如下。

- 功能开关：是否启用全局应用的会话高可用特性。
- 缓存集群地址：要连接到的缓存集群地址，默认是 127.0.0.1，完整格式如 192.168.0.1:5701，其中冒号前面的部分是缓存集群内任意一个缓存节点所在机器的 IP 地址，冒号后面的部分是该缓存节点在此机器上的监听端口（注：端口配置不是必需的，但建议配置）。如果有多个缓存节点，则要用英文逗号分隔，如 127.0.0.1,192.168.0.1:5701,…。

图 4-2 配置全局会话高可用

- 缓存集群组名称：要连接到的缓存集群组名称，默认为 dev，用于连接到特定的缓存集群。
- 缓存集群组密码：要连接到的缓存集群组密码，默认为 dev-pass，用于连接到特定的缓存集群。
- 异步写入开关：是否开启异步存储会话数据的功能，默认为 false，表示不开启。
- 超时时间：会话备份超时时间（单位为毫秒），默认值为 500。
- 亲和性会话开关：是否使用亲和性会话。

02 编辑属性完成后，单击“保存”按钮。

4.3 访问日志

访问日志是记录访问 Web 应用时 HTTP 请求的相关信息，包括请求的方法、请求的协议、请求头中的信息、请求响应的状态码等，不包括 Web 应用本身输出的日志信息。每个虚拟主机控制是否生成访问日志文件，且访问日志文件可以存放在不同的目录。默认的访问日志文件名形式如 access_log.admin.13.12.31.12.txt，即 access_log 作为文件名前缀，.txt 作为扩展名，admin.13.12.31.12 为虚拟主机名称和日志时间，日志时间默认以小时为单位进行轮转。日志轮转指将日志定期作备份重新存储为一个文件，达到一定时间跨度后旧的文件就会被覆盖掉。

4.3.1 配置属性及使用

访问日志的属性配置是对记录访问 Web 应用请求的日志文件的保存规则进行配置，包括访问日志文件名的前缀、后缀，日志格式，是否轮转，文件日期格式等。

在访问日志模块可对日志属性进行配置，具体操作步骤如下。

01 展开管理控制台左侧导航树中的“Web 容器配置”，单击“访问日志”，出现“访问日志”页面，编辑访问日志属性如图 4-3 所示。

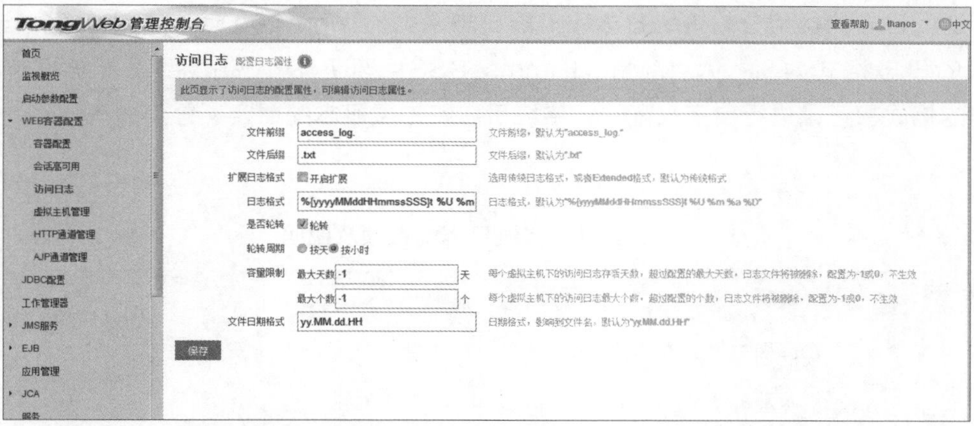

（注：为与软件界面一致，截图中的“WEB”未修改为“Web”）

图 4-3　编辑访问日志属性

访问日志的基本属性介绍如下。

- 文件前缀：生成的日志文件名前缀，默认为 access_log.。
- 文件后缀：生成的日志文件扩展名，默认为 .txt。
- 扩展日志格式：是否开启扩展日志。
- 日志格式：单条日志记录的格式，默认为 %{yyyyMMddHHmmssSSS}t %U %m %a %D，包含应用访问中最重要的几项信息，例如访问时间、请求链接、请求方式、远程 IP 地址以及请求处理时间。使用默认格式生成的访问日志信息，例如 20201231120000001 /test.jsp GET 127.0.0.1 0。
- 是否轮转：访问日志轮转开关，默认为选中，即开启状态。
- 轮转周期：访问日志的轮转间隔时间，提供按天和按小时两种方式。按天方式将每天的访问信息记录在一个文件中，按小时方式则每小时生成一个日志文件以记录访问信息。
- 容量限制：限制访问日志的个数，有两种方式，可同时生效。一种是限制日志文件存在的天数，超过这个天数的日志将被删除；另一种是限制日志文件个数，当日志文件超过设置的个数，多余的日志将会被删除。两种方式配置 -1 或 0 将不会生效。另外，只有访问日志功能被启用并且访问日志轮转开启时，功能才会生效。这里的配置均是针对每个虚拟主机下的日志文件的，非访问日志目录下总的日志文件。
- 文件日期格式：日期格式可以影响到文件名，默认为 yy.MM.dd.HH。支持基本的时间格式，但是需要与轮转周期一致。

02 编辑属性完成后，单击“保存”按钮。

说明 访问日志属性配置的修改，可能会影响管理控制台的诊断功能对于访问日志的查看、检索。

4.3.2 访问日志类型

访问日志的类型分为传统日志和扩展日志两类，TongWeb 默认使用传统日志，并且默认的日志格式为 %{yyyyMMddHHmmssSSS}t %U %m %a %D。传统日志和扩展日志的格式都可以进行自定义配置，传统日志和扩展日志配置定义分别如表 4-1、表 4-2 所示。

表 4-1 传统日志配置项及说明

配置项	说明
%a	远程主机的 IP 地址
%A	本地 IP 地址
%b	除了 HTTP 头文件外所发送的字节数，如果是 0，则记录为 -
%B	除了 HTTP 头文件外所发送的字节数
%h	远程主机名，如果 Connector 没有开启 DNS 反向查找，则为远程主机的 IP 地址
%H	请求的协议
%m	请求方法，如 GET、POST 等
%p	接受请求的本地端口
%q	查询字符串，包含？
%r	请求头的第一行
%s	HTTP 状态码
%S	用户的 session ID
%t	访问时间
%u	被授权登录的用户，如果没有，则记录为 -
%U	请求链接地址
%v	本地服务器名
%D	请求处理时间，以毫秒为单位
%T	请求处理时间，以秒为单位
%F	提交响应消耗的时间，以毫秒为单位
%I	当前请求的线程名称
%{xxx}i	请求头的 xxx 属性

续表

配置项	说明
%{xxx}o	响应头的 xxx 属性
%{xxx}c	名为 xxx 的 Cookie 值
%{xxx}r	ServletRequest 的 xxx 属性
%{xxx}s	HttpSession 的 xxx 属性
%{xxx}t	以 xxx 格式的 SimpleDateFormat 记录请求时间

表 4-2　扩展日志配置项及说明

配置项	说明
bytes	除了 HTTP 头文件外所发送的字节数，如果是 0，则记录为 -
c-dns	远程主机名，如果 Connector 没有开启 DNS 反向查找，则为远程主机的 IP 地址
c-ip	远程 IP 地址
cs-method	请求方法，如 GET、POST 等
cs-uri	请求的 URI
cs-uri-query	查询字符串，包含？
cs-uri-stem	请求的 URL
date	yyyy-mm-dd 格式的时间
s-dns	本地主机名
s-ip	本地 IP 地址
sc-status	HTTP 状态码
time	HH:mm:ss 格式的请求处理时间
time-taken	请求处理时间
x-threadname	当前请求的线程名称
x-H(authType)	HttpServletRequest 对象中 getAuthType 方法的返回值
x-H(characterEncoding)	HttpServletRequest 对象中 getCharacterEncoding 方法的返回值
x-H(contentLength)	HttpServletRequest 对象中 getContentLength 方法的返回值
x-H(locale)	HttpServletRequest 对象中 getLocale 方法的返回值
x-H(protocol)	HttpServletRequest 对象中 getProtocol 方法的返回值
x-H(remoteUser)	HttpServletRequest 对象中 getRemoteUser 方法的返回值

续表

配置项	说明
x-H(requestedSessionId)	HttpServletRequest 对象中 getRequestedSessionId 方法的返回值
x-H(requestedSessionIdFromCookie)	HttpServletRequest 对象中 isRequestedSessionIdFromCookie 方法的返回值
x-H(requestedSessionIdValid)	HttpServletRequest 对象中 isRequestedSessionIdValid 方法的返回值
x-H(scheme)	HttpServletRequest 对象中 getScheme 方法的返回值
x-H(secure)	HttpServletRequest 对象中 isSecure 方法的返回值
cs(XXX)	请求头的 XXX 属性
sc(XXX)	响应头的 XXX 属性
x-A(XXX)	servlet context 的 XXX 属性
x-C(XXX)	名为 XXX 的 Cookie 值
x-O(XXX)	响应头中与 XXX 相关的一系列属性
x-P(XXX)	使用 UTF-8 编码的 URL 请求参数
x-R(XXX)	Request 的 XXX 属性
x-S(XXX)	session 的 XXX 属性

4.3.3 访问日志使用示例

通过默认虚拟主机 server 生成访问日志文件，具体操作步骤如下。

01 在“访问日志”页面配置访问日志属性。

02 开启默认虚拟主机 server 的访问日志开关。

03 部署 Web 应用 test1.war 到默认虚拟主机 server 上。

04 通过 http://localhost:8088/test1/jspa.jsp，访问应用 test1.war 中的 jspa.jsp。

05 在 TW_HOME/logs/access_log.server.19.09.27.19.txt 中查看访问日志信息，会出现如下访问日志信息：

```
20190927190000031/test1/jspa.jsp GET 127.0.0.1 0
```

4.4 虚拟主机

虚拟主机是将单个物理主机分成多个“虚拟”的主机，即虚拟主机间可共享一台物理主机的资源。每个虚拟主机可通过“虚拟主机的唯一标识”即虚拟主机名称来区分。但是每个虚拟主机可以使用多个虚拟主机别名。一个 Web 应用可以部署在多个虚拟主机上，一个虚拟主机可以与多个通道关联。

4.4.1 默认虚拟主机

服务器提供默认虚拟主机，默认虚拟主机的名称为 server。如果入站请求中未指定虚拟主机，则入站请求会发送到默认虚拟主机；如果部署应用时未指定特定的虚拟主机，则应用会部署到默认虚拟主机上。

4.4.2 单点登录

如果开启单点登录功能，则用户只需认证一次就可以访问部署在该虚拟主机上的所有使用相同安全域的 Web 应用；如果关闭单点登录功能，则用户访问部署在同一虚拟主机上的使用相同安全域的不同应用时，需要分别认证。

单点登录功能可根据应用使用的安全域进行匹配，部署在同一虚拟主机上并使用相同安全域的多个应用，能够通过单点登录进行认证访问。当使用单点登录功能进行认证访问后，如果再次进行认证访问该虚拟主机上使用其他安全域的应用，之前通过单点登录功能进行认证访问的应用将无法通过单点登录功能进行访问，需再次进行认证才可访问；而与新认证访问的应用具有相同安全域的应用，将可以通过单点登录功能进行访问。具体案例如下。

虚拟主机 vs1 开启单点登录功能，部署应用 app1、app2、app3 和 app4，应用 app1 和 app2 使用相同安全域 realm1，应用 app3 和 app4 使用相同安全域 realm2。当访问 app1 并进行认证后，开启单点登录时访问 app2 而不用再次认证，app1 和 app2 均能正常访问。如果此时访问 app3 并进行认证，则 app4 可通过单点登录功能进行访问而不用再次认证，app3 和 app4 均能正常访问。如果再次访问 app2，则 app2 需要再次认证。

4.4.3 LTPA 单点登录

LTPA 是 IBM 公司的 WebSphere 提供的单点登录解决方案，用以支持 WebSphere 和 IBM 公司其他产品间的单点登录，TongWeb 对此做了双向支持。

启用 LTPA，登录 WebSphere 上部署的应用后，可直接访问 TongWeb 上部署的应用，无须再次登录；反之，登录 TongWeb 上部署的应用后，可直接访问 WebSphere 上部署的应用，无须再次登录。使用 LTPA 有如下几个前提条件。

（1）应用处于同一域中，不支持跨域。

（2）所有应用采用同一个 LDAP 或数据一致的 LDAP 来做认证（目前此功能只支持 LDAP）。

（3）WebSphere 需要 7 或 7 以上版本，因为目前只支持 LTPA V2 的实现，所以 WebSphere 7 以下使用的是 LTPA V1 版本。

启用 LTPA：在虚拟主机编辑或创建页面，选中“Ltpa”复选框，配置相关选项即可。开启 LTPA 单点登录，如图 4-4 所示。

返回 | 创建虚拟主机

* 虚拟主机名称		虚拟主机名称，唯一标识名
虚拟主机别名		可设定多个别名，用逗号分隔
通道列表	tong-http-listener	和虚拟主机关联的通道列表
访问日志	□开启	访问日志
访问日志目录	logs/access	设置访问日志目录
SSO	□开启	SSO
Ltpa	□开启	Ltpa
远程过滤	□开启	远程过滤，默认关
自定义Valve		自定义的Valve会添加到虚拟主机的valve链里。访问应用时执行自定义的操作

其他Property属性

添加

属性	值	操作
没有可显示的数据		

保存 取消

图 4-4 开启 LTPA 单点登录

配置参数说明如下。

- “cookie 名称”：LTPA Cookie 的名称，需与 WebSphere 中的名称相同。
- “cookie 域”：Cookie 的作用域。
- “cookie 过期时间”：Cookie 失效时间。
- 3DESKey：从 WebSphere 中导出的秘钥文件中的 3DESKey，用以加密 Cookie。
- 公钥：从 WebSphere 中导出的秘钥文件中的 PublicKey，用以验证签名。
- 私钥：从 WebSphere 中导出的秘钥文件中的 PrivateKey，用以签名。
- 密码：从 WebSphere 中导出秘钥时设定的密码，用以解密私钥和 3DESKey。

编辑完属性后，单击“保存”按钮。

4.4.4 创建虚拟主机

创建虚拟主机的具体步骤如下。

01 展开管理控制台左侧导航树中的“Web 容器配置”，单击“虚拟主机管理”后，出现图 4-5 所示的“虚拟主机管理”页面。

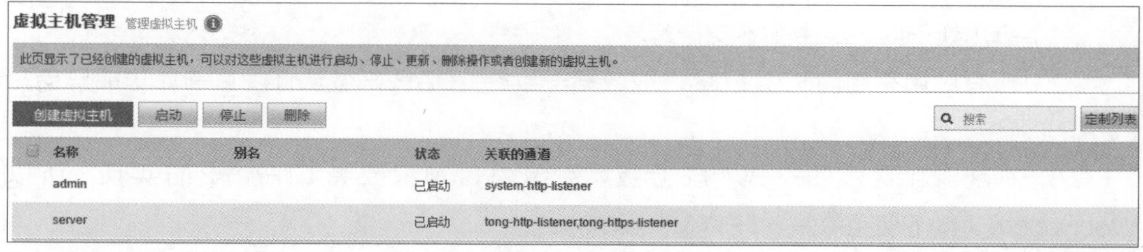

图 4-5 虚拟主机管理

02 在虚拟主机管理页面中，单击“创建虚拟主机”按钮，出现图 4-6 所示的“创建虚拟主机”页面。

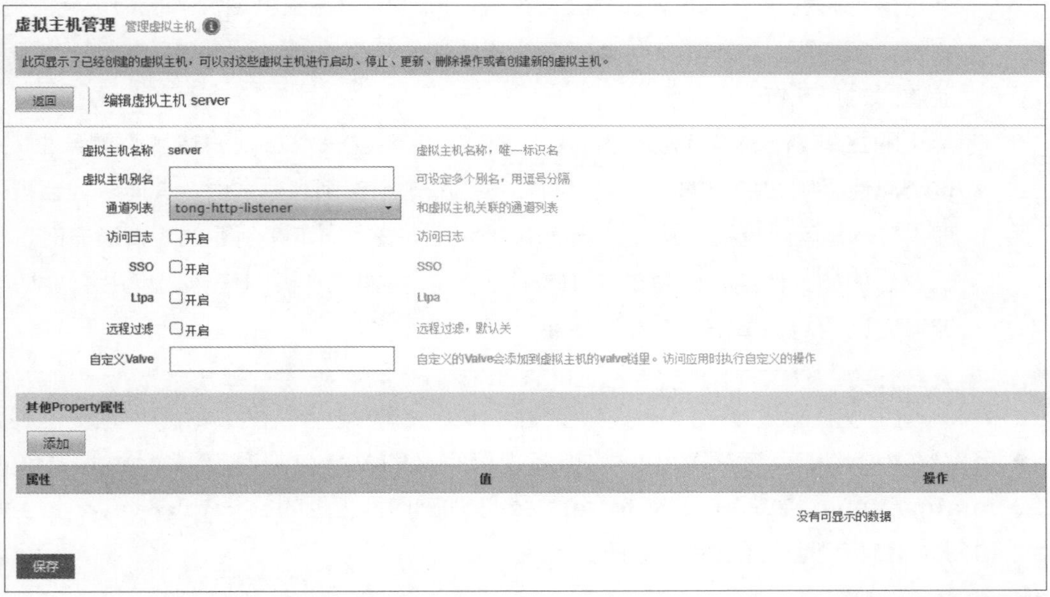

图 4-6 创建虚拟主机

虚拟主机的属性介绍如下。

- 虚拟主机名称：虚拟主机的唯一标识，新建虚拟主机名称不能与已使用的 HTTP、AJP 通道名称相同。
- 虚拟主机别名：虚拟主机的其他名称，可以定义多个别名，当定义多个别名时用逗号分隔。
- 通道列表：与虚拟主机关联的通道名称的列表。
- 访问日志：是否开启访问日志，默认不开启。
- SSO：是否开启单点登录，默认关闭。
- “Ltpa”：选择是否开启 LTPA 单点登录。
- 远程过滤：选择是否开启远程过滤，默认关闭，选择开启时有如下属性可以填写。
    - ◇ “允许的 ip 地址”：用逗号分隔的客户端的 IP 地址或一个正则表达式。如果指定了这个属性，则客户端的地址必须匹配其中的 IP 地址或表达式，其请求才会被处理；如果没有指定这个属性，所有的请求都会被接受，除非客户端地址被“拒绝访问的远程地址”所匹配。
    - ◇ “禁止的 ip 地址”：用逗号分隔的客户端的 IP 地址或一个正则表达式。如果指定了这个属性，则客户端的 IP 地址只有在不匹配其中的 IP 地址或正则表达式时，其请求才会被处理。例如，使用通配符的正则表达式表示 168.1.103.0 到 168.1.103.99 的远程地址 168\.1\.103\.([0-9]|[1-9][0-9])（“\.”为“.”的转义字符，“|”为或选择符）。
    - ◇ 允许的主机名：用逗号分隔的客户端的主机名或一个正则表达式。如果指定了这个属性，则客户端的主机名必须匹配这个表达式，其请求才会被处理；如果没有指定这个属性，所有的请求都会被接受，除非客户端主机名被“拒绝访问的远程主机”所匹配。“DNS 反向查找”功能开启时配置生效，该功能可在创建或编辑通道时进行配置。

◇ 禁止的主机名：用逗号分隔的客户端的主机名或一个正则表达式。如果指定了这个属性，则客户端的主机名只有在不匹配这个正则表达式时，其请求才会被处理。“DNS 反向查找”功能开启时配置生效，该功能可在创建或编辑通道时进行配置。例如，使用通配符的正则表达式表示以 TW 开头的任意远程主机 TW.*。

编辑完属性后，单击“保存”按钮。

> **提示** “.”表示单个任意字符，“.*”表示“.”出现 0 次或多次。

- 自定义 Valve：自定义 Valve 的类名，自定义的 Valve 必须实现 com.tongweb.catalina.Valve 接口。自定义的 Valve 会添加到虚拟主机的 pipeline（valve 链）里，访问应用时会执行自定义的操作。

> **注意** 创建虚拟主机时，虚拟主机名称和虚拟主机别名彼此不能相同，并且不能和已经创建的虚拟主机名称以及别名相同。虚拟主机 server 会绑定所有 AJP 通道，且 AJP 通道只会和 server 主机绑定。在创建和编辑虚拟主机时，可绑定的通道列表中不包含 AJP 通道。

03 虚拟主机同时可提供用户自定义配置其他属性的功能，可配置的属性如下。

- autoDeploy：运行时，周期性地检查新加的或更新的 Web 应用，默认为 true。
- deployOnStartup：服务器启动时，自动部署本 host 的 Web 应用，默认为 true。
- deployIgnore：使用正则表达式，指定被自动部署忽略的文件或目录。
- workDir：临时文件产生目录。
- appBase：应用部署目录。
- xmlBase：应用 xml 描述符目录。
- allowLinking：配置为 true 时，新部署在该虚拟主机上的应用，可以通过操作系统的软连接功能，使用应用子路径访问应用路径之外的资源。使用该功能属性配置后，需要重启 TongWeb，默认为 false。
- X-Forwarded-Proto：配置为 true 时，如果请求由代理 Server 转发过来时，可获取真实的客户端访问协议（HTTPS 或 HTTP），代理 Server（例如 nginx）需设置请求头名称为 X-Forwarded-Proto。
- cacheMaxSize：为部署在此虚拟机下的应用设置静态资源缓存的最大值，单位为 KB，默认为 10000。
- cachingAllowed：为部署在此虚拟机下的应用设置是否允许启用静态资源（HTML、图片、声音等）的缓存，默认为 true。
- cacheObjectMaxSize：为部署在此虚拟机下的应用设置允许缓存的最大文件容

量，大于此容量的文件将不被 Cache。cacheObjectMaxSize 会被限定在 cacheMaxSize/20 以下。

- cacheTTL：为部署在此虚拟机下的应用设置 Cache 检查间隔时间，单位为毫秒，默认为 5000。

04 单击“保存”按钮。

4.4.5 查看与编辑虚拟主机

在虚拟主机管理页面中，单击需要查看或编辑的虚拟主机名称，出现图 4-7 所示内容，各属性与创建虚拟主机时相同。

虚拟主机名称	server	虚拟主机名称，唯一标识名
虚拟主机别名		可设定多个别名，用逗号分隔
通道列表	tong-http-listener	和虚拟主机关联的通道列表
访问日志	☐开启	访问日志
SSO	☐开启	SSO
Ltpa	☐开启	Ltpa
远程过滤	☐开启	远程过滤，默认关
自定义Valve		自定义的Valve会添加到虚拟主机的valve链里。访问应用时执行自定义的操作

图 4-7　查看或编辑虚拟主机

> **注意** 系统级的虚拟主机 admin 不提供“虚拟主机别名”“通道列表”“允许 / 禁止的主机名”的编辑。

4.4.6 启动或停止虚拟主机

虚拟主机创建后，默认为“已启动”。如果状态为“已启动”，则虚拟主机接收请求并进行处理；如果为“已停止”，则虚拟主机不接收请求（返回状态码 404）。

在虚拟主机管理页面选中一个或多个虚拟主机，单击“启动”或“停止”按钮即可启动或停止虚拟主机。

4.4.7 删除虚拟主机

在虚拟主机管理页面选中待删除的虚拟主机，单击“删除”按钮即可删除虚拟主机。

4.4.8 远程访问过滤

通过配置虚拟主机上的远程过滤功能，可以允许或拒绝某些地址或主机对该虚拟主机上的 Web 应用的请求。当用户没有配置此功能时，服务器不进行任何访问过滤。以下为配置和验证远程访问过滤的示例。

目标：拒绝某机器（IP 地址为 10.10.40.36）访问 TongWeb（IP 地址为 10.10.40.x）

中虚拟主机 Server 上部署的 Web 应用。

设置：在 IP 地址为 10.10.40.x 的机器上启动 TongWeb，在管理控制台中编辑名称为 server 的虚拟主机。开启远程过滤，并设置“禁止的 ip 地址”为“10.10.40.36”，如图 4-8 所示。

验证：在 10.10.40.x 的 TongWeb 上部署任意 Web 应用（其中包含若干个 JSP）到默认虚拟主机 server 上，应用访问前缀为test。通过10.10.40.36 机器访问该 Web 应用（请求 URI 为 http://10.10.40.x:8088/test/ 具体 JSP 页面），访问失败；通过 IP 不是 10.10.40.36 的其他机器访问该 Web 应用（请求 URI 同样为 http://10.10.40.x:8088/test/ 具体 JSP 页面），访问成功。

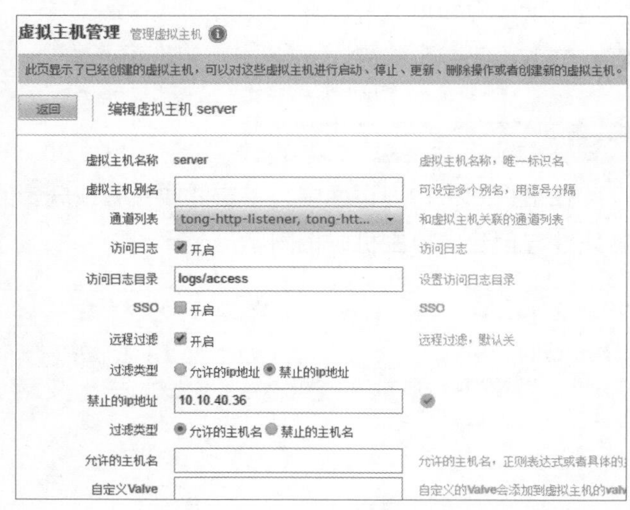

图 4-8 设置“禁止的 ip 地址”

4.5 通道

Web 容器使用通道接收用户请求（每个通道提供自己的监听地址和监听端口），根据传输协议的不同，提供 HTTP（HTTP 1.1）、HTTPS 和 AJP（AJP 1.3）3 种类型的通道，同时可为通道提供 4 种不同的 I/O 工作模式：bio、nio、nio2 与 apr。服务器可为通道提供开关，只有通道开启才能接收用户请求。通道具备的功能如下。

（1）长连接：HTTP 1.0 规定浏览器与服务器只保持短暂的连接，浏览器的每次请求都需要与服务器建立一个 TCP 连接，服务器完成请求处理后，将立即断开 TCP 连接（短连接）。为了克服 HTTP 1.0 的这个缺陷，HTTP 1.1 支持持久的连接，在一个 TCP 连接上可以传送多个 HTTP 请求和响应，减少了建立和关闭连接的消耗与延迟（长连接）。TongWeb 服务器支持 HTTP 1.1，因此默认的连接均为长连接。用户可以控制长连接中的最大请求个数以及长连接的超时时间。

（2）传输压缩（HTTP&HTTPS）：在 HTTP 1.1 中支持 GZIP 格式压缩，TongWeb 可提供是否使用压缩文本数据或强制压缩的选项，以及“压缩类型”和“压缩的内容最小值”的配置项。这样可以缩小页面文件大小，从而加快页面的显示速度。

（3）SSL 支持（HTTPS）：通道支持服务端单向认证，支持服务端 / 客户端双向认证，支持 SSL/SSL v3 以及 TLS/TLSv1/TLSv1.1/TLSv1.2 协议。如果 HTTPS 通道的 I/O 模式选择 apr，则必须开启 openssl。

4.5.1 通道的工作模式

通道可提供 4 种 I/O 工作模式：bio、nio、nio2 与 apr。

bio 是同步并阻塞模式，服务器实现模式为一个连接一个线程，即客户端有连接请求时，服务器端就需要启动一个线程进行处理。

nio 与 nio2 都是非阻塞 I/O 模式，需要使用线程池技术来保证对请求接收的不阻塞。使用传统 I/O 阻塞工作模式的主线程使用 ServerSocket.accept() 接收请求。nio 的非阻塞工作模式处理请求时，都是将接收到的 Socket 请求交由在线程池中的处理线程处理的。因此，接收和处理请求在不同的线程中进行，不会占用主线程，即使线程池中没有空闲的工作线程，也不会拒绝接收请求。

apr 模式能从操作系统层面解决 I/O 阻塞问题。通道使用 apr 模式需要操作系统对 apr 的支持。

在 TongWeb 安装目录的 native 目录下存在对各操作系统支持的 apr 链接库。如果是在 UNIX 或者 Linux 操作系统下，启动脚本 startserver.sh 会将 apr 链接库添加到系统环境变量 LD_LIBRARY_PATH 中。

4.5.2 通道的创建和管理

本小节将讲解在 TongWeb 的管理控制台上创建及管理通道的操作。

一、创建 HTTP 通道

创建 HTTP 通道的详细步骤如下。

01 展开管理控制台左侧导航树中的“Web 容器配置”，单击“HTTP 通道管理”，进入“HTTP 通道管理”页面，如图 4-9 所示。

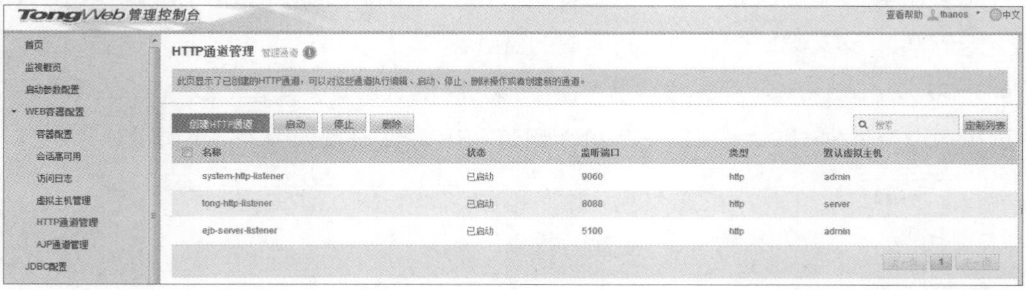

图 4-9　HTTP 通道管理

02 单击“创建 HTTP 通道”按钮，进入“创建 HTTP 通道”页面，如图 4-10 所示。依次填写通道的基本属性、高级属性、线程池属性、压缩属性以及其他属性，即可完成 HTTP 通道的创建。

HTTP 通道的基本属性设置如图 4-10 所示，图中的属性介绍如下。

- “http 通道名称”：HTTP 通道的唯一标识，新建通道名称不能与虚拟主机名称、已使用的 HTTP、AJP 通道名称相同。

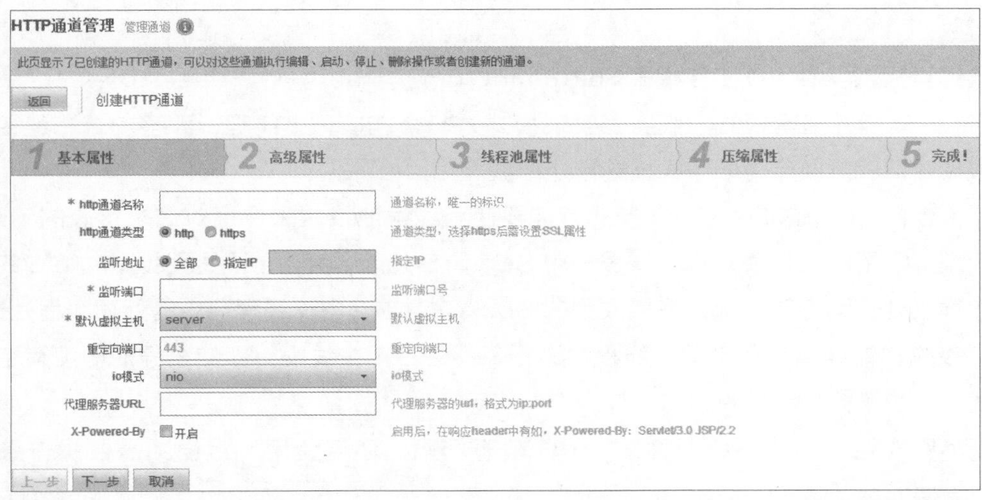

图 4-10 创建 HTTP 通道

- "http 通道类型"："http" 或 "https"，分别对应 HTTP 或 HTTPS。
- 监听地址：HTTP 通道的监听地址，可以为全部或其他指定的本机 IP 地址。
- 监听端口：HTTP 通道的监听端口号。
- 默认虚拟主机：通道对应的默认虚拟主机。
- 重定向端口：非 SSL 到 SSL 的重定向端口。
- "io 模式"：bio、nio 与 nio2，如果当前系统支持 apr，则可选 apr。默认为 nio。
- 代理服务器 URL：代理服务器名和端口组成的 URL 为 HTTP(S)://proxyName:proxyPort。其中，proxyName 代表 Proxy 转发模式下，Proxy 对外提供服务的地址。如果设置了此配置，ServletRequest 的 getServerName 方法会返回此 Proxy 地址，否则返回通道的监听地址。proxyPort 代表 Proxy 转发模式下，Proxy 对外提供服务的端口。如果设置了此配置，ServletRequest 的 getServerPort 方法会返回此 Proxy 端口，否则返回通道的监听端口。
- X-Powered-By：用于设置是否在response的HTTP头里生成X-Powered-By信息。

选择通道类型为 HTTPS 时，HTTPS 通道 SSL 属性设置如图 4-11 所示。

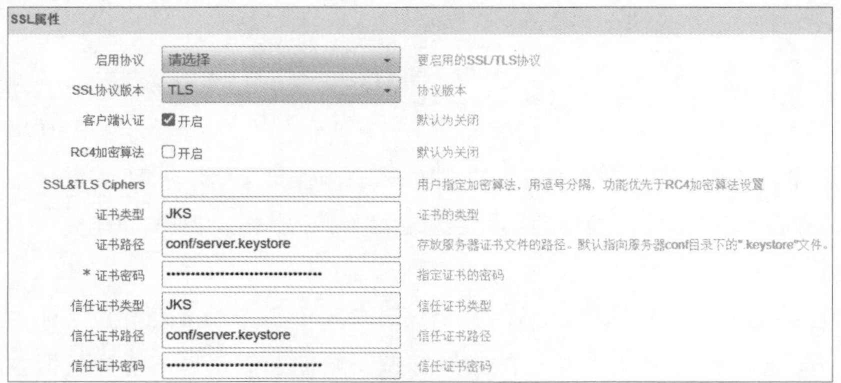

图 4-11 HTTPS 通道 SSL 属性设置

- SSL 协议版本：HTTPS 采用的 SSL 协议版本，默认为 TLS。
- 客户端认证：选择是否使用客户端数字证书来认证，默认为不启用。
- RC4 加密算法：默认不开启 RC4 协议。
- SSL&TLS Ciphers：可以使用的加密算法列表，用逗号分开。
- 证书类型：SSL 使用的证书类型，默认为 JKS。
- 证书路径：证书所在路径，默认为 conf/server.keystore。
- 证书密码：证书的密码，默认为一个常量。该常量没有具体意义，只是用来保护证书密码不在页面显示，以及用来判断用户是否输入了新的密码。默认证书为 changeit，建议用自制证书。
- 信任证书类型：信任证书的类型，用来认证客户端证书。开启客户端认证后可设置。
- 信任证书路径：信任证书的路径，开启客户端认证后可设置。
- 信任证书密码：信任证书的密码，开启客户端认证后可设置。

如果通道“io 模式”选择 apr 时，会显示图 4-12 所示选项。

- “openssl”：选择是否开启 OpenSSL。
- “是否启用 http2 协议”：是否使用 HTTP2 协议，该选项只有在开启“openssl”选项后才可选择使用。

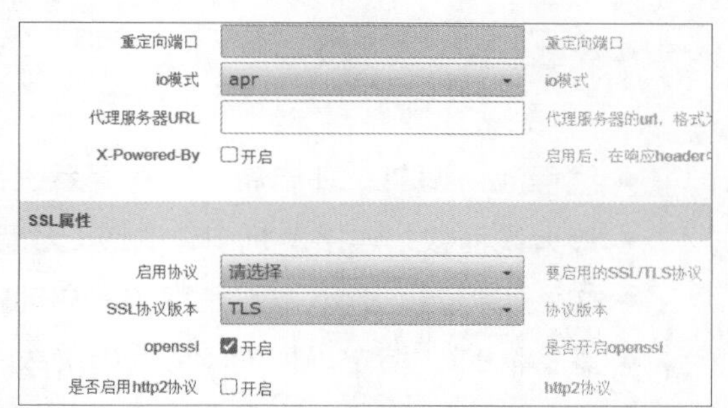

图 4-12　设置“io 模式”为 apr

HTTP 通道高级属性设置如图 4-13 所示，图中的属性介绍如下。

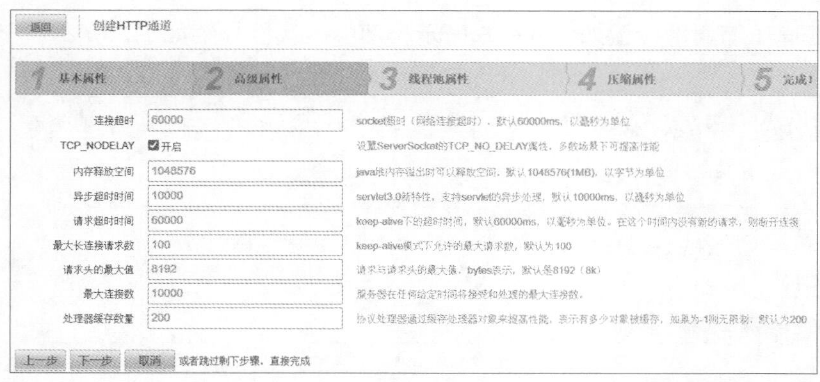

图 4-13　HTTP 通道高级属性设置

- 连接超时：网络连接超时时间，默认为 60000ms。
- TCP_NODELAY：ServerSocket 的 TCP_NO_DELAY 属性，多数场景下可提高性能，默认开启。
- 内存释放空间：Java 堆内存溢出时可以释放空间，默认为 1MB。
- 异步超时时间：servlet 3.0 新特性，支持 servlet 的异步处理，默认为 10000ms。
- 请求超时时间：keep-alive 模式下的超时时间，默认为 60000ms。超过这个时间如果没有新的请求，则断开连接。

- 最大长连接请求数：keep-alive 模式下允许的最大请求数，默认为 100。
- 请求头的最大值：请求与请求头的最大值，默认为 8KB。
- 最大连接数：服务器在任何给定时间将接受和处理的最大连接数，默认为 10000。
- 处理器缓存数量：协议处理器通过缓存处理器对象来提高性能，表示有多少对象被缓存。如果为 -1，则无限制，默认为 200。

HTTP 通道线程池属性设置如图 4-14 所示，图中的属性介绍如下。

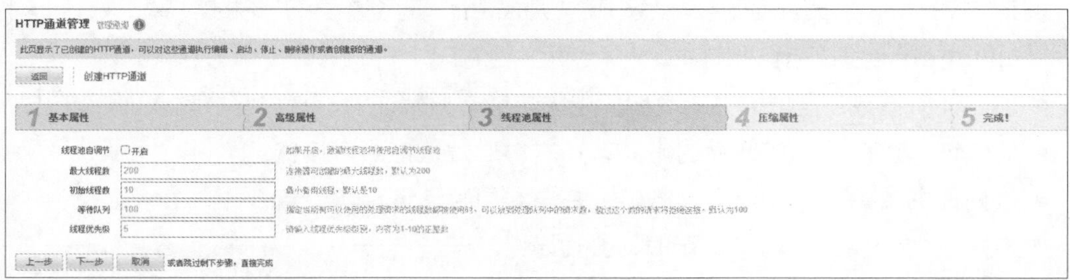

图 4-14　HTTP 通道线程池属性设置

- 线程池自调节：开启后可以根据系统吞吐量自动进行线程池优化，默认不开启。
- 最大线程数：连接器可创建的最大线程数，一个线程处理一个请求，默认为 200。
- 初始线程数：最小备用线程，即启动时初始化的线程，默认为 10。
- 等待队列：指定当所有可以使用的处理请求的线程数都被使用时可以放到处理队列中的请求数，超过这个数的请求将拒绝连接，默认为 100。
- 线程优先级：JVM 中请求处理线程的优先级，默认为 5。

HTTP 通道压缩属性设置如图 4-15 所示，图中的属性介绍如下。

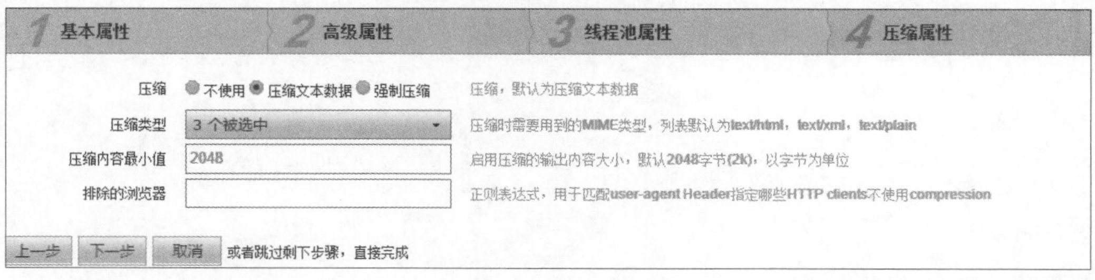

图 4-15　HTTP 通道压缩属性设置

- 压缩：选择是否开启压缩，默认为压缩文本数据。
- 压缩类型：压缩时需要用到的 MIME 类型列表，默认为 text/html、text/xml、text/plain。
- 压缩内容最小值：启用压缩的输出内容大小，默认为 2KB。
- 排除的浏览器：正则表达式，用于匹配 user-agent Header 指定哪些 HTTP clients 不使用压缩。

HTTP 通道其他属性设置如图 4-16 所示，图中的属性介绍如下。

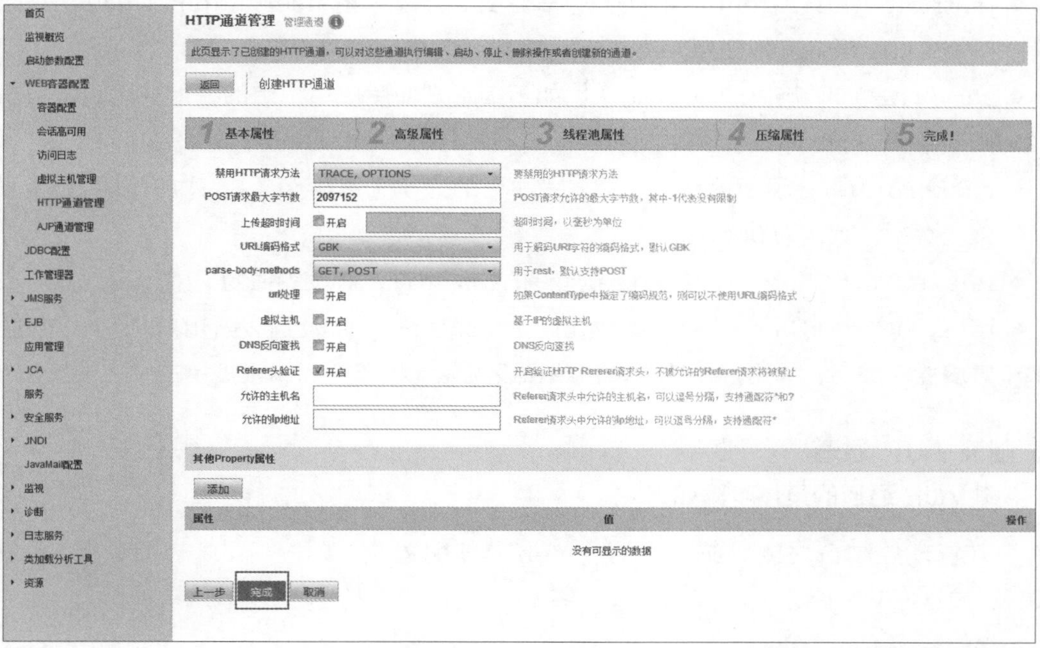

图 4-16 HTTP 通道其他属性设置

- 禁用 HTTP 请求方法：要禁用的 HTTP 请求方法。
- POST 请求最大字节数：POST 请求允许的最大字节数，默认为 2097152，即 2MB。
- 上传超时时间：是否为数据上传指定更长的连接超时时间，默认不开启。
- URL 编码格式：用于解码 URI 字符的编码格式，默认为 GBK。
- parse-body-methods：用于 rest，默认支持 GET、POST。
- “url 处理”：如果 ContentType 中指定了编码规范，则可以不使用 URL 编码格式，默认不开启。
- 虚拟主机：基于 IP 地址的虚拟主机。
- DNS 反向查找：通过 IP 地址查找主机名称。
- Referer 头验证：开启验证 HTTP Referer 请求头，不被允许的 Referer 请求将被禁止，返回 HTTP 状态码 403，默认不开启。开启后可填写允许的主机名和允许的 IP 地址。如果允许的主机名和允许的 IP 地址都为空，则将禁止所有的 Referer 请求，但是来自服务器本机的 Referer 请求仍然可以处理。
- 允许的主机名：开启 Referer 头验证时允许的主机名称，支持通配符 * 和 ?，可以用逗号分隔。
- “允许的 ip 地址”：开启 Referer 头验证时允许的 IP 地址，支持通配符 *，可以用逗号分隔。

HTTP 通道同时可提供用户自定义配置其他属性的功能，可配置的属性如下。

- maxTrailerSize：限制一个分块的 HTTP 请求中的最后一个块的尾随标头的总长

度。如果没有指定，默认值是 8192；如果该值是 -1，则会没有限制地被强加。

- restrictedUserAgents：值为正则表达式，用于匹配 user-agent Header 指定哪些 HTTP clients 不使用 keep alive。默认为空字符串。
- server：HTTP 响应的 server 头，如不指定则使用应用指定的，如应用也没有指定则使用 webserver。
- socketBuffer：设置 Socket 输出缓冲区的大小 [以字节（B）为单位]，-1 表示禁止缓冲，默认为 9000B。
- relaxedPathChars：URL 路径上允许的特殊字符，可设置值为 []|{}^\`。
- relaxedQueryChars：查询参数允许的特殊字符，可设置值为 []|{}^\`。

03 设置属性完成后，单击“创建”按钮或在设置完高级属性后，直接单击“完成”按钮。

二、创建 AJP 通道

创建 AJP 通道的具体步骤如下。

01 展开管理控制台左侧导航树中的“Web 容器配置”，单击“AJP 通道管理”，进入“AJP 通道管理”页面，AJP 通道列表如图 4-17 所示。

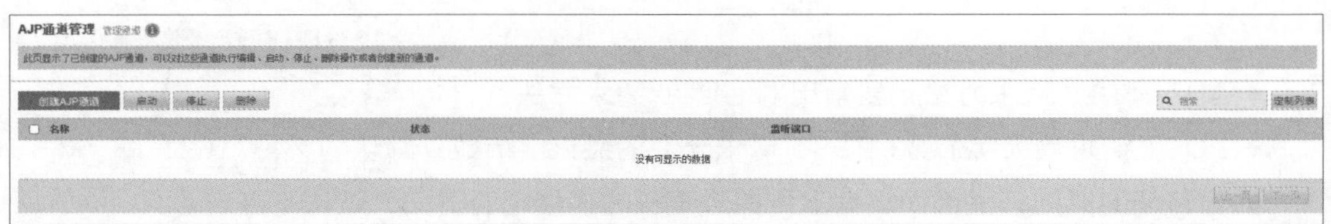

图 4-17　AJP 通道列表

02 单击“创建 AJP 通道”按钮，进入“创建 AJP 通道”的页面，如图 4-18 所示。依次填写通道的基本属性、高级属性、线程池属性以及其他属性，即可完成 AJP 通道的创建。

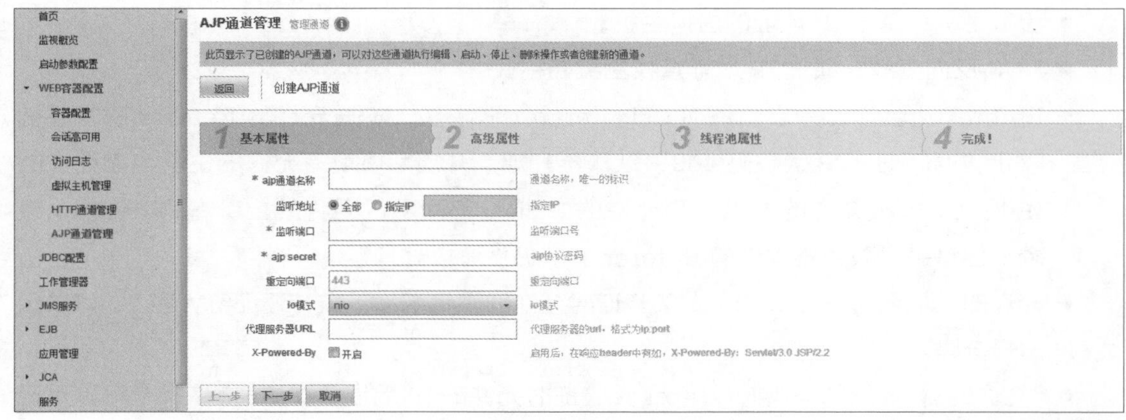

图 4-18　创建 AJP 通道

AJP 通道的基本属性设置如图 4-18 所示，图中的属性介绍如下。

- “ajp 通道名称”：AJP 通道的唯一标识，新建通道名称不能与虚拟主机名称、已使用的 HTTP、AJP 通道名称相同。

- 监听地址：AJP 通道的监听地址。
- 监听端口：AJP 通道的监听端口。
- “ajp secret”：AJP 通道的协议密码。
- 重定向端口：AJP 通道的重定向端口。
- “io 模式”：nio 与 nio2，如果当前系统支持 apr，则可选 apr。默认为 nio 模式。
- 代理服务器 URL：代理服务器名和端口组成的 URL。
- X-Powered-By：用于设置是否在 response 的 HTTP 头里生成 X-Powered-By 信息。

AJP 通道高级属性设置如图 4-19 所示，图中的属性介绍如下。

图 4-19　AJP 通道高级属性设置

- 连接超时：网络连接超时时间，默认为 60000ms。
- TCP_NODELAY ：设置 ServerSocket 的 TCP_NO_DELAY 属性，多数场景下可提高性能，默认开启。
- 异步超时时间：servlet 3.0 新特性，支持 servlet 的异步处理，默认为 10000ms。
- 请求超时时间：keep-alive 下的超时时间，默认 60000ms，超过这个时间没有新的请求，则断开连接。
- 处理器缓存数量：协议处理器通过缓存处理器对象来提高性能，表示有多少对象被缓存。如果为 -1，则无限制，默认为 200。

AJP 通道线程池属性设置如图 4-20 所示，图中的属性介绍如下。

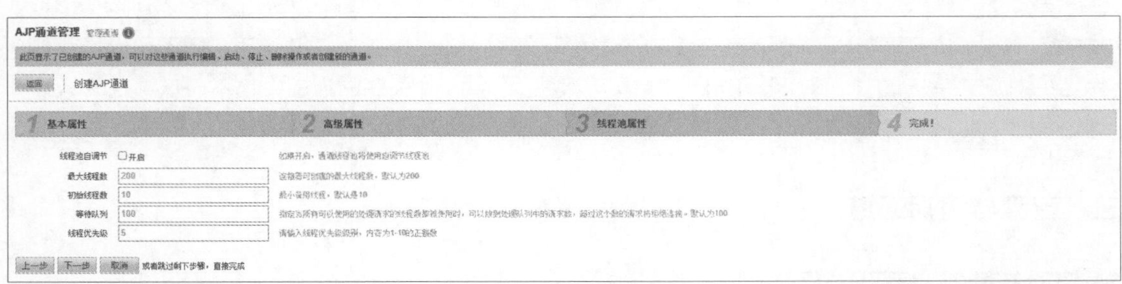

图 4-20　AJP 通道线程池属性设置

- 线程池自调节：开启后可以根据系统吞吐量自动进行线程池优化，默认不开启。

- 最大线程数：连接器可创建的最大线程数，一个线程处理一个请求，默认为 200。
- 初始线程数：最小备用线程，即启动时初始化的线程，默认是 10。
- 等待队列：指定当所有可以使用的处理请求的线程数都被使用时，可以放到处理队列中的请求数，超过这个数的请求将拒绝连接。默认为 100。
- 线程优先级：JVM 中请求处理线程的优先级，默认为 5。

AJP 通道其他属性设置如图 4-21 所示，图中的属性介绍如下。

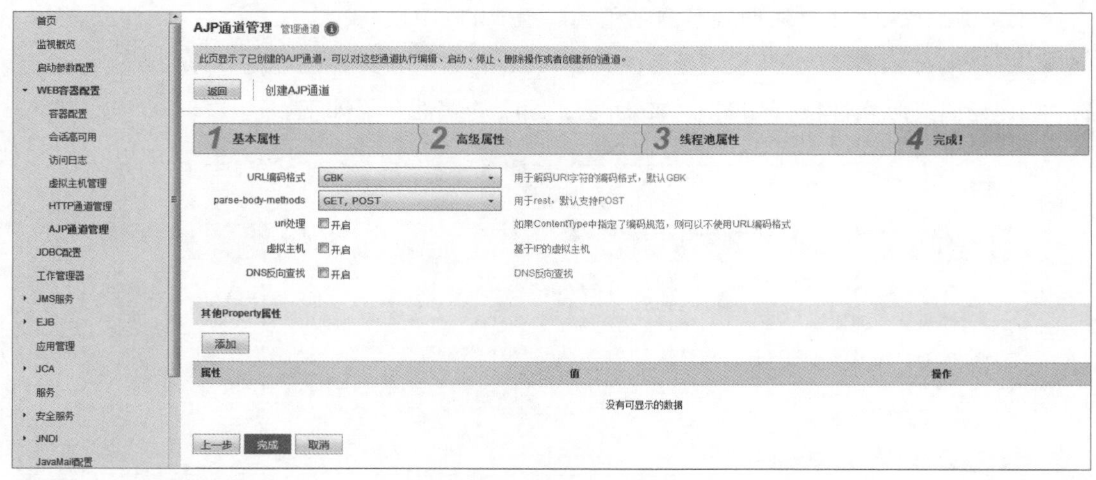

（注：为与软件界面一致，截图中的“uri”未修改为“URI”）

图 4-21　AJP 通道其他属性设置

- URL 编码格式：用于解码 URI 字符的编码格式，默认为 GBK。
- parse-body-methods：用于 rest，默认支持 GET 和 POST。
- “uri 处理”：如果 ContentType 中指定了编码规范，则可以不使用 URL 编码格式，默认不开启。
- 虚拟主机：基于 IP 地址的虚拟主机，默认不开启。
- DNS 反向查找：通过 IP 地址查找主机名称，默认不开启。

03 设置属性完成后，单击“完成”按钮或在设置完高级属性后，直接单击“完成”按钮。

注意 在 TongWeb 中，所有 AJP 通道的默认虚拟主机都为 server，同时虚拟主机 server 会绑定所有的 AJP 通道。在 AJP 通道的创建与编辑页面，不提供设置其默认虚拟主机的入口。在虚拟主机创建与编辑页面，设置要绑定的通道时，可选的通道列表不包含 AJP 通道，即不可以修改这两者的对应关系。同时，在虚拟主机列表中，虚拟主机 server 关联的通道中也不显示绑定的 AJP 通道。

三、查看与编辑通道

1. 查看与编辑 HTTP/HTTPS 通道

在 HTTP 通道管理页面中，单击需要查看与编辑的 HTTP(S) 通道名称，会出现图 4-22 所示的页面。各属性与创建时相同，编辑属性完成后，单击“保存”按钮。

HTTP通道管理 管理通道

此页显示了已创建的HTTP通道，可以对这些通道执行编辑、启动、停止、删除操作或者创建新的通道。

返回 | 编辑HTTP通道 tong-http-listener

名称	值	说明
http通道名称	tong-http-listener	通道名称，唯一的标识
http通道类型	◉http ○https	通道类型，选择https后需设置SSL属性
监听地址	◉全部 ○指定IP	指定IP
* 监听端口	8088	监听端口号
* 默认虚拟主机	server	默认虚拟主机
重定向端口	8443	重定向端口
io模式	nio	io模式
代理服务器URL		代理服务器的url，格式为ip:port
X-Powered-By	☐开启	启用后，在响应header中有如，X-Powered-By：Servlet/3.0 JSP/2.2

高级属性

名称	值	说明
连接超时	60000	socket超时（网络连接超时），默认60000ms，以毫秒为单位
TCP_NODELAY	☑开启	设置ServerSocket的TCP_NO_DELAY属性，多数场景下可提高性能
内存释放空间	1048576	java堆内存溢出时可以释放空间，默认1048576(1MB)，以字节为单位
异步超时时间	10000	servlet3.0新特性，支持servlet的异步处理，默认10000ms，以毫秒为单位
请求超时时间	60000	keep-alive下的超时时间，默认60000ms，以毫秒为单位。在这个时间内没有新的请求，则断开连接
最大长连接请求数	100	keep-alive模式下允许的最大请求数，默认为100
请求头的最大值	8192	请求与请求头的最大值，bytes表示，默认是8192（8k）
最大连接数	10000	服务器在任何给定时间将接受和处理的最大连接数。
处理器缓存数量	200	协议处理器通过缓存处理器对象来提高性能，表示有多少对象被缓存，如果为-1则无限制，默认为200

线程池属性

名称	值	说明
线程池自调节	☐开启	如果开启，通道线程池将使用自调节线程池
最大线程数	5	连接器可创建的最大线程数，默认为200
初始线程数	1	最小备用线程，默认是10
等待队列	100	指定当所有可以使用的处理请求的线程数都被使用时，可以放到处理队列中的请求数，超过这个数的请求将拒绝连接。默认为100
线程优先级	5	请输入线程优先级级别，内容为1-10的正整数

其他设置

名称	值	说明
禁用HTTP请求方法	5 个被选中	要禁用的HTTP请求方法
上传超时时间	☐开启	超时时间，以毫秒为单位
URL编码格式	GBK	用于解码URI字符的编码格式，默认GBK
parse-body-methods	POST	用于rest，默认支持POST
POST请求最大字节数	2097152	POST请求允许的最大字节数，其中-1代表没有限制
uri处理	☐开启	如果ContentType中指定了编码规范，则可以不使用URL编码格式
虚拟主机	☐开启	基于IP的虚拟主机
DNS反向查找	☐开启	DNS反向查找
Referer头验证	☐开启	开启验证HTTP Rererer请求头，不被允许的Referer请求将被禁止

其他Property属性

添加

属性	值	操作
server	webserver	删除

保存

图 4-22　查看与编辑 HTTP 通道

2. 查看与编辑 AJP 通道

在 AJP 通道管理页面中，单击需要查看与编辑的 AJP 通道名称，会出现图 4-23 所示的页面。各属性与创建时相同，编辑属性完成后，单击“保存”按钮。

AJP通道管理 管理通道

此页显示了已创建的AJP通道，可以对这些通道执行编辑、启动、停止、删除操作或者创建新的通道。

返回 | 编辑AJP通道 tong-ajp-listener

ajp通道名称 tong-ajp-listener 通道名称，唯一的标识
监听地址 ◉全部 ○指定IP 指定IP
* 监听端口 8082 监听端口号
* ajp secret ajp ajp协议密码
重定向端口 443 重定向端口
io模式 nio io模式
代理服务器URL 代理服务器的url，格式为ip:port
X-Powered-By □开启 启用后，在响应header中有如，X-Powered-By：Servlet/3.0 JSP/2.2

高级属性

连接超时 60000 socket超时（网络连接超时），默认60000ms，以毫秒为单位
TCP_NODELAY ☑开启 设置ServerSocket的TCP_NO_DELAY属性，多数场景下可提高性能
异步超时时间 10000 servlet3.0新特性，支持servlet的异步处理，默认10000ms，以毫秒为单位
请求超时时间 60000 keep-alive下的超时时间，默认60000ms，以毫秒为单位，在这个时间内没有新的请求，则断开连接
处理器缓存数量 200 协议处理器通过缓存处理器对象来提高性能，表示有多少对象被缓存，如果为-1则无限制，默认为200

线程池属性

线程池自调节 □开启 如果开启，通道线程池将使用自调节线程池
最大线程数 200 连接器可创建的最大线程数，默认为200
初始线程数 10 最小备用线程，默认是10
等待队列 100 指定当所有可以使用的处理请求的线程数都被使用时，可以放到处理队列中的请求数，超过这个数的请求将拒绝连接，默认为100
线程优先级 5 请输入线程优先级级别，内容为1-10的正整数

其他设置

URL编码格式 GBK 用于解码URI字符的编码格式，默认GBK
parse-body-methods GET, POST 用于rest，默认支持POST
uri处理 □开启 如果ContentType中指定了编码规范，则可以不使用URL编码格式
虚拟主机 □开启 基于IP的虚拟主机
DNS反向查找 □开启 DNS反向查找

其他Property属性

添加

属性	值	操作
	没有可显示的数据	

保存

图 4-23 查看与编辑 AJP 通道

四、启动或停止通道

1. 启动或停止 HTTP/HTTPS 通道

如图 4-24 所示，在 HTTP 通道管理页面选中需要启动或停止的通道，单击“启动”或“停止”按钮。

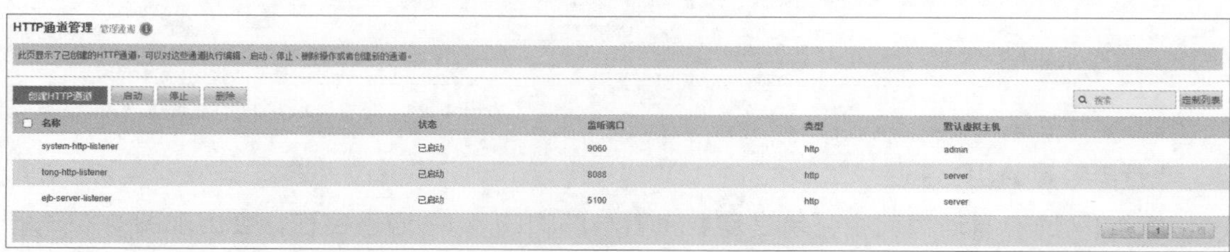

图 4-24 启动或停止 HTTP 通道

2. 启动或停止 AJP 通道

如图 4-25 所示，在 AJP 通道管理页面选中需要启动或停止的通道，单击“启动”或“停止”按钮。

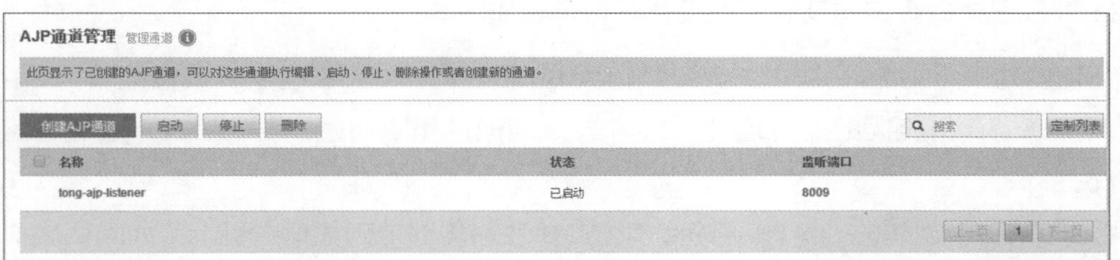

图 4-25　启动或停止 AJP 通道

五、删除通道

1. 删除 HTTP/HTTPS 通道

如图 4-26 所示，在 HTTP 通道管理页面选中待删除的通道，单击“删除”按钮。

HTTP通道管理 管理通道

此页显示了已创建的HTTP通道，可以对这些通道执行编辑、启动、停止、删除操作或者创建新的通道。

创建HTTP通道　启动　停止　删除　搜索　定制列表

名称	状态	监听端口	类型	默认虚拟主机
system-http-listener	已启动	9060	http	admin
tong-http-listener	已启动	8080	http	server
tong-https-listener	已启动	8443	https	server

上一页　1　下一页

图 4-26　删除 HTTP/HTTPS 通道

2. 删除 AJP 通道

如图 4-27 所示，在 AJP 通道管理页面选中待删除的通道，单击“删除”按钮。

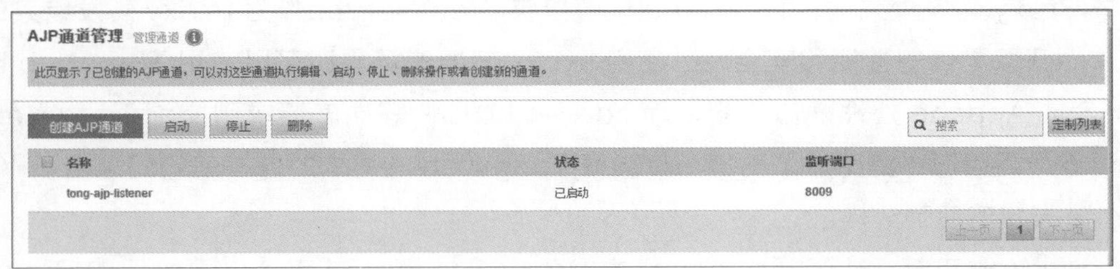

图 4-27　删除 AJP 通道

4.5.3 通道的配置和使用方法

本小节将详细讲解通道的配置和使用方法，通道的配置和使用主要包括通道重定向和 Proxy 转发。

1. 通道重定向

当通道接收到非 SSL 请求时，如果应用的 web.xml 中的 security-constraint 属性定义了该请求应通过 SSL 通道访问，则该请求会被重定向到 HTTPS 通道。在未配置通道重定向端口的情况下，服务器将默认提供第一个创建的 HTTPS 通道的端口用于重定向。如果没有 HTTPS 通道可用，则返回 403 错误（服务器拒绝请求）。

HTTP 通道的重定向及验证的具体操作步骤如下。

01 分别创建一个 HTTP 通道（假设端口为 8008）和 HTTPS 通道（假设端口为 8443），要求两个通道具有相同的监听地址，且 HTTP 通道的重定向端口与 HTTPS 通道的监听端口相同。

02 将步骤 01 中创建的 HTTP 通道和 HTTPS 通道均绑定到虚拟主机上（如默认虚拟主机 server）。

03 将应用（如应用前缀设置为 redirect）部署到虚拟主机上（需要与通道绑定的虚拟主机一致）。

该应用中 WEB-INF/web.xml 定义了如下属性：

```
<security-constraint>
    <web-resource-collection>
        <web-resource-name>index</web-resource-name>
        <url-pattern>/Test</url-pattern>
    </web-resource-collection>
        <user-data-constraint>
            <transport-guarantee>CONFIDENTIAL</transport-guarantee>
        </user-data-constraint>
    </security-constraint>
```

04 通过 HTTP 通道（http://localhost:8008/redirect/Test）访问该应用，则请求被重定向到 HTTPS 通道（https://localhost:8443/redirect/Test）。

2. Proxy 转发

在 Proxy 转发模式下，TongWeb 能够接收 Web Server 作为 Proxy 转发给其的请求，从而获取更优的性能和安全性。使用 Proxy 转发的场景时可以使用 TongWeb 自带的 THS 或 Apache 处理静态内容，而 servlet 和 JSP 等动态请求则交给 TongWeb 处理。对于最终用户（浏览器）而言，转发给 TongWeb 的请求的应答就如同来自 THS 或 Apache 发出的应答一样。

TongWeb 支持 THS、Apache 作为 Proxy Server，并支持以下协议的 Proxy 转发方式。

- 基于 HTTP(S) 的 Proxy 转发。
- 基于 AJP 的 Proxy 转发。

此处以 TongHttpServer 作为 Proxy Server 说明 Proxy 转发的配置和使用步骤。

01 在 TongWeb 管理控制台上创建 HTTP 或 HTTPS 通道，配置“代理服务器的 URL”为 http(s)://proxyName:proxyPort。

> 注意 proxyName 为 THS 的地址，proxyPort 为 THS 的监听端口号。

02 将步骤 01 中创建的通道绑定到默认虚拟主机 server 点。

03 将应用部署到默认虚拟主机 server 上。

04 在 THS 中配置 Proxy 转发的信息，配置方法如下。

（1）配置基于 HTTP 的 Proxy 转发。前提是 THS 使用 HTTP 的默认配置。

将 <THS_HOME>/bin/https.conf 中的 ProxyPass 和 ProxyPassReverse 注释掉。

```
#ProxyPass / balancer://tongSSLCluster/ stickysession=ROUTEID growth=100
#ProxyPassReverse / balancer://tongSSLCluster/
```

在 <THS_HOME>/bin/https.conf 中添加如下相应配置。

```
<VirtualHost _default_:8080>
//8080 是 THS 的 HTTP 监听端口
......
ProxyPass /test1 http://x.x.x.x:9003/test1
ProxyPassReverse /test1 http://x.x.x.x:9003/test1
// 其中：x.x.x.x 是 TongWeb 的 HTTP 通道的监听地址，9003 是 TongWeb 的 HTTP 通道的监听端口号
```

重启 THS。

```
sh <THS_HOME>/bin/start.sh restart
```

在浏览器中通过 http://<THS_IP>:8080/test1 成功访问 test1 应用。

> 注意 <THS_IP> 是 THS 的 IP 地址，8080 是 THS 的 HTTP 监听端口号。

（2）配置基于 HTTPS 的 Proxy 转发。前提是 THS 使用 HTTPS 协议的默认配置。

将 <THS_HOME>/bin/https.conf 中的 ProxyPass 和 ProxyPassReverse 注释掉：

```
#ProxyPass / balancer://tongSSLCluster/ stickysession=ROUTEID growth=100
#ProxyPassReverse / balancer://tongSSLCluster/
```

在 <THS_HOME>/bin/https.conf 中添加如下相应配置。

```
<VirtualHost _default_:443>
//443 是 THS 中 HTTPS 监听端口
......
ProxyPass /test1 https://x.x.x.x:9003/test1
ProxyPassReverse /test1 https://x.x.x.x:9003/test1
// 其中：x.x.x.x 是 TongWeb 的 HTTPS 通道的监听地址，9003 是 TongWeb 的 HTTPS 通道的监听端口号
```

重启 THS。

```
sh <THS_HOME>/bin/start.sh restart
```

在浏览器中通过“https://<THS_IP>:443/test1”成功访问 test1 应用。

注意 <THS_IP> 是 THS 的 IP 地址，443 是 THS 的 HTTPS 监听端口号。

说明 TongHttpServer 可提供独立的安装包，具体的安装操作可参考第 8 章或安装包内的用户使用手册。

4.5.4 虚拟主机与通道的关系

虚拟主机与通道之间是多对多的关系，即一个虚拟主机可以与多个通道关联，而一个通道也可以与多个虚拟主机关联。

在使用虚拟主机时，应该确认操作系统的 hosts 表中是否正确配置了虚拟主机名称与 IP 地址的映射，例如：admin 10.10.4.10。

如果未配置虚拟主机名称与 IP 地址的映射，则需要手动添加。要注意 hosts 表中配置的主机名称必须和在管理控制台中配置虚拟主机时填写的“虚拟主机名称”一致。

使用虚拟主机访问应用时，除了要在 URL 中指定应用的访问前缀（contextRoot），还要指定虚拟主机（virtualServer）和通道（port）。访问形式为 http://virtualServer:port/contextRoot，在使用该形式访问应用时，存在以下两种方式。

（1）使用 virtualServer 访问应用，成功访问应用的条件如下。

- virtualServer 和 port 关联。所谓关联，就是指创建 virtualServer 时指定了 port 为访问通道。
- contextRoot 代表的应用部署在虚拟主机 virtualServer 上。

（2）使用默认虚拟主机（defaultVs）访问应用，成功访问应用的条件如下。

- 创建 port 时，指定 defaultVs 作为默认虚拟主机。
- virtualServer 和 port 不关联，这种情况下便会使用 defaultVs。
- contextRoot 代表的应用部署在 defaultVs 上。

第 5 章 EJB 容器的使用

通过第 4 章的学习，我们已经学会 Web 容器的配置管理及控制，在本章中，我们将学习 EJB 容器的配置管理及控制。

EJB 容器是供 EJB 运行的环境，它负责 EJB Bean 实例的生命周期管理、Bean 实例状态管理、并发（线程）管理、事务服务、安全服务、命名服务和资源（数据源等）管理，使 EJB 客户端程序能进行远程调用或本地调用。TongWeb 的 EJB 容器已支持 EJB 3.2 规范，能提供定时服务、依赖注入、拦截器等功能。

通过学习本章，我们将掌握 TongWeb 的 EJB 容器的使用方法，包括 EJB 的管理和使用、全局事务调用远端应用服务器上的 EJB 等。

本章包括如下主题：

- EJB 技术特性；
- EJB 实例池管理；
- EJB 配置管理；
- EJB 远程调用；
- EJB 集群；
- 全局事务。

5.1 EJB 技术特性

EJB 规范用于定义一个面向对象的分布式组件架构，这种架构的主要思想是向开发和使用人员隐藏 EJB 底层的操作细节，使他们专注于业务的开发和调用。

TongWeb 已支持 EJB 3.2 规范，EJB3.2 是 Java EE 7 中关于 EJB 的新规范，其向下兼容 EJB 3.1、EJB 3.0 以及 EJB 2.x。从 EJB 3.0 开始，EJB 规范把设计重点从 EJB 容器转向了 EJB 开发人员。EJB 3.1 规范中定义了支持部分 EJB 特性的轻量级规范 EJB 3.1 Lite，以及支持全部 EJB 特性的 EJB 3.1 Full 这两类 EJB 规范。EJB 3.2 规范相对于 EJB 3.1 及以前的规范没有发生“革命性”的变化，仅仅是对以前具有的功能的扩展和补充，以及放宽了某些实现限制，朝着使 EJB 轻量和易用的目标更进了一步。

（1）简化接口定义要求。从 EJB 3.0 开始，开发一个 EJB 组件不需要再定义 Home 接口、远程或本地接口，开发人员只需要把 EJB 的业务方法定义在普通的 Java 接口中即可。该 Java 接口被称作 EJB 组件的业务接口（Business Interface）。从 EJB 3.1 开始，接口也不再是必需的，例如在定义 SessionBean 时，可以不需要任何接口，只用给一个 POJO 标记上 @Stateless 或者 @Stateful，就能得到所有的 EJB 功能，具体的运用代码如代码清单 5-1 所示。

代码清单 5-1

```
@Stateless public class PlaceBidBean {
   @PersistenceContext
Private EntityManager entityManager;
public void placeBid (Bid bid) {
entityManager.persist(bid);
}
)
```

（2）简化 EJB 对环境的查找方式（依赖注入）。在 Java EE 环境中，EJB 组件通常要查找某些资源来完成某功能，例如引用另外一个 EJB、数据源等。在 EJB 3.0 之前，一个 EJB 组件获取环境中的资源需要进行 JNDI 查找；从 EJB 3.0 开始，EJB 组件可以通过依赖注入的方式查找资源，查找时只需要声明一下即可，简化了 EJB 组件在 Java EE 中查找资源的方式。

（3）引入 JPA 机制。这套机制定义了 Java 对象与关系数据库之间的映射关系，该机制简化了 Entity Bean 的开发。同时该机制还可以运行在 Java SE 的环境中，因此在 JDBC 增加了一种 Java 持久化的选择。该机制在应用结构上多了一个 persistence.xml 配置文件，是 Entity 使用 JPA 时所需要的持久化配置文件。

（4）Bean 文件中可使用标注替代部署描述文件。用户不需要创建部署描述文件 ejb-jar.xml，使用标注替代即可。但是用户仍然可以使用部署描述文件，当部署描述文件和标注的内容发生冲突时，标注的内容将被部署描述文件中的内容覆盖。因为 Bean 文件中使用了标注，所以不必实现 javax.ejb.SessionBean 或 javax.ejb.MessageDrivenBean 接口，因此也不必实现生命周期回调方法，如 ejbCreate 和 ejbPassivate 等。Bean 文件需要定义业务逻辑接口，并且需要使用标注 @javax.ejb.Remote 或 @javax.ejb.Local。业务逻辑接口不需要扩展 javax.ejb.EJBObject 或 javax.ejb.EJBLocalObject。业务逻辑接口中的方法不必抛出 java.rmi.RemoteException，除非该业务逻辑接口扩展 java.rmi.Remote。Bean 文件中仅需的标注是表明 EJB 类型的标注，如 @javax.ejb.Stateless、@javax.ejb.Stateful、@javax.ejb.MessageDriven、@javax.ejb.Entity。EJB 3.2 放宽了会话 Bean 指定实现接口（作为本地或远程业务接口）的默认规则，可以包含多个接口。EJB 3.2 可以完全禁用特定的有状态会话 Bean 的钝化（passivation）。有状态会话 Bean 的生命周期回调拦截方法可以在一个事务环境中执行（由生命周期回调方法的事务属性决定）。EJB 3.2 扩展了 JMS 消息驱动 Bean 的标准激活属性名单，与 JMS 2.0 规范中的变化相匹配。

（5）单例会话（Singleton）Bean。如果需要缓存一些数据在内存中来减少在数据库中反复的查询工作，那么无状态会话（Stateless session）Bean 和有状态会话（Stateful session）Bean 都不能满足这种需求，因此在 EJB 3.1 中引入了 Singleton Bean 的概念，即当一个 Bean 被标记为 Singleton 时，在整个应用层容器只能保证每个 JVM 共享一个实例，对于缓存，这一规定是行之有效的。在并发访问的控制上，使用 Readandwrite 机制，通过标记 @Lock(READ) @Lock(WRITE) 来控制并发访问。

（6）支持拦截器（Interceptors）功能。用户可以配置两类拦截器，一类用于拦截业务方法（Business Method），另一类用于拦截生命周期回调（Lifecycle Callback）。用户可以配置多个拦截器，并以拦截器链（Chain）的方式执行。 用户可以配置默认的拦截器，该拦截器对 JAR 文件中的所有 EJB 生效。

（7）异步调用。在 EJB 3.1 之前，在会话 Bean 上的任何函数调用都是同步的。从 EJB 3.1 开始，会话 Bean 的方法使用 @Asynchronous 注解后便成为异步调用的方法，异步调用的方法可以返回一个 java.util.concurrent API 的 Future 对象，客户端可以通过这个 Future 对象获取调用的状态。EJB 3.2 扩展了功能集，增加了支持本地异步会话 Bean 调用。

（8）统一的 JNDI 命名。从 EJB 3.1 开始规范了 JNDI 的命名，根据调用 EJB 的访问级别 global、app、module，EJB 对应的统一 JNDI 名如代码清单 5-2 所示。

代码清单 5-2

```
java:global[/<app-name>]/<module-name>/<bean-name>
java:app/<module-name>/<bean-name>[!<fully-qualified-interface-name>]
java:module/<bean-name>[!<fully-qualified-interface-name>]
```

（9）直接用 WAR 文件打包 EJB 组件。EJB 3.1 中一个重要的改进是可以直接将 EJB 组件打包到 WAR 文件中，不用再独立创建 JAR。EAR 结构如图 5-1 所示。

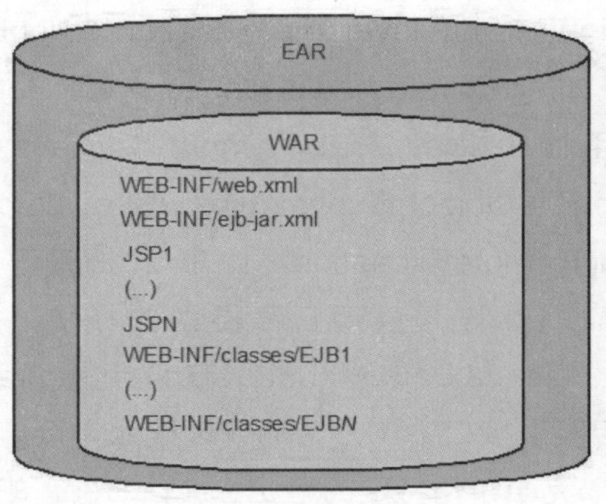

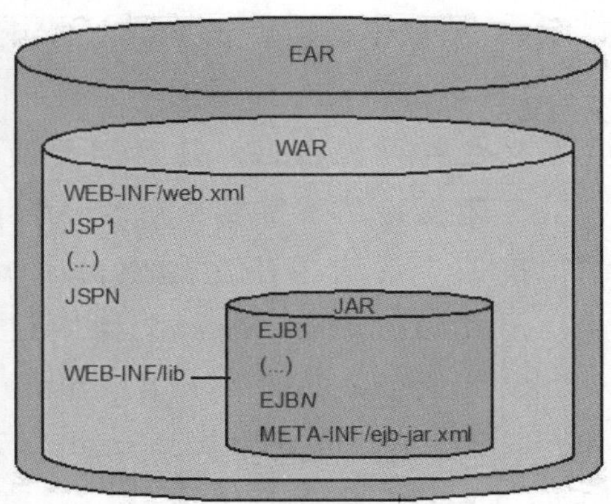

图 5-1　EAR 结构

（10）EJB Lite。许多企业级应用不需要 EJB 完整的功能，因此在 EJB 3.1 中引入了 EJB Lite。它是 EJB API 的一个子集，EJB Lite 包含创建一个企业级应用的所有功能。EJB Lite 可提供厂家选项，让厂家可以在他们自己的产品中设置 EJB API 的子集，使 EJB Lite 创建的应用可以部署到任何支持 EJB 的服务器上。

（11）Timer 服务。EJB 3.1 创建 Timer 的方式有以下两种。

编程式：使用现有的 TimerService 接口创建，并且为了更加灵活地创建 Timer，对原有接口进行了很大的改进和提高。EJB 3.2 扩展了功能集，增加了非持久性 EJB Timer Service，并扩展了 TimerService API，可以在同一个 EJB 模块中查询所有活动计时器。

声明式：使用注解 @Schedule 或部署描述符号来实现，采用这种方式，Timer 就以静态的形式定义在应用中。当应用启动时，Timer 将被自动创建。定时器新特性主要体现在以下两个方面。

- 自动创建 EJB 定时器。
- Calendar-Based Time Expressions 的触发条件有 3 种表达方式。
  - ◇ 列表。如每 1min 内的 15s、25s 时。
  - ◇ 范围。如每 1min 内的 0 ~ 5s 这个范围时。
  - ◇ 增量。如每 1min 内从 30s 起每过 10s 时。

通过 @Schedule 可以定义自动创建的 EJB 定时器，以及更灵活的表达式定时器，例如：dayOfWeek=“Mon,Wed,Fri”定义了定时执行的列表，只在每周的这 3 天才执行；dayOfWeek=“Fri-Mon”定义了定时执行的范围，在每周的时间范围内执行；second=“30/10”定义了定时的增量，30s 的时候开始执行，每 10s 执行一次。

5.2 EJB 实例池管理

EJB 实例池管理包括无状态会话 Bean 实例池、有状态会话 Bean 实例缓存和消息驱动 Bean 实例池。

5.2.1 无状态会话 Bean 实例池

为应对大量用户的访问，提供实例池（Pool）机制进行 Bean 实例管理，可避免 EJB 容器为用户的每次方法调用都进行实例的创建与销毁，保证系统性能。

在 TongWeb 刚刚启动成功时，可根据容器属性“最小实例数”来创建实例。如果最小实例数设置为 0，那么实例池中没有实例。

当有客户端调用时，容器会检查实例池状态，检查已经分配出去调用的实例是否已经达到“最大实例数”。

（1）如果没达到最大实例数，那么容器会去实例池中获取实例。如果存在空闲实例，那么会选择一个空闲实例直接返回；如果没有空闲实例，就会创建一个新实例给调用请求，等调用结束后把新创建的实例作为空闲实例放到实例池中。

（2）如果达到最大实例数，并且“池溢出策略”为“等待池空闲”，那么当前请求就会阻塞，以等待空闲实例产生，直到之前分配的实例调用结束返回实例池中成为空闲实例，容器将空闲实例返回给此次调用的请求。

（3）如果达到最大实例数，并且“池溢出策略”为“创建临时实例”，那么将会创建一个新实例给调用请求，但调用结束后，这个新创建的实例不会被放到实例池中。

容器运行时，会周期性地扫描实例池，每次进行实例池的扫描时都会检查每个空闲实例，并根据实例池的实例超时时间、实例空闲超时时间、实例池是否允许刷新的设置情况来管理实例池中的所有实例。各设置情况的详细说明如下（注：在管理控制台的配置说明参见 5.3 节）。

（1）如果实例的存活时间超过“实例超时时间”，则认定该实例为超时实例。如果设置了“实例超时替换”，那么将创建一个新的实例来替换这个超时实例；如果没有设置“实例超时替换”，并且当前实例池中实例数大于“最小实例数”，那么将删除这个超时实例。

（2）如果实例的空闲时间超过“实例空闲超时时间”，则认定该实例为空闲超时实例。如果当前池中实例数大于“最小实例数”，那么将删除这个空闲超时实例。

（3）如果实例池设置了允许刷新，那么将判断容器是否进行过刷新操作。如果刷新过，那么对于实例池中的每一个实例都将创建一个新的实例来替换它们。

5.2.2 有状态会话 Bean 实例缓存

因为 EJB 容器不会为每个客户端分别维护相应的 Bean 实例，同时还重复使用这些 Bean 实例，所以实例池不适用于有状态的会话 Bean。对于有状态的会话 Bean，EJB 容器可为其提供 EJB 缓存、钝化和激活机制来管理大量 Bean 实例。

EJB 容器可提供 EJB 缓存来维护使用过的 EJB，这使得对 EJB 的请求能够被更快地响应。而当缓存中的 Bean 实例数量达到“缓存最大容量”后，会按照“钝化实例数”将一些实例对象保存到硬盘，并从实例缓存中删除此实例以释放缓存，这一过程称为钝化。

EJB 调用时，从硬盘中找到钝化的实例并将之读取成实例对象的过程称为激活。

如果缓存中的 Bean 实例超过“空闲超时时间”仍然没有被再次访问，那么将被从缓存中删除。

5.2.3 消息驱动 Bean 实例池

为提高消息驱动 Bean 的响应性能，和无状态会话 Bean 一样，EJB 容器可提供实例池机制进行 Bean 实例管理。消息驱动 Bean 实例池的使用方法和配置与无状态会话 Bean 的类似。

5.3 EJB 配置管理

在管理控制台的 EJB 容器中可对 EJB 配置属性进行查看与编辑，包括无状态会话 Bean 实例池属性、有状态会话 Bean 实例缓存属性、单例会话 Bean 属性和消息驱动 Bean 实例池属性。

5.3.1 无状态会话 Bean 配置管理

无状态会话 Bean 配置管理具体操作步骤如下。

01 展开管理控制台左侧导航树中的“EJB”，单击“无状态会话 Bean 配置管理”，进入“无状态会话 Bean 配置”页面，页面中有无状态会话 Bean 的相关属性，如图 5-2 所示。

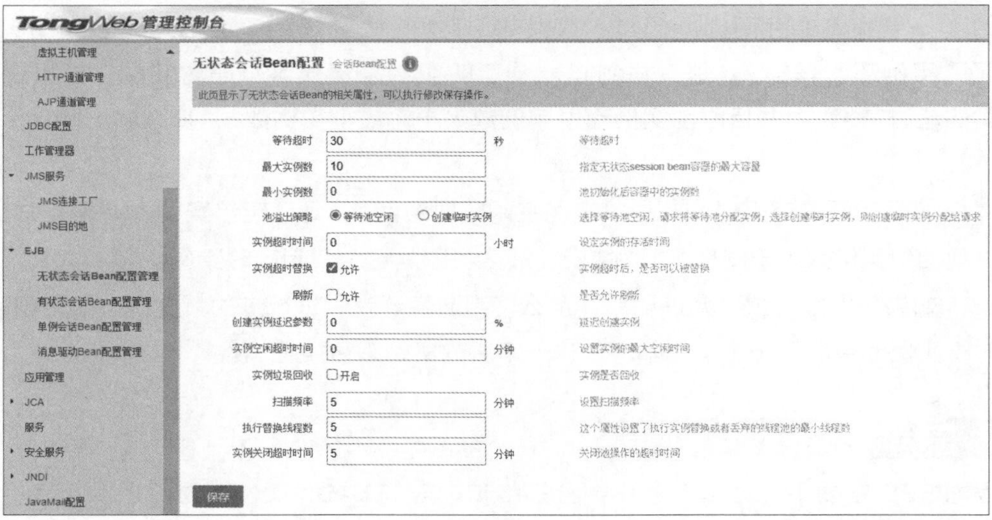

图 5-2 无状态会话 Bean 配置

无状态会话 Bean 配置属性说明如下。

- 等待超时：从池中获取实例等待的超时时间，默认为 30s。
- 最大实例数：池中 Bean 实例的最大值，默认值为 10。
- 最小实例数：池中 Bean 实例的初始值和最小值，默认值为 0。

- 池溢出策略：当池中正在使用中的实例数量达到最大实例数，又有请求申请池分配实例时的实例分配策略，默认为“等待池空闲”。
  - ◇ 等待池空闲：请求将等待池分配实例。
  - ◇ 创建临时实例：创建临时实例分配给请求。
- 实例超时时间：实例在池中允许存活的最长的时间。默认是 0h，也就是没有超时时间。
- 实例超时替换：当池中实例的存活时间超过“实例超时时间”后的策略，默认勾选“允许”，也就是替换；不勾选“允许”，则为删除。
- 刷新：当调用池的刷新操作时，是否允许更新池中的实例，默认不勾选“允许”。
- 创建实例延迟参数：当同时创建多个实例时，避免多个实例同时退休，每个实例按一定的时间比例延迟退休，默认是 0%。
- 实例空闲超时时间：实例的空闲时间超过该时间，则从实例池中删除该实例。默认是 0min。
- 实例垃圾回收：开启实例垃圾回收，那么池中的实例在 JVM 中以软引用方式保存。当 JVM 内存紧张时就会回收池中的实例，默认不勾选“开启”。
- 扫描频率：实例池周期扫描池中实例，清理或者替换超时、空闲超时、刷新实例。这个属性用于配置实例池多久进行一次扫描，默认是 5min。
- 执行替换线程数：替换池中的实例时，会用线程池来进行替换操作。这个属性用于配置线程池的线程数，默认是 5。
- 实例关闭超时时间：关闭池操作的超时时间，默认是 5min。

02 编辑属性完成后，单击“保存”按钮，实例池属性即刻生效。

5.3.2 有状态会话 Bean 配置管理

有状态会话 Bean 配置管理具体操作步骤如下。

01 展开管理控制台左侧导航树中的“EJB”，单击“有状态会话 Bean 配置管理”，进入“有状态会话 Bean 配置”页面，如图 5-3 所示。

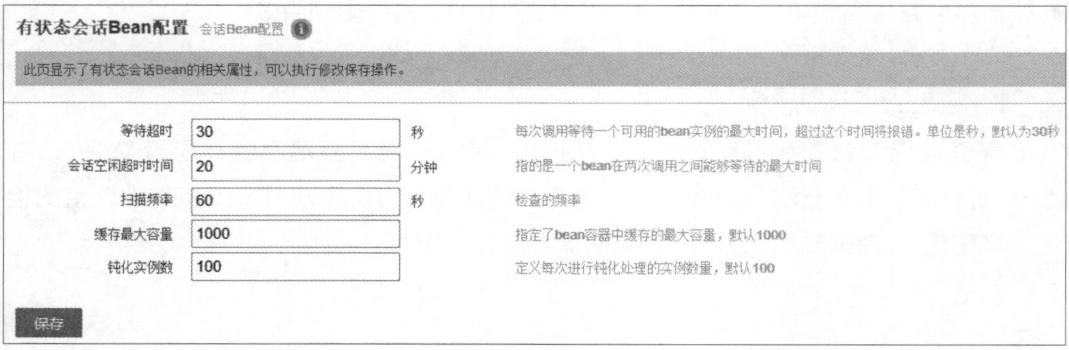

有状态会话Bean配置 会话Bean配置

此页显示了有状态会话Bean的相关属性，可以执行修改保存操作。

属性	值	单位	说明
等待超时	30	秒	每次调用等待一个可用的bean实例的最大时间，超过这个时间将报错。单位是秒，默认为30秒
会话空闲超时时间	20	分钟	指的是一个bean在两次调用之间能够等待的最大时间
扫描频率	60	秒	检查的频率
缓存最大容量	1000		指定了bean容器中缓存的最大容量，默认1000
钝化实例数	100		定义每次进行钝化处理的实例数量，默认100

保存

图 5-3　有状态会话 Bean 配置

有状态会话 Bean 的配置属性说明如下。

- 等待超时：每次调用等待一个可用的 Bean 实例的最长时间，超过这个时间将报错。单位是秒，默认为 30。
- 会话空闲超时时间：指的是一个 Bean 在两次调用之间能够等待的最长时间，默认为 20min。
- 扫描频率：实例缓存周期扫描的时间间隔，默认为 60s。
- 缓存最大容量：指定了 Bean 容器中缓存的最大容量，默认为 1000。
- 钝化实例数：定义每次进行钝化处理的实例数量，默认为 100。

02 编辑属性完成后，单击“保存”按钮，实例缓存属性即刻生效。

5.3.3 单例会话 Bean 配置管理

单例会话 Bean 配置管理具体操作步骤如下。

01 展开管理控制台左侧导航树中的“EJB”，单击“单例会话 Bean 配置管理”，进入“单例会话 Bean 配置”页面，如图 5-4 所示。

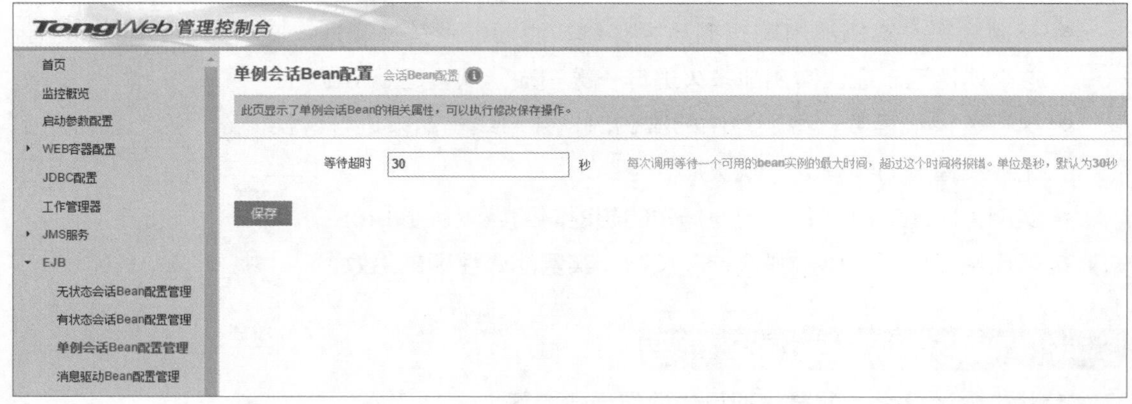

图 5-4 单例会话 Bean 配置

- 等待超时：每次调用等待一个可用的 Bean 实例的最长时间，超过这个时间将报错。单位是秒，默认为 30。

02 编辑属性完成后，单击“保存”按钮，使实例缓存属性即刻生效。

5.3.4 消息驱动 Bean 配置管理

展开管理控制台左侧导航树中的“EJB”，单击“消息驱动 Bean 配置管理”，进入图 5-5 所示的“消息驱动 Bean 配置”页面。页面中有消息驱动 Bean 实例池配置的相关属性，其配置方法和无状态会话 Bean 配置方法完全相同。

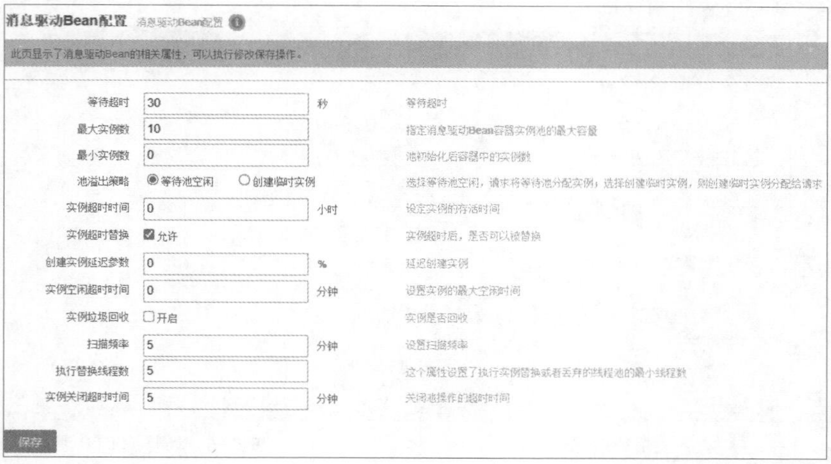

图 5-5　消息驱动 Bean 配置

5.4 EJB 远程调用

5.4.1 远程调用协议和方式

TongWeb 支持远程调用 EJB，调用的方式如下：

```
Properties p = new Properties();
p.put("java.naming.factory.initial","com.TongWeb.tongejb.client.RemoteInitial
ContextFactory");
p.put("java.naming.provider.url","http://127.0.0.1:5100/ejbserver/ejb ");//URL 为
http://IP:5100，其中 IP 是部署 EJB 的 TongWeb 服务器 IP 地址
Context c1 = new InitialContext(p);
ManagerBeanRemote mbr = (ManagerBeanRemote)c1.lookup("ManagerBeanRemote");
mbr.remoteCall()
```

当远程调用 EJB 的客户端在非 Java EE 容器环境（如 servlet、EJB 等）中运行时，需要在执行 Java 程序的 CLASSPATH 中加入客户端 JAR 包，客户端 JAR 包路径为 TW_HOME/lib/client/client.jar、TW_HOME/lib/bootstrap.jar。

5.4.2 远程调用配置

EJB 远程调用使用的是系统 HTTP 通道，通道名称固定为 ejb-server-listener。展开管理控制台左侧导航树中的“Web 容器配置”，单击“HTTP 通道管理”，在通道列表单击“ejb-server-listener”，进入“编辑 HTTP 通道”页面，如图 5-6 所示。通道配置参数与 tong-http-listener 相同。

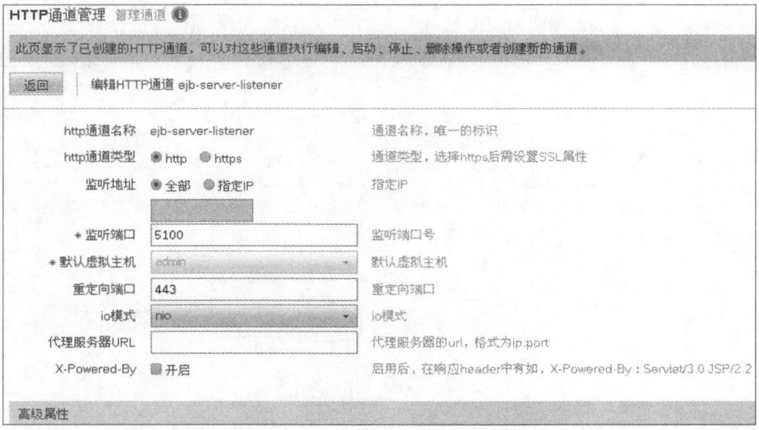

图 5-6　编辑 HTTP 通道

5.5 EJB 集群

调用 EJB 集群和 EJB 远程调用类似，需要在 JNDI 中设置属性，不同的是，在远程地址属性中配置多个节点需要用逗号分隔。

5.5.1 使用方法

调用 EJB 集群的具体运用代码如下。

```
Properties p = new Properties();
p.put("java.naming.factory.initial","com.tongweb.tongejb.client.RemoteInitial
ContextFactory");
p.put("java.naming.provider.url", "http://127.0.0.1:5100/ejbserver/ejb?readTimeout=
60000,http://127.0.0.1:5101/ejbserver/ejb?readTimeout=60000");//url 为 http://IP:5100，其
中 IP 地址是部署 EJB 的 TongWeb 服务器 IP 地址，readTimeout 是读超时时间，以毫秒为单位，默认为 30000
p.put("remote.loadbalance", "random");// 设置负载均衡策略，可以设置 roundrobin（轮转）、
random（随机）、sticky（亲和）3 个属性，默认是 roundrobin
Context c1 = new InitialContext(p);
ManagerBeanRemote mbr = (ManagerBeanRemote)c1.lookup("ManagerBeanRemote");
mbr.remoteCall()
```

5.5.2 故障转移

TongWeb 可以支持 EJB 集群的故障转移。当 EJB 集群的某个应用服务器节点意外宕机或者由于其他原因无法访问时，TongWeb 会将 EJB 调用的请求转发到集群中的其他节点。

5.5.3 故障隔离和恢复

EJB 集群中的某个应用服务器节点宕机或者其他原因无法访问时，会被暂时隔离。在

被隔离的时间内，访问 EJB 集群的请求将不会尝试访问被隔离的应用服务器。直到隔离时间结束后，才会允许再次访问 EJB 集群中被隔离的应用服务器。此时，如果该应用服务器可以正常访问，那么隔离解除；如果依然无法访问，那么该应用服务器将继续被隔离。

这个隔离时间可以在访问 EJB 集群的客户端的 JVM 参数中通过 “-Dcluster.isolation.interval=300000” 的方式进行配置，单位是毫秒。如果不配置这个属性，则默认是 300000ms，也就是 5min。

5.5.4 负载均衡

TongWeb 的 EJB 集群支持负载均衡，并可提供如下 3 种访问集群的负载均衡策略。

（1）亲和：第一次访问集群使用随机的方式从集群中选择一个节点，如果节点访问成功，那么下次访问还选择这个节点。

（2）轮询：按照集群配置的节点顺序，依次访问集群中的节点。

（3）随机：每次访问从集群的多个节点中随机找出一个节点进行访问。

注意 默认情况下，TongWeb 使用轮询策略。

5.6 全局事务

JTA 可为 Java EE 平台提供分布式事务服务，通过 JTA 可以使不同的资源（如支持 XA 协议的数据库）加入同一个 JTA 事务。TongWeb 的全局事务是基于 JTA、XA 协议以及 EJB 远程调用协议而扩展出的跨应用服务器的事务服务。此全局事务的事务管理器仍然是一个 JTA 事务管理器，而加入 JTA 事务的资源不再局限于 XA 资源，还包括远端应用服务器上部署的 EJB 资源。全局事务可以使得在一个 JTA 事务中调用到的某远端应用服务器上的 EJB 也将加入这个 JTA 事务，同样地，如果该 EJB 还调用了其他远端应用服务器上的 EJB，那么这些 EJB 也会加入这个 JTA 事务。

5.6.1 全局事务场景描述

全局事务的场景涉及多个 TongWeb。假设有 4 个 TongWeb，名称分别为 TW1、TW2、TW3、TW4；每个 TongWeb 上都部署了一个 EJB，名称分别为 EJB1、EJB2、EJB3、EJB4；每个 EJB 都使用了一个数据源，名称分别为 DS1、DS2、DS3、DS4；此外，EJB1 依次调用了 EJB2、EJB3，EJB3 又调用了 EJB4。以上场景是一个典型的全局事务场景。在这种场景下，4 个数据源 DS1、DS2、DS3 和 DS4 将加入同一个事务，统一提交或回滚。

全局事务是在 JTA 事务的基础之上进行增强的功能，使得 JTA 事务可跨越 TongWeb 节点进行传播，可应用于更广泛的分布式场景下的事务实施，其具体特性介绍如下。

● 跨 TongWeb 节点的事务传播。

从一个 TongWeb 节点上的 EJB 事务方法通过 EJB 远程调用进入另一个 TongWeb 节点上的 EJB 事务方法，那么在第一个 TongWeb 节点上未提交的临时状态数据则对第二个 TongWeb 节点上 EJB 事务方法可见。同理，该事务可以继续传播到更远的 TongWeb 节点上。

● 全局事务的事务性保证。

根据上述“跨 TongWeb 节点的事务传播”可知，如果其中任何一个 TongWeb 节点上的 EJB 事务方法发生异常，则所有参与的 TongWeb 节点上的临时状态数据全部回滚，即保证数据的原子性，同时保证数据的一致性、持久性、隔离性等事务特性。

● 全局事务的容错性。

全局事务的容错性是指当 TongWeb 节点在事务处理过程中发生宕机时，事务可以通过记录的事务日志恢复，而不破坏数据一致性，同时也支持 EJB 集群下部分节点宕机的事务容错性。

5.6.2 全局事务传播策略和配置

全局事务支持范围包括传播策略和运行环境。

1. 传播策略

TongWeb 的全局事务传播策略完全遵循 EJB 规范中定义的 3 种事务传播策略，即 MANDATORY、REQUIRED、SUPPORTS。

2. 全局事务配置

全局事务目前对外开放两个 -D 配置参数（在配置文件 external.vmoptions 中），说明如下。

● 参数名 GT_ENABLED：是否开启全局事务支持功能，默认值为 false，即不开启。

● 参数名 TX_RECOVERY：是否开启事务日志和恢复功能，默认值为 false，即不开启。

第 6 章 TongWeb 常用服务及配置

通过第 4、第 5 章的学习，我们已经学会 Web 容器和 EJB 容器的配置管理及控制。TongWeb 中有些服务需要配置参数后才能使用，例如 JMS 服务、JCA 服务、监视服务、诊断服务等，在本章中，我们将了解 TongWeb 能提供哪些常用服务、这些常用服务的参数配置方法，并学习通过管理控制台管理各项常用服务。通过本章的学习，我们将具备自行配置这些常用服务的参数的能力。

本章包括如下主题：

- 启动参数配置；
- JDBC 数据源配置；
- 工作管理器；
- JMS 服务；
- JCA 服务；
- 安全服务；
- JNDI 配置；
- 监视服务；
- 诊断服务；
- 日志服务；
- 类加载分析工具。

6.1 启动参数配置

启动参数指的是服务器启动脚本中设置的参数，包括 JVM 参数、服务器参数和环境变量 JAVA_HOME，其中 JVM 参数又包括常见的最大堆内存、最小堆内存、垃圾回收方法（ConcMarkSweepGC、ParallelGC、ParallelOldGC）、远程调试等参数和其他 JVM 参数。

TongWeb 管理控制台有配置界面，可以按需要对参数进行修改、删除（谨慎使用）和新增等操作。配置结果将直接保存到相应运行平台对应的启动脚本文件中，需要重启服务器后才能生效。

因为 JDK 和 TongWeb 各版本参数可能存在不一致，所以并不能保证所有参数的有效性，因此配置参数时请结合当前运行的 JDK 和服务器版本查阅相关文档，选择正确的参数进行配置。

6.1.1 参数配置

单击管理控制台左侧导航树中的“启动参数配置”节点，将出现“启动参数配置”页面，如图 6-1 所示。页面按参数类型分为不同选项卡，分组显示从当前运行平台对应的启动脚本或参数配置文件中提取出的参数。

“启动参数配置”页面可显示服务器启动参数，包括 JVM 参数、服务器参数、环境变量等，在配置页面中可以对这些参数执行修改、删除、保存等操作。

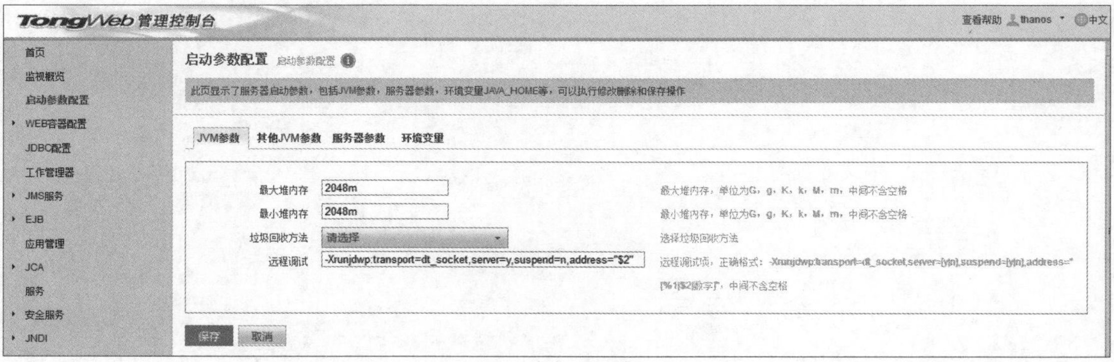

图 6-1 启动参数配置

在图 6-1 所示对应的文本框中可对已有参数进行修改，在“其他 JVM 参数”和“服务器参数”选项卡中，可删除参数和新增参数，修改完毕后单击页面下方“保存”按钮进行保存。

在读取和保存配置参数时，TongWeb 会自动对相应运行平台启动脚本文件进行备份，以备手动恢复脚本。备份文件名称为“启动脚本文件名称 .template”。

在环境变量选项卡里显示的是 JAVA_HOME 的路径。当启动脚本中没有配置 JAVA_

HOME 时，优先查找 PATH 上 java 命令。如果需要为 TongWeb 单独指定启动的 jdk，可以在 bin/external.vmoptions 中设置 jdk 路径，例如：

```
#java_home
/usr/jdk-11.0.1
```

6.1.2 参数配置格式

参数填写需遵循一定的格式，常见参数格式和远程调试参数格式介绍如下。

1. 常见参数格式

常见参数格式如表 6-1 所示。

表 6-1 常见参数格式

参数	说明
-D<name>=<value>	JVM 参数和服务器参数适用
-XX:+<option>	JVM 参数（非稳定参数）
-XX:-<option>	JVM 参数（非稳定参数）
-XX:<option>=<string>	JVM 参数（非稳定参数）
-XX:<option>=<number>	number 后面可跟单位 G、g、K、k、M、m；JVM 参数（非稳定参数）
-X<option>	JVM 参数（扩展参数）
-Xmx -Xms	需符合 -X<option><size> 格式，-X<option> 指的是 -Xmx 或 -Xms，size 为正整数，后面可跟单位 G、g、K、k、M、m。例如：-Xmx512m、-Xms256m
-<option>	JVM 的非 -X 和 -XX 格式的 JVM 参数（标准参数），例如：-server

说明 以上如未特别说明，<> 中的内容为字符串或数字。最大堆内存 -Xmx 和最小堆内存 -Xms 参数可以不填，由 JVM 来控制。JAVA_HOME 环境变量可以不设置。以上参数设置好后，将被写入启动脚本文件。

2. 远程调试参数格式

启用 JDWP 实现远程调试时，需配置如下 JVM 参数：

```
-Xrunjdwp:transport=dt_socket,server=[y|n],suspend=[y|n],address="[%1|$2|具体数字]"
```

其中，[y|n] 表示值为 y 或者 n，server=y 表示当前是调试服务端，server=n 表示当前是调试客户端。%1 和 $2 分别表示命令行运行 Windows 或 Linux/UNIX 启动脚本 debug 选项时传入参数对应的变量名称，变量的数值只能是一个具体数字，不可换为其他

值。如果该数字代表远程调试监听端口号，这时命令行传入的 debug 端口号无效。

6.2 JDBC 数据源配置

JDBC 数据源的主要功能是为应用提供数据库连接。由于 JDBC 数据源基于数据库连接池技术，因此连接复用是 JDBC 数据源的基本功能。每个 JDBC 数据源使用一个连接池维持一定数量的连接，连接池会预先建立多个数据库连接对象，然后将连接对象保存到连接池中。当客户请求到来时，从连接池中取出一个连接对象为客户服务；当请求完成时，客户程序调用 close 方法，将连接对象放回连接池中。JDBC 数据源可通过连接复用减少创建数据库连接的次数，提高服务器的性能。

6.2.1 TongWeb 中的 JDBC 数据源

TongWeb 中的 JDBC 数据源易于适配多种数据库，支持的数据库包括 Oracle、MySQL、SQL Server2000、DB2、Sybase、Informix、人大金仓、达梦、神通、南大通用等。用户可创建单数据源和多数据源两类 JDBC 数据源。单数据源用单一数据库为用户提供数据库服务；多数据源为用户提供单一接入点，这样用户访问这个单一入口，即可对多个数据库进行协作管理，实现负载均衡与故障转移。

JDBC 连接池会维护特定数据库的一组可重复使用的连接。由于每创建一个新的物理连接都会耗费时间，因此 TongWeb 通过维护可用连接池以提高性能。应用请求连接时可以从池中获取一个连接；应用关闭连接时，连接将返回到池中。

用户创建 JDBC 数据源后，TongWeb 会创建一定数量的连接，并将其放到连接池中。应用先通过 JDBC 数据源的 JNDI 获取数据源对象，然后通过数据源对象从连接池中获取数据库连接，再使用数据库连接进行一系列数据库操作。连接使用完成后，应用调用连接对象的 close 方法将连接返回连接池中供下次使用。

TongWeb 能分别提供 javax.sql.DataSource 和 javax.sql.XADataSource 两种数据源接口。

JTA 可为 Java EE 平台提供分布式事务服务，如果计划使用 JTA 来划分事务，用户将需要一个实现了 javax.sql.XADataSource、javax.sql.XAConnection 和 javax.sql.XAResource 接口的 JDBC 驱动，实现了这些接口的驱动将有能力参与到 JTA 事务中。一个 XADataSource 对象是一个 XAConnection 对象的工厂，XAConnection 是参与到 JTA 事务中的连接。

XA 连接是一个 JTA 事务的参与者，即 XA 连接不支持 JDBC 的自动提交特性，应用不必在 XA 连接上调用 java.sql.Connection.commit() 或 java.sql.Connection.rollback()，此时应用应该使用 UserTransaction.begin()、UserTransaction.commit() 或 UserTransaction.rollback()。

6.2.2 连接池管理功能

为保证连接池的性能，服务器会提供连接池的管理功能，主要包括定时处理空闲连接和泄露连接、检测连接的有效性、故障转移、负载均衡等。

1. 空闲连接的处理

空闲连接，即连接池中没有被使用的连接。开启空闲超时功能后，当连接池中空闲的连接数大于连接池的最小连接数（初始化连接数）时，服务器会以用户配置的“检查连接的周期”为时间间隔，对连接池中的空闲连接进行检查，主要检查空闲连接是否超时，具体检查步骤如下。

01 如果连接空闲的时间超过用户配置的空闲超时时间，将其从连接池中删除。

02 检查连接池中的连接数，如果连接数小于用户配置的最小连接数，则创建新连接并将之放到连接池中，使连接池中的连接数达到用户配置的最小值。

2. 泄露连接的处理

泄露连接，即被应用占用时间过长的连接（具体时间为用户配置的泄露超时的数值）。服务器可提供泄露连接回收的功能，具体回收步骤如下。

01 开启泄露回收功能，如果某个连接被应用使用的时间已经超过用户配置的泄露超时的数值，则将泄露连接销毁。

02 连接销毁之后，检查连接池中的连接数，如果连接数小于用户配置的最小连接数，则创建新连接并将之放到连接池中，使连接池中的连接数达到用户配置的最小值。

3. 未获取连接的处理

如果在用户配置的等待超时时间内没有获取到连接，将输出用户获取连接超时信息。

4. 连接有效性检查

TongWeb 在将连接提供给应用之前，需要验证连接的有效性。如果网络出现故障或数据库服务器崩溃等，造成无法获取数据库连接，TongWeb 将自动重新建立数据库连接。该功能会造成一定的性能开销，因此不是每次获取连接时都进行有效性检查。为了减少开销，服务器将按照一定的周期对连接进行有效性检查。除了对连接进行定期的有效性检查外，还会在获取连接、创建连接、归还连接时对连接进行有效性检查。连接池基本配置如表 6-2 所示。

表 6-2　连接池基本配置

属性名	中文名	默认值	属性说明	是否实时生效
name	名称	null	JDBC 资源的 JNDI 名称	是

续表

属性名	中文名	默认值	属性说明	是否实时生效
jdbc-driver	数据库驱动类名	null	实现 DataSource/XADataSource API 的特定供应商的类名。该类位于 JDBC 驱动中	是
jdbc-url	连接 URL	null	连接数据库时所用的 URL，例如：jdbc:oracle:thin:@host[:port]/service	是
user-name	用户名	null	数据库的用户名	是
password	密码	null	数据库的密码	是
class-path	驱动路径	null	数据库驱动包所在的路径（路径中包括驱动包文件）	是

连接有效性检查的条件如下。

- 开启了连接有效性检查功能。
- 配置了测试连接的 SQL 语句或者重新定义测试 SQL 表名。
- 用户配置的检查连接的周期大于 0，且从上一次检查至今，已经超过了配置的连接验证时间间隔。
- 输出验证信息（可选条件），验证失败后输出失败信息。

连接有效性检查的具体检查步骤如下。

01 检查连接是否有效，如果连接无效，将其从连接池中删除。

02 检查连接池中的连接数，如果连接数小于用户配置的最小连接数，则创建新连接并将之放到连接池中，使连接池中的连接数达到用户配置的最小值。

5. 动态驱动路径加载

用户可以自定义数据库驱动路径，无须将驱动包路径放在服务器 lib 包下也能被加载到。

6. 语句缓存

JDBC 连接池支持 PreparedStatement 和 CallableStatement 语句的缓存，当程序再次调用一个连接的 PreparedStatement 或 CallableStatement 方法时，直接从缓存中获取，无须再创建新的 PreparedStatement 或 CallableStatement 对象，这样可以提高性能。

7. 故障转移

多数据源可提供一个用于满足连接请求的数据源有序列表。通常情况下，每一个对多数据源发出的连接请求，都由该列表中的第一个数据源提供服务。如果数据源出现连接异常、未能通过连接测试，并且该连接无法被替换，或者该数据源已挂起，那么该数据源将会被标记为疑似异常状态，禁止提供服务，待服务器执行多数据源状态检查。若被禁止的数据源为最高优先级数据源，则会从该列表中选举出下一个优先级较高且有效的数据源提供服务。当故障数据源恢复连接时，将恢复到由优先级较高的第一个数据源提供服务。

8. 负载均衡

可从单数据源列表中选定多个数据源，组成多数据源，为用户请求提供负载均衡服务。用户发出连接请求时，多数据源会使用循环法，依次选择列表中的数据源提供服务。

9. 多数据源状态检查

服务器会定时对多数据源包含的单数据源进行连接有效性检查。当检查到其中某个数据源发生故障时，服务器会对数据源中的所有闲置连接进行验证。当验证结果为所有闲置连接无效，且数据源中无活动连接时，将对数据库进行连接重置。如果重置失败，或者重置后的连接被认证为无效，则被标记为禁用，待下次检查。

服务器会定期多次对多数据源中禁用的数据源进行状态检查。如果该数据源通过检查，则该数据源将变为可用，并恢复向该数据源的路由连接请求。检查频率由该多数据源的“测试频率”特性控制，默认为 120s。

6.2.3 JDBC 连接池的管理

“连接池管理”页面会显示已创建的数据库连接池，在页面中可以更新、删除、创建连接池。

1. 创建连接池

创建连接池的具体操作步骤如下。

01 单击管理控制台左侧导航树中的“JDBC 配置”，进入连接池管理页面，如图 6-2 所示。

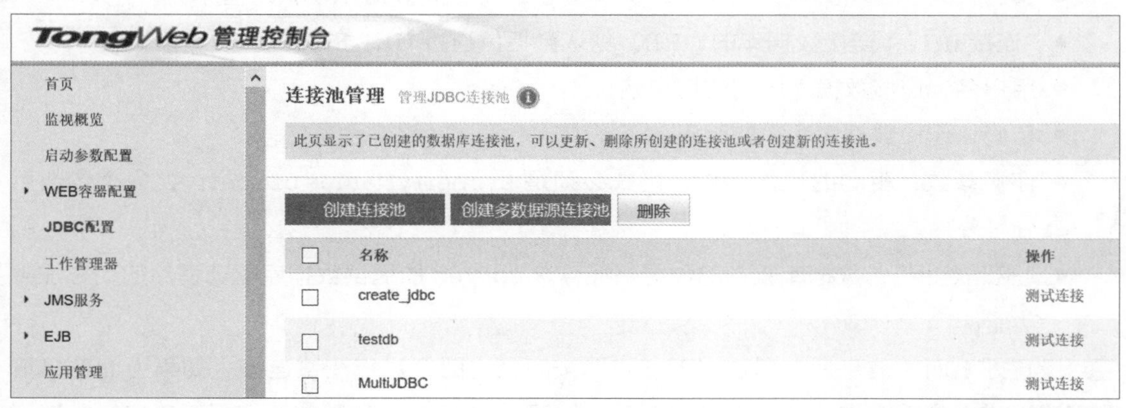

图 6-2 连接池管理

02 在出现的连接池管理页面中，单击“创建连接池”按钮，出现“创建连接池基本属性”页面，如图 6-3 所示。

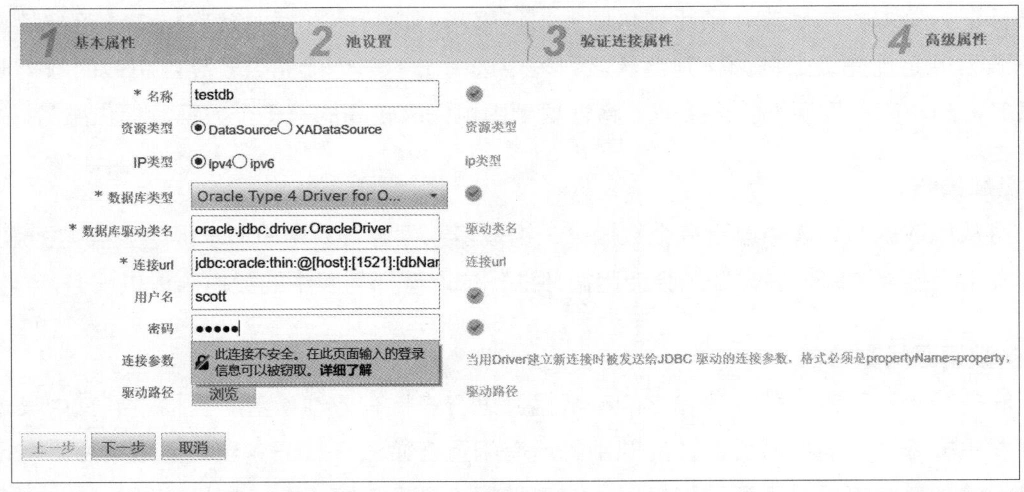

图 6-3　创建连接池基本属性

图 6-3 所示页面中显示的基本属性介绍如下。

- 名称：连接池（数据源 JNDI）的名称，连接池的唯一标识。
- 资源类型：可选值为 DataSource 和 XADataSource。
- IP 类型：可选值为“ipv4”和“ipv6”，默认是“ipv4”。
- 数据库类型：数据库 Driver 类型名称。
  - ◇ 如果资源类型为 DataSource，则数据库类型的下拉菜单中，可选的数据库 Driver 类型名包括 Sybase15 JDBC Driver、dameng JDBC Driver、Kingbase JDBC Driver 等 30 种类型。
  - ◇ 如果资源类型为 XADataSource，则数据库类型的下拉菜单中，可选的数据库 Driver 类型名包括 Sybase type 4 XA Driver for Sybase 12.x、Oracle OCI XA Driver for Oracle、Oracle Type 4 XA Driver for Oracle 等 7 种类型。
- “数据库驱动类名”：数据库驱动类的类名，该类位于 JDBC 驱动程序中。
- “连接 url”：连接数据库的 URL，默认会提供连接 URL 的格式。
- 用户名：连接数据库所需的用户名。
- 密码：连接数据库所需的密码。
- 连接参数：驱动的连接参数，格式必须是 propertyName=property，多个参数用分号分隔。
- “驱动路径”：数据库驱动的位置路径，TongWeb 能提供数据库驱动程序的动态加载功能。

03 设置好上面的信息后，单击“下一步”按钮，这时会进行测试连接。如果上面信息填写正确，进入创建连接池“池设置”页面，如图 6-4 所示；如果信息填写不正确，在页面顶部会提示失败信息，单击“了解详情”可查看失败原因。

图 6-4 中所示页面中基本属性介绍如下。

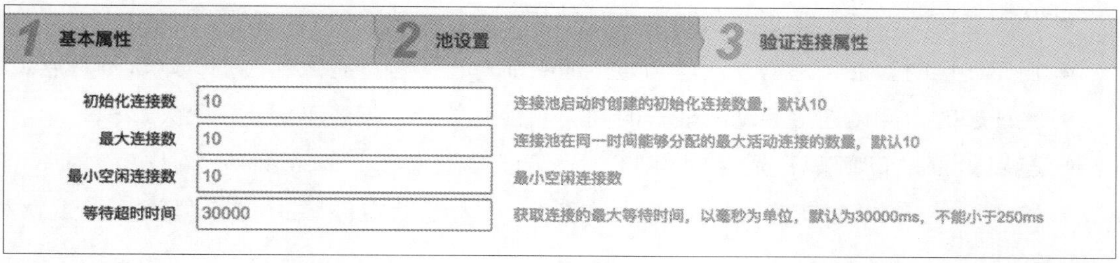

1 基本属性 2 池设置 3 验证连接属性

初始化连接数 10 连接池启动时创建的初始化连接数量，默认10

最大连接数 10 连接池在同一时间能够分配的最大活动连接的数量，默认10

最小空闲连接数 10 最小空闲连接数

等待超时时间 30000 获取连接的最大等待时间，以毫秒为单位，默认为30000ms，不能小于250ms

图 6-4　数据库连接成功后进行池设置

- 初始化连接数：池中连接的最小数目。该值确定了首次创建池或 TongWeb 启动时，置于池中的连接的数目，默认值为 10。
- 最大连接数：连接池在同一时间能够分配的最大活动连接的数目。当池中连接数大于等于连接的最大数时，不再为请求创建连接，而是等待空闲连接产生，默认值为 10。
- 最小空闲连接数：连接池可以保持的空闲连接最少有多少个，默认值为 10。
- 等待超时时间：以毫秒为计时单位，获取连接的最长等待时间，默认值为 30000，配置为 0 表示一直等待。

04 设置好以上信息之后，单击“下一步”按钮，进入“创建连接池验证连接属性”页面。如果不进行下一步而是在创建连接池池设置页面直接单击“完成”按钮，那么验证连接属性的配置全部采用默认值。创建连接池验证连接属性页面如图 6-5 所示。

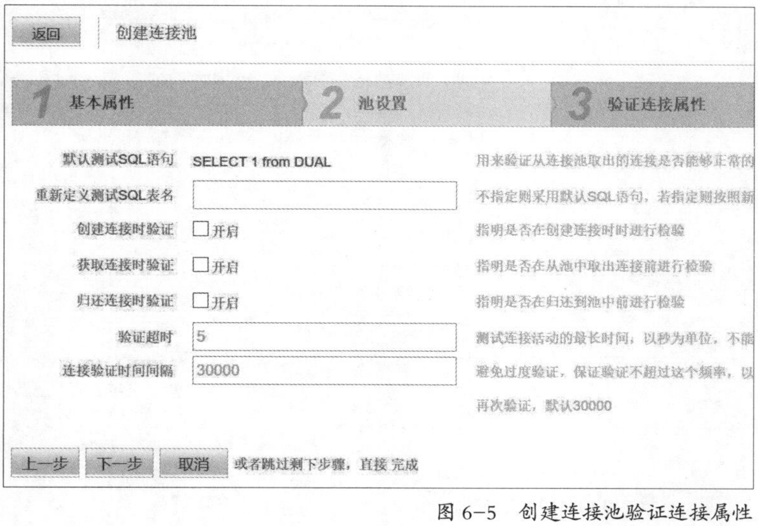

返回 创建连接池

1 基本属性 2 池设置 3 验证连接属性

默认测试SQL语句 SELECT 1 from DUAL 用来验证从连接池取出的连接是否能够正常的

重新定义测试SQL表名 不指定则采用默认SQL语句，若指定则按照新

创建连接时验证 □开启 指明是否在创建连接时进行检验

获取连接时验证 □开启 指明是否在从池中取出连接前进行检验

归还连接时验证 □开启 指明是否在归还到池中前进行检验

验证超时 5 测试连接活动的最长时间，以秒为单位，不能

连接验证时间间隔 30000 避免过度验证，保证验证不超过这个频率，以再次验证，默认30000

上一步 下一步 取消 或者跳过剩下步骤，直接 完成

图 6-5　创建连接池验证连接属性

图 6-5 所示页面的属性介绍如下。

- 默认测试 SQL 语句：验证连接时使用的 SQL 语句。TongWeb 将使用用户指定的 SQL 语句进行验证。默认提供相应数据库的测试 SQL 语句。
- 重新定义测试 SQL 表名：不指定则采用默认 SQL 语句，若指定则按照新的自定义表名来构建查询语句进行校验。
- 创建连接时验证：是否在创建连接时对连接进行有效性检查，默认不开启。

- 获取连接时验证：是否在获取连接时对连接进行有效性检查，默认不开启。
- 归还连接时验证：是否在归还到连接池中前对连接进行有效性检查，默认不开启。
- 验证超时：测试连接活动的最长时间，以秒为单位，不能小于 1，默认为 5。
- 连接验证时间间隔：避免过度验证，保证验证不超过这个频率，以毫秒为单位。如果一个连接应该被验证，但上次验证未达到指定间隔，将不再验证，默认为 30000。

注意 验证连接失败后，服务器将关闭当前连接，然后重新建立连接。

05 设置好以上信息之后，单击“下一步”按钮，进入“创建连接池高级属性”页面。如果不进行下一步而是在创建连接池验证连接属性页面直接单击“完成”按钮，那么高级属性的配置将全部采用默认值。创建连接池高级属性页面如图 6-6 所示。

属性	值	说明
auto-commit	☑开启	连接池创建的连接的默认的auto-commit 状态
释放连接时提交	☑开启	连接返回时提交 不选则默认回滚
线程连接关联	☐开启	JDBC连接与线程绑定
是否开启事务连接	☑开启	使用JTA事务管理的开关
空闲回收	☐开启	标记是否删除空闲超时的连接
空闲检查周期	60000	空闲连接回收器线程运行期间休眠的时间值，以毫秒为单位，默认为60000ms
泄露回收	☐开启	如果设置为true，则当完成泄漏连接跟踪后，将泄漏的连接销毁。默认值为false
泄露超时时间	2	在这段时间内跟踪连接池中的连接泄漏，并将获取连接的调用栈（堆栈）记录下来，当超时后，以warning级别将该堆栈信息输出到日志。以秒为单位。
连接泄漏时打印日志	☐开启	在检测到泄露连接的时候打印程序的stack traces 日志
SQL日志	☐开启	是否启用SQL日志功能，选中为启用
语句跟踪	☐开启	语句跟踪
语句超时	0	在该时间后将终止运行时间异常长的查询（以秒为单位）。应用服务器将在所创建的语句上设置 "QueryTimeout"。默认值为0，表示未启用该属性。
语句缓存	☐开启	语句缓存
连接最大寿命	1800000	保持连接的最大毫秒数，不能低于30000ms
即时泄漏回收	☐开启	该功能与数据源自身的泄露回收功能相比，在每次请求结束后都进行回收，回收效率更高。

图 6-6 创建连接池高级属性

图 6-6 所示页面中各属性的介绍如下。

- auto-commit：连接池所创建的 auto-commit 连接状态，默认为开启。
- 释放连接时提交：释放连接的时候是否自动提交，默认为开启自动提交。
- 线程连接关联：用户线程与数据库连接绑定（若希望数据库连接不上时释放连接，则需要开启获取连接时验证），用户线程被 GC 才释放连接。默认不开启。
- 是否开启事务连接：开启表示支持资源管理器本地事务或 JTA 事务，不开启表示不支持 JTA 事务。默认开启。

说明 XA 事务由事务管理器在资源管理器外部进行控制和调整，本地事务的管理在资源管理器内部进行，不涉及任何外部事务管理器。

- 空闲回收：标记是否删除空闲超时的连接。
- 空闲检查周期：空闲连接回收器线程运行期间休眠的时间值，以毫秒为单位，默认为 60000。
- 泄露回收：开启后如果连接发生泄露超时（连接占用的时间超过泄露超时时间）将被丢弃，默认不开启。
- 泄露超时时间：在这段时间内跟踪连接池中的连接泄露，并将获取连接的调用栈（堆栈）记录下来，当超时后，以 WARNING 级别将该堆栈信息输出到日志。以秒为单位，默认为 2。
- “连接泄漏时打印日志”：开启后，在检测到泄露连接的时候输出程序的 stack traces 日志。配置该属性会影响性能，默认不开启。
- SQL 日志：是否启用 SQL 日志功能，默认不开启。
- 语句跟踪：开启语句跟踪功能后，当连接关闭的时候，连接池会检查应用中是否遗忘关闭的 Statement。如果存在的话，由连接池帮助关闭。默认不开启。
- 语句超时：在该时间后将终止运行时间异常长的查询（以秒为单位）。TongWeb 将在所创建的语句上设置“QueryTimeout”。默认为 0，表示未启用该属性。

注意 某些数据库驱动，例如 MySQL，启用该特性时会创建大量的 Timer 线程、占用过多的资源，需谨慎使用。

- 语句缓存：开启语句缓存后，当程序再次调用一个连接的 PreparedStatement 或 CallableStatement 方法时，直接从缓存中获取，无须再创建新的对象。默认不开启。
- 连接最大寿命：保持连接的最大毫秒数。当一个连接被归还时，如果从连接被创建到当前时间的时间差大于该值，连接将被关闭而不是回到池中。以毫秒为单位，默认值为 1800000，不得低于 30000。
- “即时泄漏回收”：数据源连接回收功能，与数据源自身的泄露回收功能相比，该功能在每次请求结束后都进行回收，回收效率更高。一般情况下，没有主动关闭连接的应用很大概率也没有主动关闭 Statement，此时需要配合数据源的语句跟踪功能一起使用。默认不开启。

注意 如果资源类型选择 DataSource，则高级属性配置不变。如果资源类型选择 XADataSource，则高级属性页面将隐藏以下属性：SQL 日志、语句跟踪、语句超时、语句缓存。

06 设置好上述相应属性后，单击“完成”按钮。创建成功之后会返回连接池列表，在页面顶端会提示连接成功，如图 6-7 所示。如果创建失败，提示创建失败信息，单击详情可以查看失败原因。

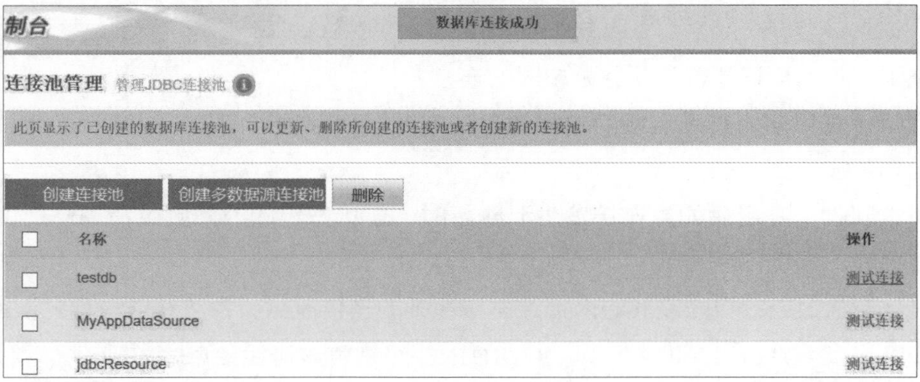

图 6-7 连接池创建成功

2. 查看或编辑连接池

展开管理控制台左侧导航树中的“JDBC 配置”，进入连接池管理页面。单击需要查看或编辑的连接池名，其基本属性、池设置、验证连接属性和高级属性与创建 JDBC 连接池时的设置相同。设置 JDBC 连接池的某些属性后，单击“保存”按钮。

3. 测试连接

展开管理控制台左侧导航树中的“JDBC 配置”，进入连接池管理页面。在连接池列表中单击需要测试的连接池后的“测试连接”按钮，在页面上方会显示测试连接结果。

4. 删除连接池

展开管理控制台左侧导航树中的“JDBC 配置”节点，进入连接池管理页面。在连接池列表中选中要删除的 JDBC 连接池，单击页面上方的“删除”按钮，在页面上方会显示删除结果。

5. 多数据源连接池

TongWeb 管理控制台的 JDBC 配置还可提供对已创建的数据库连接池进行多数据源的管理功能，多数据源连接池的查看或编辑、测试和删除方法与单个数据库连接池的类似。

创建多数据源连接池的具体操作步骤如下。

01 单击管理控制台左侧导航树中的“JDBC配置”，进入“连接池管理”页面，如图 6-8 所示。

02 在页面中单击“创建多数据源连接池”按钮，出现“新建 JDBC 多数据源”页面，如图 6-9 所示。

图 6-9 中显示的基本属性介绍如下。

- 名称：连接池（数据源 JNDI）的名称，连接池的唯一标识。
- 算法类型：故障转移、负载均衡二选一。

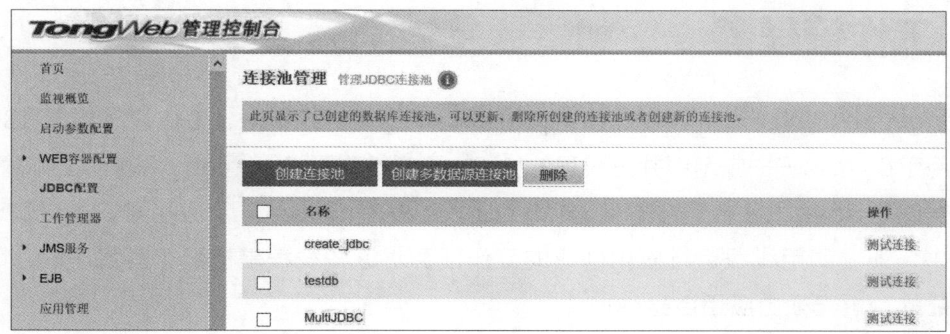

图 6-8　连接池管理

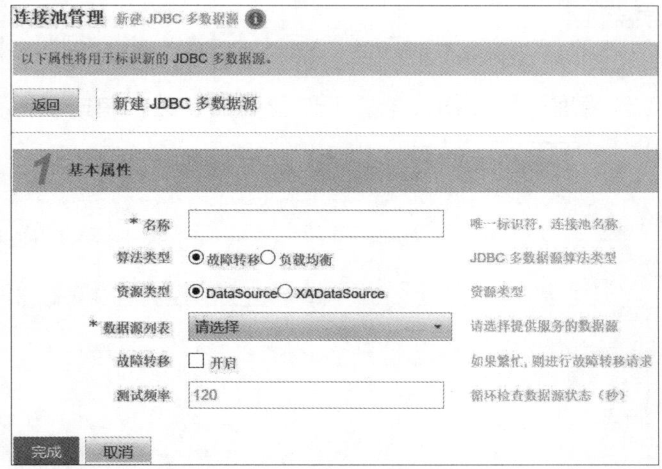

图 6-9　新建 JDBC 多数据源

- 资源类型：可选值为 DataSource、XADataSource。
- 数据源列表：提供服务的单数据源列表，即连接池列表中已创建的单数据源。
- 故障转移：当数据源繁忙时，是否进行故障转移，繁忙可以定义为连接已被全部占用。
- 测试频率：多数据源状态检查时间间隔。

03 设置好上述相应属性后，单击“完成”按钮。创建成功之后会返回连接池列表，在页面顶端会提示创建成功信息，如图 6-10 所示。如果创建失败，提示创建失败信息，单击详情可以查看失败原因。

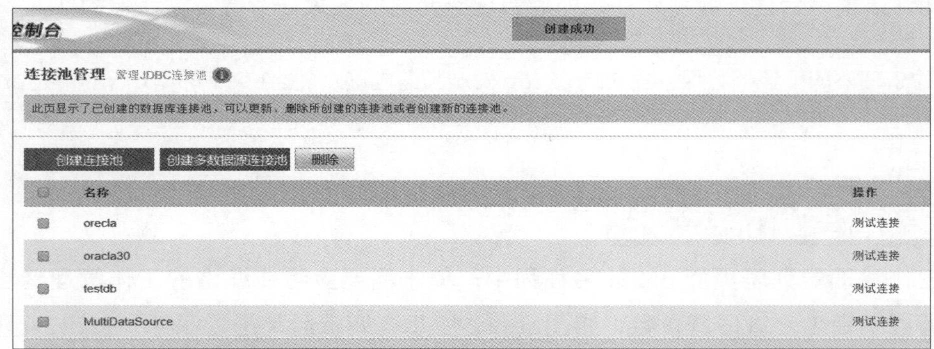

图 6-10　多数据源连接池创建成功

6.3 工作管理器

TongWeb 能提供对工作管理器（WorkManager）的支持。工作管理器是 JSR 237 定义的用于在 Java EE 应用中并发编程的 API，通常被称为 CommonJ。通过工作管理器，可以并发编写 Java EE 应用中的 EJB 和 servlet 程序。Java EE 应用可在工作管理器的线程池中，通过调用线程运行应用创建的工作任务。这些线程是被服务器管理的，而不是应用创建的，也无须由应用自身维护。

6.3.1 创建工作管理器

单击管理控制台左侧导航树中的“工作管理器”，出现“已创建的工作管理器列表”页面后，单击“创建工作管理器”按钮，配置工作管理器参数，单击“保存”按钮即可创建工作管理器，如图 6-11 所示。

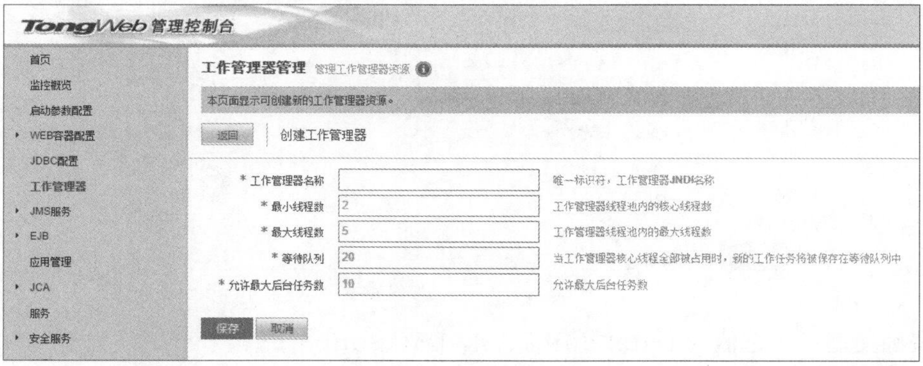

图 6-11　创建工作管理器

工作管理器的配置项说明如下。

- 工作管理器名称：标识工作管理器实例，同时也是绑定 JNDI 资源的名称。
- 最小线程数：线程池最小线程数，默认值为 2。
- 最大线程数：线程池最大线程数，默认值为 5。
- 等待队列：等待队列中的任务数，默认值为 20。
- 允许最大后台任务数：允许作为后台任务允许的最大任务数，默认值为 10。

注意　工作管理器的配置项将保存在 TongWeb 安装目录的 conf 文件夹下的 workmanagers.xml 文件中。

6.3.2 查看或编辑工作管理器

在工作管理器列表页面 JNDI 名称列中，单击需要查看或编辑的工作管理器超链接，即可查看或编辑工作管理器参数，如图 6-12 所示，编辑后单击“保存”按钮，可保存工作管理器参数。

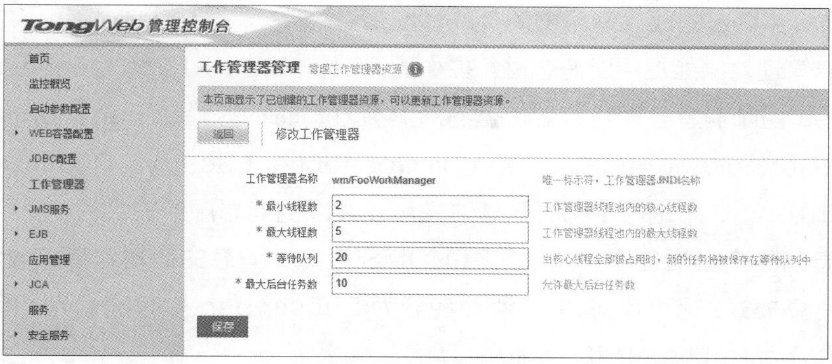

图 6-12　查看或编辑工作管理器

6.3.3 使用工作管理器

本小节以 Web 应用为例，说明应用如何通过资源引用来使用工作管理器实例。

（1）在 web.xml 中配置如下代码：

```
<resource-ref>
<res-ref-name>wm/FooWorkManager</res-ref-name>
<res-type>commonj.work.WorkManager</res-type>
<res-auth>Container</res-auth>
<res-sharing-scope>Shareable</res-sharing-scope>
</resource-ref>
```

（2）根据 JNDI 名进行查找：

```
Context ctx = new InitialContext();
wm = (WorkManager) ctx.lookup("java:/comp/env/wm/FooWorkManager");
```

（3）运用 CommonJ 调度任务执行。

6.3.4 删除工作管理器资源

在工作管理器列表页面勾选需要删除的工作管理器资源，单击“删除”按钮，确认后即可删除工作管理器资源。删除后，在 JNDI 树上不会再显示相应的工作管理器资源。

6.4 JMS 服务

TongWeb 能提供外置 JMS Server 来提供 JMS 服务，它符合 JMS 1.1 规范。

6.4.1 JMS 的主要功能

JMS 用于在两个应用之间或分布式系统中发送消息，进行异步通信。JMS 由 JMS 服务提供者、消息管理对象、消息的生产者和消费者，以及消息本身这 4 个部分组成，这些功能介绍如下。

（1）JMS 服务提供者是 JMS 接口的一个实现。提供者可以是 Java 平台的 JMS 实现，也可以是非 Java 平台的面向消息中间件的适配器。

（2）消息管理对象能提供对消息进行操作的 API。JMS API 中有 ConnectionFactory 和 Destination 两个消息管理对象。根据消息消费方式的不同，ConnectionFactory 可以分为 QueueConnectionFactory 和 TopicConnectionFactory，Destination 可以分为 Queue 和 Topic。用这两个消息管理对象可以建立到消息服务的会话。

（3）消息的生产者指创建并发送消息的 JMS 客户，消息的消费者指接收消息的 JMS 客户。根据消息模式的不同，消息的消费者分为 Subscriber 和 Receiver 两类，同样消息的生产者也分为 Publisher 和 Sender 两类。

（4）消息本身是在 JMS 应用之间传递的数据的对象。JMS API 中可提供映射消息（MapMessage）、文本消息（TextMessage）、字节消息（ByteMessage）、流消息（Stream Message）和对象消息（ObjectMessage）5 种消息。

6.4.2 JMS 的消息模式

JMS 可提供两种消息模式，即点到点模式和发布 / 订阅模式。

1. 点对点模式

点对点模式基于队列，一个生产者向一个特定的队列发布消息，一个消费者从该队列中读取消息，且生产者知道消费者的队列，并能直接将消息发送到消费者的队列。JMS 队列用于存放那些被发送且等待阅读的消息，当一个消息被阅读时，该消息从队列中被移走。点到点模式的特点如下。

- 只有一个消费者将获得消息。
- 生产者不需要在消费者接收该消息期间处于运行状态，接收者同样也不需要在消息发送时处于运行状态。

2. 发布 / 订阅模式

发布 / 订阅（Pub/Sub）模式支持向一个特定的消息主题发布消息，可能会有 0 个或多个订阅者对特定消息主题的消息感兴趣。在这种模式下，发布者和订阅者均不知道对方是谁。发布 / 订阅模式的特点如下。

- 多个订阅者可以获得消息。
- 在发布者和订阅者之间存在时间依赖性。

发布者需要建立一个订阅（Subscription），以便订阅者能够订阅。除非订阅者建立了持久的订阅，否则订阅者必须持续保持活动状态以接收消息。在订阅者建立了持久订阅的情况下，如果订阅者未连接，发布的消息将在订阅者重新连接时重新发布。

6.4.3 JMS 的主要接口

JMS 提供的主要接口包括 ConnectionFactry、Connection、Destination 等，各

接口介绍如下。

（1）ConnectionFactry（连接工厂）接口是用来创建到 JMS 提供者的连接。JMS 客户通过该接口访问连接，当 JMS 提供者改变时，代码不需要进行修改。用户只有在 JNDI 名字空间中配置了连接工厂，JMS 客户才能够查找到它们。根据消费方式的不同，用户可以使用队列连接工厂（QueueConnectionFactory）接口或者主题连接工厂（TopicConnection Factory）接口。

（2）Connection（连接）接口代表应用和消息服务器之间的通信链路。在获得连接工厂后，就可以创建一个与 JMS 提供者的连接。根据不同的连接类型，连接允许用户创建会话，以发送或接收消息。

（3）Destination（目的地）接口。消息目的地指消息发布和接收的地点，或者是队列（Queue），或者是主题（Topic），用户创建这些对象并通过 JNDI 获取。和连接工厂一样，用户可以使用 P2P 的队列或者 Pub/Sub 的主题。

（4）session（会话）接口表示一个单线程的上下文，用于发送和接收消息。由于会话是单线程的，所以消息是按照发送的顺序一个个接收的。它的好处是支持事务，如果用户选择了事务支持，会话上下文将保存一组消息，直到事务被提交才发送这些消息。在提交事务之前，用户可以使用回滚的方式取消这些消息。一个会话同时允许用户创建消息生产者来发送消息，以及创建消息消费者来接收消息。

（5）MessageConsumer（消息消费者）接口是由会话创建的对象，用于接收发送到目的地的消息。消费者可以同步（阻塞模式）或异步（非阻塞模式）接收队列和主题类型的消息。

（6）MessageProducer（消息生产者）接口是由会话创建的对象，用于发送消息到目的地。用户可以创建某个目的地的发送者，也可以创建一个通用的发送者，在发送消息时需指定目的地。

（7）Message（消息）接口。消息是在生产者和消费者之间传送的对象。

6.4.4 JMS 资源的使用

用户可通过连接工厂资源管理和使用 ConnectionFactory，通过目的地资源管理和使用 Destination。

1. 创建连接工厂资源

创建连接工厂资源的具体操作步骤如下。

01 展开管理控制台左侧导航树中的“JMS 服务”，单击“连接工厂”，进入“JMS 连接工厂”页面，如图 6-13 所示，列表中会显示所有已创建的连接工厂。

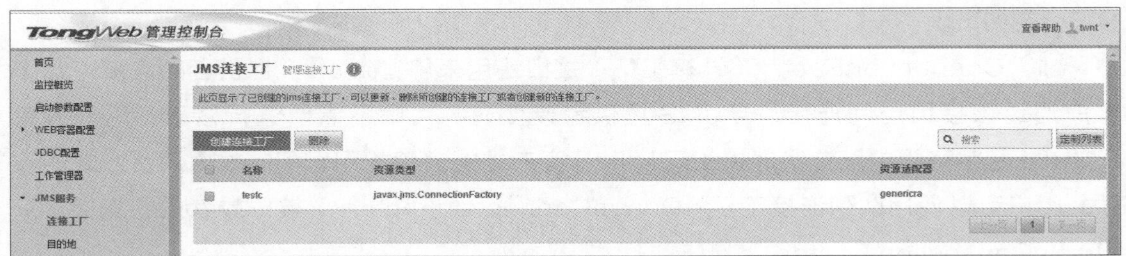

图 6-13　JMS 连接工厂

02 在出现的 JMS 连接工厂页面中单击“创建连接工厂”按钮，进入“创建连接工厂”页面，如图 6-14 所示。

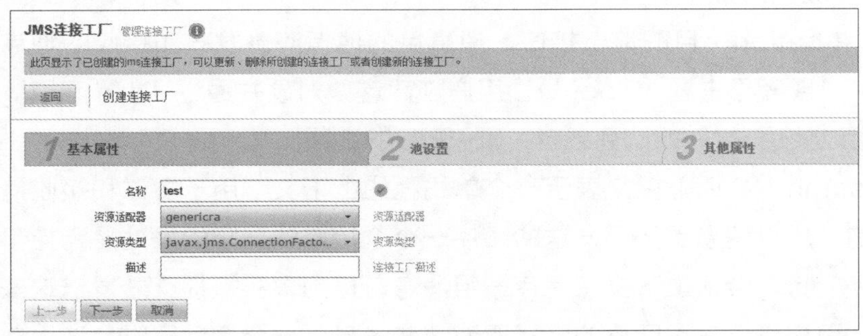

图 6-14　创建连接工厂

创建连接工厂基本属性介绍如下。

- 名称：连接工厂的 JNDI 名，连接工厂的唯一标识，例如图 6-14 中的 JNDI 名为 test。
- 资源适配器：已部署的 Connector 应用的应用名称。默认为系统自带的通用适配器 genericra，可以通过下拉列表来更换所需要的 Connector 应用。
- 资源类型：连接工厂资源的类型，可选值为 javax.jms.ConnectionFactory、javax.jms.QueueConnectionFactory 和 javax.jms.TopicConnectionFactory。
- 描述：连接工厂资源的描述信息。

03 单击“下一步”按钮，进行连接工厂池设置，如图 6-15 所示。

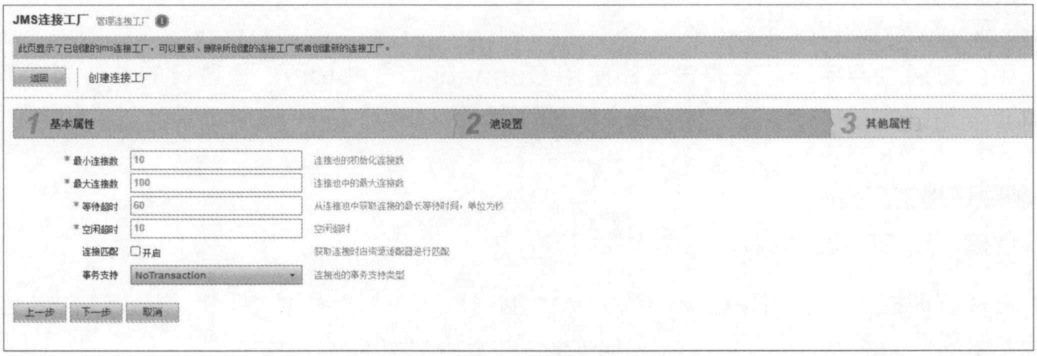

图 6-15　连接工厂池设置

图 6-15 中池设置的属性介绍如下。

- 最小连接数：连接池启动后的初始连接数和最小连接数，默认值为 10。

- 最大连接数：连接池中连接数的最大值，默认值为 100。
- 等待超时：从连接池中获取连接时的最长等待时间，默认为 60s。
- 空闲超时：连接在池中保持空闲的最长时间，一旦超过此时间，连接将会被从池中删除，默认为 10min。
- 连接匹配：获取连接时由资源适配器进行匹配，默认不开启。
- 事务支持：连接池中连接支持的事务类型，可选值为 NoTransaction、LocalTransaction 和 XATransaction，默认值为 NoTransaction。

04 单击“下一步”按钮，进行连接工厂其他属性设置如图 6-16 所示。

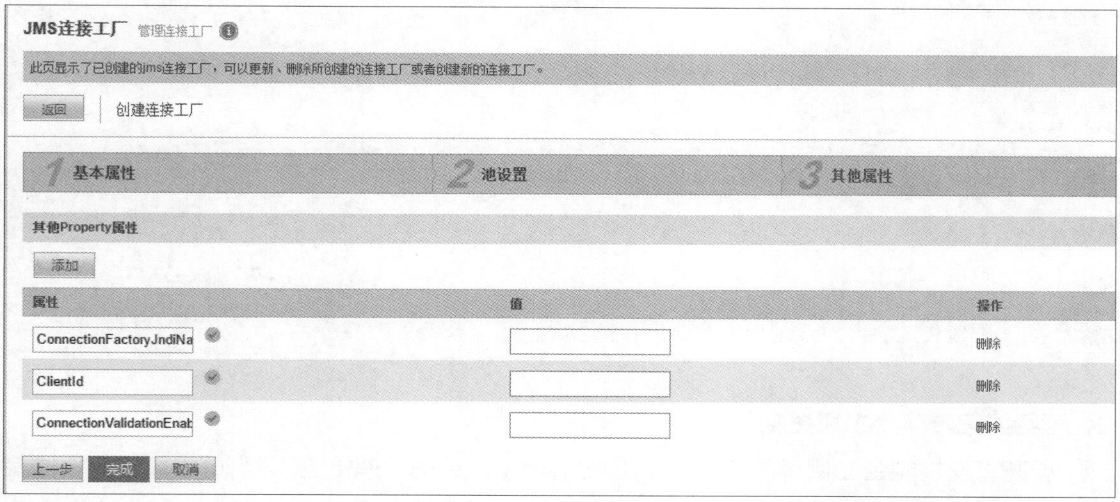

图 6-16　连接工厂其他属性设置

“其他 Property 属性”可设置的属性（与所选资源适配器有关）介绍如下。

- Genericra（系统自带的通用适配器）。
  - ◇ ConnectionFactoryJndiName：JMS 提供者的连接工厂对象绑定的 JNDI 名称。仅当集成方式为 JNDI 时才使用此属性。
  - ◇ Clientid：用于 JMS Server 识别消息订阅者身份的 ID。持久订阅时，客户端向 JMS 注册这个 ID。当这个客户端处于离线时，JMS Provider 会为这个 ID 保存所有发送到主题的消息。当客户再次连接到 JMS Provider 时，会根据自己的 ID 得到所有当自己处于离线时发送到主题的消息。
  - ◇ ConnectionValidationEnabled：如果设置为 true，资源适配器将使用异常侦听器捕捉任何连接异常，并向应用服务器发送 CONNECTION_ERROR_OCCURED 事件。
- tlq（TongJMS_ra，TongLINK/Q 资源适配器）。
  - ◇ ConnectionURL：连接到 TongLINK/Q jms broker 的 URL，如 tlq://168.1.50.20:10024。
  - ◇ UserName：用户名。

◇ Password：密码。

◇ Options：选项。

> **注意** 如果 genericra 配置成支持 XA 的事务，那么连接工厂必须是 XA 的连接工厂；如果 genericra 配置成不支持 XA 的事务，那么连接工厂必须是非 XA 的连接工厂。
>
> 当使用 XA 的连接工厂时，客户端应用必须启用一个事务，在事务中获取连接并执行操作。

05 设置好上述相应属性后，单击“完成”按钮。创建成功之后会返回连接工厂列表，在页面顶端会提示创建成功，如图 6-17 所示。

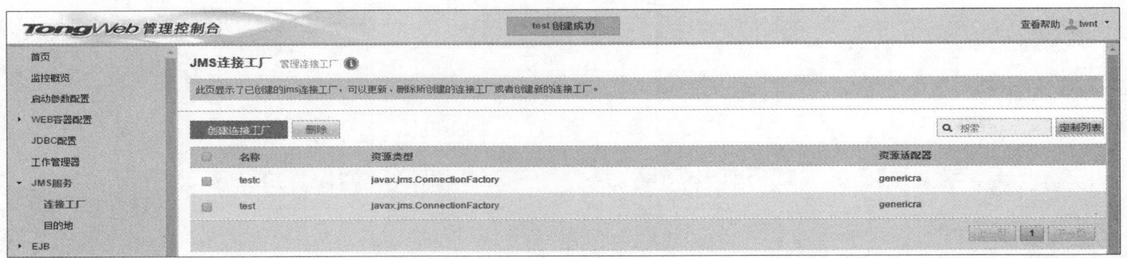

图 6-17 连接工厂创建成功

> **提示** 如果创建失败，会提示创建失败信息，单击详情可以查看失败原因。

2. 查看或编辑连接工厂资源

展开管理控制台左侧导航树中的“JMS 服务”，单击“连接工厂”。单击需要查看或编辑的连接工厂名，出现“编辑连接工厂”页面，如图 6-18 所示，本页面属性同创建连接工厂页面的属性一致。

JMS连接工厂 管理连接工厂

此页显示了已创建的jms连接工厂，可以更新、删除所创建的连接工厂或者创建新的连接工厂。

返回 | 编辑连接工厂

名称	testc	唯一标识符，连接工厂JNDI名称
资源适配器	genericra	资源适配器
资源类型	javax.jms.ConnectionFacto...	资源类型
描述		连接工厂描述
* 最小连接数	10	连接池的初始化连接数
* 最大连接数	100	连接池中的最大连接数
* 等待超时	60	从连接池中获取连接的最长等待时间，单位为秒
* 空闲超时	10	连接的空闲超时时间，单位为分钟
连接匹配	开启	获取连接时由资源适配器进行匹配
事务支持	NoTransaction	连接池的事务支持类型

其他Property属性

添加

属性	值	操作
ConnectionFactoryJndiNa		删除
ClientId		删除
ConnectionValidationEnab		删除

保存

图 6-18 编辑连接工厂

3. 删除连接工厂资源

展开管理控制台左侧导航树中的“JMS 服务”，单击“连接工厂。选中要删除的 JMS 连接工厂，单击页面上方的“删除”按钮，页面上方将显示删除结果。

4. 创建目的地资源

创建目的地资源的具体操作步骤如下。

01 展开管理控制台左侧导航树中的“JMS 服务”，单击“目的地”节点，进入“JMS 目的地”页面。JMS 目的地列表会显示所有已创建的目的地资源，如图 6-19 所示。

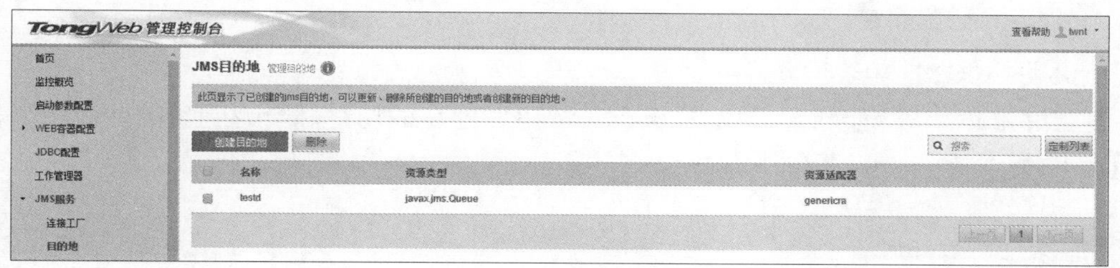

图 6-19　JMS 目的地

02 在出现的 JMS 目的地页面中，单击“创建目的地”按钮，将出现“创建目的地”页面，如图 6-20 所示。

JMS目的地 管理目的地

此页显示了已创建的jms目的地，可以更新、删除所创建的目的地或者创建新的目的地。

返回　创建目的地

名称　testdd

资源适配器　genericra　资源适配器

资源类型　javax.jms.Queue　资源类型

描述　目的地描述

其他Property属性

添加

属性	值	操作
DestinationJndiName		删除
DestinationProperties		删除

保存　取消

图 6-20　创建目的地

JMS 目的地属性介绍如下。

- 名称：目的地的 JNDI 名，目的地的唯一标识。例如图 6-20 中的 JNDI 名为 testdd。
- 资源适配器：已部署的 Connector 应用的应用名称。默认为系统自带的通用适配器 genericra，可以通过下拉列表来更换所需要的 Connector 应用。
- 资源类型：目的地资源的类型，可选值为 javax.jms.Queue 和 javax.jms.Topic。
- 描述：目的地资源的描述信息。

“其他 Property 属性”可设置的属性与所选资源适配器有关，常见属性有以下两个。

- Genericra（系统自带的通用适配器）。

◇ DestinationJndiName：JMS 提供者的目的地对象绑定的 JNDI 名称。仅当集成方式为 JNDI 时才使用此属性。

◇ DestinationProperties：指定 JMS 客户机的 Java Bean 属性名称以及目的地值，例如 PhysicalName=Send。仅当集成方式为 Java Bean 时才使用此属性。

● tlq（TongJMS_ra，TongLINK/Q 资源适配器）。

◇ Name：JMS 提供者的目的地对象绑定的 JNDI 名称。仅当集成方式为 JNDI 时才使用此属性。目前 TongLINK/Q 默认为 MyQueue/MyTopic。根据具体 tlq 环境配置而定。

◇ Description：描述。

03 设置好上述相应属性后，单击“保存”按钮。创建成功之后会返回目的地页面，在页面顶端会提示创建成功，如图 6-21 所示。

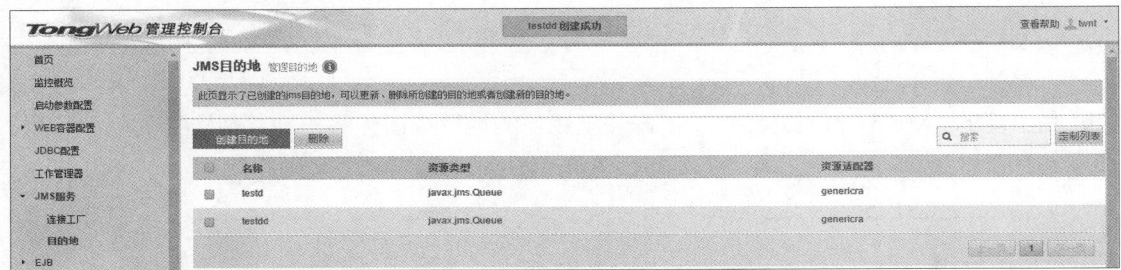

图 6-21 JMS 目的地

提示 如果创建失败，提示创建失败信息，单击详情可以查看失败原因。

5. 查看或编辑目的地资源

展开管理控制台左侧导航树中的“JMS 服务”，单击“目的地”。单击需要查看或编辑的目的地名，其属性同创建目的地的属性一致，编辑目的地如图 6-22 所示。

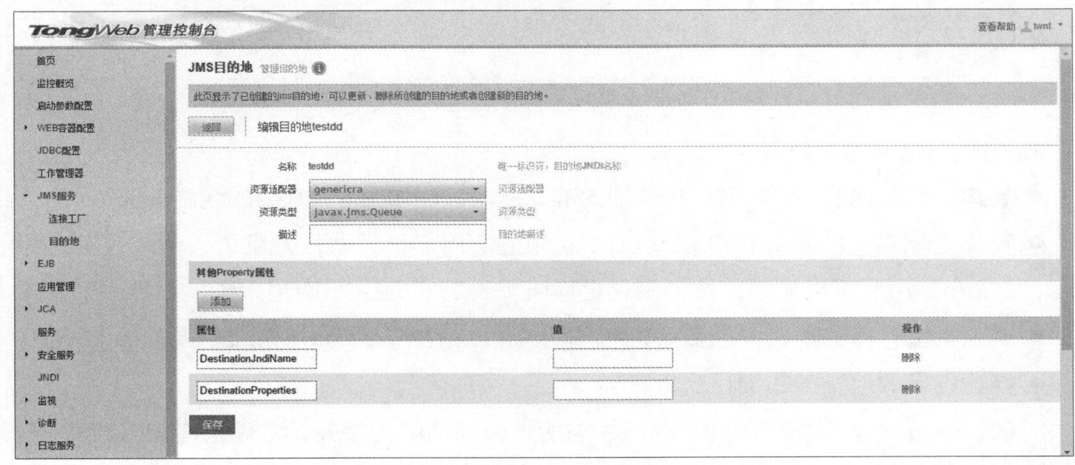

图 6-22 编辑目的地

6. 删除目的地资源

展开管理控制台左侧导航树中的“JMS 服务”，单击“目的地”。选中要删除的 JMS 目的地，单击页面上方的“删除”按钮，页面上方将显示删除结果。

6.4.5 与 TongLINK/Q 的集成

TonWeb 通过 JCA 提供对外置 JMS Server 的集成，通过资源适配器与第三方 JMS Server 连接。TongWeb 可提供两种集成方式，第一种方式是 JNDI，第二种方式是 Java Bean。前者基于 JNDI 服务并需要将 JMS 对象绑定到第三方 JMS Server 名字服务上，后者基于 Java Bean 的映射而无须将 JMS 对象绑定到名字服务上。本小节提供 TongWeb 与 TLQ 的集成参考。

以下示例中使用的 TLQ 的主要配置如下：TLQ 服务器 IP 为 168.1.15.135，安装并配置了 TLQ8.1，TongJMS_ra.rar 位于 TLQ 安装目录…\TLQ8\java\lib 目录下。 jms broker& jndi broker 的监听端口为 10024，并建立了一个接收队列 lq1，其 JNDI 别名 JndiQueueName 为 MyQueue。TLQ 的详细配置过程参见 TongLINK/Q 用户手册。

用 JNDI 方式集成 TLQ，Web 应用使用 TLQ 自带的名字服务向 TLQ 队列收发消息的配置步骤如下。

01 打开 TongWeb 的管理控制台，展开管理控制台左侧导航树中的“应用管理”节点。单击“部署”按钮，选择要使用的 TLQ Connector 应用（TongJMS_ra.rar）。按照应用部署说明，开始部署 Connector 应用。

02 部署完成后，展开管理控制台左侧导航树中的“应用管理”节点，然后单击刚刚部署成功的 Connector 应用，开始设置属性。设置 ConnectionURL 属性值为 tlq://168.1.15.135:10024，单击“保存”按钮。集成 TongLINK/Q 基本属性如图 6-23 所示。

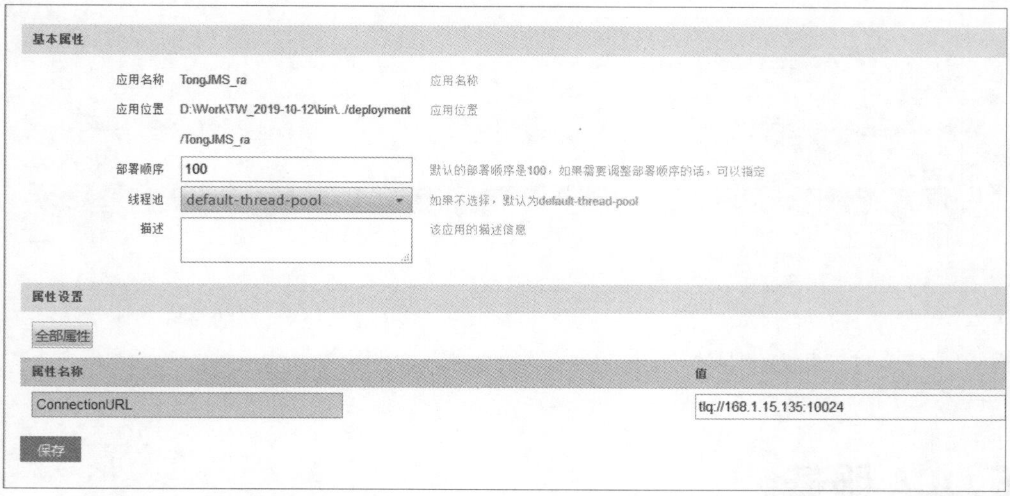

基本属性
应用名称 TongJMS_ra 应用名称
应用位置 D:\Work\TW_2019-10-12\bin\../deployment/TongJMS_ra 应用位置
部署顺序 100 默认的部署顺序是100，如果需要调整部署顺序的话，可以指定
线程池 default-thread-pool 如果不选择，默认为default-thread-pool
描述 该应用的描述信息
属性设置
全部属性
属性名称 值
ConnectionURL tlq://168.1.15.135:10024
保存

图 6-23 集成 TongLINK/Q 基本属性

03 至此，启动 TLQ，TongWeb 与 TLQ 的集成工作便完成了。

04 在 TongWeb 上创建连接工厂。如果需要用到远程连接工厂，则其名称为 RemoteConnectionFactory。如果测试本地，则连接工厂名称为 LocalConnectionFactor。设置属性 ConnectionURL 为 tlq://168.1.15.135:10024。编辑连接工厂如图 6-24 所示。

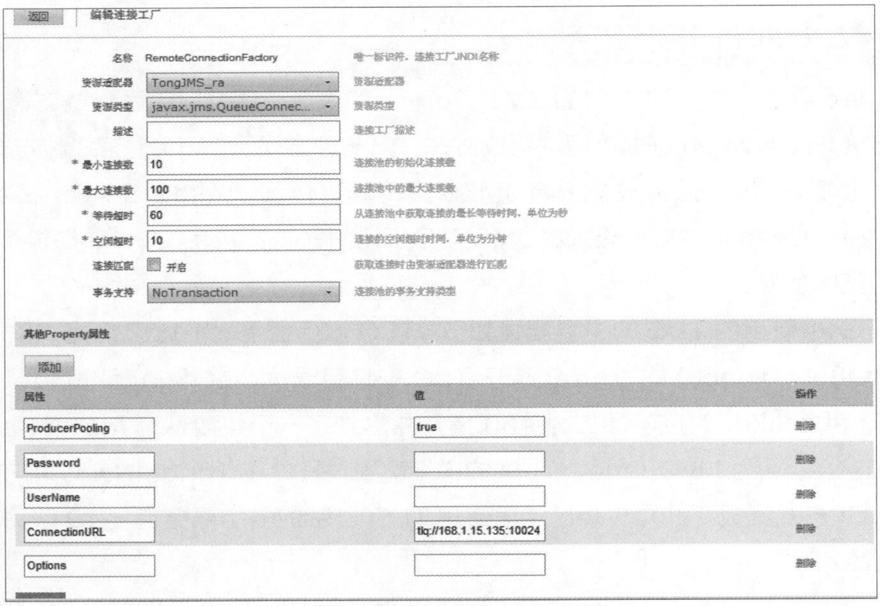

图 6-24　编辑连接工厂

05 在 TongWeb 上创建名称为 lq1 的目的地资源，其中属性 Name 的值为 MyQueue（与 tlq 中 tlqjndi.conf 的配置保持一致）。编辑目的地如图 6-25 所示。

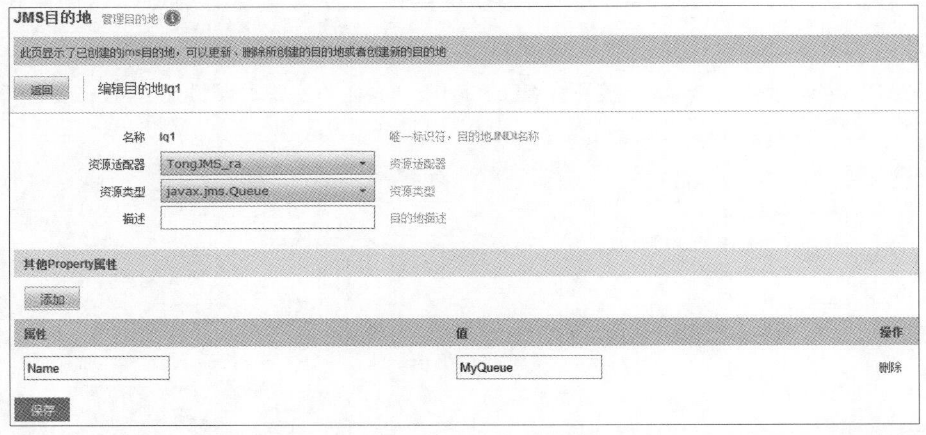

图 6-25　编辑目的地

06 使用 Web 应用收发消息。

6.5 JCA 服务

JCA 可提供一个应用服务器和 EIS 连接的标准 Java 解决方案，以及把这些系统整合起来的方法。JCA 可简化异构系统的集成，用户只要构造一个基于 JCA 规范的 Connector 应用，并将该 Connector 应用部署到 Java EE 服务器上，不用编写任何代码就能实现 EIS 与 Java EE 应用服务器的集成。TongWeb 中的 JCA 架构实现了 JCA 1.7 规范，同时能提供 Connector 连接池、托管对象资源。

6.5.1 JCA 线程池

线程池的作用是限制系统中执行线程的数量。根据系统的环境情况，可以通过以下两个方面设置线程数量，以达到运行的最佳效果。

（1）多个任务重用线程。线程创建的开销被分摊到了多个任务上，这样在请求到达时线程已经存在，所以可消除线程创建所带来的延迟。

（2）通过适当地调整线程池中的线程数目，也就是当请求的数目超过某个阈值时，就强制其他新到的请求一直等待，直到获得一个线程来处理为止，从而可以防止资源不足。

线程用于处理用户程序组件的用户请求。服务器接收到请求时，它会将请求指定给线程池中的空闲线程，该线程执行客户机的请求并返回结果。如果请求需要使用的系统资源当前正处于忙碌状态，则线程会在允许请求使用该资源前，等待资源回到空闲状态。

线程池可以指定最大线程数和最小线程数，线程池可在这两个值之间动态调整。指定了最小线程池大小后，将通知服务器为应用请求至少分配该大小的预留线程数，可以将线程数增加到所指定的最大线程池大小。如果增加可供进程使用的线程数，则该进程可以同时对更多的应用进行响应，用户可以通过调整最大线程数和最小线程数来提高性能。

1. 创建线程池

创建线程池的具体操作步骤如下。

01 展开管理控制台左侧导航树中的“JCA”节点，单击“JCA 线程池”，JCA 线程池列表会显示所有已创建的线程池，如图 6-26 所示。其中“default-thread-pool”为 TongWeb 默认提供的线程池。

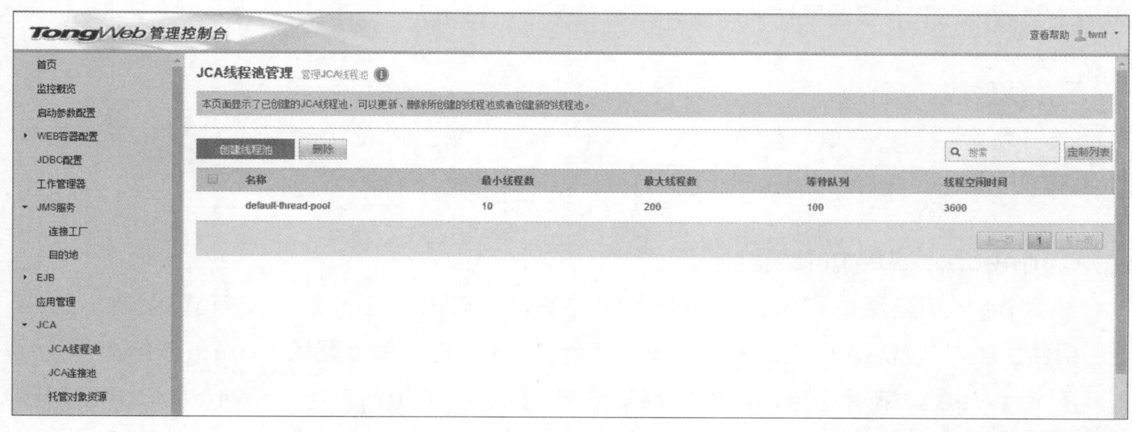

图 6-26　JCA 线程池列表

02 单击“创建 JCA 线程池”按钮，将出现“创建 JCA 线程池”页面，如图 6-27 所示。

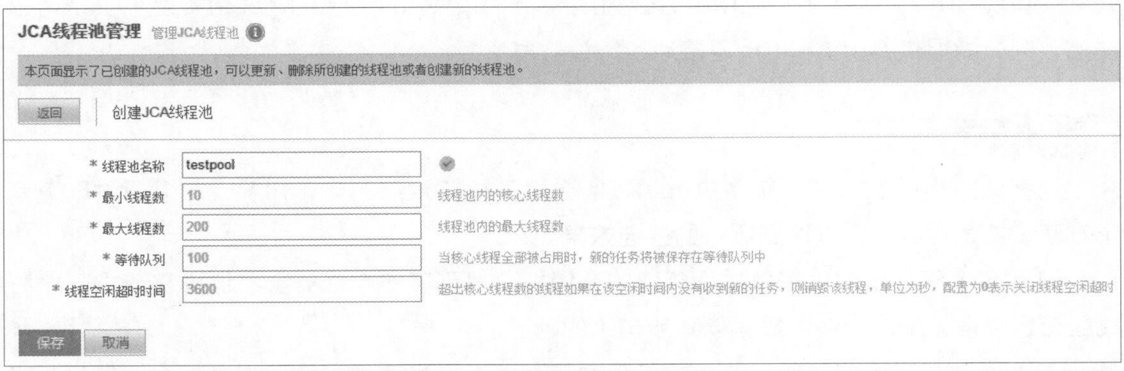

JCA线程池管理 管理JCA线程池

本页面显示了已创建的JCA线程池，可以更新、删除所创建的线程池或者创建新的线程池。

返回 | 创建JCA线程池

* 线程池名称	testpool	
* 最小线程数	10	线程池内的核心线程数
* 最大线程数	200	线程池内的最大线程数
* 等待队列	100	当核心线程全部被占用时，新的任务将被保存在等待队列中
* 线程空闲超时时间	3600	超出核心线程数的线程如果在该空闲时间内没有收到新的任务，则销毁该线程，单位为秒，配置为0表示关闭线程空闲超时

保存 取消

图 6-27 创建 JCA 线程池

JCA 线程池属性介绍如下。

- 线程池名称：线程池唯一标识 ID。
- 最小线程数：线程池中线程个数的下限，当线程池初始化时创建该数量的线程。 默认值为 10。
- 最大线程数：线程池中线程个数的上限。默认值为 200。
- 等待队列：当核心线程全部被占用时，新的任务将被保存在等待队列中。等待队列在初始化时会占用部分内存，如果等待队列过多可能会导致线程池创建失败。默认值为 100。
- 线程空闲超时时间：超出核心线程数的线程，如果在该空闲时间内没有收到新的任务，则销毁该线程，单位为秒，设置为 0 表示关闭线程空闲超时。默认值为 3600。

03 属性设置完成后，单击“保存”按钮。

2. 查看或编辑线程池

展开管理控制台左侧导航树中的“JCA”节点，单击“JCA 线程池”。单击要查看或编辑的线程池名称，编辑属性完成后，单击“保存”按钮。

3. 删除线程池

展开管理控制台左侧导航树中的“JCA”节点，单击“JCA 线程池”。选中需要删除的线程池，单击“删除”按钮。

4. Connector 应用中的线程池

Connector 应用也称为资源适配器，它是允许应用与 EIS 进行交互式操作的 Java EE 组件。类似其他 Java EE 模块，安装 Connector 应用即部署该 Connector 应用。

TongWeb 安装后将自动部署并启动自带的 Connector 应用 genericra，并使用默认提供的线程池 default-thread-pool。Connector 应用基本属性如图 6-28 所示。

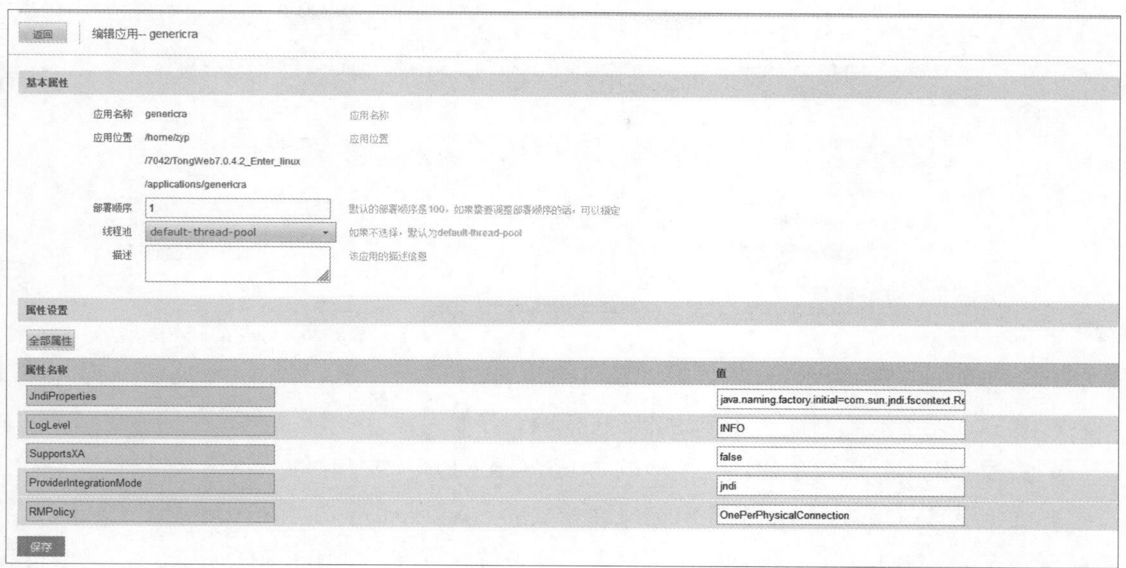

图 6-28　Connector 应用基本属性

6.5.2 JCA 连接池

JCA 连接池是一组用于特定 EIS 的可重复使用的连接。本小节主要讲解 JCA 连接池的使用方法和安全映射。

一、创建连接池

要创建 JCA 连接池，需要指定与池关联的 Connector 应用。创建连接池的具体操作步骤如下。

01 展开管理控制台左侧导航树中的“JCA”节点，单击“JCA 连接池”，进入“JCA 连接池管理”页面，如图 6-29 所示，JCA 连接池列表会显示已创建的 JCA 连接池。

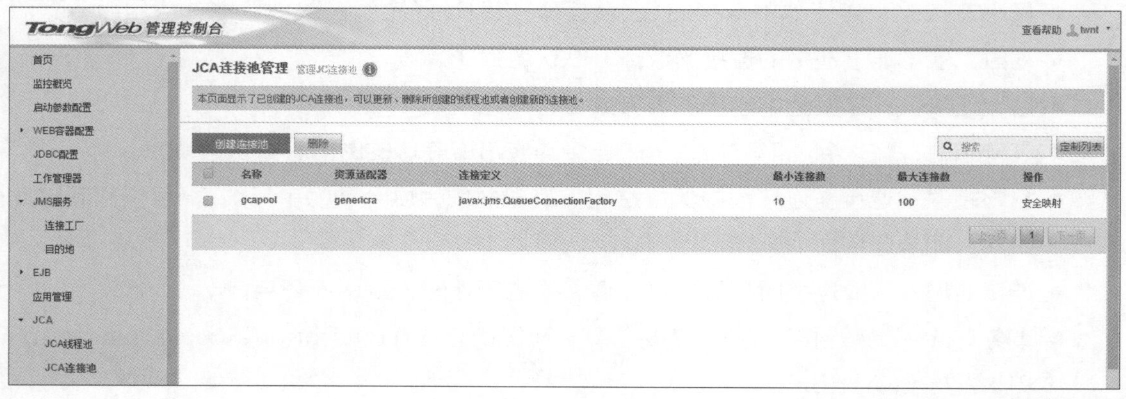

图 6-29　JCA 连接池管理

02 在 JCA 连接池管理页面中，单击“创建连接池”按钮，进入“创建 JCA 连接池”页面，如图 6-30 所示。

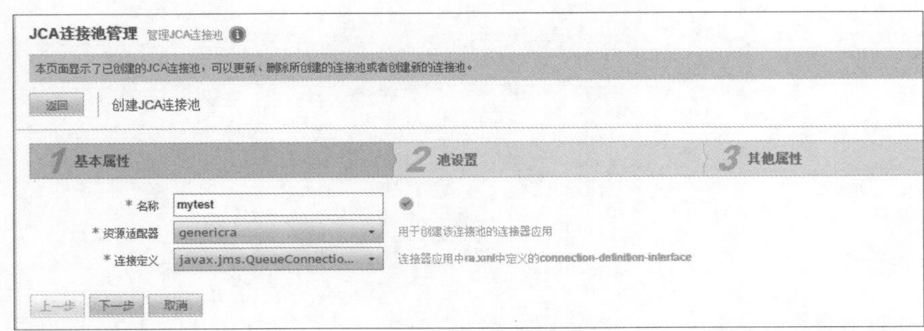

图 6-30　创建 JCA 连接池

JCA 连接池的基本属性介绍如下。

- 名称：连接池的名称，连接池的唯一标识。
- 资源适配器：用来创建该连接池的 Connector 应用的应用名。
- 连接定义：Connector 应用 ra.xml 中定义的 connection-definition-interface。

03 设置完成后单击“下一步”按钮，进入“池设置”页面，如图 6-31 所示。

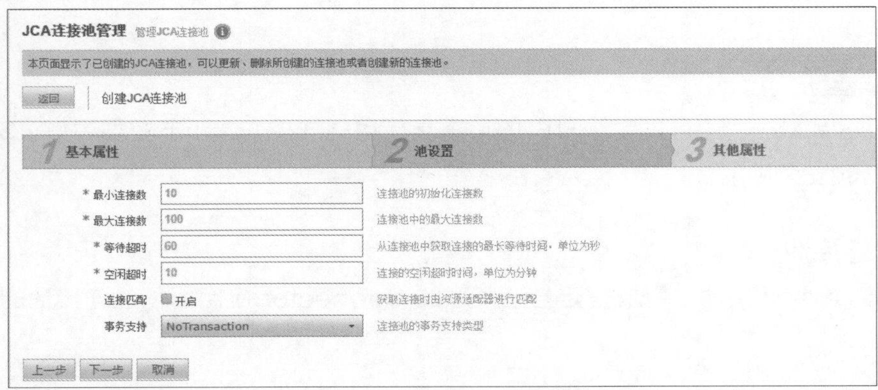

图 6-31　池设置

池设置属性介绍如下。

- 最小连接数：连接池中连接的最小数目。该值还确定了首次创建池或应用服务器启动时，置于连接池中的连接的数目，默认值为 10。
- 最大连接数：连接池中连接的最大数目，默认值为 100。
- 等待超时：在达到超时之前，请求连接的应用所等待的时间，默认为 60s。
- 空闲超时：连接在连接池中保持空闲的最长时间（以分钟为单位）。一旦空闲超过此时间，即从连接池中删除该连接，默认值为 10。
- 连接匹配：获取连接时是否由资源适配器进行匹配，默认不开启。
- 事务支持：设置连接池的事务支持类型。可选值有 NoTransaction、LocalTransaction 和 XATransaction。
    - ◇ NoTransaction：表示资源适配器不支持资源管理器本地事务或 JTA 事务，也不实现 XAResource 或 LocalTransaction 接口。由于 JAXR 资源适配器不支持本地或 JTA 事务，所以对于 JAXR 资源适配器，需要从“事务支持”下拉列表框中选择“无”。

◇ LocalTransaction：表示资源适配器将通过实现 LocalTransaction 接口来支持本地事务，本地事务的管理在资源管理器内部进行，不涉及任何外部事务管理器。

◇ XATransaction：表示资源适配器将通过实现 LocalTransaction 和 XAResource 接口来支持资源管理器本地事务和 JTA 事务。XA 事务由事务管理器在资源管理器外部进行控制和调整。本地事务的管理在资源管理器内部进行，不涉及任何外部事务管理器。

04 设置完成后单击“下一步”按钮，进入“其他属性”页面，如图 6-32 所示。配置 Connector 应用 ra.xml 中 connection-definition 元素下定义的 config-property 属性：ConnectionFactoryJndiName、ConnectionValidationEnabled 和 Clientid。

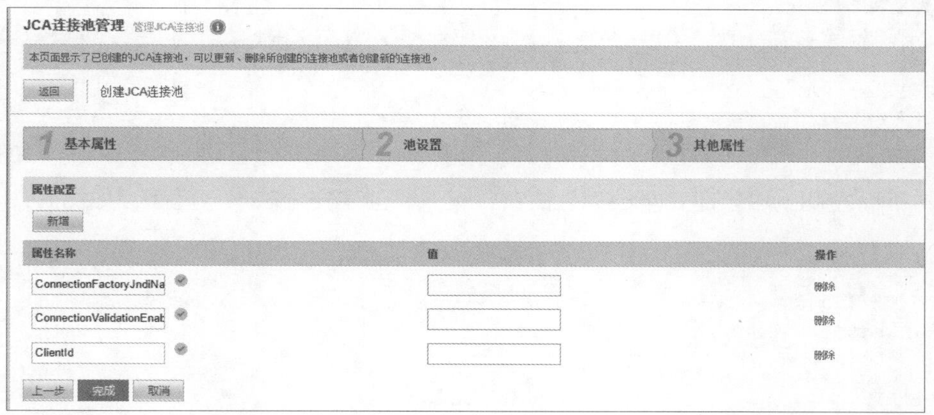

图 6-32　其他属性

05 设置属性完成后，单击“完成”按钮。

二、查看或编辑连接池

展开管理控制台左侧导航树中的“JCA”节点，单击“JCA 连接池”。单击要查看或编辑的线程池名称，在页面中显示属性同创建连接池资源的属性配置，编辑后单击“保存”按钮。

三、删除连接池

展开管理控制台左侧导航树中的“JCA”节点，单击“JCA 连接池”。选中要删除的 JCA 连接池，单击页面上方的“删除”按钮，页面上方将显示删除结果。

四、安全映射

JCA 同样对连接管理的安全性进行了规范定义，从而可以方便地对应用服务器和外部系统的安全身份、授权信息进行管理和映射。安全映射用来设置用户名和密码，以便验证调用方的身份。

1. 创建安全映射

创建安全映射的具体操作步骤如下。

01 展开管理控制台左侧导航树中的“JCA”节点，单击“JCA 连接池”。单击某连接池的“安全映射”超链接，进入“安全映射管理”页面，如图 6-33 所示。

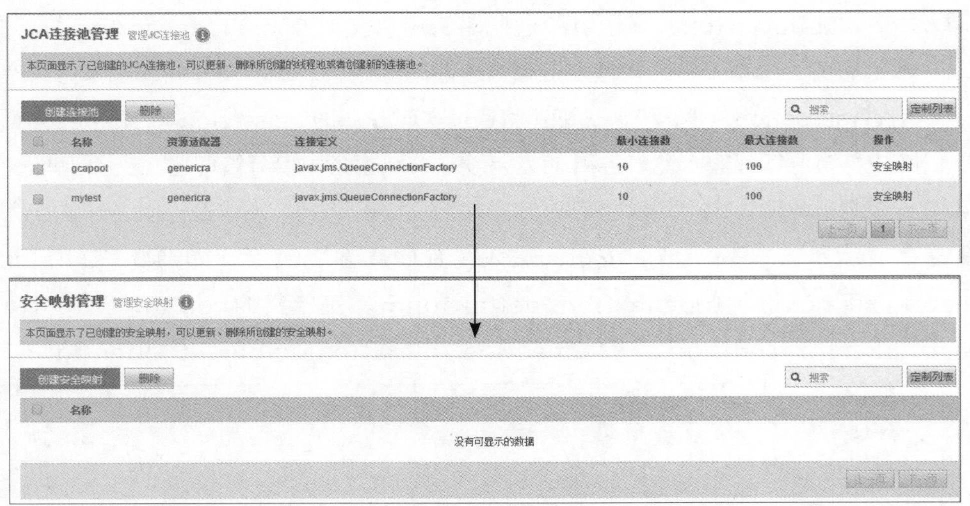

图 6-33　安全映射管理

02 单击页面左侧的“创建安全映射”按钮，进入“创建安全映射”页面，如图 6-34 所示。

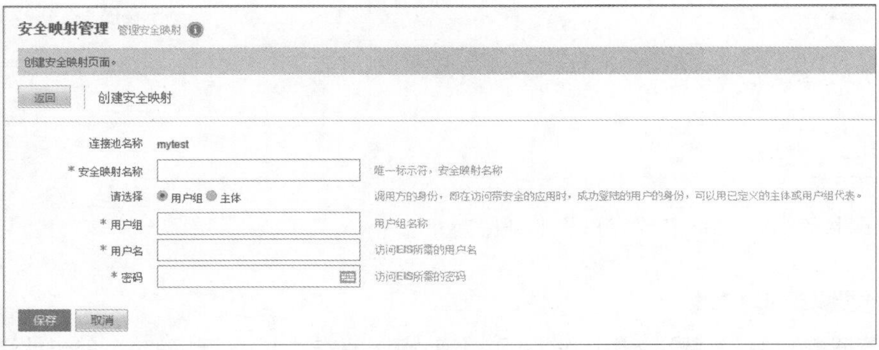

安全映射管理 管理安全映射
创建安全映射页面。
返回 | 创建安全映射
连接池名称 mytest
* 安全映射名称 唯一标示符，安全映射名称
请选择 ◉用户组 ◉主体 调用方的身份，即在访问带安全的应用时，成功登录的用户的身份，可以用已定义的主体或用户组代表。
* 用户组 用户组名称
* 用户名 访问EIS所需的用户名
* 密码 访问EIS所需的密码
保存 取消

图 6-34　创建安全映射

创建安全映射的属性介绍如下。

- 连接池名称：所选连接池的名称，不可以改变。
- 安全映射名称：安全映射的唯一标识。
- 请选择：调用方的身份，即在访问带安全的应用时成功登录的用户的身份，可以用已定义的用户组或主体代表。
- 用户组：用户组名称。
- 用户名：访问 EIS 所需的用户名，长度为 1 ～ 256 位。
- 密码：访问 EIS 所需的密码，长度为 4 ～ 32 位。

03 设置属性完成后，单击“保存”按钮。

2. 查看或编辑安全映射

展开管理控制台左侧导航树中的“JCA”节点，单击“JCA 连接池”。单击某连接池的“安全映射”超链接，进入安全映射管理页面。单击安全映射名称，即可查看或编辑安全映射，编辑后单击“保存”按钮。

3. 删除安全映射

展开管理控制台左侧导航树中的“JCA”节点，单击“JCA 连接池”。单击某连接池的“安全映射”超链接，进入安全映射管理页面。选择想要删除的安全映射，单击页面上方的“删除”按钮，页面上方将显示删除结果。

6.5.3 托管对象资源

托管对象资源用于封装在 Connector 应用中的托管对象（ra.xml 中定义的 adminobject），如 JMS 资源中通过托管对象资源提供目的地的对象。

1. 创建托管对象资源

创建托管对象资源的具体操作步骤如下。

01 展开管理控制台左侧导航树中的“JCA”节点，单击“托管对象资源”，进入“托管对象资源管理”页面，如图 6-35 所示，页面会显示已创建的托管对象资源列表。

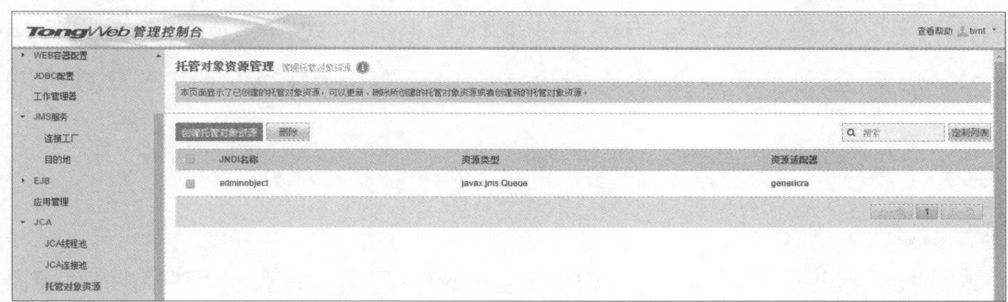

图 6-35 托管对象资源管理

02 单击“创建托管对象资源”按钮，进入“创建托管对象资源”页面，如图 6-36 所示。

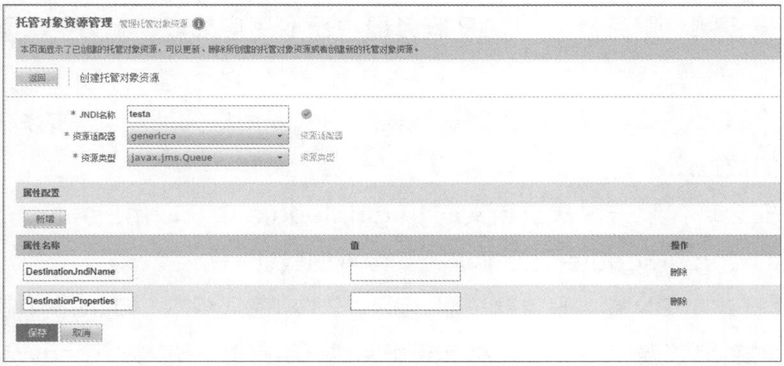

图 6-36 创建托管对象资源

托管对象资源的基本设置介绍如下。

- JNDI 名称：托管对象资源的 JNDI 名称。
- 资源适配器：与托管对象资源关联的已部署的 Connector 应用的应用名。
- 资源类型：Connector 应用 ra.xml 中定义的 adminobject-interface。

属性配置中是 Connector 应用 ra.xml 中 adminobject 元素下定义的 config-property 属性。

03 单击“保存”按钮，返回“托管对象资源管理”页面。

2. 查看或编辑托管资源对象

展开管理控制台左侧导航树中的“JCA”节点，单击“托管对象资源”。单击托管对象资源的 JNDI 名称，即可查看或编辑托管对象资源，编辑后单击“保存”按钮。

3. 删除托管资源对象

展开管理控制台左侧导航树中的“JCA”节点，单击“托管资源对象”。选中要删除的 JCA 托管资源对象，单击页面上方的“删除”按钮，页面上方将显示删除结果。

6.6 安全服务

安全服务用于对数据进行保护：在存储和传输数据时，防止对数据进行未经授权的访问。特别是获得对系统的访问权限时，认证和授权是两个重要的过程。认证是一个实体（用户、应用或组件）用来确定另一个实体是否是其声明的实体的过程，使用安全凭证对其进行验证。授权是确定使用凭证的实体是否有权对所访问的资源进行操作的过程。TongWeb 还定义了不同类型的安全域，用于存储用户和组信息及其关联的安全凭证。

6.6.1 安全域

安全域是服务器定义和强制执行通用安全策略的范围，是存储用户和组信息及其关联的安全凭证的系统信息库。服务器支持 6 种类型的安全域。

- File（文件）安全域：服务器将用户凭证存储在本地文件中。
- LDAP 安全域：服务器从 LDAP 服务器中获取用户凭证。支持的 LDAP 服务器有 OpenLDAP 等。
- JDBC（SQL）安全域：服务器从数据库中获取用户凭证。支持的数据库为数据源所支持的数据库。
- JAAS 安全域：服务器从自定义的 LoginModule 中获取用户凭证，支持用户使用自定义的 LoginModule 灵活地进行安全域的验证。
- Script(脚本)安全域：服务器按照 JSR 223 规范从脚本(如 JS)中获取用户凭证。
- SPI 安全域：认证过程由用户具体实现类完成，用户类必须实现 TongWeb 指定的接口“LoginProvider”。

1. 安全域基本属性

展开管理控制台左侧导航树中的“安全服务”节点，单击“安全域管理”，进入“安全域管理”页面如图 6-37 所示。该页面显示已配置的安全域列表。

单击安全域列表中的“defaultRealm”，打开“编辑安全域”页面，如图 6-38 所示。

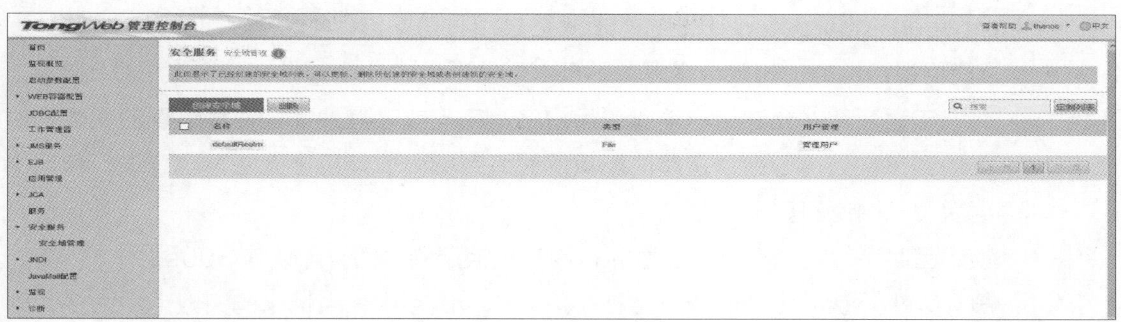

图 6-37　安全域管理

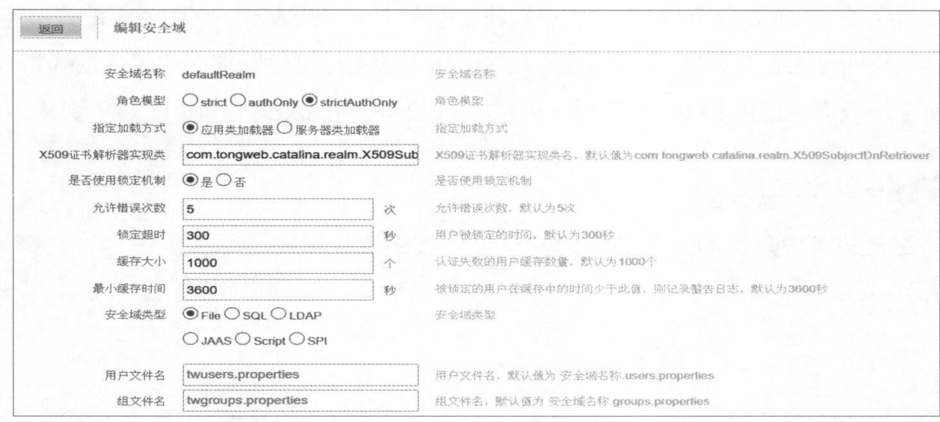

图 6-38　创建安全域

安全域配置属性如下。

- 安全域名称：必填项，安全域的唯一标识。
- 角色模型：处理 web.xml 中通配符 * 角色的方式。strict 模式指用户必须被认证，且必须至少具备 web.xml 预定义的角色中的一种；authOnly 模式只需要用户被认证，用户不必具备任意角色；strictAuthOnly 模式指用户必须被认证，如果 web.xml 中没有预定义任何角色，则不需要检查用户角色，否则用户必须至少具备 web.xml 预定义的角色中的一种。
- 指定加载方式：选择应用类加载，则 LoginModule 等相关类可以放在 web/lib 下；选择服务器类加载，类将从 TW_HOME/lib 下加载。
- X509 证书解析器实现类：当使用 CLIENT-CERT 认证时，指定这个类名，用来从证书中获取用户名，默认以证书的 Owner 描述（如 CN=tongtech, OU=tongweb, O=tongweb, L=beijing, ST=bj, C=cn）作为用户名。注意，SSL 机制只负责认证，即获取客户端证书里面的用户名，而该用户名对应哪些角色则需要由具体的安全域来实现。另外要使用该认证强制要求服务器端开启 HTTPS 连接器，并且开启客户端认证（服务器端配置的 truststoreFile 必须导入客户端证书，即必须有 Entry type: trustedCertEntry，而不能只有 Entry type: PrivateKeyEntry）。应用的 web.xml 中配置成 <transport-guarantee>INTEGRAL 或 CONFIDENTIAL

</transport-guarantee>，这样即使使用 HTTP 访问也会强制重定向到 HTTPS。

- 是否使用锁定机制：如果选择是，则可以配置下面的 4 个属性，从而实现锁定机制。
  - ◇ 允许错误次数：允许用户输入的用户名、密码或者其他凭证连续错误的次数，如果达到该次数，则在锁定超时配置的时间范围内，该用户无法再次登录，若用户再次登录均返回登录失败。
  - ◇ 锁定超时：达到允许错误次数后，用户被锁定的时间，默认为 300s。
  - ◇ 缓存大小：认证失败的用户会被存放在一个缓存中，当记录的失败用户太多，则移除缓存中存放时间最长的用户。此值为缓存的初始值，默认为 1000。
  - ◇ 最小缓存时间：当认证失败用户数超过缓存大小，判断将被移除的用户的缓存时间是否小于此值。如果小于，写警告日志，表示该用户被移除得太快了，默认为 3600s。
- 安全域类型：提供 File、SQL（JDBC）、LDAP、JAAS、Script、SPI 共 6 种类型。

2. 创建 File 安全域

01 在“安全域管理”页面单击“创建安全域”按钮后，在安全域类型一栏，选择“File”来创建 File 安全域，如图 6-39 所示，编辑属性后单击“保存”按钮。

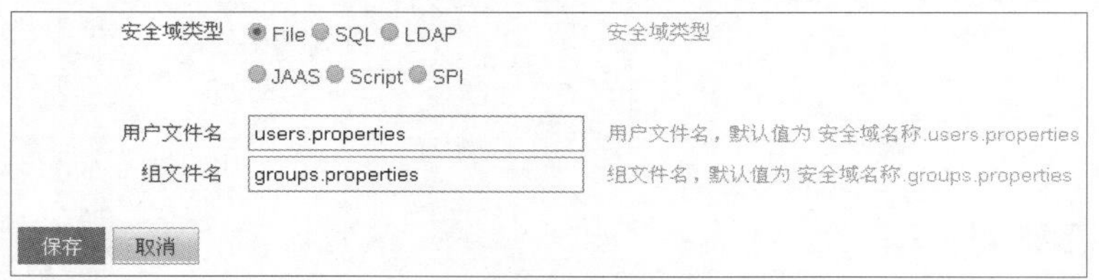

图 6-39 创建 File 安全域

File 安全域属性如下。

- 用户文件名：指定一个存放用户名和密码信息的文件名，默认存放在 conf/security 目录下，默认为 users.properties。
- 组文件名：指定一个存放用户和组信息的文件名，默认存放在 conf/security 目录下，默认为 groups.properties。

02 在“安全域管理”页面单击对应文件安全域右侧的“管理用户”，进入“用户管理”页面，如图 6-40 所示。

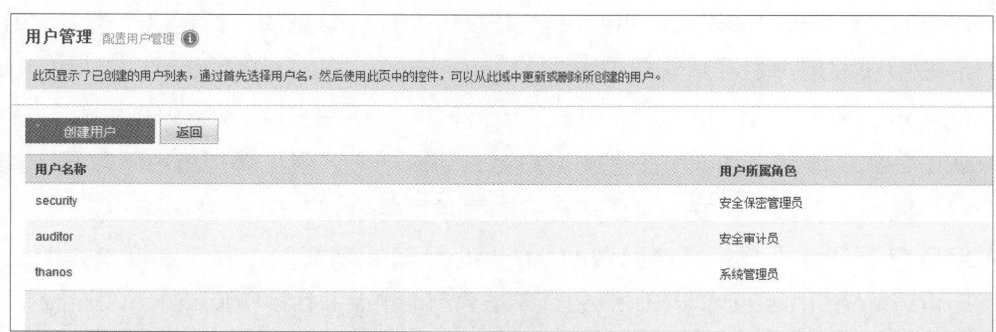

图 6-40 用户管理

03 单击“创建用户”按钮后，进入“创建用户”页面，如图 6-41 所示。

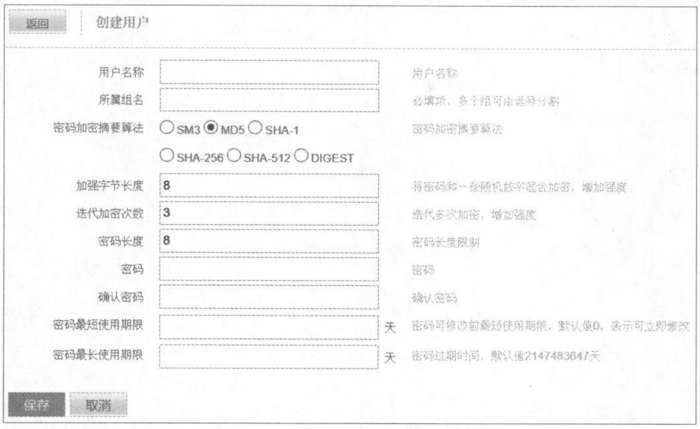

图 6-41　创建用户

创建用户属性如下。

- 用户名称：新建用户的名称，必填。
- 所属组名：用户所在的用户组，必填。
- 密码加密摘要算法：用户密码的加密方式。当 web.xml 中使用验证类型为 DIGEST 的时候，密码的加密方式应选择 DIGEST。
- 加强字节长度：算法加盐的长度，默认为 8 位。密码加密的算法是使用原字符串 + 随机字符（盐）进行计算的。
- 迭代加密次数：迭代多次加密，增加强度。
- 密码长度：密码最小位数。
- 密码：用户对应的登录密码。
- 确认密码：再次输入密码，以防止密码输入错误。
- 密码最短使用期限：密码可修改前最短使用期限，默认值为 0，表示可立即修改。
- 密码最长使用期限：密码过期时间，默认为 2147483647 天。

3. 创建 LDAP 安全域

在安全域列表页，单击“创建安全域”按钮，在“安全域类型”一栏，选择“LDAP”来创建 LDAP 安全域。编辑属性后单击“保存”按钮。创建 LDAP 安全域如图 6-42 所示。

LDAP 安全域属性如下。

- 服务器主机名：登录 LDAP 服务器的主机名。默认是 ldap://127.0.0.1:389，必填。
- LDAP baseDN：访问 LDAP 目录的基准 DN。例如 ou=myou,o=myorg.com，其中 ou 为组织单元，o 为组织。
- 服务器密码：连接 LDAP 服务器的用户口令，默认为匿名连接。
- 用户基本域名：用于查询用户对应目录的基本 DN。默认为 ou=people，dc=tongweb，dc=com，必填。
- 用户名属性：通过该属性可以查询到用户名，默认是 uid。例如 userIdAttribute=

uid，在 LDAP 中 uid=zhangsan，通过查询 uid 就可以得到用户名 zhangsan。

安全域类型	○File ○SQL ◉LDAP ○JAAS ○Script ○SPI	安全域类型
服务器主机名	ldap://127.0.0.1:389	服务器主机名，形式如：ldap://127.0.0.1:389
LDAP baseDN		连接ldap服务器的root域
服务器密码		ldap服务器密码
用户基本域名	ou=people,dc=tongweb,dc=com	用户基本域名
用户名属性	uid	用户名属性，默认值为uid
密码属性	userPassword	密码属性，默认值为userPassword
角色的基本域名	ou=groups,dc=tongweb,dc=com	角色的基本域名
角色名属性	cn	角色名属性，默认值为cn
角色对应用户属性	uniqueMember	角色对应用户属性，默认值为uniqueMember
密码加密摘要算法	○SM3 ◉MD5 ○SHA-1 ○SHA-256 ○SHA-512 ○DIGEST	密码加密摘要算法
加强字节长度	8	将密码和一些随机数字混合加密，增加强度
迭代加密次数	3	迭代多次加密，增加强度
密码长度		密码长度限制

保存 取消

图 6-42　创建 LDAP 安全域

- 密码属性：定义查询密码的属性。
- 角色的基本域名：用于查询角色对应目录的基本 DN。例如 ou=groups，dc=mycompany，dc=com。默认是 ou=groups，dc=tongweb，dc=com。
- 角色名属性：通过该属性可以查询到角色名。例如 roleNameAttribute=cn，在 LDAP 中 cn=admin，通过查询 cn 就可以得到角色名 admin。
- 角色对应用户属性：通过该属性可以查询到用户。
- 密码加密摘要算法：用户密码的加密方式。当 web.xml 中使用验证类型为 DIGEST 的时候，密码的加密方式应选择 DIGEST。
- 加强字节长度：将密码和一些随机数字混合加密，增加强度。
- 迭代加密次数：迭代多次加密，增加强度。
- 密码长度：密码最小位数。

4. 创建 JDBC 安全域

在安全域列表页，单击“创建安全域”按钮，在“安全域类型”一栏，选择“SQL”来创建 JDBC 安全域，如图 6-43 所示编辑属性后单击“保存”按钮。

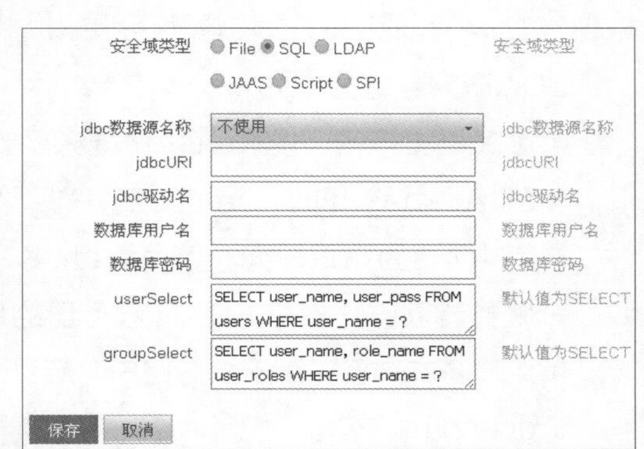

图 6-43　创建 JDBC 安全域

JDBC 安全域属性如下。

- “jdbc 数据源名称”：选择使用数据源后，可以直接通过配置的数据源进行数据库的连接，而不再需要配置下面的数据库连接信息。
- “jdbcURI”：必填项，连接数据库的 URL。
- “jdbc 驱动名”：必填项，数据库驱动的类名。

- 数据库用户名：必填项，连接数据库所需的用户名。
- 数据库密码：连接数据库所需的密码。
- userSelect：SQL 语句，查询结果为满足条件的用户和密码。
- groupSelect：SQL 语句，查询结果为用户名和用户所在组。

说明 用于存放用户信息和组信息的数据库表需要用户手动创建，可以在数据库中配置用户表（见表 6-3）和组表（见表 6-4）。

表 6-3　JDBC 用户表 users

列名	约束
user_name	主键，not null
user_pass	not null

表 6-4　JDBC 组表 user rdes

列名	约束
user_name	主键，not null
role_name	not null

注意 用户表 users 的主键 user_name 是组表 user roles 的外键，其中 users 和 user roles 的 user_name 必须是相同的。

5. 创建 JAAS 安全域

在安全域列表页，单击“创建安全域”按钮，打开创建安全域页面，在“安全域类型”一栏，选择“JAAS”来创建 JAAS 安全域，如图 6-44 所示。编辑属性后单击“保存”按钮。

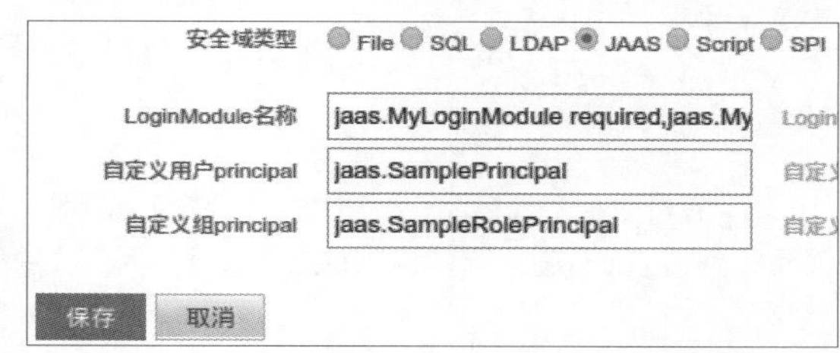

图 6-44　创建 JAAS 安全域

JAAS 安全域属性如下。

- LoginModule 名称：必填项，Login Module 的名称。安全域通过此 login Module 名称进行安全验证。
- 自定义用户 principal：用户自定义的用户权限封装类。
- 自定义组 principal：用户自定义的组权限封装类。

说明 用户自定义的 LoginModule 实现类、用户 principal 实现类和组 principal 实现类的 JAR 包需要根据配置的加载方式放在 TongWeb 安装路径下的 lib 文件夹内或者应用的 web/lib 文件夹内。

6. 创建 Script 安全域

在安全域列表页，单击“创建安全域”按钮，打开创建安全域页面，在“安全域类型”一栏，选择“Script”来创建 Script 安全域，如图 6-45 所示。编辑属性后单击“保存”按钮。

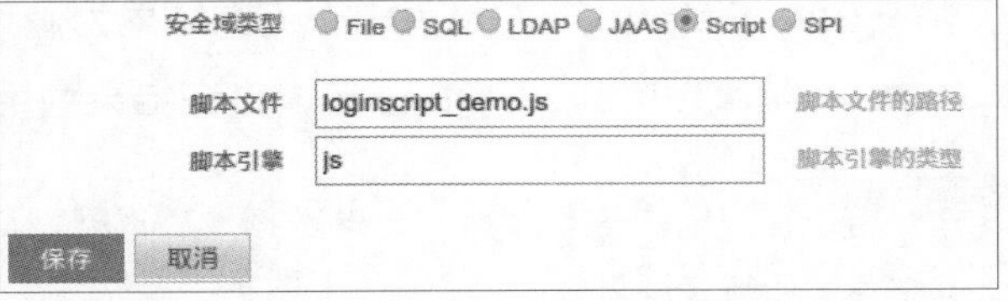

图 6-45 创建 Script 安全域

Script 安全域属性如下：

- 脚本文件：脚本文件名称，默认为 loginscript_demo.js。
- 脚本引擎：脚本引擎的名称，默认使用 JavaScript 引擎。

> **说明** 脚本编写需要符合服务器要求，需要接收并处理用户输入的 user 和 password 两个参数，最后必须返回 List<String> 类型的对象，其中包含指定用户的角色列表。若脚本执行过程抛出异常或者返回 List<String> 类型的对象为空，则视为不为用户分配角色。

以下是脚本的示例：

```
var users = [
    {"user": "admin", "password": "admin", "roles": "admin"}
];

var list = new java.util.ArrayList();

var loginOk = false;
for (var i = 0; i < users.length; i++) {
    var u = users[i];
    if (u.user == user && u.password == password) {
        var roles = u.roles.split(",");
        for (var j = 0; j < roles.length; j++) {
            list.add(roles[j]);
        }
        loginOk = true;
        break;
    }
}
if (!loginOk) {
    throw new Error("User or Password does not match");
}
// return to tongweb, type: List<String>
list;
```

上述示例脚本在 users 中预设了 admin 用户，脚本接收并验证服务器提供的 user 和 password 两个参数，最终返回的 List<String> 类型的对象 list 包含该 user 用户的角色列表。

7. 创建 SPI 安全域

在安全域列表页，单击“创建安全域”按钮，在“安全域类型”一栏，选择“SPI”来创建 SPI 安全域，如图 6-46 所示。编辑属性后单击“保存”按钮。

SPI 安全域是指用户可以通过实现服务器提供的接口来提供用户凭证，该接口为 LoginProvider。需要实现一个方法：List<String> authenticate (String user, String password)，该方法的实现逻辑大致为接收并处理用户输入的 user 和 password 两个参数，并返回 List<String> 类型的对象，其中包含指定用户的角色列表。用户的实现类需要按照 JAVA SPI 机制，在 JAR 包内的 META-INF/services 文件夹下进行配置。

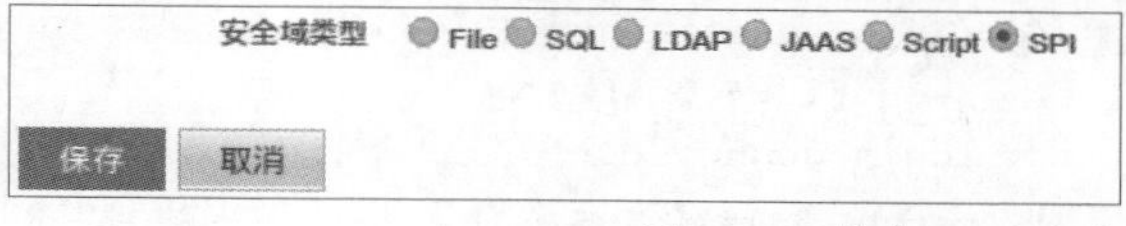

图 6-46　创建 SPI 安全域

6.6.2 传输层安全

web.xml 中 security-constraint 节点的 user-data-constraint 节点也可以指定使用传输层保护，当配置其 transport-guarantee 元素的属性为 INTEGRAL 或者 CONFIDENTIAL 时，要求应用的受保护资源必须通过 HTTPS 访问。在应用的 web.xml 中配置如下 security-constraint 节点：

```
<security-constraint>
<web-resource-collection>
<web-resource-name>
        My App
</web-resource-name>
<url-pattern>/*</url-pattern>
</web-resource-collection>
    <user-data-constraint>
    <transport-guarantee>CONFIDENTIAL</transport-guarantee>
    </user-data-constraint>
</security-constraint>
```

此时用户访问受保护的资源需要 SSL 证书认证。如果 HTTPS 通道配置为单项认证，则只需要正确配置服务器端证书；如果是双向认证，则在客户端也需要正确配置相关证书。

6.6.3 SSL 证书认证

在 web.xml 中，login-config 节点可以配置 BASIC、DIGEST、FORM 和 CLIENT-CERT 4 种认证方式。当使用 CLIENT-CERT 方式时，要求应用的受保护资源必须通过 HTTPS 访问。该情况下安全域的认证过程就由 SSL 证书认证完成，而安全域只完成授权过程。在应用的 web.xml 中配置如下 login-config 节点：

```
<security-constraint>
<web-resource-collection>
<web-resource-name>
        My App
</web-resource-name>
<url-pattern>/*</url-pattern>
    </web-resource-collection>
<auth-constraint>
```

```
<role-name>test</role-name>
</auth-constraint>
</security-constraint>
<login-config>
    <auth-method>CLIENT-CERT</auth-method>
    <realm-name>twnt-realm</realm-name>
</login-config>
```

在上面的配置中，认证方式为 CLIENT-CERT，所用安全域为 twnt-realm，只有 test 角色的用户才能够访问受限资源。此时用户使用 SSL 证书认证方式需要正确配置以下两点。

（1）根据 HTTPS 通道是单向认证还是双向认证，正确配置好服务器端和客户端的 SSL 证书（单向认证不需要配置客户端证书）。

（2）用户名依赖于配置的 X509 证书解析器实现类，默认为 X509SubjectDnRetriever。该类将证书的域名作为用户名，然后进行授权。因为授权与角色映射相关，因此可以通过用户名 - 角色映射和组 - 角色映射两种方式实现。用户名 - 角色映射可以直接通过配置 tongweb-web.xml 实现；组 - 角色映射需要在组文件中分配相应证书解析器，解析用户名对应的组名。例如，证书的 dname 为 CN=tongtech，OU=tongweb，O=tongweb，L=beijing，ST=beijing，C=cn。在文件安全域的组 properties 文件中添加一行：CN\=tongtech,\ OU\=tongweb,\ O\=tongweb,\ L\=beijing,\ ST\=beijing,\ C\=cn=tongweb，用于分配该认证用户的组为 TongWeb，然后通过配置 TongWeb 组与所需角色（上述配置文件为 test）的映射即可。

6.6.4 绑定安全域

为应用绑定特定的安全域，需要在部署描述文件中定义该安全域的名称。如在 web.xml 中进行如下描述：

```
<security-constraint>
    <display-name>Example Security Constraint</display-name>
    <web-resource-collection>
        <web-resource-name>Protected Area</web-resource-name>
        <!-- 指定需要保护的资源的 url（相对于应用前缀） -->
        <url-pattern>/jsp/security/protected/*</url-pattern>
        <!-- 指定需要保护的方法 -->
        <http-method>DELETE</http-method>
        <http-method>GET</http-method>
        <http-method>POST</http-method>
        <http-method>PUT</http-method>
    </web-resource-collection>
    <auth-constraint>
        <!-- 指定能访问受保护资源的角色 -->
        <role-name>userRole</role-name>
    </auth-constraint>
</security-constraint>
```

```
<login-config>
    <!-- 验证类型，BASIC、FORM、DIGEST 或 CLIENT-CERT -->
    <auth-method>FORM</auth-method>
    <!-- 应用所使用的安全域名，对应于在服务器中配置的安全域 -->
    <realm-name>myAuthRealm</realm-name>
    <form-login-config>
        <form-login-page>/jsp/security/protected/login.jsp</form-login-page>
        <form-error-page>/jsp/security/protected/error.jsp</form-error-page>
    </form-login-config>
</login-config>
```

还需要在服务器自定义的部署描述文件中定义所关联的用户或组。如在 tongweb-web.xml 中进行如下描述：

```
<security-role-mapping>
    <!-- 将 web.xml 中描述的角色 userRole 与服务器中相应的用户关联起来 -->
    <role-name>userRole</role-name>
    <!-- 服务器安全域中定义的用户 -->
    <principal-name>admin:guest</principal-name>
</security-role-mapping>
```

或：

```
<security-role-mapping>
    <!-- 将 web.xml 中描述的角色 userRole 与服务器中相应的用户组关联起来 -->
    <role-name>userRole</role-name>
    <!-- 服务器安全域中定义的组 -->
    <group-name>twnt</group-name>
</security-role-mapping>
```

当多个角色需要关联多个用户或者组时，多个角色、用户或者组都可以使用冒号分隔，从而实现一对多、多对一、多对多的角色关联。

6.6.5 安全管理器

服务器能使用 Java 安全管理器对服务器资源的访问进行进一步控制。JVM 的安全机制需要一个安全策略文件（扩展名为 .policy）来定义访问权限，这些权限定义了运行在一个 JVM 实例中的类是否可以执行某项运行时操作。

使用安全管理器能提高系统安全性，但会对某些应用的性能造成较大影响。当服务器存在如下条件时，并不推荐使用安全管理器。

- 对性能有较高要求。
- 较好地控制了应用的部署，包括对各应用访问策略文件的控制。
- 只部署受信赖的应用。
- 所部署的应用不要求强制执行访问策略。

安全管理器由一个安全策略文件来定义权限。在启动服务器时用 -Djava.security.policy 属性指定安全策略的全路径名。

服务器可提供默认的安全策略文件 TW_HOME/conf/tongweb.policy，该文件可提供一组默认的权限，用户可以在此基础上创建自己的安全策略文件。

如果需要这个安全策略文件生效，需要在 Java 启动参数中增加 -Djava.security.manager。例如在启动参数配置文件 external.vmoptions 增加以下参数：

```
-Djava.security.manager
-Djava.security.policy=${TongWeb_Home}/conf/tongweb.policy
```

如果需要修改或增加对目录权限的控制，可以通过修改 tongweb.policy 进行控制。以在 Windows 下增加 C 盘的权限为例，在 tongweb.policy 这个配置文件的 grant{} 中添加以下内容：

```
permission java.io.FilePermission    "c:${/}-", "read,write,delete,execute";
```

read 对应读取权限，write 对应写入权限，delete 对应删除权限，execute 对应执行权限，可以根据需要配置权限。

TongWeb 默认的安全策略文件可为管理控制台提供默认的权限，以便在保证安全的情况下对应用服务器进行监视和管理。例如，当创建数据源时，如果指定的驱动路径并不在 TW_HOME/applications/console 或其子目录下，则该驱动 JAR 可能由于缺少相应的权限而创建失败。如果信任或者必须使用该驱动 JAR，可以将该 JAR 文件复制至 TW_HOME/lib 下，或者在 tongweb.policy 文件中添加该驱动 JAR 所需的相应权限。

当安全策略生效时，用户自定义部署的应用也需要配置相应的权限才能正确访问。

6.7 JNDI 配置

JNDI 是用于从 Java 应用中访问名称和目录服务的一组 API。命名服务即将名称与对象相关联，以便通过相应名称访问这些对象。而目录服务及其对象具有属性及名称的命名服务。

JNDI 的名称是便于用户使用的对象名称，这些名称通过服务器提供的命名和目录服务绑定到其对象，JNDI 客户端通过 JNDI API 访问此对象。例如，当创建一个 JNDI 名为 jdbc/oracleds 的数据源时，会在全局的 JNDI 命名空间中绑定名为 jdbc/oracleds 的数据源对象，在 JNDI 客户端可以通过 JNDI API 写入该对象的名称获取数据源对象。目前，TongWeb 不支持集成第三方的 JNDI 服务。

6.7.1 JNDI 环境属性

JNDI 系统需要设置环境属性来配置 JNDI 系统的初始化上下文（InitialContext）工厂、对象转换工厂等，一般分为本地 JNDI 环境属性和远程 JNDI 环境属性两种。在 JNDI 环境属性中初始化上下文工厂的配置尤为重要。

1. 访问本地资源的初始化上下文环境属性

默认的本地初始化上下文所需的环境属性不需要设置。如果特殊使用场景下必须配置 java.naming.factory.initial 属性时，可以按如下方式配置，以访问本地 JNDI 资源：

```
java.naming.factory.initial=com.tongweb.naming.java.javaURLContextFactory
```

2. 访问远程资源的初始化上下文环境属性

远程的初始化上下文所需的环境属性配置如下。其中，<IP> 需要修改为 TongWeb 所在服务器的 IP 地址，<port> 为 EJB 远程调用端口，默认是 5100：

```
java.naming.factory.initial=com.tongweb.tongejb.client.RemoteInitialContextFactory
java.naming.provider.url=http://<ip>:<port>/ejbserver/ejb
```

设置上下文环境属性的代码示例如下：

```
Properties  p = new Properties();
p.put("java.naming.factory.initial",  "com.tongweb.tongejb.client.
RemoteInitialContextFactory");
p.put("java.naming.provider.url", "http://10.10.4.28:5100/ejbserver/ejb ");
InitialContext  ic = new InitialContext(p);
```

6.7.2 JNDI 命名空间

JNDI 分为 4 种命名空间（NameSpace）：全局命名空间、组件命名空间、应用命名空间、模块命名空间。全局命名空间，即本机或其他机器都可以访问的 JNDI 命名空间，其对应一个 TongWeb 实例。组件命名空间是指只能在本组件内部访问的命名空间，即组件之间是相互隔离的。Java EE 7 规范根据应用部署包的结构，又定义了模块命名空间和应用命名空间这两种新的命名空间。

一、全局命名空间

全局命名空间 java:global 中的名称可以被部署在同一个 TongWeb 实例中，由所有应用共享。Java EE 7 规范中 EJB 全局命名空间 java:global 的定义如图 6-47 所示。

```
java:global[/<app-name>]/<module-name>/<bean-name>[!<fully-quali-
fied-interface-name>]
```

<app-name> only applies if the session bean is packaged within an .ear file. It defaults to the base name of the .ear file with no filename extension, unless specified by the application.xml deployment descriptor.

<module-name> is the name of the module in which the session bean is packaged. In a stand-alone ejb-jar file or .war file, the <module-name> defaults to the base name of the module with any filename extension removed. In an ear file, the <module-name> defaults to the pathname of the module with any filename extension removed, but with any directory names included. The default <module-name> can be overriden using the module-name element of ejb-jar.xml (for ejb-jar files) or web.xml (for .war files).

<bean-name> is the ejb-name of the enterprise bean. For enterprise beans defined via annotation, it defaults to the *unqualified* name of the session bean class, unless specified in the contents of the Stateless/Stateful/Singleton annotation name() attribute. For enterprise beans defined via ejb-jar.xml, it's specified in the <ejb-name> deployment descriptor element.

图 6-47　Java EE 7 规范中 EJB 全局命名空间 java:global 的定义

全局命名空间的 JNDI 规范中的属性介绍如下。

- app-name：应用名称，即当前应用的名称。
- module-name：主要针对部署格式为 EAR 的应用，即 EAR 中子模块的名称。
- bean-name：当前 EJB 的 Bean 实现的类名称。
- full-qualified-interface-name：前面为“!”，全包名，这部分是可选的。

1. 全局命名空间示例 1

当前部署的 WAR 应用名为 myweb.war，EJB name 为 MyBean，EJB 实现接口为 com.tw.IHello。可以通过查询以下 JNDI 名调用 EJB：

```
java:global/myweb/MyBean
java:global/myweb/MyBean!com.tw.IHello
```

2. 全局命名空间示例 2

当前部署的 EAR 应用名为 myear.ear，EJB 子模块的名称为 myejb.jar，EJB name 为 MyBean，EJB 实现接口为 com.tw.IHello。可以通过查询以下 JNDI 名调用 EJB：

```
java:global/myear/myejb/MyBean
java:global/myear/myejb/MyBean!com.tw.IHello
```

> 提示 可以看到全局命名空间示例 2 中加了子模块 module-Name 部分。

上述 JNDI 的路径查找比较麻烦，需要写上全路径的名称。在 TongWeb 中，默认会对每一个部署的 EJB 分配一个全局 JNDI 的简写名称。但是不同写法的用例对应的 JNDI 名称也不同，区别如下。

- 如果用例遵循 EJB2 规范，那么其默认 JNDI 的查找名称为“EJB 名称（在 ejb-jar.xml 中配置的名称）+ Local/Remote + Home”。例如，某 EJB 的名称为 User，并且该 EJB 实现了 Local 接口，那么该 EJB 的 JNDI 名为 UserLocalHome。
- 如果用例遵循 EJB3 规范，并且该 EJB 实现了 Local 接口，那么其默认 JNDI 名为“EJB 名称 + Local”；如果该 EJB 实现了 Remote 接口，那么 JNDI 名为“EJB 名称 +Remote”。
- 如果某 EJB 是一个无接口的 Bean，那么其默认的 JNDI 名为“EJB 名称 +LocalBean”。

数据源其实是 Java EE 的资源在 JNDI 树上的映射，这种资源没有 EJB 这么复杂。例如通过管理控制台或者在 tongweb.xml 中配置一个数据源，具体的运用代码如下。

```
<jdbc-connection-pool
  name="testTongWeb"
  jdbc-driver="dm.jdbc.driver.DmDriver"
  jdbc-url="jdbc:dm://hostname/XXDB"
  user-name="user"
```

```
password="Y/CC9mgbMOTspJNi/k3tFA==" 加密
jta-managed="true"
default-auto-commit="true"
commit-on-return="false"
rollback-on-return="true"
initial-size="10"
max-active="100"
max-idle="50"
min-idle="10"
max-wait-time="30000"
validation-query="SELECT 1"
validation-query-timeout="0"
test-on-borrow="false"
test-on-connect="false"
test-on-return="false"
test-while-idle="false"
time-between-eviction-runs="5000"
min-evictable-idle-time="0"
remove-abandoned="false"
propagate-interrupt-state="false"
ignore-exception-on-pre-load="false"
remove-abandoned-timeout="0"
abandon-when-percentage-full="0"
log-abandoned="false"
validation-interval="30000"
max-age="0"
log-validation-errors="false"
fair-queue="false" />
```

可以看到针对 testTongWeb 数据源，TongWeb 会在全局命名空间中创建 testTongWeb 节点。通过 JNDI 进行查找的代码如下。

```
InitialContext ctx = new InitialContext();
ctx.lookup("testTongWeb");
```

需要注意数据源和 EJB 一样，同一个命名空间下不允许绑定两个 JNDI 名相同的对象。

二、组件命名空间

TongWeb 中的 JNDI 不仅支持全局命名空间，还支持组件命名空间。组件命名空间的标准上下文环境是 java:comp/env，应用组件使用 java:comp/env 查找对象时，不必关注对象真正的 JNDI 名，只需要在部署描述文件中配置该对象的引用名到 JNDI 名的映射，即可降低应用组件代码与 JNDI 名称的耦合性。

> **注意** 访问组件命名空间中 JNDI 时，前缀为 java:comp/env。

三、模块命名空间

模块命名空间和应用命名空间的作用相差不大，只不过它的共享范围小于应用命名空间。

模块命名空间 java:module 中的名称只能被一个模块的所有组件共享。例如，单个 EJB 模块中的所有企业 Bean，或一个 Web 模块中的所有组件。

此处举例说明模块命名空间的使用方法。当前部署的 EAR 应用名为 myear.ear，EJB name 为 MyBean，EJB 实现接口为 com.tw.IHello。那么在同一个 EAR 的同一个 myejb.jar 下面，其 Java EE 组件可以通过查询以下 JNDI 名调用该 EJB，具体的运用代码如下。

```
java:module/MyBean
java:module/MyBean!com.tw.IHello
```

四、应用命名空间

应用命名空间的意义在于规范了 Java EE 组件在不同组件范围下的访问。

应用命名空间 java:app 中的名称可以被单个应用中的所有模块的组件共享。单个应用指的是一个单独的部署单元，比如单个 EAR 文件、单个单机部署的模块等。例如在同一个 EAR 文件中的一个 WAR 文件和 EJB 的 JAR 文件都能访问 java:app 命名空间中的资源。

此处举例说明应用命名空间的使用方法。当前部署的 EAR 应用名为 myear.ear，EJB 子模块的名称为 myejb.jar，EJB name 为 MyBean，EJB 实现接口为 com.tw.IHello。那么在同一个 EAR 下面，所有的子模块可以通过查询以下 JNDI 名调用该 EJB，具体的运用代码如下。

```
java:app/myejb/MyBean
java:app/myejb/MyBean!com.tw.IHello
```

6.7.3 JNDI 树展示

TongWeb 的管理控制台提供 JNDI 树，以便于用户查找现有的 JNDI 信息。TongWeb 管理控制台以服务器资源域、远程 EJB 域、本地 EJB 域、应用 global 域及应用域等 5 个域展现 JNDI 树。JNDI 树展示的具体操作步骤如下。

01 展开管理控制台左侧导航树中的“JNDI”节点，单击“服务器资源域”，出现“服务器资源域信息”页面，服务器资源域 JNDI 展示如图 6-48 所示。

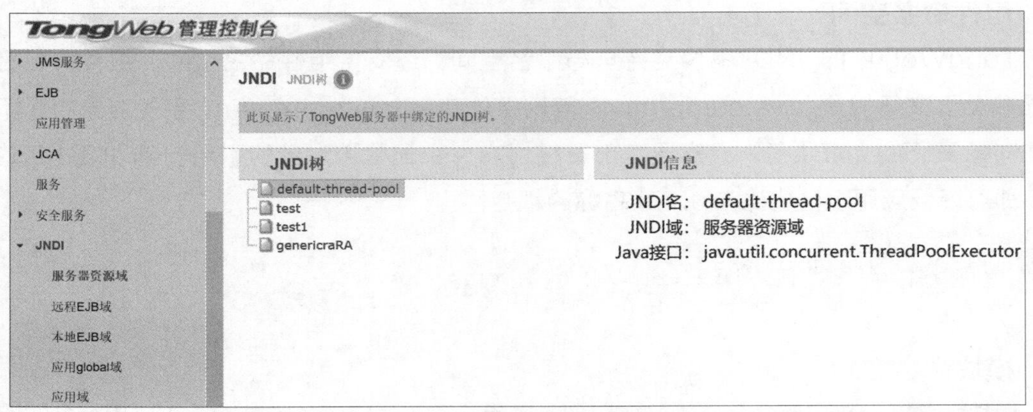

图 6-48 服务器资源域 JNDI 展示

02 展开管理控制台左侧导航树中的“JNDI”节点，单击“远程 EJB 域”，远程 EJB 域 JNDI 展示如图 6-49 所示。

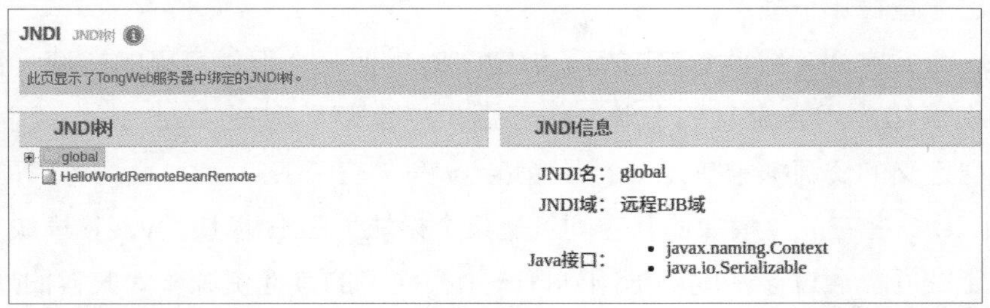

图 6-49　远程 EJB 域 JNDI 展示

03 展开管理控制台左侧导航树中的“JNDI”节点，单击“本地 EJB 域”，本地 EJB 域 JNDI 展示如图 6-50 所示。

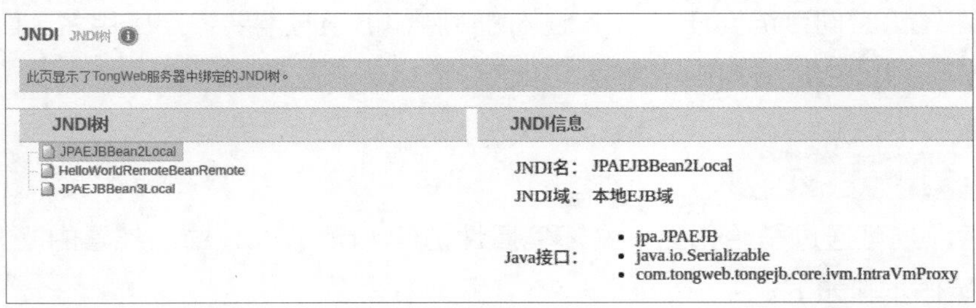

图 6-50　本地 EJB 域 JNDI 展示

04 展开管理控制台左侧导航树中的“JNDI”节点，单击“应用 global 域”，应用 global 域 JNDI 展示如图 6-51 所示。

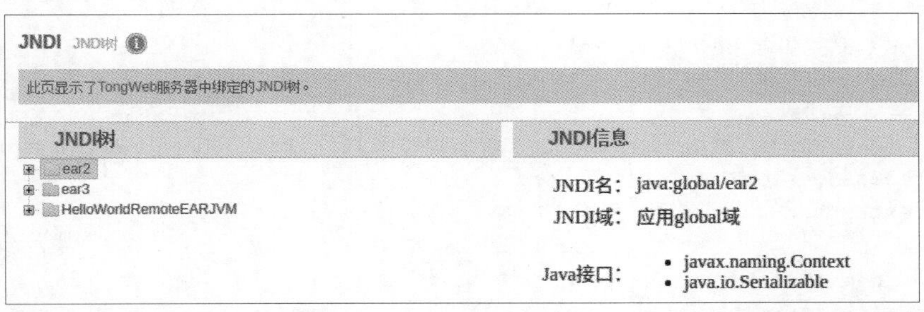

图 6-51　应用 global 域 JNDI 展示

05 展开管理控制台左侧导航树中的“JNDI”节点，单击“应用域”，应用域 JNDI 展示如图 6-52 所示。

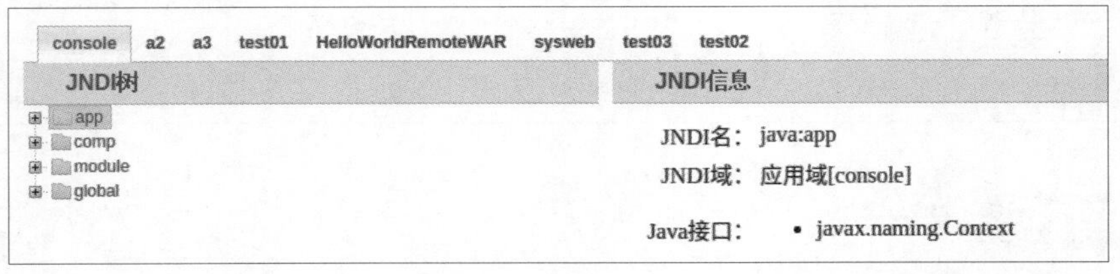

图 6-52　应用域 JNDI 展示

在图 6-52 所示的应用域中，4 个命名空间介绍如下。

- app 命名空间（应用命名空间）是某个应用内部资源的绑定空间，按照模块名分类存放。通过该空间可访问同一个应用下任何模块定义的资源，访问时需要指定模块名来区分查找哪个模块。
- comp 命名空间（组件命名空间）绑定了对任何一个组件可见的资源，包括服务提供的资源和应用自定义的资源。服务提供的资源绑定在 java:comp/ 命名空间下，应用自定义的资源绑定在 java:comp/env 命名空间下。
- module 命名空间（模块命名空间）是某个模块（EJB 模块、Web 模块）内部资源的绑定空间。通过该空间可访问到同一个模块下的其他资源。为兼容旧规范，java:module 命名空间下绑定了应用中所有模块定义的资源，访问时只需要指定资源名即可（无须使用应用名和模块名）。
- global 命名空间（全局命名空间）是所有应用资源的绑定空间，按照应用名分类存放。通过该空间可访问任何应用定义的资源，访问时需要指定应用名（EAR 应用需要，Web 和 EJB 应用则不需要）来区分查找哪个应用。

6.7.4 使用 JNDI 的示例

Java 客户端可通过初始化上下文环境属性访问 TongWeb 中已部署的 EJB 的 JNDI 名，具体的操作步骤如下。

01 部署 EJB，具体步骤见 3.2 节。

02 编写 Java 客户端访问 EJB 应用的代码，例如以下代码中的“StatelessSessionRemote”。

```
public static void main(String[] args) {
 Properties p = new Properties();
 p.put("java.naming.factory.initial", "com.tongweb.tongejb.client.RemoteInitial
ContextFactory");
 p.put("java.naming.provider.url", "http://10.10.4.28:5100/ejbserver/ejb ");
    StatelessSessionRemote ClientA;
    Context ctx;
    try {
    ctx = new InitialContext(p);
    ClientA = (StatelessSessionRemote) ctx.lookup("StatelessSessionRemote ");
    ClientA.SetName("ClientA");
    System.out.print("Invoke the remote interface of SLSB, result is=
    " + ClientA.getName() +"<br>");
    } catch (Exception e) {
    e.printStackTrace();
    }
}
```

6.7.5 应用移植

JNDI 的调用主要用在应用移植中，应用中已经写好了 JNDI 查询语句，可较大程度地减少代码的修改。

1. 全局 JNDI 名应用移植

以 EJB 为例，TongWeb 针对不同的 EJB 定义类型，其默认绑定的全局 JNDI 名不同。全局 JNDI 名应用移植示例如下。

当前部署的 WAR 应用名为 myweb.war，EJB name 为 MyBean，EJB 实现接口为 com.tw.Ihello，对应的本地 EJB 版本为 EJB 3，可以将原有代码修改为如下代码。

```
context.lookup("java:global/myweb/MyBean");
context.lookup("java:global/myweb/MyBean!com.tw.IHello");
context.lookup("java:app/myweb/MyBean");
context.lookup("java:app/myweb/MyBean!com.tw.IHello");
context.lookup("java:module/MyBean");
context.lookup("java: module/MyBean!com.tw.IHello");
context.lookup("MyBeanLocal");
```

若不修改代码，可以直接配置自定义部署描述文件，示例如下。

要将部署在某 Java EE 应用服务器上的一个应用移植到 TongWeb 上，该应用包含一个实现了 com.test.ejb3examples.ejb.ManagerLocal 接口的 EJB，并且在该 Java EE 应用服务器上定义这个 EJB 的 JNDI 名为 myManager。在应用中调用这个 EJB 的代码如下。

```
Context context = new InitialContext();
context.lookup("myManager");
```

在将该应用移植到 TongWeb 时，无须修改代码，只需要在 TongWeb 的自定义部署描述文件 tongweb-ejb-jar.xml 中定义该 EJB 的 JNDI 名为 myManager，代码如下。

```
<tongweb-ejb-jar>
<ejb-deployment ejb-name="ManagerRBean">
<jndi name="myManager"
    interface="com.test.ejb3examples.ejb.ManagerLocal"
</ejb-deployment>
</tongweb-ejb-jar>
```

然后将tongweb-ejb-jar.xml复制到该EJB所在JAR包的META-INF目录下即可。

2. 组件 JNDI 名应用移植

应用通过组件命名空间查找时，需要配置 web.xml 中的 ejb-ref 或者 resource-ref，并设置自定义部署描述文件 JNDI 节点或者 resource-link 的映射。这里以数据源为例（EJB 配置 ejb-ref 与配置数据源同理），对于数据源的资源映射，在 web.xml 中配置数据源 myDS，具体的运用代码如下。

```
<resource-ref>
    <res-ref-name>myDS</res-ref-name>
    <res-type>javax.sql.DataSource</res-type>
     <res-auth>Container</res-auth>
</resource-ref>
```

并且在 tongweb-web.xml 自定义部署描述文件中，元素 resource-link 中的 name 与 web.xml 中的 res-ref-name 一致，具体的运用代码如下。

```
<tongweb-web-app>
    <resource-links>
    <resource-link
            name="myDS"// 需要与上面 web.xml 中的 res-ref-name 一致
            type="javax.sql.DataSource"
            global="mypool" /> // 此处需与全局数据源 ID 一致
    </resource-links>
</tongweb-web-app>
```

调用数据源的代码如下。

```
Context context = new InitialContext();
context.lookup("java:comp/env/myDS");
```

6.8 监视服务

TongWeb 的监视服务用于显示 TongWeb 在运行时的内存、线程、数据源、协议处理等方面的资源占用情况，还能对某些数据进行图表化的展示，以显示其历史变化轨迹等。监视服务的意义在于帮助维护人员实时、准确地了解系统运行情况，并能据此对具体的参数进行相应的调节，以使整个系统更加稳定和流畅地运行。

6.8.1 监视配置

监视配置可以定制具体监视目标的细节，包括监视功能开关、监视收集到的数据在内存中的存活时间、超出存活时间后的数据是否需要进行持久化以及存活检测周期等，监视配置中所有的配置项均是保存后即时生效，无须重启服务器。监视配置页面还可提供快照清理策略的设置，详见 6.9.4 小节。

展开管理控制台左侧导航树中的“监视”节点，单击“监视配置”后，进入“监视配置”页面，如图 6-53 所示。

图 6-53　监视配置

监视配置页面的属性介绍如下。

- 监视功能开关：TongWeb 监视服务的总开关，只有当该开关打开后监视服务和持久化服务才可生效，勾选后即可打开。
- 数据存活时间(秒)：该配置表示“监视明细”中可即时追溯到的监视数据保存时长。
- 存活检测周期(秒)：检测监视数据是否需要进行持久化的时间周期。
- 数据持久化开关：超过“数据存活时间(秒)+存活检测周期(秒)”配置时间的监视数据将会被持久化到硬盘文件，持久化的监视数据将不能在“监视明细”中即时查看，需要通过“监视回放”功能进行回放查看。
- 轮转大小：打开数据持久化开关需要同时配置轮转大小属性，默认为 10MB，日志文件达到所配置大小后进行轮转。
- 监视模块配置：可对具体的功能模块进行定制化的监视配置，在页面上可以看到可配置的监视模块包括 JVM 内存、JVM 内存池、JVM 垃圾收集器、JVM 线程、JVM 编译器信息、JVM 类加载信息、JVM 运行时信息、操作系统、TongWeb 信息、通道信息、XA 数据源信息、数据源信息、事务信息、JCA、应用细节信息、应用会话信息、应用类加载器、应用资源缓存等，如图 6-54 所示。

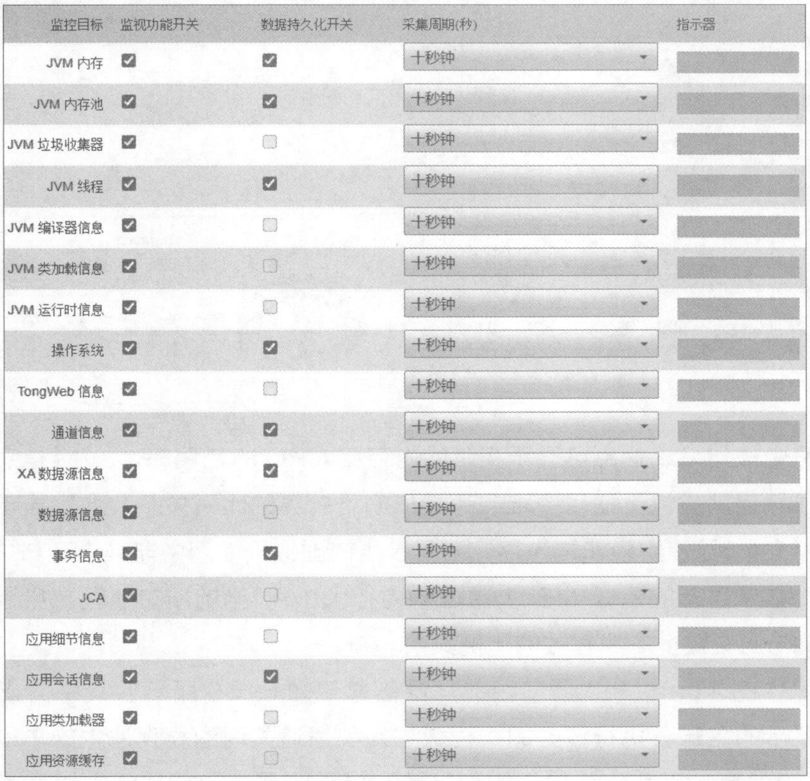

监控目标	监视功能开关	数据持久化开关	采集周期(秒)	指示器
JVM 内存	☑	☑	十秒钟	
JVM 内存池	☑	☑	十秒钟	
JVM 垃圾收集器	☑	☐	十秒钟	
JVM 线程	☑	☑	十秒钟	
JVM 编译器信息	☑	☐	十秒钟	
JVM 类加载信息	☑	☐	十秒钟	
JVM 运行时信息	☑	☐	十秒钟	
操作系统	☑	☑	十秒钟	
TongWeb 信息	☑	☐	十秒钟	
通道信息	☑	☑	十秒钟	
XA 数据源信息	☑	☑	十秒钟	
数据源信息	☑	☐	十秒钟	
事务信息	☑	☑	十秒钟	
JCA	☑	☐	十秒钟	
应用细节信息	☑	☐	十秒钟	
应用会话信息	☑	☑	十秒钟	
应用类加载器	☑	☐	十秒钟	
应用资源缓存	☑	☐	十秒钟	

图 6-54 监视模块配置

◇ 监视功能开关：该模块的监视开关，开启后可在“监视明细”页面查看该模块实时的监视数据。只有当模块的监视功能打开后，模块的数据持久化开关才能生效。

◇ 数据持久化开关：该模块是否需要监视数据持久化的开关，打开后超过“数据存活时间（秒）”配置的时间后的数据将会被持久化到硬盘文件，否则这些数据将会被丢弃。

◇ 采集周期（秒）：该模块的监视数据采集周期，周期越短，采集的数据精确度越高，同时也意味着会消耗更多的系统资源。

◇ 指示器：用于直观地显示“采集周期（秒）”的时间长短，便于对比各个模块的“采集周期（秒）”的时间长短。

6.8.2 监视概览

监视概览可集中显示主要监视量信息，包括内存、CPU、通道、数据源等，通过这些信息可以了解 TongWeb 的整体运行状态。单击管理控制台左侧导航树中的“监视概览”即可进入“监视概览”页面，如图 6-55 所示。

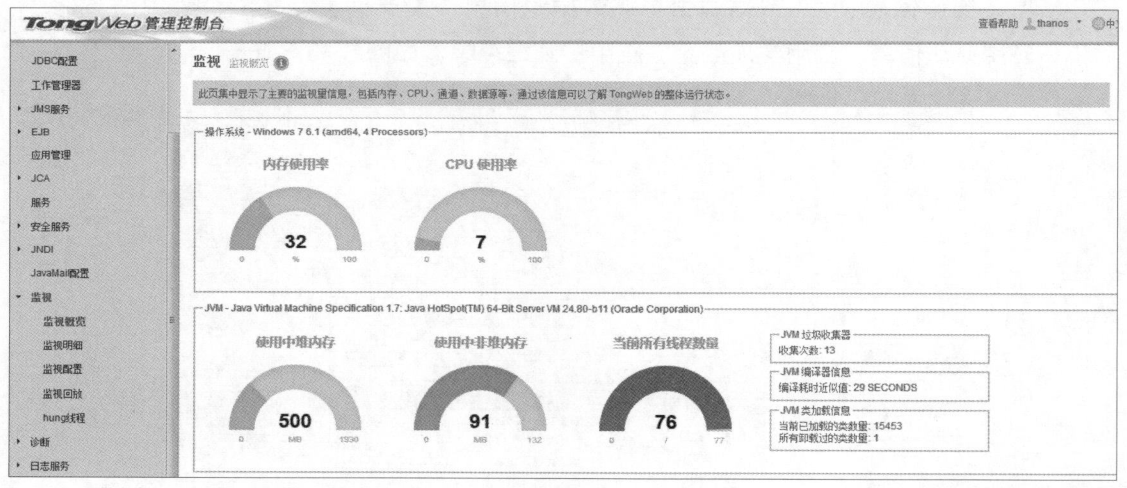

图 6-55 监视概览

监视概览中操作系统信息可显示实时的内存和 CPU 的使用率。JVM 信息中“使用中堆内存”会显示当前虚拟机使用中堆内存与总的堆内存的比例关系，数字显示的是以 MB 为单位的内存大小；“使用中非堆内存”会显示当前虚拟机使用中非堆内存与总的非堆内存的比例关系，数字显示的是以 MB 为单位的内存大小；“当前所有线程数量”会显示当前所有线程数量与历史最多的线程数的比例关系。

监视概览中的 TongWeb 通道和数据源信息如图 6-56 所示，其中“正在执行任务的线程数”显示的是正在执行任务的线程数与当前通道关联的线程池中的总线程数的比例关系，“数据源信息：当前正在使用的连接数”显示的是当前数据源中正在使用的连接数与总连接数的比例关系。

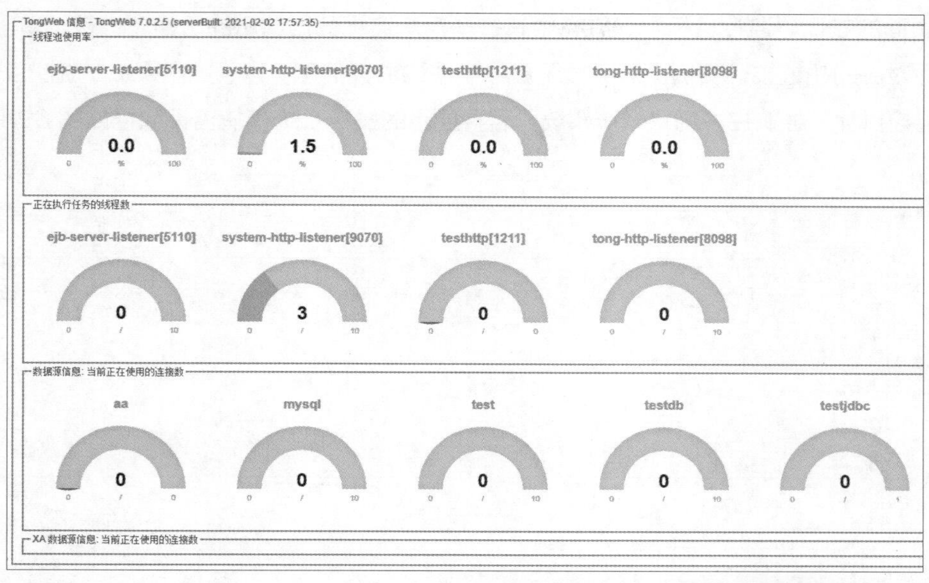

图 6-56　监视概览中的 TongWeb 通道和数据源信息

6.8.3 监视明细

监视明细页面列出了可以监控的具体模块，单击具体模块后，可查看该模块详细的监视数据等。监视配置中各个模块的监视功能默认是关闭状态，需要打开对应功能的监视开关才能启用。

展开管理控制台左侧导航树中的“监视”节点，单击“监视明细”后，进入“监视明细”页面，如图 6-57 所示。

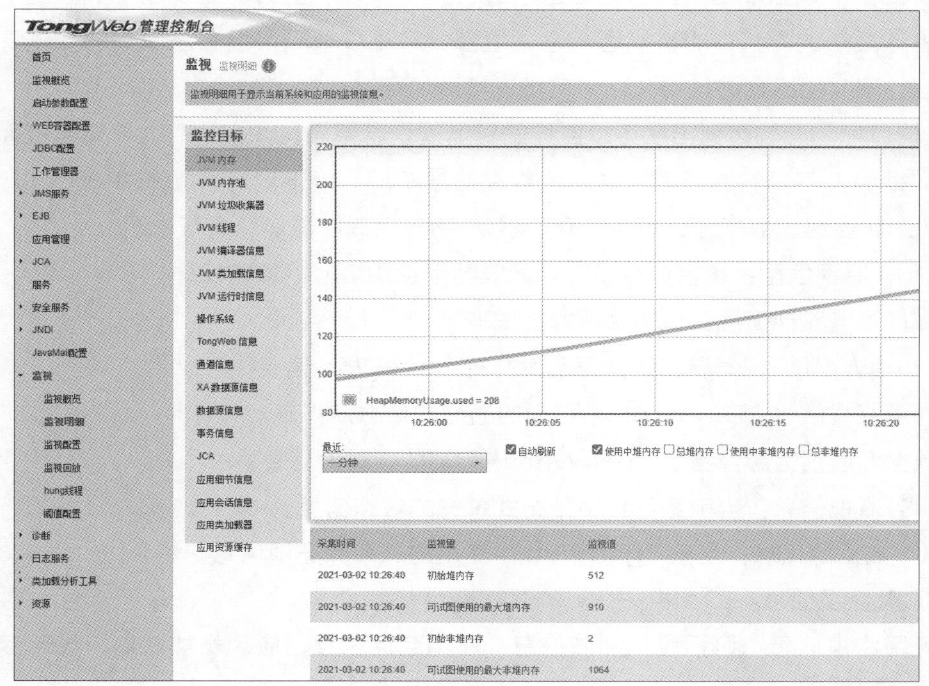

图 6-57　监视明细

该页面的左侧“监控目标”导航栏中有各个模块监视数据展示的切换超链接，单击具体的监控目标对应的超链接，右侧页面可显示具体模块的监视信息。以“操作系统”监控目标为例，单击“监控目标”导航栏中的“操作系统”后，显示的操作系统模块监视数据如图 6-58 所示。

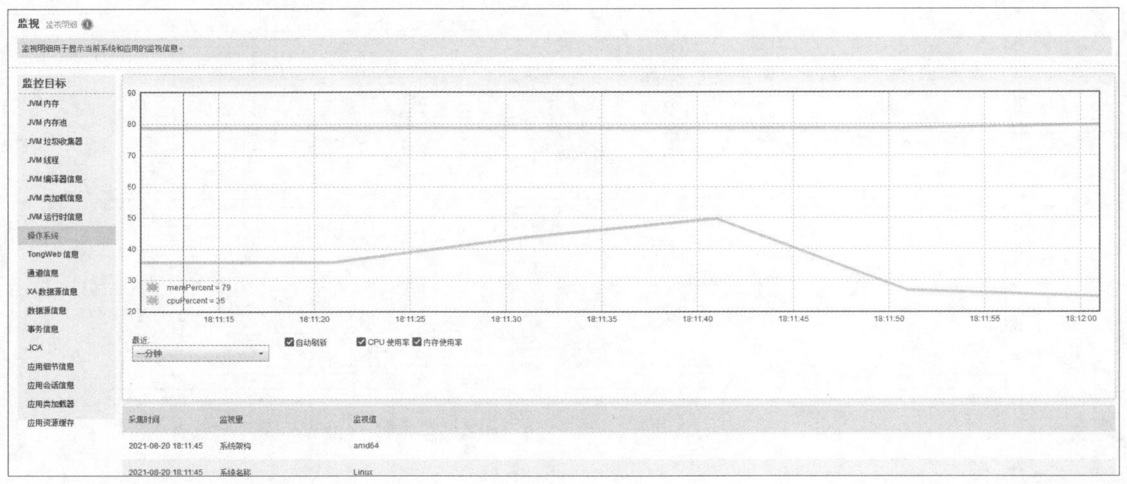

图 6-58　操作系统模块监视数据

具体模块监视页面的结构分为上下两部分。其中上半部分显示图表化的监视数据，可通过下拉列表框选择数据显示的时间范围，如“一分钟”“两分钟”“五分钟”等。可通过勾选具体的数据项在图表上进行绘图展示，页面默认勾选的是第一个数据项，即“CPU 使用率”。同时勾选“内存使用率”复选框后，CPU 和内存的监视数据将会同时显示在图表上，图表上各个数据项的绘图颜色会自动进行变化以便于区分。模块监视页面的下半部分展示的是该模块的配置或当前状态信息，这部分数据仅显示最后一次收集的数据，不记录历史数据，同时也不会进行持久化，可用于检测内存对象的实时状态。

“监控目标”导航树列出了可以监控的具体模块，单击具体模块后，可查看该模块详细的监视数据等，不同的监视模块显示的监视信息不同。以下对可查看的 JVM、操作系统、TongWeb、通道、数据源、事务信息、JCA 和应用的监视信息进行说明。

- JVM 监视信息：包括内存、垃圾回收器信息和其他信息监视量。
- 操作系统监视信息：操作系统的相关信息。
- TongWeb 监视信息：当前正在运行的 TongWeb 信息。
- 通道监视信息：TongWeb 中可用的通道的信息监视量。
- 数据源监视信息：当前 TongWeb 中可用的数据源信息。
- 事务监视信息：当前服务器中分布式事务的状态信息。
- XA 数据源信息：当前 TongWeb 中可用的 XA 数据源信息。
- JCA 监视信息：JCA 相关信息的监视量。
- 应用监视信息：包括应用细节信息、应用会话信息、应用类加载器、应用资源缓存的监视量。

一、JVM 监视信息

监视明细页面用于监控 JVM 中的 JVM 内存、JVM 内存池、JVM 垃圾收集器、JVM 线程、JVM 编译器信息、JVM 类加载信息、JVM 运行时信息等。

1. JVM 内存

JVM 内存监视量如下。

- 总堆内存：当前虚拟机所占用的总堆内存的大小。
- 使用中堆内存：当前虚拟机正在使用的堆内存的大小。虚拟机从操作系统申请到的“总堆内存”并不是立即使用完毕的，其中一部分是“使用中堆内存”，另一部分是空闲的，当空闲的堆内存过小时，虚拟机会向操作系统申请更多的内存。反之，当空闲的堆内存过大时，虚拟机会释放空闲的内存给操作系统。
- 总非堆内存：当前虚拟机所占用的总非堆内存的大小。
- 使用中非堆内存：当前虚拟机正在使用的非堆内存的大小。虚拟机从操作系统申请到的“总非堆内存”并不是立即使用完毕的，其中一部分是“使用中非堆内存”，另一部分是空闲的，当空闲的非堆内存过小时，虚拟机会向操作系统申请更多的内存。反之，当空闲的非堆内存过大时，虚拟机会释放空闲的内存给操作系统。
- 初始堆内存：初始堆内存大小，可通过参数 -Xms 进行配置。
- 可试图使用的最大堆内存：可试图使用的最大堆内存大小，可通过参数 -Xmx 进行配置。
- 初始非堆内存：初始非堆内存大小，可通过参数 -XX:PerSize 进行配置。
- 可试图使用的最大非堆内存：可试图使用的最大非堆内存大小，可通过参数 -XX:MaxPermSize 进行配置。
- 正在回收的对象数量：正在回收的对象数量。
- 是否有内存变动日志信息：当内存由于 GC 发生变化时是否会进行日志输出。

2. JVM 内存池

虚拟机的内存分为堆和非堆两种类型，其中“HEAP”表示类型为堆内存，“NON_HEAP”表示为非堆内存。堆内存和非堆内存都采用池化的管理方式，堆内存的内存池包括老年代、幸存区、伊甸园区，非堆内存的内存池包括代码缓存区、永久代等。虚拟机的每种内存池都可以通过具体的启动参数进行设置，通过该模块监视页面可以查看各个内存池的配置和实时监视信息。

3. JVM 垃圾收集器

“JVM 垃圾收集器”监视页面可展示虚拟机中生效的所有的垃圾收集器，通过“切换至”下拉列表框可进行监视数据的切换，每种垃圾收集器可展示的属性包括垃圾收集器名称、是否有效、收集次数、累积耗时等。

4. JVM 线程

“JVM 线程”监视页面可展示虚拟机中的线程使用统计信息，包括“当前所有线程数量”“当前守护线程数量”“活跃线程数峰值”“所有运行过的线程数量”“死锁的线程”“当前所有线程消耗的 CPU 时间”“当前所有线程在用户模式消耗的 CPU 时间”“当前所有线程状态数”“最消耗 CPU 时间的线程”。“当前所有线程状态数”可监视处于不同状态（如 RUNNABLE、WAITING、TIMED_WAITING）下的线程的数量，“最消耗 CPU 时间的线程”可监视最消耗 CPU 时间的前 15 个线程。

5. JVM 编译器信息

“JVM 编译器信息”监视页面可展示当前虚拟机的编译器相关信息，如“是否支持监视编译耗时”“编译耗时近似值”以及“JIT 编译器名称”。

6. JVM 类加载信息

“JVM 类加载信息”监视页面可展示当前虚拟机的类加载相关信息，如“当前已加载的类数量”“所有卸载过的类数量”“所有加载过的类数量”“是否有类加载日志信息”。

7. JVM 运行时信息

“JVM 运行时信息”监视页面可展示当前虚拟机的运行时信息，包括“JVM 规范名称”“JVM 规范版本”“JVM 规范供应商”“JVM 实现名称”“JVM 实现版本”“JVM 实现供应商”“JVM 启动时间”“JVM 运行时长”“库文件路径”“引导类路径”“系统类路径”“是否支持从引导类路径搜索类文件”“JVM 启动入参”“系统属性列表”。

二、操作系统监视信息

“操作系统”监视页面可展示操作系统的相关信息，包括“CPU 使用率”“内存使用率”“系统架构”“系统名称”“系统版本”“处理器个数”。

三、TongWeb 监视信息

“TongWeb 信息”监视页面展示了当前正在运行的 TongWeb 信息，包括“服务器名称”“服务器版本”“服务器构建日期”“停止服务监听地址”“停止服务监听端口”。

四、通道监视信息

“通道监视信息”页面可显示 TongWeb 中可用通道的信息，具体监视信息包括“当前连接数”“当前线程池线程数”“正在执行任务的线程数”“线程池使用率 = 正在执行任务的线程数 / 线程池最大值”“发送的字节数”“接收的字节数”“处理时间”“错误数”“最大处理时间（毫秒）”“请求数”。其中“发送的字节数”“接收的字节数”“处理时间”“错误数”“最大处理时间（毫秒）”“请求数”都是该通道处理过程的累计监视值。

> **注意** 在通道的 I/O 模式选用 nio2 的时候，不支持“当前连接数”监控量的查看，页面表现为其值总是 -1。

五、数据源监视信息

“数据源监视信息”页面可显示当前 TongWeb 中可用的数据源信息，包括 ActiveConnections、TotalConnections、ThreadsAwaitingConnection、IdleConnections、等待连接空闲出来的最大毫秒数、空闲释放超时时间、连接池最大连接数、验证连接超时时间、连接泄露超时时间、最大存活时间、释放连接时保留的最小空闲连接数等。

六、XA 数据源监视信息

“XA 数据源监视信息”页面可显示当前 TongWeb 中可用的 XA 数据源信息，当前正在使用的连接数、当前空闲的连接数、当前池中连接总数、等待连接的线程数、NumConnCreated、NumConnDestroyed、NumConnReleased、NumConnTimeout、连接池名称、驱动类名、连接串、用户名、连接池初始连接数等。

七、事务监视信息

“事务监视信息”监视页面可显示当前服务器中分布式事务的状态信息，包括“当前事务数”“所有提交的事务数”“所有回滚的事务数”等。

八、JCA 监视信息

“JCA 模块”监视页面可以查看 JCA 相关的监视信息，如连接池等信息。

九、应用监视信息

1. 应用细节信息

“应用细节信息”监视页面可显示与应用相关的监视信息，包括“应用名称”“未编码应用路径”“URL 编码应用路径”“应用目录”“应用工作目录（JSP 编译缓存）”“父优先加载”“应用请求数”“应用请求错误数”“应用请求处理时间”“应用请求最大处理时间（毫秒）”“应用请求最小处理时间（毫秒）”“会话超时时间”“应用启动时间”“应用启动耗时”“基于 Cookie 存取会话 ID”“忽略注解”。

2. 应用会话信息

“应用会话信息”监视页面可显示与应用会话相关的监视信息，如“当前活跃会话数”“过期的会话数”“活跃会话数峰值”“限制的最大活跃会话数”“拒绝的会话数”“会话保存文件”“创建过的所有会话数”“最大会话存活时长（秒）”“失效会话平均存活时长（秒）”。

3. 应用类加载器

“应用类加载器”监视页面可显示应用类加载器相关的配置信息，包括“类加载器全名称”、是否“父优先加载”、“类加载路径”、是否“可重加载”。

4. 应用资源缓存

“应用资源缓存”监视页面可显示与应用资源缓存相关的信息，包括“当前缓存数”“最大缓存数”“命中缓存”“查找次数”“缓存条目存活时长（毫秒）”。

6.8.4 监视回放

“监视回放”页面用于显示过去一段时间系统和应用的监视信息。展开管理控制台左侧导航树中的“监视”节点，单击“监视回放”后，进入“监视回放”页面，如图 6-59 所示。

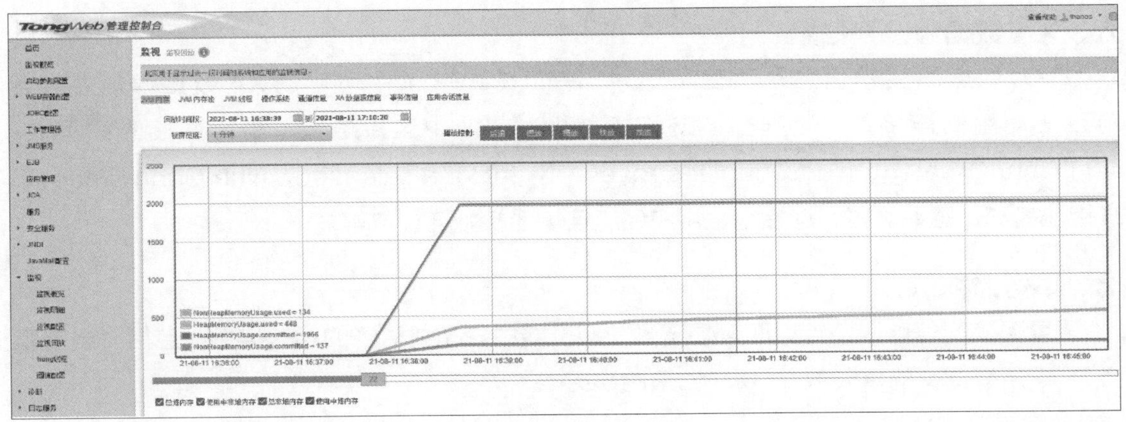

图 6-59　监视回放

只有支持持久化并且存在持久化文件的模块才能进行持久化回放，所有支持持久化的模块包括 JVM 内存、JVM 内存池、JVM 线程、操作系统、通道信息、数据源信息（即非 XA 数据源信息）、XA 数据源信息、事务信息、应用会话信息。当存在持久化文件时，可单击模块超链接进行持久化监视数据回放，回放属性说明如下。

- 回放时间段：单次回放的持续时间段。
- 视屏宽度：页面上最大显示的时间宽度，每次刷新当前宽度十分之一的数据，视屏宽度越大也就意味着回放的速度越快。
- 播放控制：可对回放过程进行控制，包括前进、后退、快放、慢放、播放、暂停。

“监视回放”的显示形式和“监视明细”类似，通过勾选底部不同的复选框，可在图表上同时显示不同的监视数据项，以便于对比数据的变化和趋势。

6.8.5 hung 线程

“hung（超时）线程”页面用于显示处理 Web 应用请求超时的线程。超时时间和 Web 容器配置中超时线程的阈值一样，默认是 60s。在 hung 线程页面停止请求超时线程的操作步骤如下。

01 展开管理控制台左侧导航树中的“监视”节点，单击“hung 线程”后，进入“hung 线程”页面，如图 6-60 所示。

02 单击操作下的“查看”按钮，会弹出当前线程的调用栈，并有“停止”按钮，用于停止所选中的单个线程，如图 6-61 所示。

03 在 hung 线程列表上勾选某线程，单击“停止”按钮，会弹出风险提示对话框，单击

“停止”按钮将停止该线程。

hung线程 应用请求处理超时线程

显示应用请求处理超时线程列表，可以停止处理超时的线程，查看线程的调用栈

停止线程　刷新　搜索　定制列表

	线程ID	线程名称	处理时间(秒)	操作
	75	http-apr-0.0.0.0-8080-exec-6	113	查看
	73	http-apr-0.0.0.0-8080-exec-4	113	查看
	79	http-apr-0.0.0.0-8080-exec-10	112	查看
	77	http-apr-0.0.0.0-8080-exec-8	113	查看
	74	http-apr-0.0.0.0-8080-exec-5	112	查看
	78	http-apr-0.0.0.0-8080-exec-9	112	查看
	72	http-apr-0.0.0.0-8080-exec-3	112	查看
	71	http-apr-0.0.0.0-8080-exec-2	112	查看
	70	http-apr-0.0.0.0-8080-exec-1	111	查看

图 6-60　hung 线程

图 6-61　线程的调用栈

风险提示　停止线程存在风险，因此管理控制台会给出风险提示。用户可根据自身情况评估是否存在真正的风险后有选择地进行停止。由于停止线程功能只能依赖于 JDK 提供的实现，因此停止线程存在以下风险。

（1）线程运行在任何位置都将被立刻停止，无法释放所操作的资源，例如数据库连接等。

（2）停止线程时会释放线程持有的所有锁。因为锁的不恰当释放会造成多个线程操作的共享数据产生不一致，所以将对数据有事务完整性、一致性要求的业务逻辑产生致命的危险。

鉴于以上原因，停止线程操作有很大的风险，需慎重操作。

6.8.6 阈值配置

系统出现故障或者性能瓶颈时，一些指标会出现异常。预警策略就是配置当服务器达到某些条件时自动生成快照，并且可以配置生成的快照包含哪些内容，默认是关闭状态，可以根据需要设置打开或者关闭预警策略。

展开管理控制台左侧导航树中的“监视”节点，单击“阈值配置”，进入“监视配置”

页面，如图 6-62 所示。

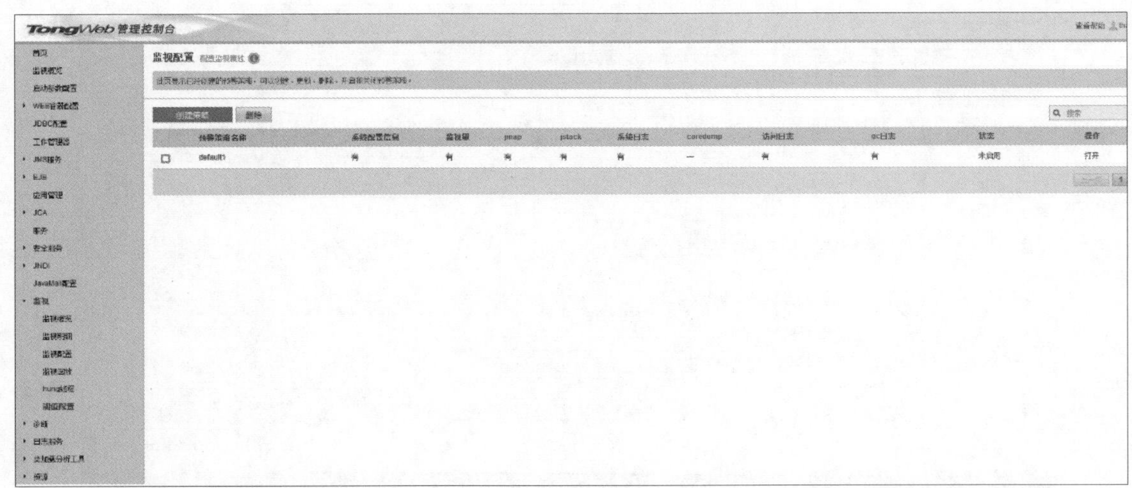

图 6-62　监视配置

通过“创建策略”可以创建多个策略，但是生效的只能是其中的一个，生效的策略“操作”项为已启用。default1 为默认的预警策略，单击策略名称可进入“编辑预警策略”页面，如图 6-63 所示。

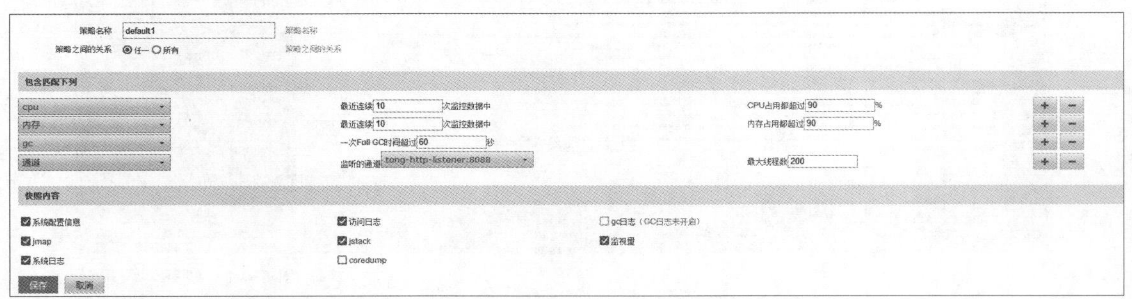

（注：为与软件界面一致，截图中的“gc”未修改为“GC”）

图 6-63　编辑预警策略

- 策略之间的关系：可选择策略条件中达到任意一条就生成快照，还是满足所有条件才生成快照。
- 包含匹配下列：策略条件，可配置 CPU、内存、GC、HTTP 通道、以连接池状态达到某种条件作为一条策略。
- 快照内容：生成的快照包含哪些内容。可选的内容有系统配置信息、访问日志、GC 日志、jmap、jstack、监视量、系统日志、coredump。

快照的预警策略在服务器运行中可能出现异常和性能低下的时候触发。具体介绍如下。

- “cpu”：服务器运行阶段，当 CPU 使用率居高不下时，必然会影响效率。关于 CPU 的预警策略可配置为，当 CPU 使用率连续多次监控都超过一定比例时，自动生成快照。可通过快照中的日志、jstack 信息进行分析，是哪些操作导致 CPU 使用率达到这么高，从而影响性能。

- 内存：服务器运行阶段，当 JVM 的堆内存使用接近最大堆内存时，就很可能会出现内存溢出，导致整个 JVM “宕掉”。关于内存的预警策略可配置为，当 JVM 的堆内存使用率连续多次监控都超过一定比例时，自动生成快照。可通过快照中的 GC 日志、jmap 信息进行分析，是哪些对象占用了过多内存，这些对象是否有内存泄漏。
- “gc”：服务器运行阶段，当一次 GC 的时间比较长时，会影响整个服务器的运行。关于 GC 的预警策略可配置为，当一次 GC 的执行时间达到多少的时候，自动生成快照。可通过快照中的 GC 日志和 jstack 信息分析，是否是执行 GC 影响到服务器的运行，是什么原因导致 GC 执行时间过长。
- 通道：当处理 HTTP（或 AJP）请求的线程非常多的时候，可能是应用存在瓶颈导致。关于 HTTP 或 AJP 的预警策略可配置为，当某个 HTTP 或 AJP 通道的处理线程数超过多少时，自动生成快照。根据快照中 jstack 的内容，可以分析应用的性能瓶颈在哪里。
- 连接池：当连接池不可用时，可能会造成性能瓶颈甚至是应用异常。关于连接池的预警策略可以配置为，当哪几个连接池不可用时，自动生成快照。可通过快照中的日志和配置等信息分析，为何会出现连接池不可用的情况。

当 TongWeb 一直满足预警策略中的条件时，为避免不断地生成快照影响服务器性能，规定在一小时内只能自动生成一定数量的快照，之后即使满足预警策略的条件，也不再生成新的快照。自动生成快照一小时内可生成的快照数，可在启动脚本中通过 -Dtongweb.snapshotinhour 配置，默认值是 5。

6.9 诊断服务

诊断服务用于诊断 TongWeb 运行时可能出现的问题，诊断服务的功能模块包括系统日志、SQL 日志、访问日志和快照。通过诊断服务，可以定义、创建、收集和访问正在运行的服务器及其部署的应用生成的诊断数据，从而可以诊断出服务器运行中的问题，例如异常、性能问题及其他故障。

6.9.1 系统日志

系统日志可记录 TongWeb 的运行状态。分析系统日志的错误信息，有利用查找系统出错的原因。我们可通过日志的时间间隔找到耗时较多的系统操作，以便诊断系统故障原因和性能瓶颈，具体的操作步骤如下。

01 展开管理控制台左侧导航树中的“诊断”节点，单击“系统日志”，进入“系统日志”页面，如图 6-64 所示。

02 单击页面中的“下载日志”按钮，可同时选择多个日志进行下载。可下载的日志包括当前的系统日志以及已经轮转的日志，下载到本地的文件名为 log.zip，解压后即可看到之前选择下载的日志，如图 6-65 所示。

TongWeb管理控制台

首页
监视概览
启动参数配置
WEB容器配置
JDBC配置
工作管理器
JMS服务
EJB
应用管理
JCA
服务
安全服务
JNDI
JavaMail配置
监视
诊断
系统日志
SQL日志
访问日志
快照
snmp

系统日志 系统日志信息

此页默认显示最近1000条系统日志记录，可以通过搜索日志功能查找满足条件的日志

下载日志 搜索日志

时间	日志级别	日志来源	日志信息
2021-03-02 15:08:02 973	INFO	core	At least one JAR was scanned for TLDs yet contained no TLDs. Enable debug logging for this logger for a complete list of JARs that were scanned but no TLDs were found in them. Skipping unneeded JARs during scanning can improve startup time and JSP compilation time.
2021-03-02 15:08:02 276	WARNING	core	Unknown version string [4.0]. Default version will be used.
2021-03-02 15:08:02 258	INFO	deployment	Deployed Application(path=/home/zyp/TongWeb7/TW_2021-01-12/deployment/FileUploadAndDownLoad)
2021-03-02 15:08:02 239	INFO	deployment	Assembling app: /home/zyp/TongWeb7/TW_2021-01-12/deployment/FileUploadAndDownLoad
2021-03-02 15:08:02 238	INFO	deployment	Enterprise application "/home/zyp/TongWeb7/TW_2021-01-12/deployment/FileUploadAndDownLoad" loaded.
2021-03-02 15:08:02 191	INFO	deployment	Configuring enterprise application: /home/zyp/TongWeb7/TW_2021-01-12/deployment/FileUploadAndDownLoad

图 6-64　系统日志

03 单击“搜索日志”按钮，会弹出时间范围下拉列表框，这些时间范围是通过分析系统日志中记录的产生时间动态生成的，从而确保每次的日志搜索在较短的时间内完成。当单个系统日志大于 50MB 时，仅提供该日志的下载功能。还可以对该时间范围内的日志进行条件过滤：自定义时间段，指在上述时间范围内更进一步地缩小搜索范围；日志级别和日志来源可通过下拉列表进行选择过滤；日志信息，指搜索包含该信息的日志记录。搜索系统日志如图 6-66 所示。

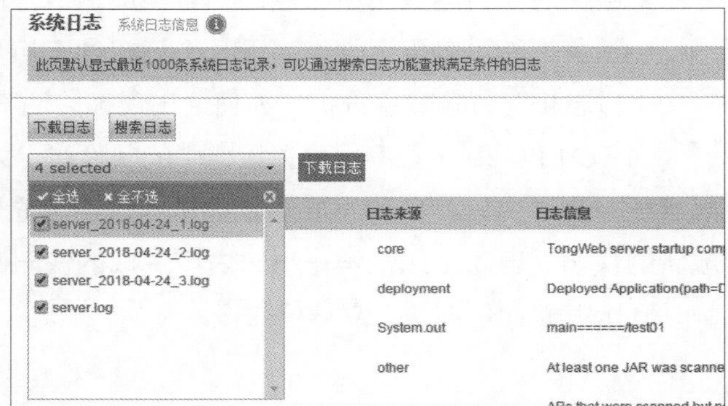

图 6-65　下载系统日志

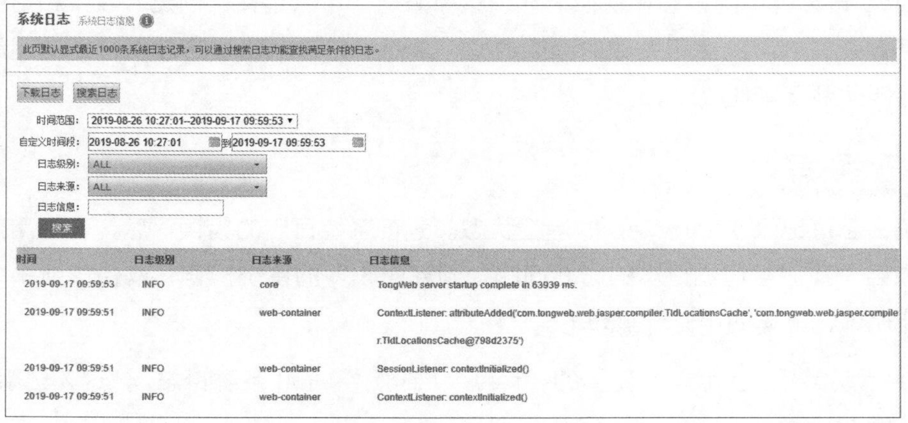

图 6-66　搜索系统日志

6.9.2 SQL 日志

SQL 日志记录了时间、执行的 SQL 语句、SQL 语句处理耗费的时间等信息。通过分

析 SQL 日志可以找出处理耗时多的 SQL 语句，以便诊断系统性能瓶颈。展开管理控制台左侧导航树中的“诊断”节点，单击“SQL 日志”，设置时间后可以查看某一段时间内的 SQL 日志信息，如图 6-67 所示。可通过“处理时长”筛选 SQL 语句。

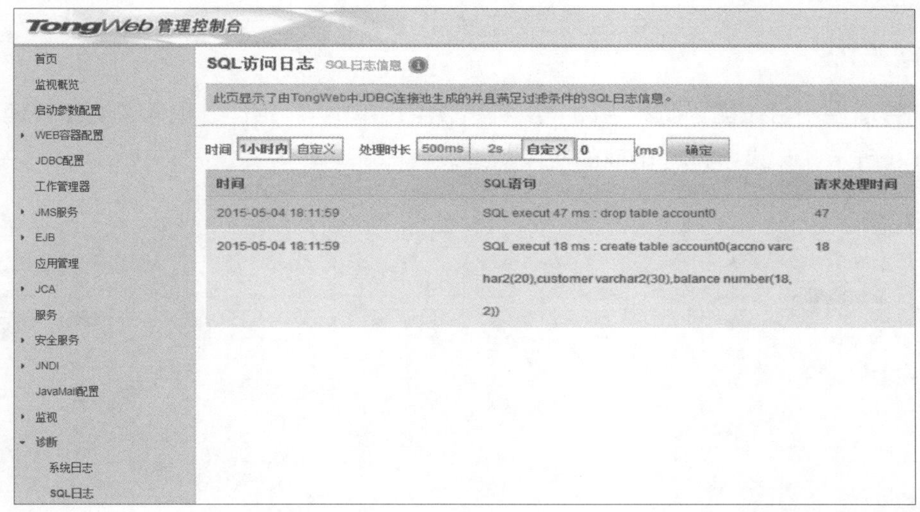

图 6-67　查看 SQL 日志

6.9.3 访问日志

访问日志记录的是访问 Web 应用时 HTTP 请求的相关信息，包括访问处理时长、访问链接、访问 IP、请求方式等。通过分析访问日志，可以找出处理耗时多的请求，以便诊断系统性能瓶颈。

展开左侧导航树中的“诊断”节点，单击“访问日志”，单击“搜索日志”按钮，选择“虚拟主机名称”和“时间范围”后，可以查看某一段时间内的访问日志信息。通过“自定义时间段”和“访问处理时长”可以进一步筛选访问日志信息，如图 6-68 所示。可通过右上角的“定制列表”过滤含有某些关键字的访问请求。

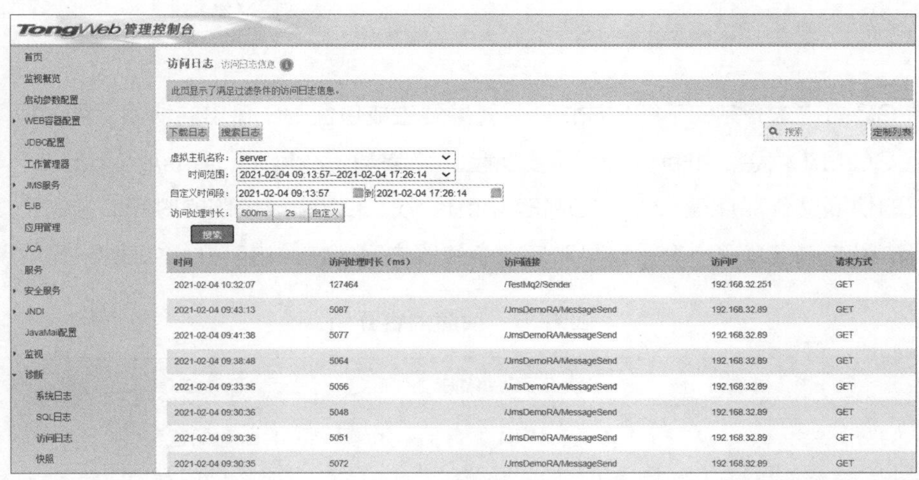

图 6-68　查看访问日志

6.9.4 快照

快照可记录某一时刻 TongWeb 的整体信息，记录的内容包括系统配置信息、系统日志、监视量、访问日志、jmap、jstack、GC 日志等。

1. 生成快照文件

01 展开管理控制台左侧导航树中的“诊断”节点，单击“快照”，进入“快照管理”页面，如图 6-69 所示，列表中是已生成的快照信息。

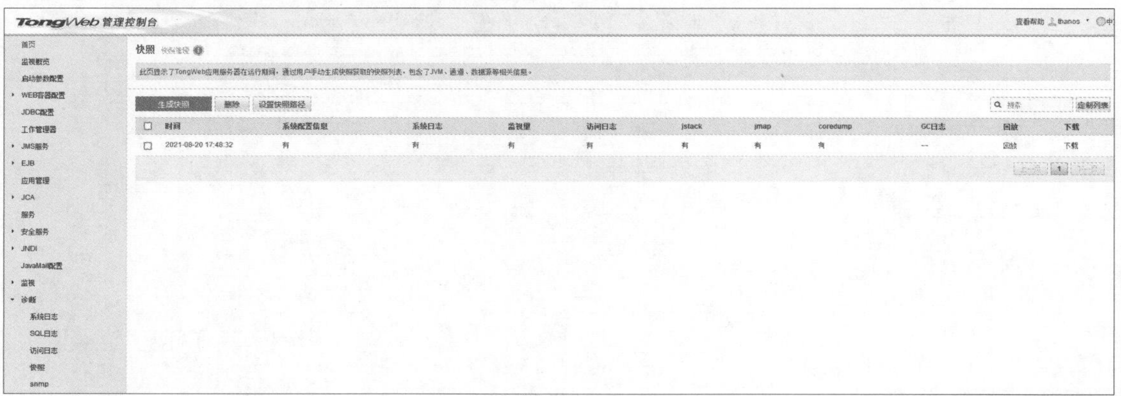

图 6-69 快照管理

02 单击“生成快照”按钮，进入“快照详情”页面，如图 6-70 所示。在该页面中选择要生成快照的内容，单击“创建”按钮后即可在服务器中生成快照。

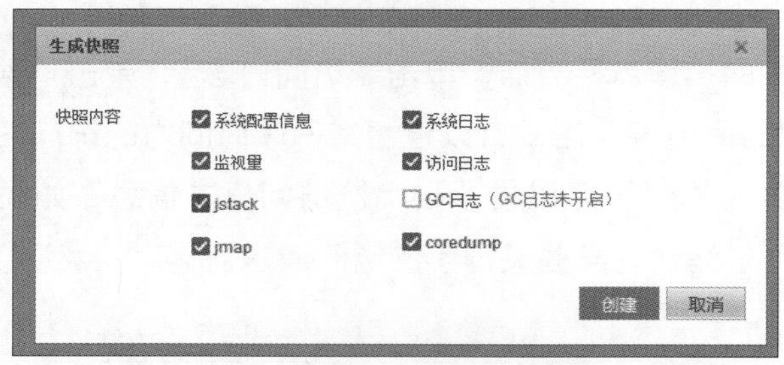

图 6-70 快照详情

默认 GC 日志未开启，不能生成快照。如果要生成包含 GC 日志的快照，需要根据不同的 JDK 设置 GC 日志信息，如 sunjdk，需要配置 JVM 参数 -Xloggc:../logs/gc.log。

生成的快照文件保存在 TW_HOME/snapshot/ 下以生成快照的时间命名的目录中。该目录下是快照的内容，每一个子目录对应一个快照内容，快照内容介绍如表 6-5 所示。

表 6-5 快照内容介绍

快照内容	目录名	快照内容说明
系统配置信息	conf	包含应用服务器 conf 目录下的所有配置文件
访问日志	access-log	应用服务器各个虚拟机的访问日志以及轮转文件

续表

快照内容	目录名	快照内容说明
系统日志	system-log	应用服务器的系统日志以及轮转文件
GC 日志	gc-log	记录服务器运行时 GC 信息的日志
jmap	jmap	使用“jmap -dump:format=b,file=”生成的服务器相关信息
jstack	jstack	使用“jstack -l”命令生成的服务器相关信息
coredump	coredump	Linux 环境下使用“gcore -o core 文件名 进程号”生成 coredump 文件
（服务器）监视量	monitor	记录应用服务器监视量的持久化信息

2. 快照管理

图 6-69 所示的服务器已经生成了一个快照记录，生成的内容包括生成快照时所选的所有部分。单击快照记录后面的“下载”按钮，可将全部快照内容打包下载到本地。下载的快照文件为 ZIP 格式，解压后可看到快照中的内容。勾选复选框，单击“删除”按钮，可删除选中的快照记录。

单击“设置快照路径”按钮，可修改快照生成目录，快照目录支持配置共享磁盘，需要将共享目录映射成磁盘才可使用。

3. 快照回放

快照回放需要先打开数据持久化开关，详见 6.8.1 小节。在快照管理页面存在已生成的快照时，单击快照后面的“回放”超链接，即可查看快照回放信息，如图 6-71 所示。快照回放的内容包括“JVM 资源监视”“web 监视通道”“JDBC 资源监视”。

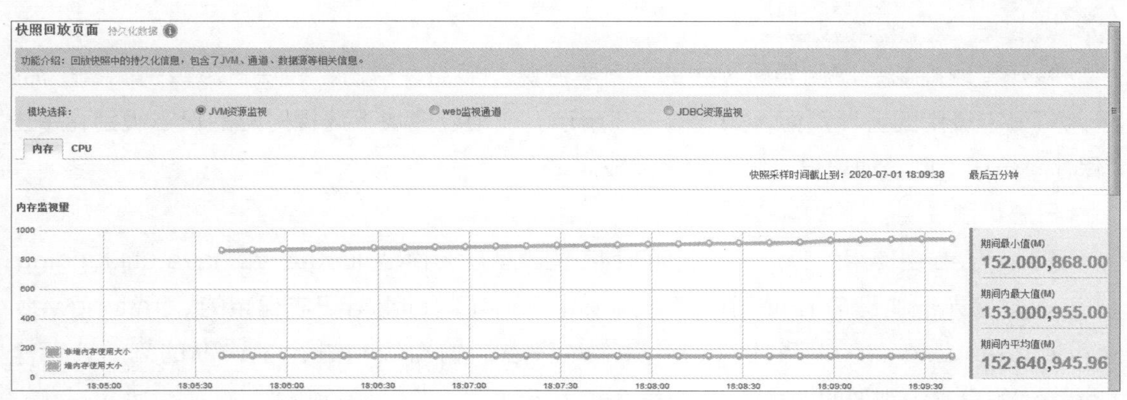

图 6-71 快照回放信息

4. 快照清理策略

6.8.1 小节讲解了快照清理策略的设置，当快照文件时间和磁盘空间设置条件满足其一，快照文件就会被清理。/snapshot 只保留最近 30 天的快照文件，并且当整个服务器的磁盘空间低于 20% 时，/snapshot 下 60% 旧的快照文件（按文件创建时间先后顺序）将被删除。

启用快照清理策略需要在“监视”的“阈值配置”里打开一个预警策略，如图 6-72 所示。

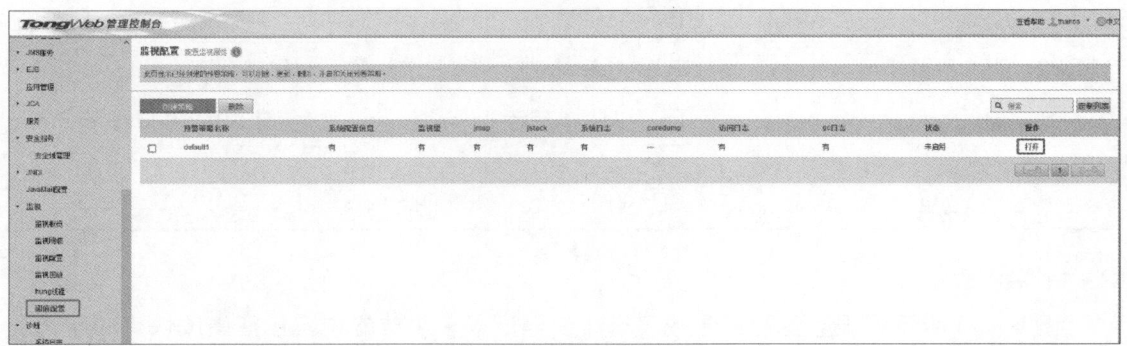

图 6-72 启用快照清理策略

6.10 日志服务

TongWeb 的日志服务可以向命令行窗口以及日志文件输出相关的系统日志。系统日志记录了 TongWeb 的运行状态，分析系统日志的错误信息，有利于查找系统出错原因。

TongWeb 的日志服务支持细粒度地控制每个模块的日志级别，并可提供多种轮转方式，以便用户依据自己的应用场景及需求选择合适的轮转方式。

6.10.1 模块日志级别配置

展开管理控制台左侧导航树中的“日志服务”节点，单击“模块日志级别配置”后，进入“日志级别配置”页面，如图 6-73 所示。在相应模块下选择对应的日志级别，单击“保存”按钮，则该模块日志级别配置完成。

日志级别说明：

TongWeb 中使用的 Logger 分为两种不同类型，一种是 JDK 自带的 java.util.logging.Logger，另外一种是 TongWeb 封装的 log4j、log4j2、slf4j 等日志框架的 com.tongweb.tongejb.util.Logger；两个 Logger 类都对日志的输出级别进行了详细的划分，两个 Logger 的日志级别说明如表 6-6 和表 6-7 所示。

图 6-73 日志级别配置

表 6-6 java. util. logging. Logger 日志级别

日志级别	数值	描述
OFF	2147483647	关闭。设置为该级别，则关闭所有日志输出，不输出任何内容
SEVERE	1000	严重信息
WARNING	900	警告信息
INFO	800	一般信息
CONFIG	700	配置信息
FINE	500	细微信息

续表

日志级别	数值	描述
FINER	400	更细微信息
FINEST	300	最细微信息
ALL	−2147483648	所有。设置为该级别，则打开所有日志输出，输出所有内容

表 6-7　com. tongweb. tongejb. util. Logger 日志级别

日志级别	数值	描述
OFF	2147483647	关闭。设置为该级别，则关闭所有日志输出，不输出任何内容
FATAL	50000	致命错误。严重的错误事件，将会导致应用的推出
ERROR	40000	错误。发生错误事件，但不影响系统的继续运行
WARN	30000	警告。存在隐患，可能导致程序发生错误
INFO	20000	一般信息。提示程序运行状态、当前系统信息等
DEBUG	10000	调试。提示某个参数的当前状态值、程序运行进展、程序细节的详细内容
TRACE	5000	追踪。非常详尽地记录程序执行信息、当前执行位置、状态参数等
ALL	−2147483648	所有。设置为该级别，则打开所有日志输出，输出所有内容

其中，log4j 建议只使用 4 个级别，分别是 ERROR、WARN、INFO、DEBUG。这 4 个级别基本可以覆盖业务中所有的日志输出场景。

两个 Logger 类对日志的级别划分都是通过 Level 对应不同的数值来实现的，通过设置日志输出级别的数值，大于该数值的日志才能被输出，以达到日志分级过滤的目的。因此，哪怕两个 Logger 对级别划分的粒度不同，我们也可以结合业务经验，对两者间的关系进行对比，如表 6-8 所示。

表 6-8　日志级别对比

java. util. logging. Logger	com. tongweb. tongejb. util. Logger	使用场景
OFF	OFF	关闭所有日志输出
	FATAL	不建议使用
SEVERE	ERROR	输出严重错误信息。会对系统运行状态产生影响
WARNING	WARN	输出警告信息。不严重的异常情况

续表

java.util.logging.Logger	com.tongweb.tongejb.util.Logger	使用场景
INFO	INFO	正常输出。正常输出提示信息
CONFIG	DEBUG	调试模式。输出便于调试程序运行的信息
FINE	TRACE	不建议使用
FINER		不建议使用
FINEST		不建议使用
ALL	ALL	打开所有日志输出

当代码出现问题时，我们只需要将对应的模块日志级别设置为 WARNING/WARN，就可以快速过滤日志信息，获取异常日志进行问题分析。

6.10.2 系统日志配置

展开管理控制台左侧导航树中的"日志服务"节点，单击"系统日志配置"后，进入"系统日志配置"页面，如图 6-74 所示。

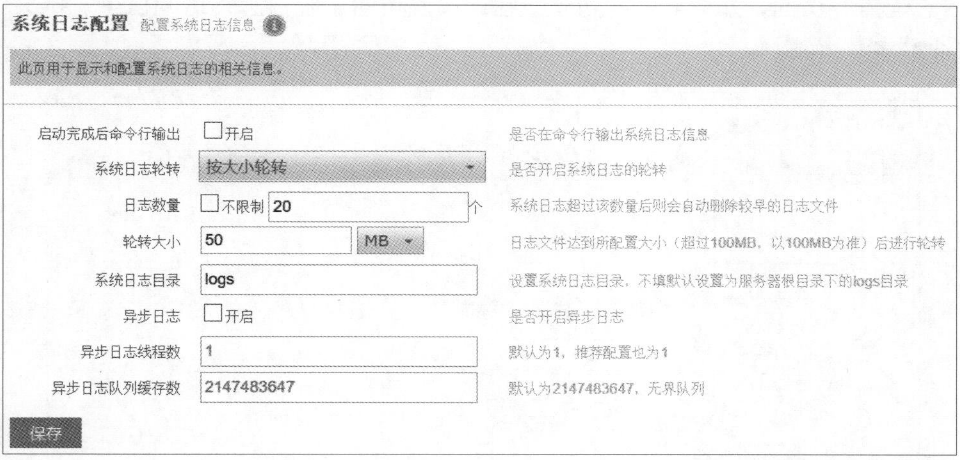

图 6-74　系统日志配置

可在该页面配置系统日志的相关属性。

- 启动完成后命令行输出：默认开启，用于配置是否在命令行窗口输出系统日志信息。
- 系统日志轮转。
  - ◇ 按大小轮转（默认选项）：该轮转模式下需要同时配置轮转大小属性，默认为 50MB，超过 100MB 以 100MB 为准，日志文件达到配置大小后进行轮转。
  - ◇ 按周期轮转：该轮转模式下需要同时配置轮转周期属性，从当前时间起，每隔相应时间（以 10 天为准）进行系统日志的轮转。
  - ◇ 按天轮转：当天（从 0 点起）的系统日志将被记录在同一个日志文件中。新一天（下一个 0 点起）的系统日志进行轮转，效果不同于按周期轮转生成的系统日志。

◇ 不轮转：不进行日志轮转。

- 日志数量：默认为 20 个，超出该数量后，则会自动删除较早的日志文件。
- 轮转大小 / 轮转周期：选择按大小轮转 / 按周期轮转时需设置。
- 系统日志目录：可以在控制台上设置系统日志 server.log 的存放路径，若输入的是一个相对路径，则会在 TongWeb 安装目录下创建。
- 异步日志：可以选择是否开启异步日志。默认不开启。不开启异步日志时，关于异步日志的属性是不可配的；开启异步日志后，异步日志属性可配。
- 异步日志线程数：用于输出异步日志所用线程数。默认为 1，推荐使用也为 1，可避免线程数多带来额外的系统开销，以影响性能。
- 异步日志队列缓存数：异步日志队列可积压的最大数量。默认为 2147483647（无界队列），但队列中的日志不断积压，会导致服务器内存占用量上升，有可能导致内存溢出。

6.10.3 压缩日志配置

展开管理控制台左侧导航树中的“日志服务”节点，单击“压缩日志配置”后，进入“压缩日志配置”页面，如图 6-75 所示。在该页面可对系统日志、访问日志、持久化日志进行压缩配置。

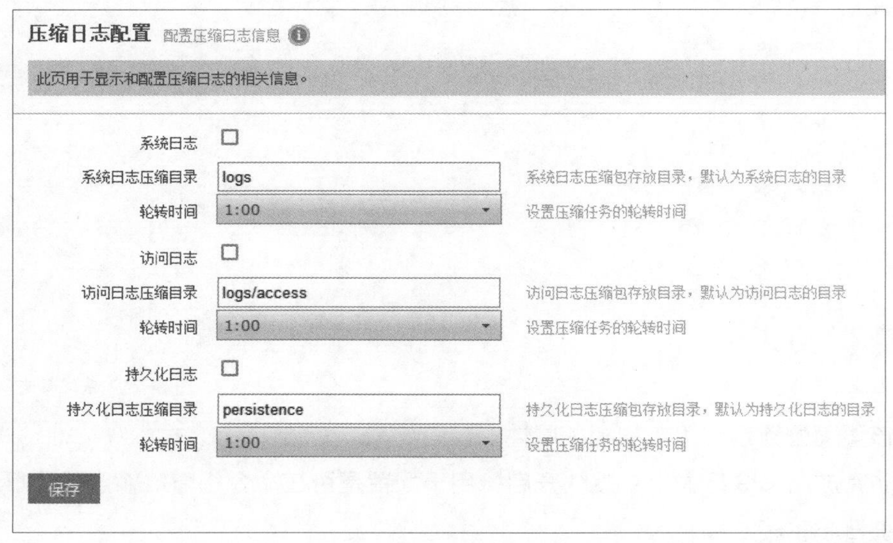

图 6-75　压缩日志配置

该页面可配置的相关属性如下。

- 系统日志：压缩功能开关，勾选表示开启对应日志类型的压缩功能。默认开启。
- 日志压缩目录：压缩日志生成的压缩包存放路径，支持配置绝对路径和相对路径，相对路径从 TongWeb 的根目录开始。默认与压缩的日志文件存放路径一致。

● 轮转时间：生成压缩文件的时间点。每天定时执行压缩任务，如果当日设置的时间点已经过了，则次日开始执行。TongWeb 默认为每种类型的日志保留 180 个压缩文件，超过后会删除较早生成的压缩包。

功能说明 日志压缩功能需要配合日志轮转功能进行使用。

以系统日志为例：若开启系统日志的压缩功能，设置压缩包存放目录，并设置压缩执行时间（1 点），程序会在每日 1 点获取系统日志的轮转文件进行压缩，将生成的压缩包存放在指定路径，并删除压缩过的轮转文件。若压缩时不存在系统日志的轮转文件，则当日不生成压缩包。

6.10.4 日志路径配置

展开管理控制台左侧导航树中的“日志服务”节点，单击“日志路径配置”后，进入“日志保存路径配置”页面，如图 6-76 所示。

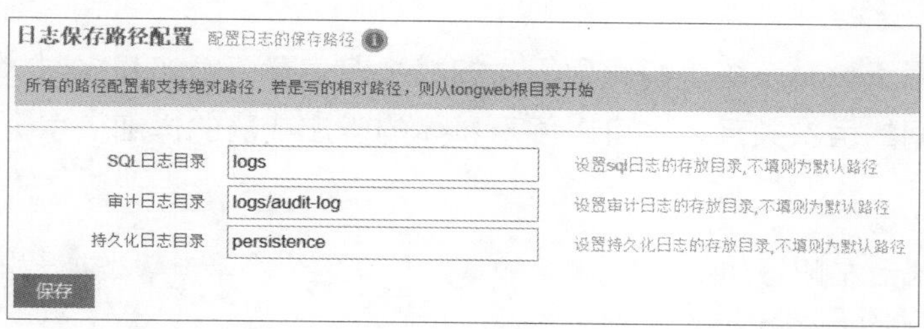

图 6-76　日志保存路径配置

可在该页面配置相关日志文件的保存路径，所有的路径配置都支持绝对路径。若是相对路径，则从 tongweb 根目录开始。

● SQL 日志目录：默认存放在 tongweb 根目录的 logs 目录。
● 审计日志目录：默认存放在 tongweb 根目录的 logs/audit-log 目录。
● 持久化日志目录：默认存放在 tongweb 根目录的 persistence 目录。

6.10.5 审计日志

TongWeb 采用涉密信息系统中的“三员分立”权限控制，使系统管理员、安全保密管理员、安全审计员三者之间的关系相互独立、互相制约，以加强涉密信息系统保密管理，降低泄密风险。系统管理员及安全保密管理员进行的日常操作都会被记录在审计日志中，安全审计员的任务是审计已经生成的审计日志。审计日志的查询和配置操作详见 7.2.3 小节。

6.11 类加载分析工具

在应用移植、部署等业务操作中，如果某些类文件存在多份，或者同一个类被不同的类加载器加载，就可能遇到运行时类型不兼容引起的类加载冲突问题。一般此类问题的解决都需要先定位到冲突的类资源，然而冲突类资源的定位有时候会非常困难。此时，类加载分析工具可以在一定程度上帮助开发人员或维护人员快速定位到冲突类资源，并尝试给出一些简单的建议性解决方案。有关冲突类的专业名词如下。

- 冗余：在一个类加载器的加载路径范围内，名字相同但是所在的 JAR 或文件夹不同的类被称为冗余类。冗余类真正能够被加载到内存里的只有一份，由 JVM 决定具体要加载哪个，冗余类可能会加载到错误的类（如版本错误）。
- 潜在冲突：被不同的类加载器加载的同一个类（类的完全限定名相同），这种类在运行时具有潜在的风险，称为潜在冲突类。如在运行中相互作用（如类型转换）时，会发生类型不匹配的错误。

Tongweb 管理控制台可提供类加载器树、类资源分析、类冲突检测等类加载分析工具。

6.11.1 类加载器树

类加载器树用于查看系统级和应用级类加载器的信息，类加载器树状结构可以清晰地展示类加载器之间的层次关系，也可以展示具体的类加载器的详细信息。使用类加载器树的具体步骤如下。

01 展开管理控制台左侧导航树中的“类加载分析工具”，单击“类加载器树”，出现“类加载器树”页面，如图 6-77 所示。

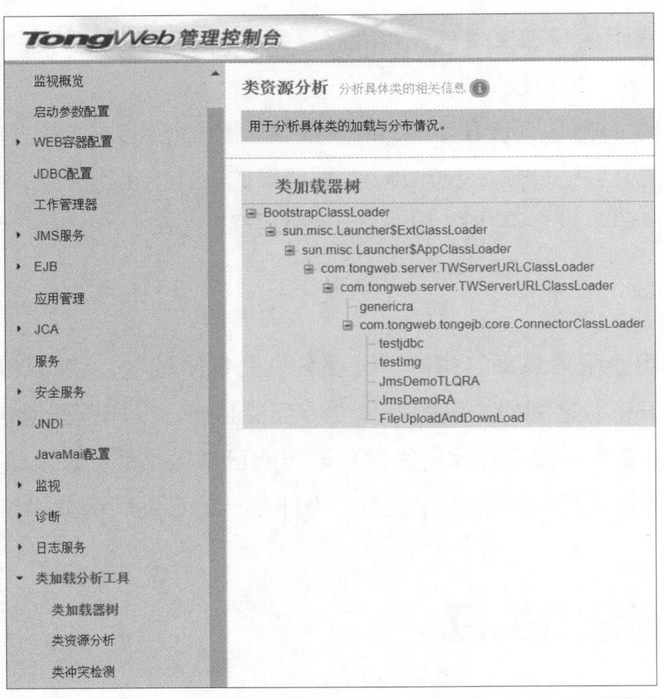

图 6-77 类加载器树

02 在类加载器树结构中，可通过单击定位查看系统级或应用级的类加载器。在页面右侧会显示该类加载器的相关信息，包括类加载器的描述（如系统类加载器）、类型（Class 类型）、已加载类的个数、加载路径，如图 6-78 所示。

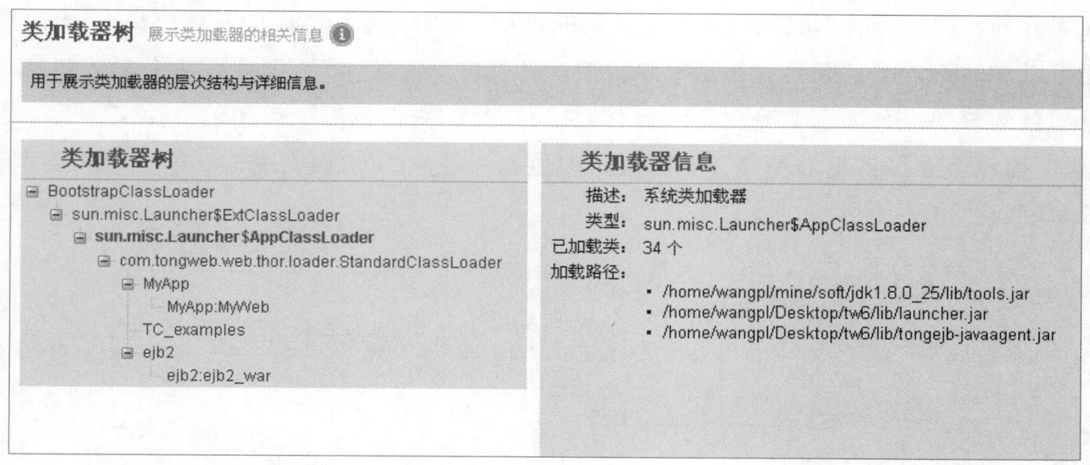

图 6-78 类加载器的相关信息

6.11.2 类资源分析

类资源分析用于分析应用内部某个类是否存在潜在冲突和冗余现象。应用可以是已部署的应用，也可以上传一个以 .jar、.war 或 .ear 为扩展名的应用。使用类资源分析的具体操作步骤如下。

01 展开管理控制台左侧导航树中的“类加载分析工具”，单击“类资源分析”，出现“类资源分析”页面，如图 6-79 所示。

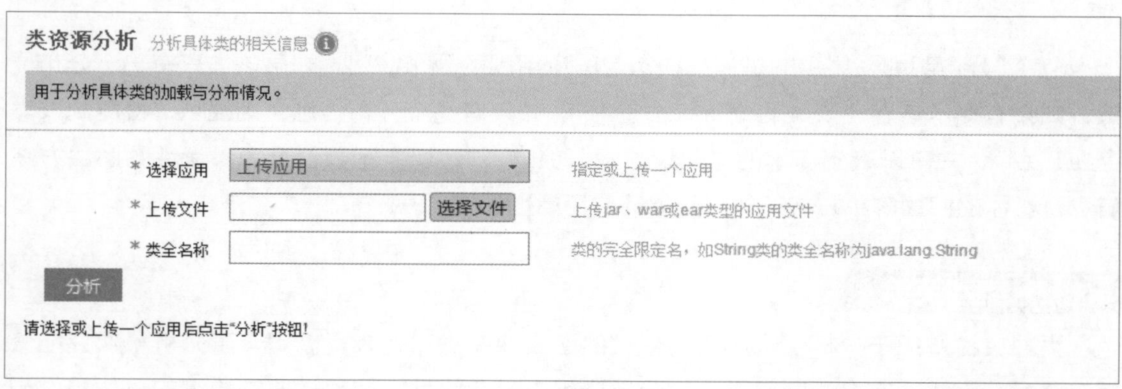

图 6-79 类资源分析

02 在页面中“选择应用”下拉列表框中默认显示“上传应用”，可切换到其他已部署的应用，或单击“选择文件”上传一个应用。可在“类全名称”文本框中输入要分析的类的完全限定名（如为 Object 类，则输入 java.lang.Object）。

03 单击“分析”按钮，在“分析”按钮下方可以看到分析的结果，如图 6-80 所示。

分析结果中包含“加载明细”和“分布明细”两部分。

（1）“加载明细”展示的是该类可能被加载的情形，包括加载器的名称（鼠标移至加载器的名称前面的小图标可显示加载器的类型）和加载的位置。如果只有一个类加载器可以加载到该类，则会有提示信息“该类的加载状态正常”；如果有多个类加载器可以加载到该类，则提示“检测到该类有潜在冲突”，并可以看到简单的“建议方案”信息。“建议方案”信息为参考性的解决方案信息，具体的问题解决方案由具体的应用问题而定。

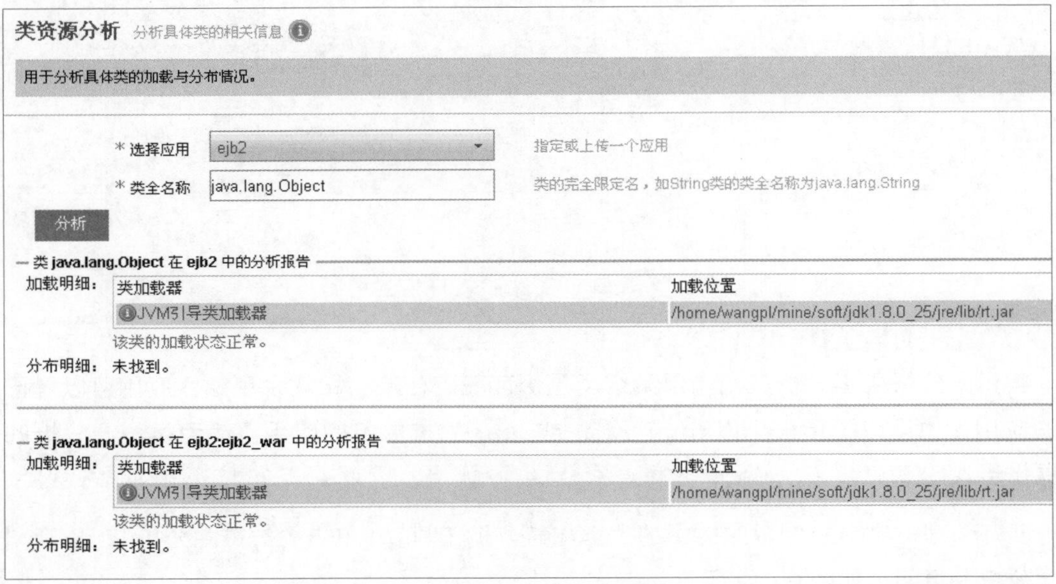

类资源分析 分析具体类的相关信息

用于分析具体类的加载与分布情况。

* 选择应用 ejb2 指定或上传一个应用

* 类全名称 java.lang.Object 类的完全限定名，如String类的类全名称为java.lang.String

分析

类 java.lang.Object 在 ejb2 中的分析报告

加载明细：

类加载器	加载位置
JVM引导类加载器	/home/wangpl/mine/soft/jdk1.8.0_25/jre/lib/rt.jar

该类的加载状态正常。

分布明细：未找到。

类 java.lang.Object 在 ejb2:ejb2_war 中的分析报告

加载明细：

类加载器	加载位置
JVM引导类加载器	/home/wangpl/mine/soft/jdk1.8.0_25/jre/lib/rt.jar

该类的加载状态正常。

分布明细：未找到。

图 6-80　类资源分析结果

（2）“分布明细”展示的是该类在指定的应用内的分布情况。如果该类只有一个分布位置，则会有提示信息“该类的分布状态正常”；如果有多个分布信息，则提示“检测到该类存在冗余”，并可以看到简单的“建议方案”信息。“建议方案”信息为参考性的解决方案信息，具体的问题解决方案还要视具体的应用问题而定。

6.11.3 类冲突检测

类冲突检测用于分析整个应用内存在的潜在冲突类和冗余类。类资源分析一次只能分析一个类，而类冲突检测则可以一次分析应用内所有的类。使用类冲突检测的具体操作步骤如下。

01 展开管理控制台左侧导航树中的“类加载分析工具”，单击“类冲突检测”。在“类冲突检测”页面中的“选择应用”下拉列表框中默认显示“上传应用”（见图 6-81），可切换到其他已部署的应用，或单击“选择文件”上传一个应用。“生成报告”默认没有勾选。如果勾选，则在类冲突检测完毕后会自动生成检测结果存档文件。

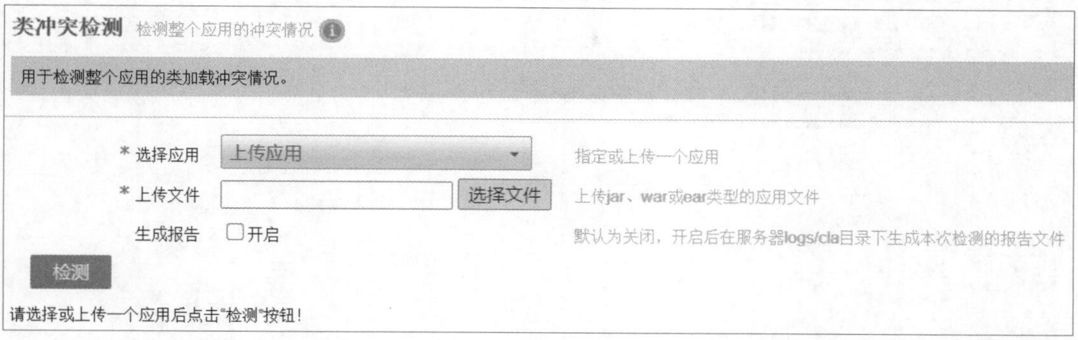

图 6-81　类冲突检测

02 单击“检测”按钮，在“检测”按钮下方可以看到检测的结果，如图 6-82 所示。

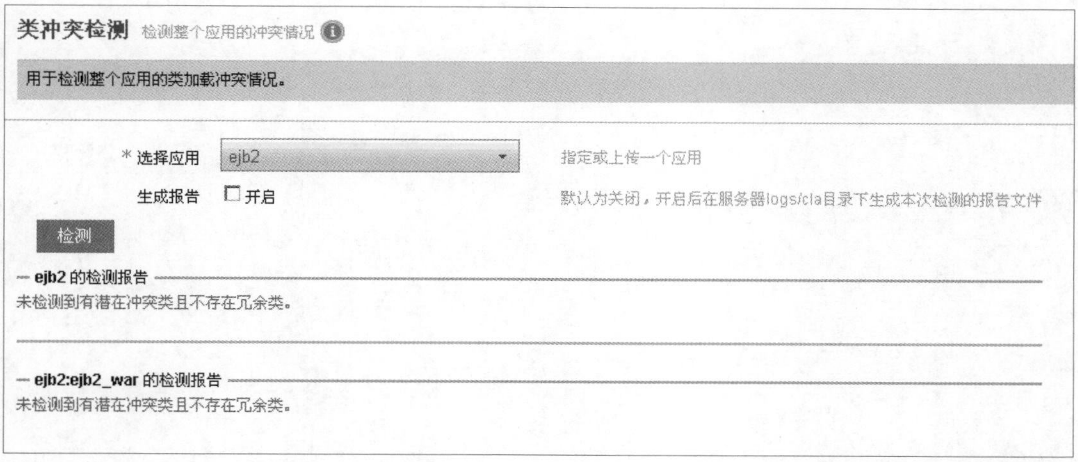

图 6-82　类冲突检测结果

类冲突检测结果和类资源分析结果一样，分为“加载明细”和“分布明细”两部分（注：图 6-81 所示为未检测到冲突类或冗余类的情形，因此没有明细部分）。“加载明细”部分可以看到有潜在冲突类的总个数和各自的详细加载信息，“分布明细”部分可以看到存在冗余类的总个数和各自的分布信息。类冲突检测结果以具体的类为单元进行信息展示，单个类的展示信息与“类资源分析”功能中的类资源分析结果相似。

对于含有多模块的企业级应用，在展示类冲突检测结果时，是以模块为单位的。图 6-82 分别展示了 ejb2 模块和 ejb2:ejb2_war 模块的类冲突检测结果，其中 ejb2 模块是企业级应用 ejb2 中的 EJB 模块，ejb2:ejb2_war 模块是企业级应用 ejb2 中的 Web 模块。

在使用“类冲突检测”功能时，如果勾选了“生成报告”，则会生成类冲突检测报告文件，并保存在 TW_HOME/logs/cla 目录下，命名格式为“应用名称 - 时间戳 .txt”，其内容和页面检测结果一致，如图 6-83 所示。

```
===============ejb2的检测报告===============
未检测到有潜在冲突类且不存在冗余类。
--------------------------------------------------------------------------

===============ejb2:ejb2_war的检测报告===============
未检测到有潜在冲突类且不存在冗余类。
```

图 6-83　两个模块的类冲突检测结果

第 7 章 TongWeb 安全加固

安全防护是软件稳定运行的必要保障，TongWeb 可提供多种安全措施以保证数据存储和传输时的安全。通过本章的学习，读者将掌握在 TongWeb 中进行安全防护配置的方法、在 TongWeb 中设置 SSL 的方法以及管理控制台的三员分立的方法。

本章包括如下主题：

- 安全服务；
- 管理控制台的三员分立；
- ASDP。

7.1 安全服务

安全服务用于对数据进行保护，在存储和传输数据时，防止数据被进行未经授权的访问。特别是对于系统的访问权限的获得，认证和授权是两个重要的过程。认证是一种实体（用户、应用或组件）用来确定另一个实体是否是其声明的实体的过程，实体使用安全凭证对其进行验证。授权是确定使用凭证的实体是否有权对所访问的资源进行操作的过程。

TongWeb 提供的安全服务包括用户账号与密码管理、防 host 头攻击设置和 SSL 安全配置等。其中，只有系统管理员可以在 TongWeb 中更改管理控制台密码，具体步骤详见 7.2.1 小节。

7.1.1 防 host 头攻击设置

TongWeb 可对 HTTP host 头攻击漏洞进行修复，其配置方法如下。

展开管理控制台左侧导航树中的“Web 容器配置”节点，单击“容器配置”。在容器配置中开启“防 host 头攻击”，如图 7-1 所示。开启后，需要配置正确的主机名白名单，否则可能导致无法访问应用。

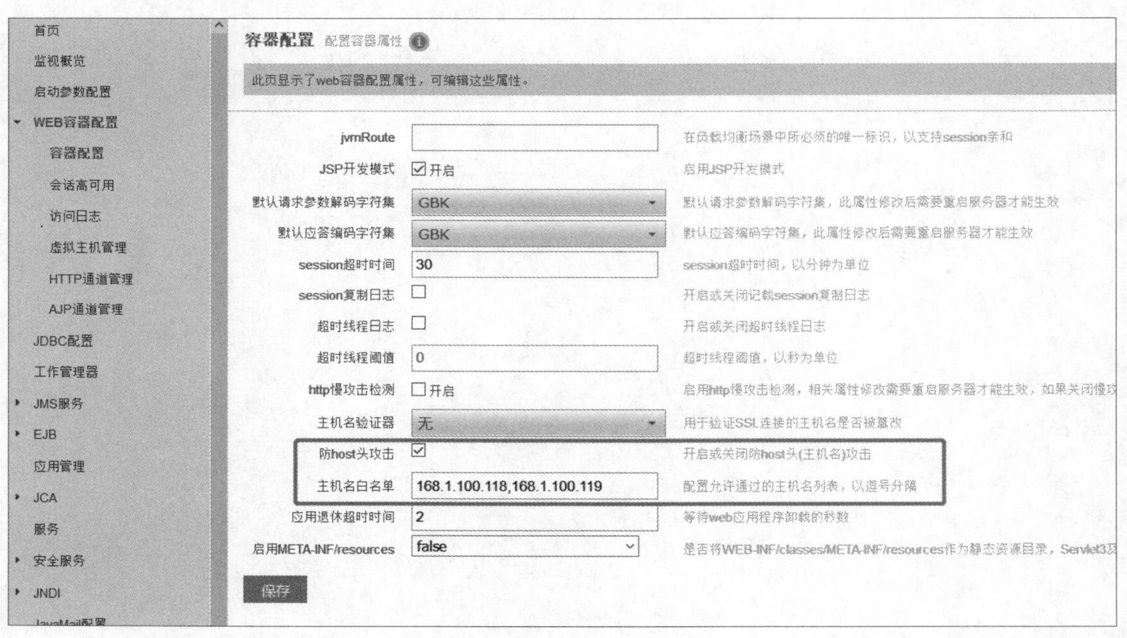

图 7-1　开启“防 host 头攻击”

7.1.2 SSL 安全配置

SSL 相关的安全漏洞有如下 5 种。

- CVE-2015-2808 SSL/TLS 受诫礼（BAR-MITZVAH）攻击漏洞。
- CVE-2014-3566 SSLv3 在降级的旧版加密漏洞（POODLE）。

- CVE-2011-1473 服务器 TLS Client-initiated 重协商攻击漏洞。
- CVE-2016-0800 SSL DROWN 攻击漏洞。
- SSL 证书非正式可信证书。

下面介绍一下在 TongWeb 上解决以上 SSL 安全漏洞的办法。

1. 用户方制作证书

TongWeb 自带测试证书和非正式证书，用户需自行购买并制作正式证书。制作证书时需使用 OpenSSL 最新版本，老版本 OpenSSL 有安全漏洞。制作的证书密码位数要符合安全要求。如果是在 Apache、Nginx 上配的 SSL，则需在 Apache、Nginx 上解决漏洞。

2. 配置 SSL 属性

TongWeb 配置 SSL 属性步骤如下。

01 展开管理控制台左侧导航树中的“Web 容器配置”节点，单击“HTTP 通道管理”，在创建或修改 HTTP 通道时，选择 HTTPS 通道类型后，进行 SSL 属性配置，如图 7-2 所示。

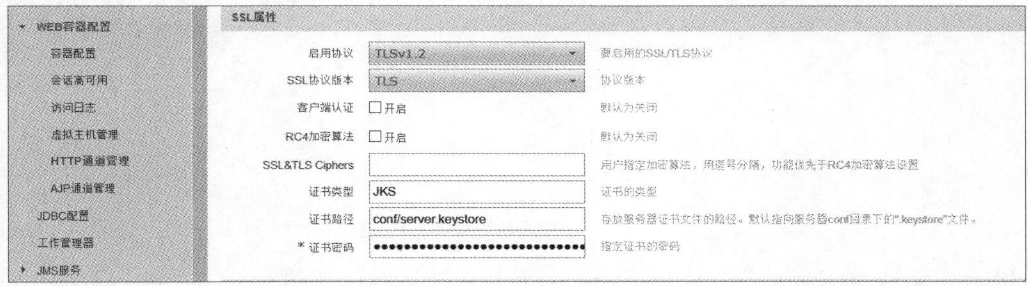

图 7-2 SSL 属性配置

02 在“SSL&TLS Ciphers”文本框中可输入用户指定的加密算法，多个算法间用逗号分隔。常用的安全算法如下。

- TLS_ECDHE_RSA_WITH_AES_128_CBC_SHA。
- TLS_ECDHE_RSA_WITH_AES_256_CBC_SHA384。
- TLS_ECDHE_RSA_WITH_AES_256_CBC_SHA。
- TLS_RSA_WITH_AES_128_CBC_SHA256。
- TLS_RSA_WITH_AES_128_CBC_SHA。
- TLS_RSA_WITH_AES_256_CBC_SHA256。
- TLS_RSA_WITH_AES_256_CBC_SHA。

7.2 管理控制台的三员分立

涉密信息系统中的“三员”是指系统管理员、安全保密管理员和安全审计员。“三员分立”要求系统管理员、安全保密管理员和安全审计员三者之间的关系相互独立、互相制约，以加强涉密信息系统的保密管理，减少泄密风险。而三员分立权限控制模型就是基于三员分立思想的权限管理方法，TongWeb 管理控制台便采用了此种方法的设计和实现来确保系统的安全保密。

7.2.1 系统管理员

系统管理员拥有可以对 TongWeb 进行各种维护、部署、监控及配置操作的角色权限。默认的系统管理员用户名为 thanos，密码为 thanos123.com。系统管理员在默认系统安全域中可以创建用户、编辑用户，不能分配角色权限及删除用户。系统管理员在用户安全方面的操作如下。

01 展开管理控制台左侧导航树中的“安全服务”节点，单击“安全域管理”，进入“安全服务”页面，如图 7-3 所示。

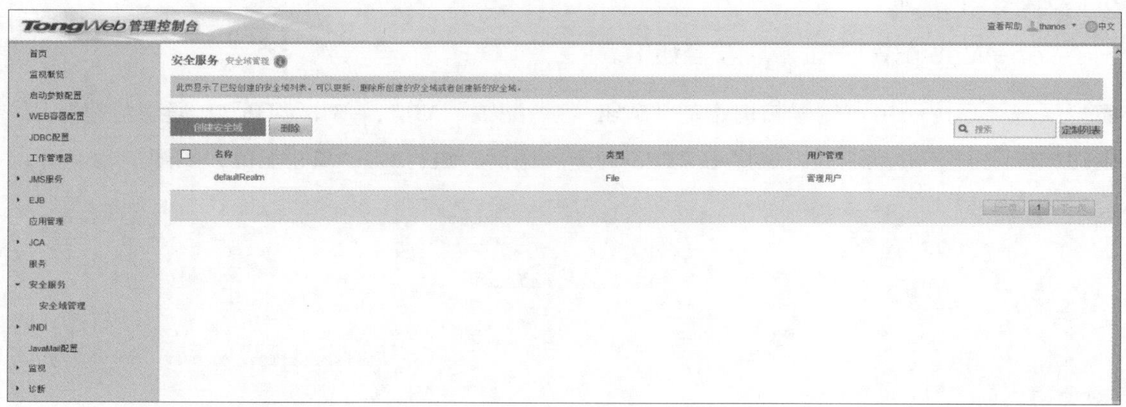

图 7-3 安全服务

02 单击“defaultRealm”（只有这个安全域针对控制台的三员分立）后的“管理用户”，进入“用户管理”页面，如图 7-4 所示，用户列表会显示已创建的所有三员用户。列表字段包括用户名称、用户所属角色（安全审计员、系统管理员、安全保密管理员，若还未分配则显示为空）。

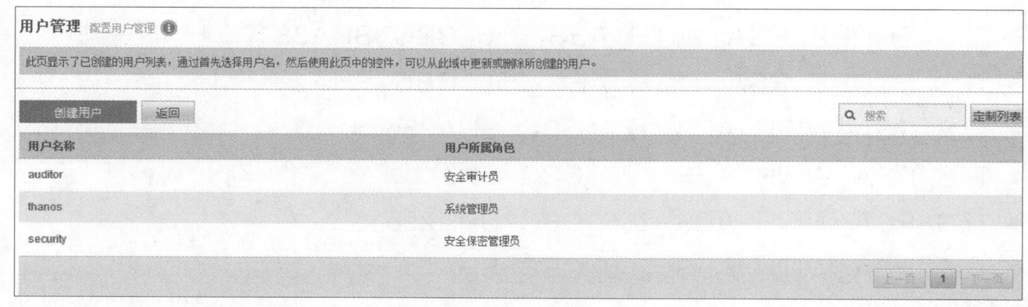

图 7-4 用户管理

03 单击“创建用户”按钮，系统管理员可输入用户名称、密码，进行密码加密摘要算法、密码使用期限等设置，如图 7-5 所示。

04 系统管理员可对已创建的用户进行编辑，支持修改密码长度、密码及密码使用期限（见图 7-6，用户名由安全保密管理员修改），修改完成后单击“保存”按钮。

返回 | 创建用户

用户名称		用户名称
密码加密摘要算法	○ SM3 ◉ MD5 ○ SHA-1 ○ SHA-256 ○ SHA-512 ○ DIGEST	密码加密摘要算法
加强字节长度	8	将密码和一些随机数字混合加密，增加强度
迭代加密次数	3	迭代多次加密，增加强度
密码长度	8	密码长度限制
密码		密码
确认密码		确认密码
密码最短使用期限	天	密码可修改前最短使用期限，默认值0，表示可立即修改
密码最长使用期限	天	密码过期时间，默认值2147483647天

保存 取消

图 7-5 创建用户

图 7-6 编辑用户

7.2.2 安全保密管理员

安全保密管理员拥有可以对 TongWeb 三员用户进行角色的分配、删除用户等操作的角色权限，其默认用户名为 security，密码为 security123.com。安全保密管理员可以进行的操作如下。

01 进入“用户管理”页面，如图 7-7 所示。安全保密管理员用户列表可显示已创建的所有三员用户。

用户管理 配置用户管理

此页显示了已创建的用户列表，通过首先选择用户名，然后使用此页中的控件，可以从此域中更新或删除所创建的用户。

删除　　　　搜索　定制列表

	用户名称	用户所属角色
	thanos	系统管理员
	security	安全保密管理员
	auditor	安全审计员
☐	tongweb	

上一页 1 下一页

图 7-7 用户管理

02 单击用户名称，进入“编辑用户”页面。安全保密管理员可选择用户角色及分配用户权限，如图 7-8 ～图 7-11 所示。

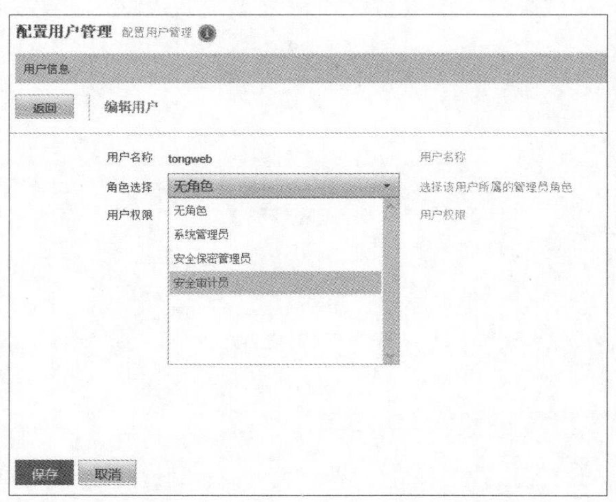

图 7-8　选择用户角色

图 7-9　为系统管理员分配权限

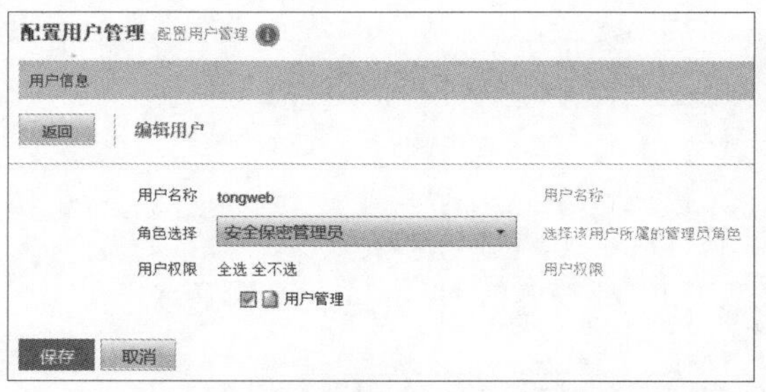

图 7-10　为安全保密管理员分配权限

图 7-11　为安全审计员分配权限

说明 在“角色选择”下拉列表中可选择无角色、系统管理员、安全保密管理员、安全审计员。

7.2.3 安全审计员

系统管理员及安全保密管理员进行的日常操作都会被记录在审计日志中。安全审计员主要负责对系统管理员和安全保密管理员的操作行为进行审计跟踪、分析和监督检查，及时发现违规行为，并定期向系统安全保密管理机构汇报情况。

TongWeb 中安全审计员的功能是审计已经生成的审计日志。安全审计员的默认用户名为 auditor，密码为 auditor123.com。安全审计员支持的操作如下。

01 安全审计员登录管理控制台后，单击“审计日志”，进入“审计日志”页面，如图 7-12 所示。页面默认展示当前正在使用的日志（TW_HOME/logs/audit-log/audit.log）内容，列表显示的主要字段为日期、用户、操作结果、事件类型、事件描述、摘要。

02 单击审计日志列表上方的“下载日志”按钮，可选择下载指定的日志，如图 7-13 所示。

图 7-12 审计日志

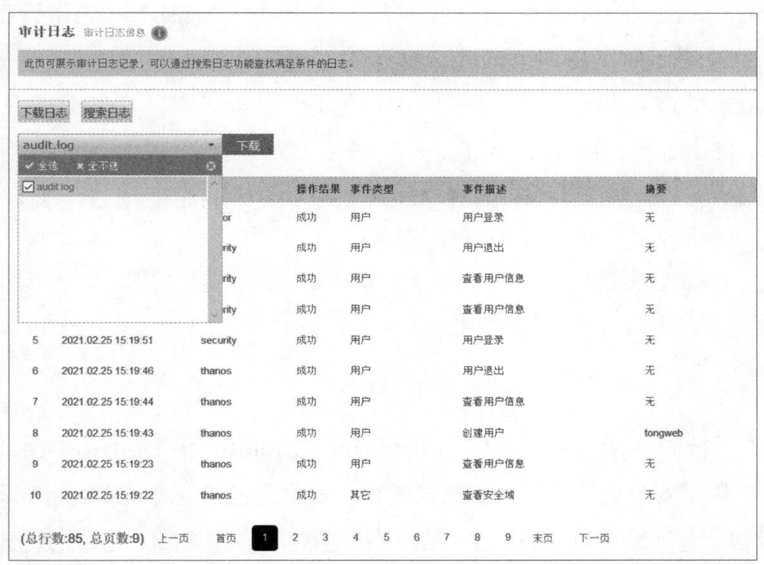

图 7-13 下载审计日志

03 单击审计日志列表上方的“搜索日志”按钮，可根据时间、事件类型、登录用户对日志进行搜索，如图 7-14 所示。

- 事件类型包含启动参数、容器配置、JMS 连接工厂、JMS 目的地、工作管理器、HTTP 通道、虚拟主机、EJB 应用管理、用户、AJP 通道、监视、应用、数据源、EJB、系统服务、日志、文件集、共享库、其他。
- 登录用户包含 cli、thanos、security、auditor。

审计日志文件存储目录为 TW_HOME/logs/audit-log/，当前使用的日志文件名称为 audit.log，轮转的日志文件按轮转时刻的日期和时间命名。

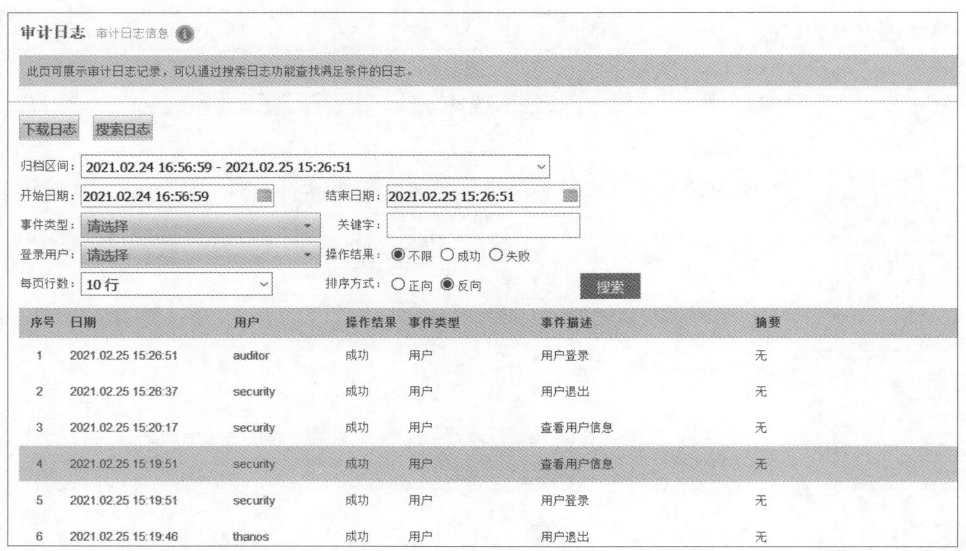

图 7-14 搜索审计日志

通过 -D 参数可以配置日志的如下相关功能。

- audit.log.enabled：审计日志开关，布尔类型。true 表示开启审计日志记录功能，false 表示关闭审计日志记录功能，默认为 true。
- audit.log.file.maxSize：审计日志文件按大小轮转阈值，长整数类型，单位为 KB，默认值为 1048576，即 1024MB。
- audit.log.file.retentionDays：审计日志文件按日期清理阈值，整数类型，单位为天，默认值为 180，即 6 个月。

7.3 ASDP

ASDP 在“运行时应用自我保护”（Runtime application self-protection，RASP）技术的基础上，扩展了安全虚拟补丁、策略云更新、安全白名单、高精度的检测等功能，并能防御已知和未知威胁，有效地防御 OWASP 常见的攻击威胁，如 SQL 注入、XSS 跨站、文件上传、命令注入、路径穿越、非法 HTTP 请求、风险文件非授权访问、扫描器攻击、Struts2 漏洞等，保障 Web 应用安全稳定运行。ASDP 功能只在安全版 TongWeb 中可用，其他版本不能进行相关配置。如需提供 TongWeb 安全版实验环境，请联系东方通客服 400-650-7088。

7.3.1 安装 ASDP

在 TongWeb 上安装 ASDP 的步骤如下。

01 登录 TongWeb 管理控制台：http://IP 地址 :9060/console。

02 单击管理控制台左侧导航树中的“启动参数配置”，单击“其他 jvm 参数”，在该选项卡添加如下参数项：

```
-javaagent:${TongWeb_Base}/asdp/asdp-loader.jar
```

也可以采用绝对路径写法：

```
-javaagent:/root/TongWeb7.0/asdp/asdp-loader.jar
```

在管理控制台左侧导航树上展示 ASDP 菜单，还需要添加如下参数项：

```
-DenableASDP=true
```

03 添加完以上两项参数后（见图 7-15），重启 TongWeb 才能生效。

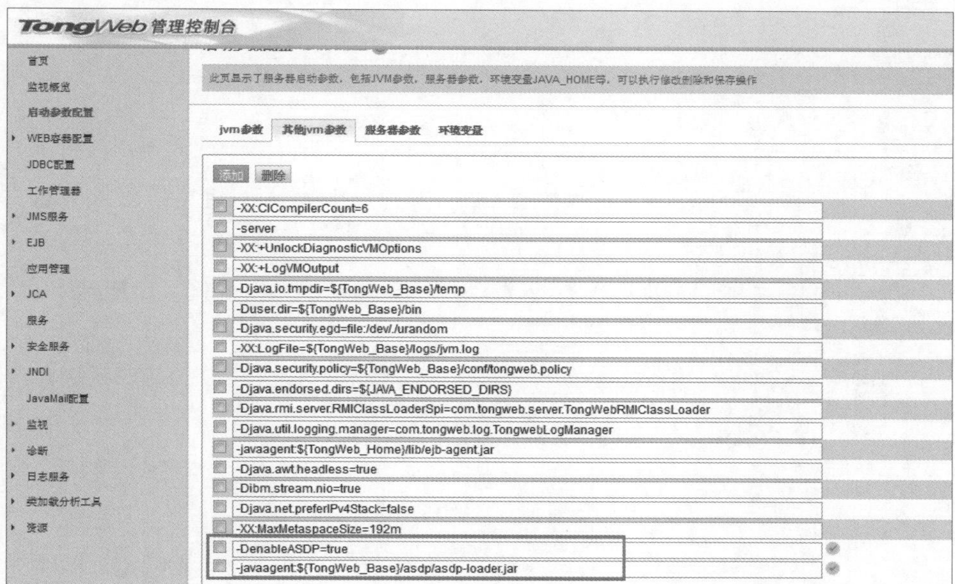

图 7-15 安装 ASDP

7.3.2 卸载 ASDP

在“启动参数配置”中删除安装时添加的启动参数后，重启 TongWeb 即可。

7.3.3 ASDP 功能

管理控制台 ASDP 可提供如下 7 个管理及查询功能：应用管理、攻击详情、攻击类型、攻击文件、攻击来源、策略管理及白名单管理。

1. 应用管理

此功能管理已经部署到 TongWeb 的 Java EE 应用和独立应用模块，对所安装的应用和模块可修改其应用信息和 ASDP 配置。

01 展开管理控制台左侧导航树中的“ASDP 防御”节点，单击“应用管理”，进入“应用管理”页面，如图 7-16 所示。

02 单击应用列表里的名称对应的操作列中的“编辑”，进入应用管理的“编辑应用”页面，如图 7-17 所示。配置基本属性后单击“保存”按钮即可。

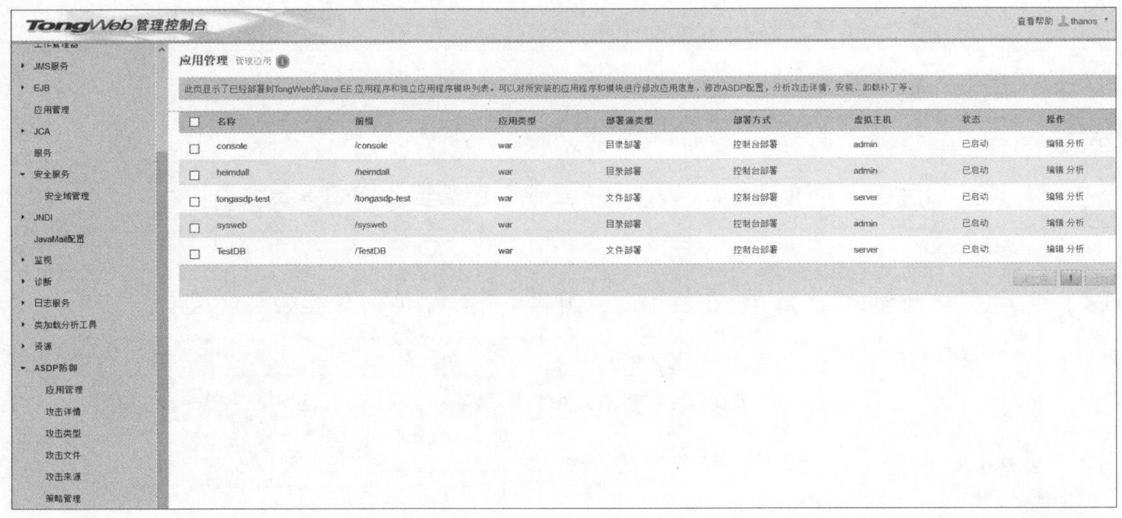

图 7-16　应用管理

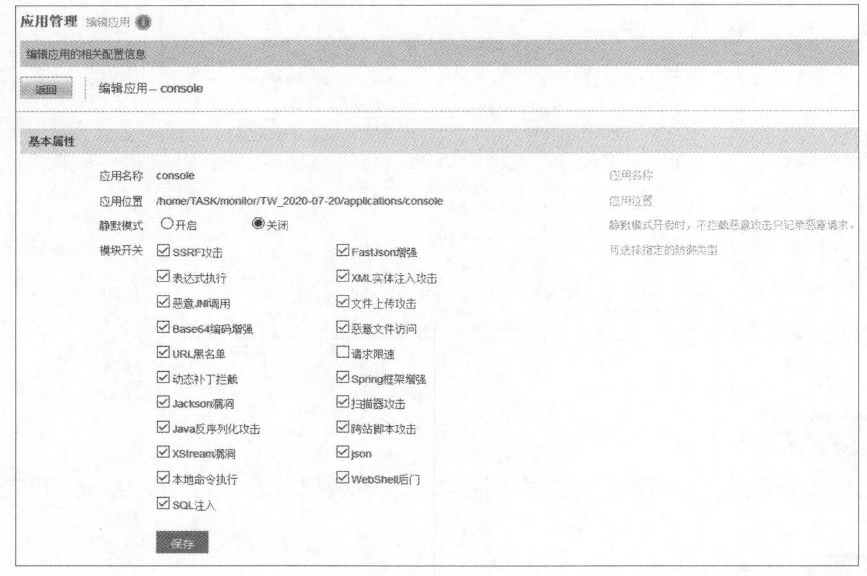

图 7-17　编辑应用

部分基本属性配置说明如下。

- 静默模式：开启表示不拦截恶意攻击，只记录恶意请求；关闭表示拦截恶意攻击。默认是关闭状态。
- 模块开关：用于勾选需支持的防御类型。

03 单击应用列表里名称对应的操作列中的“分析”，将跳转到对应应用的“攻击详情”页面，详见本小节攻击详情部分的介绍。

2. 攻击详情

此功能可显示已经部署到 TongWeb 的 Java EE 应用近期所有的被攻击情况，可通过日期范围、攻击类型、攻击等级、应用名称、受损文件路径进行筛选。

01 展开管理控制台左侧导航树中的“ASDP 防御”节点，单击“攻击详情”，进入“攻击详情”页面，如图 7-18 所示。

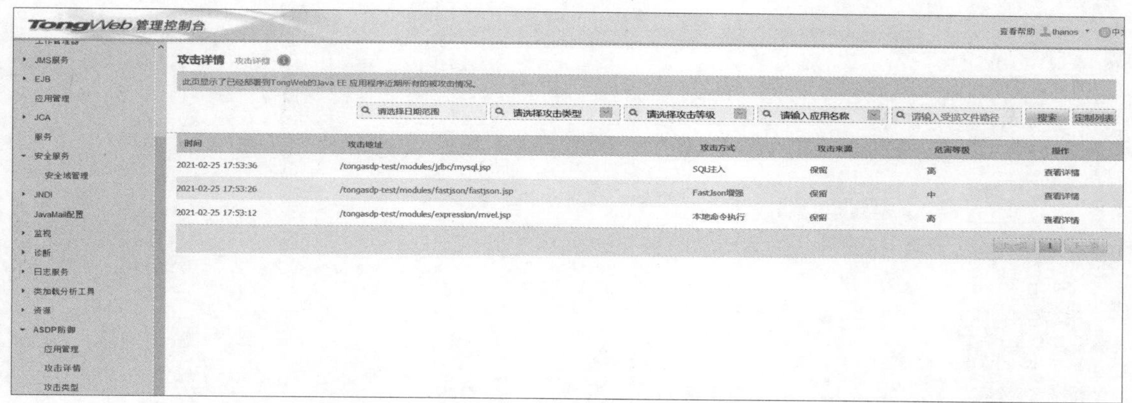

图 7-18　攻击详情

02 单击列表里操作列的“查看详情”，可查看该条攻击的详细信息，包含攻击类型、攻击内容、“攻击者 Ip 地址”、攻击时间、攻击次数、请求方法、请求地址、请求参数、请求头等，如图 7-19 所示。单击右上角的“添加白名单”按钮，可以将被拦截的攻击手动添加到白名单，取消对其拦截。

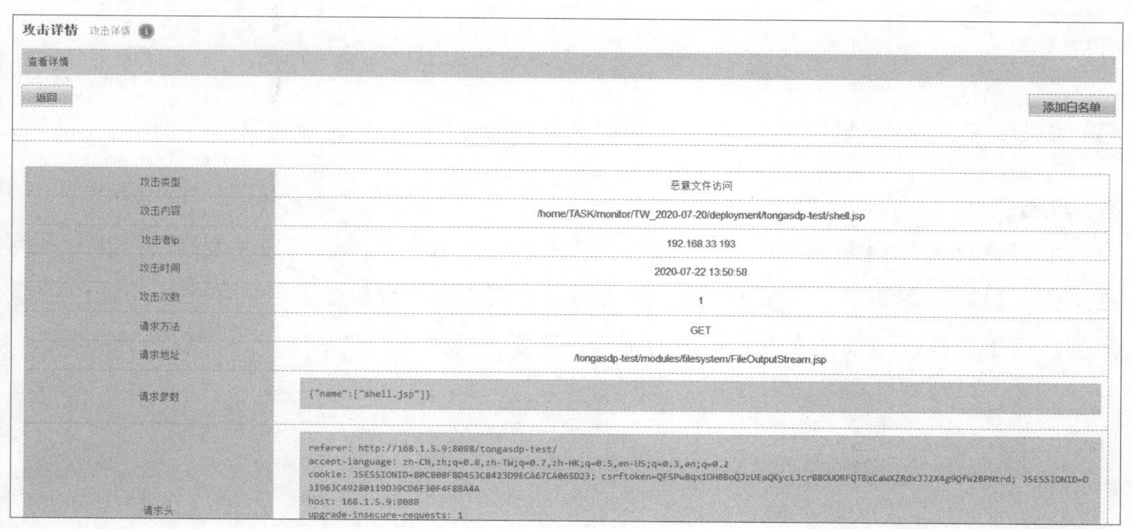

图 7-19　查看详情

3. 攻击类型

此功能可展示 90 天内各个攻击类型的信息，可通过日期范围、攻击类型、应用名称进行筛选，查看详情为该攻击类型最后一次受攻击的详情。

01 展开管理控制台左侧导航树中的“ASDP 防御”节点，单击“攻击类型”，进入“攻击类型”页面，如图 7-20 所示。

02 单击列表里操作列的“查看详情”，可查看具体的攻击信息，包括请求地址、末次攻击时间、攻击来源，如图 7-21 所示。

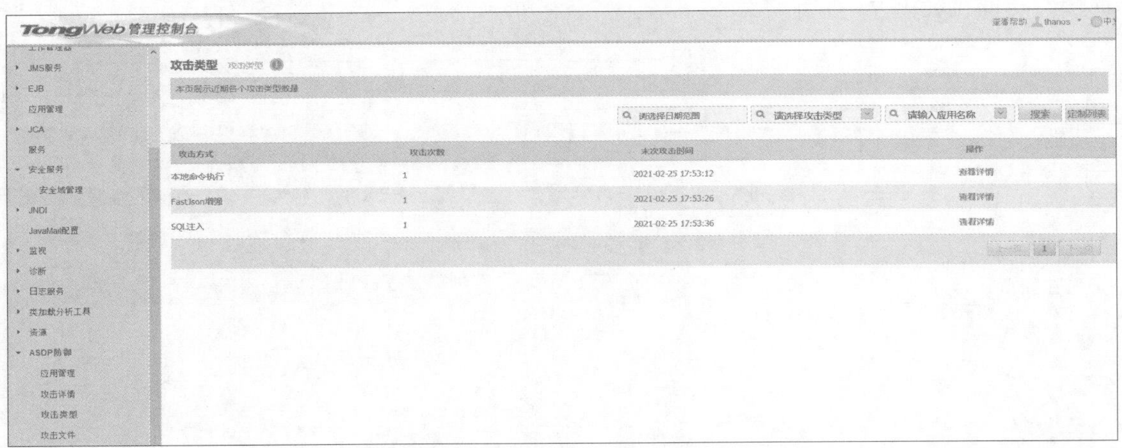

图 7-20　攻击类型

返回　本地命令执行　攻击次数:3

定制列表

请求地址	末次攻击时间	攻击来源	操作
/tongasdp-test/modules/cmd/cmd.jspx	2020-07-22 13:45:55	保留	查看详情
/tongasdp-test/modules/cmd/cmd.jsp	2020-07-22 13:45:51	保留	查看详情
/tongasdp-test/modules/expression/mvel.jsp	2020-07-22 13:45:06	保留	查看详情

图 7-21　攻击类型详情

03 单击列表里操作列的“查看详情”（见图 7-21），还可以进一步查看攻击信息的攻击详情。

4. 攻击文件

展开管理控制台左侧导航树中的“ASDP 防御”节点，单击“攻击文件”，进入“攻击文件”页面，如图 7-22 所示。此页可展示 90 天内各个受攻击文件的信息，可通过日期范围、应用名称、被攻击文件名称进行筛选，查看详情为该文件最后一次受攻击的详情。

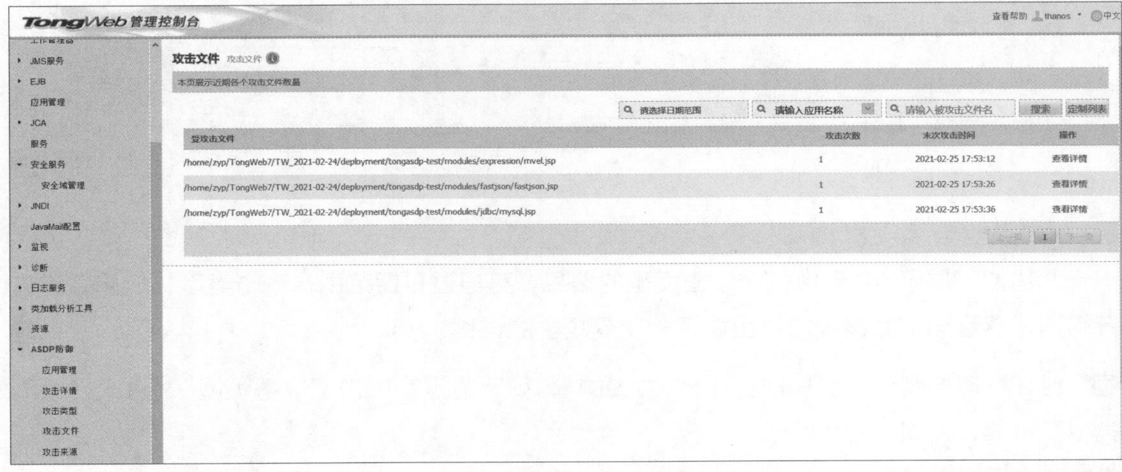

图 7-22　攻击文件

5. 攻击来源

展开管理控制台左侧导航树中的“ASDP 防御”节点，单击“攻击来源”，进入“攻击来源”页面，如图 7-23 所示。此页可展示 90 天内各个攻击来源的信息，可通过日期范围、应用名称、攻击来源 IP 地址进行筛选，查看详情为该 IP 地址最后一次攻击的详情。

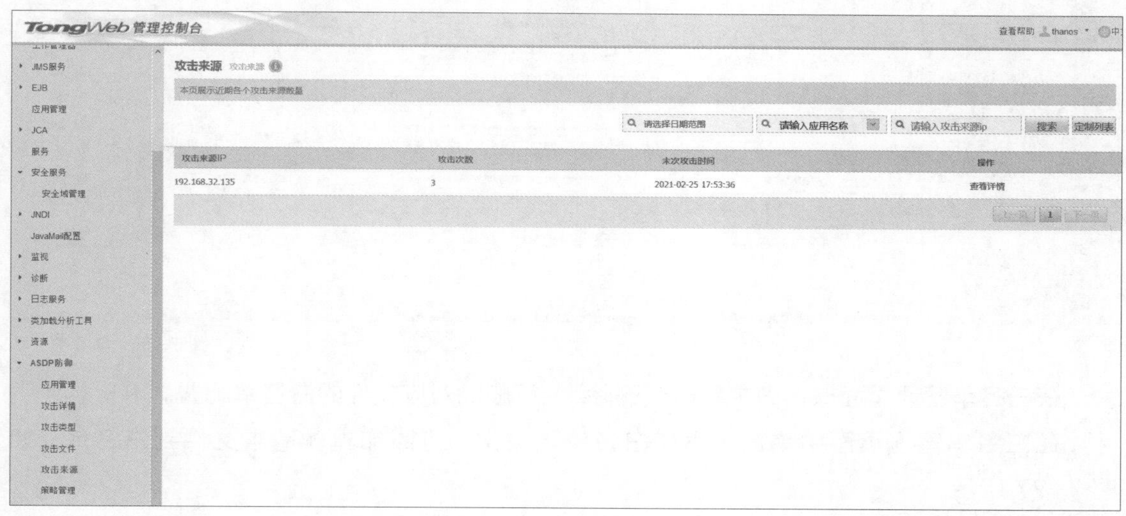

图 7-23　攻击来源

6. 策略管理

展开管理控制台左侧导航树中的“ASDP 防御”节点，单击“策略管理”，进入“策略管理”页面，如图 7-24 所示。该功能可以更新 ASDP 的防御策略，实现补丁热更新，从而应对突发安全事件。

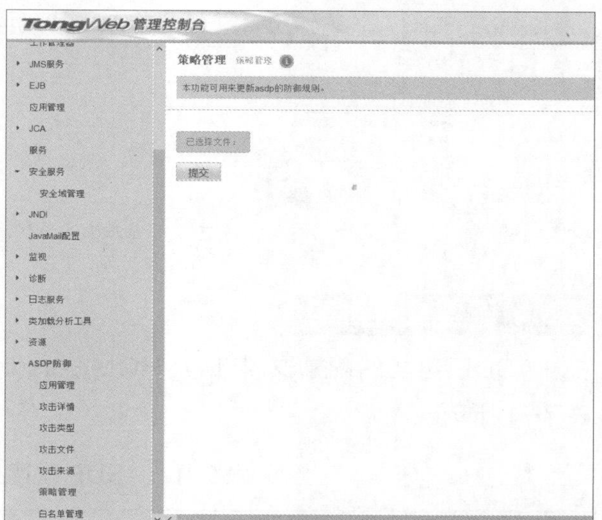

图 7-24　策略管理

7. 白名单管理

展开管理控制台左侧导航树中的“ASDP 防御”节点，单击“白名单管理”，进入“白名单管理”页面，如图 7-25 所示。此页面可编辑维护防御白名单，对于被拦截的业务逻辑可手动将之添加到白名单取消对其拦截。也可以通过攻击详情页面添加白名单（见图 7-19）。

在白名单管理页面操作列中单击“编辑”，可以对相应白名单信息进行编辑，如图 7-26 所示。

注意　通道端口发生修改后，需要对所有白名单单击“编辑”后“提交”，以便更新并保存。

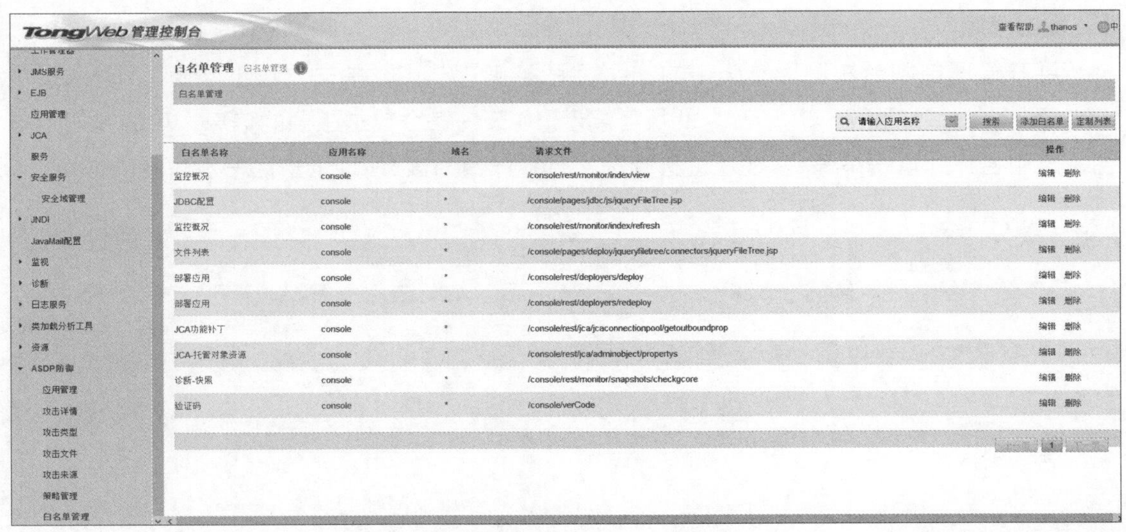

图 7-25　白名单管理

在白名单管理页面操作列中单击“删除”，可删除对应文件的白名单配置。

在白名单管理页面中单击“添加白名单”按钮，可添加具体请求文件到白名单，如图 7-27 所示。

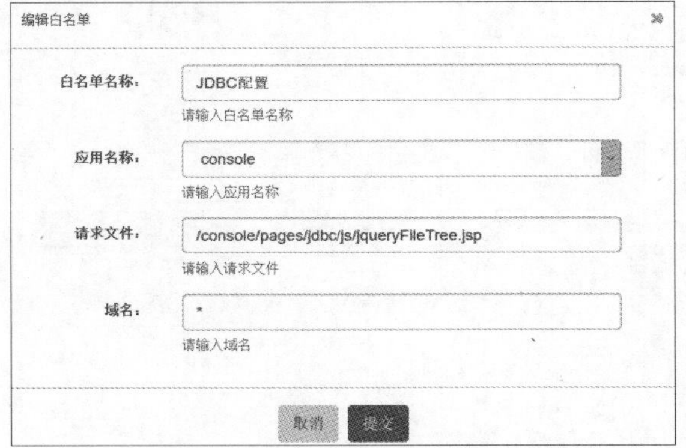

图 7-26　编辑白名单

图 7-27　添加白名单

7.3.4 配置文件说明

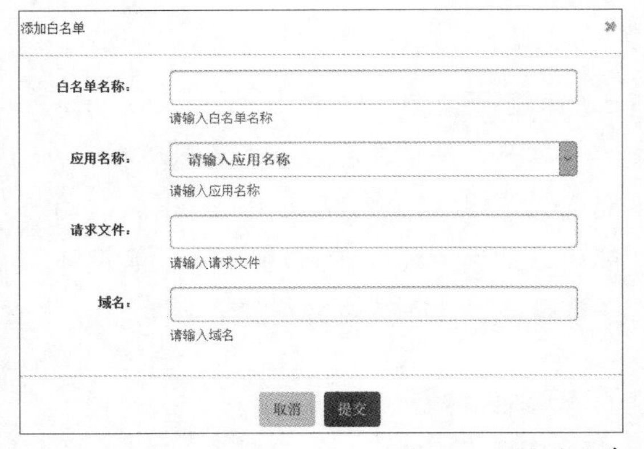

ASDP 功能的配置文件 TW_HOME/asdp/config/asdp.properties 的属性说明如表 7-1 所示。

表 7-1　ASDP 配置文件的属性说明

属性	含义
system.rc4_key	通信加密 key，需要与“asdp/config/asdp.properties”中的 system.rc4_key 一致
system.iswaf_connect_key	通信加密 key，需要与“asdp/config/asdp.properties”中的 system.iswaf_connect_key 一致

续表

属性	含义
system.capture	是否自动抓取日志
modules	ASDP 所有支持的安全模块
console.name	console 的名称，如果需要切换应用名称，需要修改对应的名称

注意 设置虚拟主机功能后，需要在安装 TongWeb 的机器上配置 hosts 信息，否则可能会导致通信失败。

7.3.5 集群中使用 ASDP

集群中 TongWeb 实例需要使用 ASDP 防御时，需要在创建集群前修改 domain_template\bin\external.vmoptions 文件。

在配置项 -Djava.net.preferIPv4Stack=false 之后添加如下配置：

```
-javaagent:${TongWeb_Home}/asdp/asdp-loader.jar
-DenableASDP=true
```

集群开启 ASDP 后，需要将 TW_HOME/applications/console/WEB-INF/classes/asdp.properties 中的 system.capture 设置为 false，以避免重复抓取日志。

第 8 章

TongWeb 集群管理

在实际应用中，有很多高并发的业务场景需要构建 Web 应用服务器集群予以支撑。TongWeb 集群由多个同时运行的 Java EE 应用服务器组成，在外界看来就像一个服务器一样，这些服务器共同为客户提供更高性能的服务。负载均衡器在集群中是必不可少的，它负责实现多个服务器之间合理的请求分配，使集群不会出现某台服务器超负荷，而其他服务器却没有充分发挥处理能力的情况。即便其中一台服务器宕机，其他服务器也会继续接管请求进行处理。本章将介绍 TongWeb 集群、THS 集群及 TDG 集群的创建、集中管理工具对集群的管理及配置。

本章包括如下主题：

- TongWeb 集群；
- 集中管理工具；
- 手动配置 THS 集群；
- TDG 集群。

8.1 TongWeb 集群

TongWeb 由其自带的 THS 软件来实现负载均衡功能，也可以采用硬件负载设备（简称硬负载）、开源的 Apache、nginx、Haproxy 等配置 TongWeb 集群。追求高并发量的情况下可采用硬负载，并发量不高的情况下可采用软负载均衡器 THS。

THS 是一款功能强大、稳定高效、高性价比、易于使用、便于维护的负载均衡软件。THS 不仅可以满足用户对负载均衡服务的需求，提升系统可靠性、高效性、可扩展性及资源利用率，还具有很高的性价比，可以有效降低系统的建设成本、维护成本，并且使用简单、维护便捷。

THS 具有智能化的特点，能够极大地提升系统的运维效率、减少运维工作量、降低因误操作引发事故的概率。THS 的云特性使其既能为传统架构的业务系统提供具有云计算优势的负载均衡服务，也可以应用到云计算平台中提供负载均衡服务。THS 提供的主要特性如下。

- 支持 OSI 七层负载均衡功能。
- 支持 HTTP、HTTPS、AJP 等协议。
- 支持多种 OSI 负载均衡常用功能，如 session 保持、访问控制等。
- 支持多种负载均衡策略。
- 支持 HA 功能、集群功能，支持浮动 IP 地址。
- 支持 TCP、GET、HEAD 3 种服务器健康检查方式。
- 能提供安全防护功能，包括访问控制、防御慢查询攻击。
- 支持国密 TLS 1.1 通信协议及 ECC-SM4-SM3 密码套件。
- 能提供管理 API，支持第三方工具对程序进行管理维护。

TongWeb 集群部署架构如图 8-1 所示（以 THS 集群为例）。

THS 部署在前端，客户端访问的是负载均衡器地址，THS 将客户端请求按一定规则分发到后台 TongWeb 各个节点上。THS 可以单独安装在一台服务器上，也可以跟 TongWeb 安装在同一台服务器上。为防止单点故障，THS 需要配置成 HA 主备模式（其中一台服务器作为主设备工作，另一台服务器是备用设备，只有主设备出现故障或人为切换，备用设备才会工作）。

> **注意** 如果单独安装 THS（不安装 TongWeb），TongWeb 的集中管理工具 Master 就不能管理 THS，需要手动配置 THS。

采用会话缓存服务器 TDG 集群作为 session 的存储库，当其中一个 TongWeb 节点宕机时，其他 TongWeb 节点可以从 TDG 中恢复 session 数据，从而保证 session 不丢失。TDG 的 session 复制不是必配项，若应用有 SSO（单点登录）功能，则完全可以不配 session 复制功能，SSO 为最佳选择。

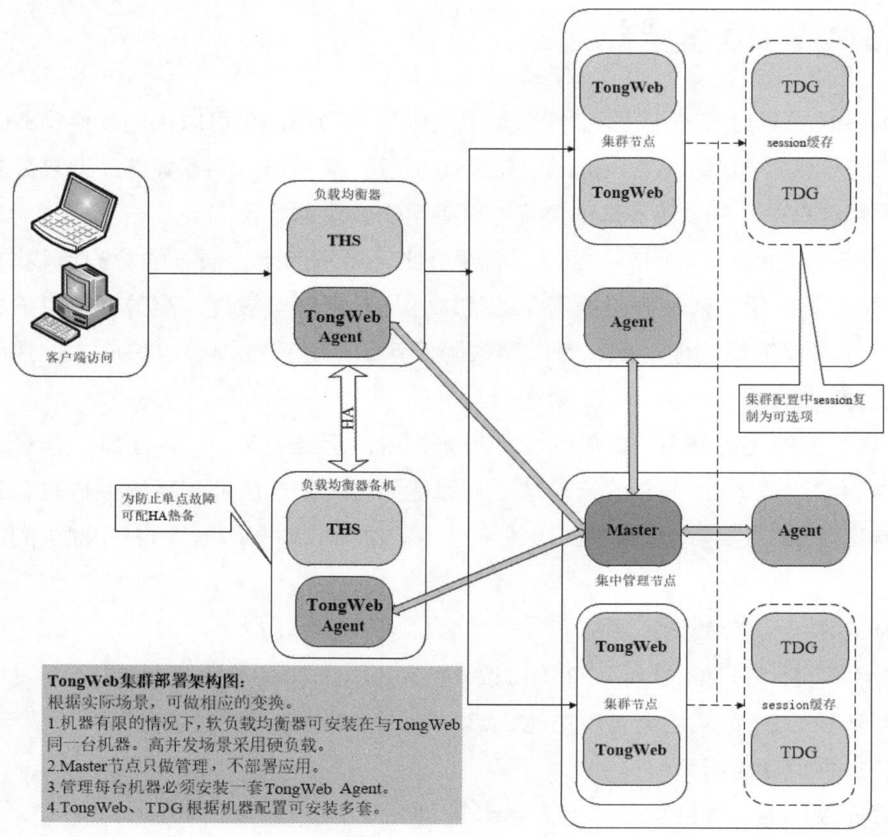

图 8-1 TongWeb 集群部署架构

集群中 THS、TongWeb、TDG 可以任意增加节点，无启动顺序要求。集中管理节点 Master 只对节点服务器做管理而不部署应用。

在 Java EE 应用的集群模式下有 session 亲和、session 复制两个概念。

session 亲和（session 保持）是指在集群环境下，同一客户端的请求会始终被分发到同一个 TongWeb 节点上，这是集群配置时负载软件必须实现的。通常保证 session 亲和有 3 种方式，即基于客户端 IP 地址的 session 亲和、基于 Cookie 的 session 亲和、基于 sessionID 的 session 亲和。

session 复制（session 共享）是指 TongWeb 之间 session 信息可以实现共享。TongWeb 集群可以只配 THS session 亲和，不配 TDG session 复制，这样只会造成客户端请求跳转到另一个 TongWeb 节点上时 session 信息丢失。如果 TongWeb 集群在 THS 配置 session 亲和的同时开启 TDG session 复制，那么客户端请求跳转到另一个 TongWeb 节点上时 session 信息就不会丢失，但同时需要维护会话服务器。目前应用常以单点登录作为解决方案。

当 THS 配置了 session 亲和，TDG 是否开启 session 复制与 SessionID 变化的关系如下。

- TDG 开启了 session 复制：如果一个 TongWeb 节点宕机了，那么客户端请求会跳转到另一个 TongWeb 节点。新的 TongWeb 节点没有原来的 session 信息，会从 TDG 中恢复，请求的 SessionID 保持不变。

- TDG 未开启 session 复制：如果一个 TongWeb 节点宕机了，那么客户端请求会跳转到另一个 TongWeb 节点。新的 TongWeb 节点没有原来的 session 信息，也无法从 TDG 中恢复，请求的 SessionID 就会变化。

8.1.1 组建集群前期准备

组建 TongWeb 集群需要用到负载均衡器 THS 和会话缓存服务器 TDG。如果 THS 或 TDG 安装在和 Master 主机不同的机器上，并且需要用 Master 管理，那么在 THS 和 TDG 机器上需要同时安装企业版 TongWeb，通过启动 TongWeb 的 Agent 把 THS 和 TDG 注册到集中管理工具 Master 上。创建 TongWeb 集群前需要安装 THS 软件和企业版 TongWeb 软件，具体安装说明分别如表 8-1 和表 8-2 所示。

表 8-1　THS 软件安装说明

软件包	THS_win.rar（Windows） THS_x86.tar.gz（x86 Linux） THS_arm.tar.gz（飞腾、鲲鹏 ARM　Linux） THS_longxin.tar.gz（龙芯 Linux） THS_aix.tar.gz（AIX）
说明	THS 安装程序

表 8-2　企业版 TongWeb 软件安装说明

版本	7.0 企业版
软件包	Install_TW7.0.x.x_Enterprise_Windows.exe（Windows） Install_TW7.0.x.x_Enterprise_Linux.bin（Linux） TongWeb_7.0.x.x_Enterprise_Windows.tar.gz（免安装 Windows） TongWeb_7.0.x.x_Enterprise_Linux.tar.gz（免安装 Linux）
Java 环境	JDK 1.7 以上
说明	企业版 TongWeb 安装程序，包含自带的 TongDataGrid

8.1.2 THS 的安装及启动

以 Linux 为例，THS 在 Linux 上的安装及启动过程如下。

1. THS 在 Linux 上的安装

以安装路径 /home/test/THS 为例，安装过程说明如下。

01 在目标安装路径 /home/test/ 下直接通过命令行进行解压：

```
tar zxvf THS_xxx.tar.gz
```

02 切换到目标安装目录：

```
cd /home/test/THS/bin
```

03 执行 replace.sh 脚本：

```
sh replace.sh /home/test/THS
```

注意 若路径中带空格，则路径参数前后要加英文格式的引号。路径最后不要带 /，执行完成后整个目录就不要移动到其他目录了。此操作必须对新解压出来的安装包进行操作，不可以执行一次 replace.sh 脚本后，将整个运行目录移动到其他路径再次执行。

2. 在 Linux 上启动 THS 各模块

- 启动主程序。在 /home/test/THS/bin 目录下，运行 start.sh 脚本：

```
[root@Machine03 bin]#sh start.sh
server_root: /home/test/THS
conf: /home/test/THS/conf/httpserver.conf
```

- 启动 HA 程序。在 /home/test/THS/bin 目录下，运行 startHA.sh 脚本：

```
[root@Machine03 bin]#sh startHA.sh
```

- 启动 Web 控制台。在 /home/test/THS/web 目录下，运行 startWeb.sh 脚本。

若 startWeb.sh 不带参数，则默认为 0.0.0.0:8000（表示监听本地所有 IP 地址的 8000 端口）：

```
[root@Machine03 web]#sh startWeb.sh 0.0.0.0:8000
web is starting ...
start success!
```

- 启动国密代理。在 /home/test/THS/bin 目录下，运行 startGmproxy.sh 脚本：

```
[root@Machine03 bin]#sh startGmproxy.sh -p 443
```

其中，-p 表示指定 httpserver 的 HTTPS 端口，如 sh startGmproxy.sh -p port（默认为 443 端口）。

3. 在 Linux 上停止 THS 各模块

- 停止主程序。在 /home/test/THS/bin 目录下，运行 start.sh 脚本（带 stop 参数）：

```
[root@Machine03 bin]#sh start.sh stop
```

- 停止 HA 程序。在 /home/test/THS/bin 目录下，运行 startHA.sh 脚本（带 stop 参数）：

```
[root@Machine03 bin]#sh startHA.sh stop
```

- 停止 Web 控制台。在 /home/test/THS/web 目录下，运行 startWeb.sh 脚本（带 stop 参数）：

```
[root@Machine03 web]#sh startWeb.sh stop
```

- 停止国密代理。在 /home/test/THS/bin 目录下，运行 startGmproxy.sh 脚本（带 stop 参数）：

```
[root@Machine03 bin]#sh startGmproxy.sh stop
```

说明 在 Windows 平台上安装后，需在同目录下执行同名的启动脚本。

启动：.\xxx.bat。

停止：.\xxx.bat stop。

4. 登录 THS Web 管理控制台

THS 可提供管理控制台对 THS 进行配置。启动 Web 控制台后，登录 Web 管理控制台 http://<TongHttpServerIP>:8000，初始账户为 admin，密码为 admin123。

8.1.3 企业版 TongWeb 的安装及启动

企业版 TongWeb 包含自带的会话缓存服务器 TDG，其位于 /TongDataGrid 目录下。安装企业版 TongWeb 后，TDG 是默认安装的。

以 Linux 为例，TongWeb 在 Linux 上的安装及启动过程如下。

1. TongWeb 在 Linux 上的安装

如果 Linux 平台上开启了图形界面，直接执行安装程序：

```
sh Install_TW7. *.*.*_Enterprise_Liunx.bin
```

如果没有开启图形界面，需要通过命令行安装：

```
[root@a4 TongWeb7]# sh Install_TW7.x.x.x_Enterprise_Liunx.bin -i console
正在准备进行安装
正在从安装程序档案中提取安装资源 ...
配置该系统环境的安装程序 ...

正在启动安装程序 ...
......
......
安装完成
----
恭喜！ TongWeb7.0 Enterprise 已成功地安装到:
   /root/TongWeb7
按 <ENTER> 键以退出安装程序 :
```

2. 安装 License

将TongWeb产品光盘中的license.dat文件复制到安装完成的TongWeb根目录下即可。

3. TongWeb 在 Linux 上的启动

在 TW_HOME/bin 目录下，通过 sh startserver.sh 启动应用服务器，也可以通过 sh startservernohup.sh 以后台运行的方式启动应用服务器：

```
[2020-12-15 11:06:17 585] [INFO] [main] [core] [TongWeb server startup complete in 65778 ms.]
[2020-12-15 11:06:17 585] [INFO] [main] [systemout] [System.out is closed!]
```

4. 登录 TongWeb 管理控制台

TongWeb 管理控制台是应用服务器提供的图形界面管理工具，它允许系统管理员以 Web 方式管理系统服务、应用、监控系统信息等。登录 TongWeb 管理控制台 http://<TongWeb SeverIP>:9060/console，用户名为 thanos，密码为 thanos123.com。

8.2 集中管理工具

组建 TongWeb 集群需要用到 THS 和会话缓存服务器 TDG，TongWeb 能提供集中管理工具对它们进行配置。集中管理工具是企业版 TongWeb 提供的一个 B/S 架构的管理工具，让用户在企业生产环境中可以方便地管理和配置多个 TongWeb 实例，以及方便地组建 TongWeb 集群。

8.2.1 快速搭建运行环境

按照以下步骤可快速搭建一个集中管理工具运行环境（以 Linux 平台为例）。

1. 启动集中管理工具 Master

在 Master 所在机器的 TW_HOME/bin 目录下，执行 sh startserver.sh，启动 TongWeb。

2. 登录集中管理工具控制台

01 打开浏览器（推荐使用 Firefox 或 IE 8 及以上版本），访问 http://<localhost>:9060/heimdall/，默认用户名为 thanos，默认密码为 thanos123.com。

注意 这是在 Master 所在主机上的访问，所以是 localhost。如果从其他主机上访问，应该把 localhost 改为 Master 所在主机的 IP 地址。

02 登录集中管理工具控制台后，浏览器默认显示 TongWeb 集中管理工具首页，如图 8-2 所示。首页会以图表方式显示受管理的节点代理、集群、TongWeb、应用、JDBC 数据源的数量信息，并可提供相应的超链接。同时，首页会以文字方式显示 Master 信息、JDK 信息及 License 信息。

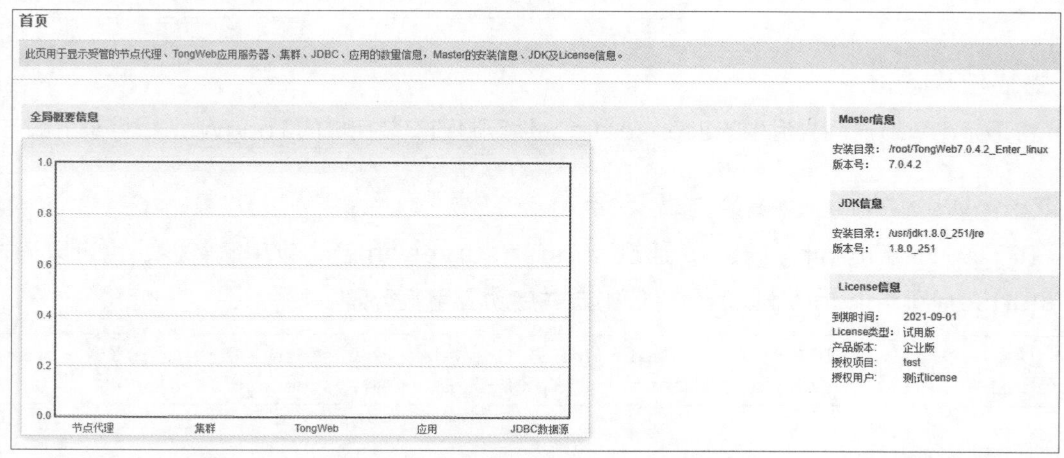

图 8-2 TongWeb 集中管理工具首页

3. 添加 TongWeb/THS/TDG 机器上的代理节点

TongWeb 代理节点采用自动注册到 Master 的方式。

01 编辑 TW_HOME/Agent/config 目录下的 agent.xml 文件，修改 <masterIP> 和 <masterPort> 信息分别为 Master 主机所在的 IP 地址和端口（默认是注册到 Master 的 9060 端口）：

```
[root@a4 config]# more agent.xml
<?xml version="1.0" encoding="UTF-8" standalone="yes"?>
<configFile>
    <agentPort>7070</agentPort>
    <fileReceiverPort>19090</fileReceiverPort>
    <masterIp>127.0.0.1</masterIp>
    <masterPort>9060</masterPort>
</configFile>
```

02 启动 TongWeb/THS/TDG 机器上的代理节点，在 TW_HOME/Agent/bin 下执行启动脚本 sh start.sh，启动完成后，输出如下：

```
[root@Machine04 bin]# cd /root/TongWeb7.0/Agent/bin
[root@Machine04 bin]# sh start.sh
2020-12-14 16:51:50 INFO  Agent Server starts at port [7070]
2020-12-14 16:51:50 INFO  Agent Server startup in 1145 ms
```

03 在 TongWeb/THS 机器上查看 TW_HOME/Agent/config 目录下的 agent.xml 文件，THS 已自动注册到代理节点上：

```
[root@a4 config]# more agent.xml
<?xml version="1.0" encoding="UTF-8" standalone="yes"?>
<configFile>
    <agentId>1608181140927</agentId>
    <agentIp>168.1.15.164</agentIp>
    <agentPort>7070</agentPort>
    <extendNodeRegistered/>
    <fileReceiverPort>19090</fileReceiverPort>
    <hazelcastRegistered>/opt/TongWeb/Agent/nodes/tongdatagrid-1</hazelcastRegistered>
    <masterIp>168.1.11.9</masterIp>
    <masterPath>/root/TongWeb7.0</masterPath>
    <masterPort>9060</masterPort>
    <thsRegistered>/opt/TongWeb/THS</thsRegistered>
</configFile>
```

04 在 TongWeb 或 TDG 机器上查看 TW_HOME/Agent/config 目录下的 agent.xml 文件，TongWeb 或 TDG 已自动注册到代理节点上：

```
[root@Machine04 config]# more agent.xml
<?xml version="1.0" encoding="UTF-8" standalone="yes"?>
<configFile>
    <agentId>1608188909565</agentId>
    <agentPort>7070</agentPort>
    <extendNodeRegistered/>
    <fileReceiverPort>19090</fileReceiverPort>
    <hazelcastRegistered>/root/TongWeb7.0/Agent/nodes/tongdatagrid-1</hazelcastRegistered>
    <masterIp>168.1.11.9</masterIp>
```

```
    <masterPath>/root/TongWeb7.0</masterPath>
    <masterPort>9060</masterPort>
    <tongwebRegistered>/root/TongWeb7.0/Agent/nodes/tongweb-2</tongwebRegistered>
    <tongwebRegistered>/root/TongWeb7.0/Agent/nodes/tongweb-1</tongwebRegistered>
</configFile>
```

4．查看已注册的节点代理

展开集中管理工具左侧导航树中的“节点管理”，单击“节点代理”，进入“节点代理”页面，如图 8-3 所示，可看到已注册的节点代理。

图 8-3　节点代理

5．查看已注册的节点代理实例

单击“IP”项的 IP 地址，进入“节点代理实例”页面，如图 8-4 所示，可看到该 IP 地址下已注册的节点代理实例。

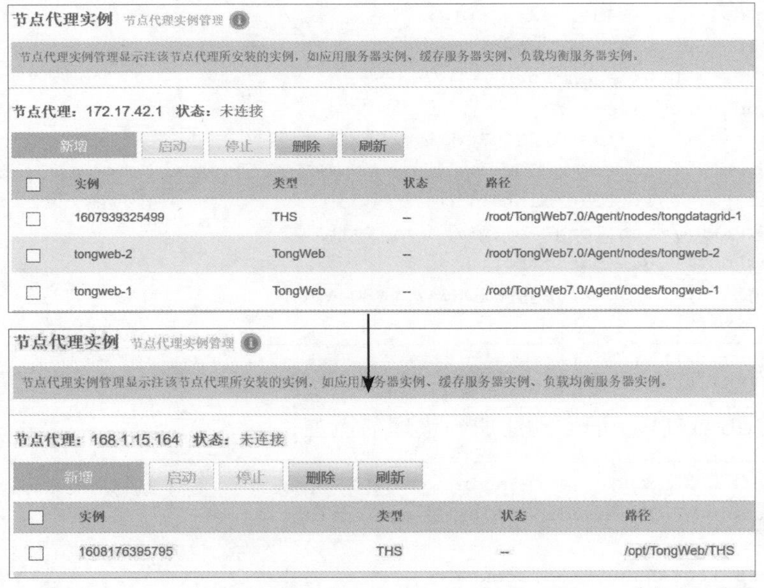

图 8-4　节点代理实例

6．查看已注册的 TongWeb 实例

TongWeb 节点代理实例采用自动注册和手动注册的方式，如果该计算机上已经启动

代理节点，则在该计算机上启动 TongWeb 实例以后，会自动注册到集中管理工具上。展开集中管理工具左侧导航树中的“服务器管理”进入“服务器管理”页面，如图 8-5 所示，可看到已注册的 TongWeb 实例。

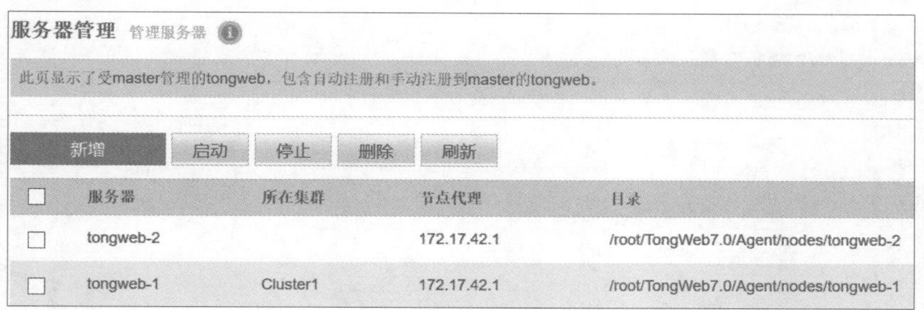

图 8-5 服务器管理

8.2.2 License 信息

在集中管理工具左侧导航树中，单击“License 信息”，“License 信息”页面将统一展示Master以及受管理的TongWeb的License信息，内容包括服务器、License类型、产品版本、授权项目、到期时间，如图 8-6 所示。

图 8-6 License 信息

8.2.3 节点管理

节点管理包括节点代理和阈值设定。

1. 节点代理

展开集中管理工具左侧导航树中的“节点管理”，单击“节点代理”，进入“节点代理”页面，在该页面可以查看已注册到此的所有节点代理，并显示各节点代理的所在计算机的 IP 地址、安装路径、状态、CPU 使用、内存占用等信息。

在“节点代理”页面，单击具体的节点代理可进入“节点代理实例”页面。该页面会显示节点代理所管理的所有实例，在该页面可以查看具体实例的类型、状态、路径和所属集群信息，并可对具体实例进行启动、停止和删除操作。

2. 阈值设定

展开集中管理工具左侧导航树中的“节点管理”，单击“阈值设定”，进入“阈值设定”

页面，如图 8-7 所示。该功能用于设定节点代理所在计算机的内存和 CPU 阈值，当节点代理所在计算机的内存和 CPU 超过设定的阈值后，节点代理的状态会显示为“超负荷”，超过阈值的内存和 CPU 值将以红色字体高亮显示。

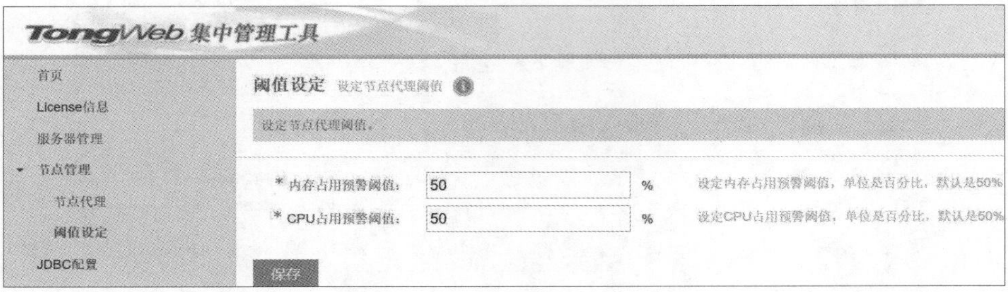

图 8-7　阈值设定

8.2.4 创建集群

使用集中管理工具创建一个 TongWeb 集群的步骤如下。

01 在集中管理工具左侧导航树中，单击“集群”，进入“集群管理”页面，如图 8-8 所示。

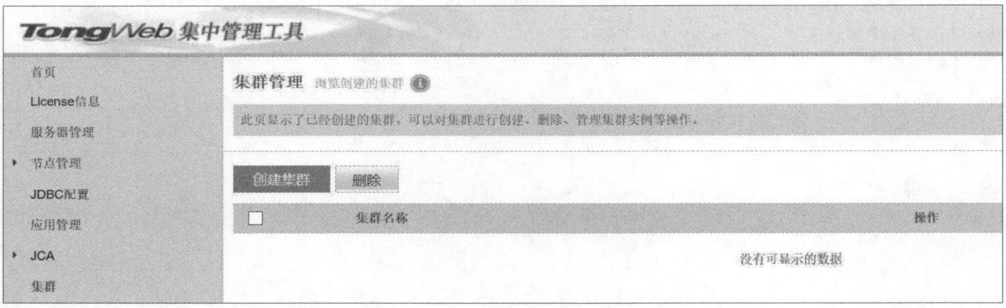

图 8-8　集群管理

02 单击“创建集群”按钮，设置集群及 session 复制如图 8-9 所示。

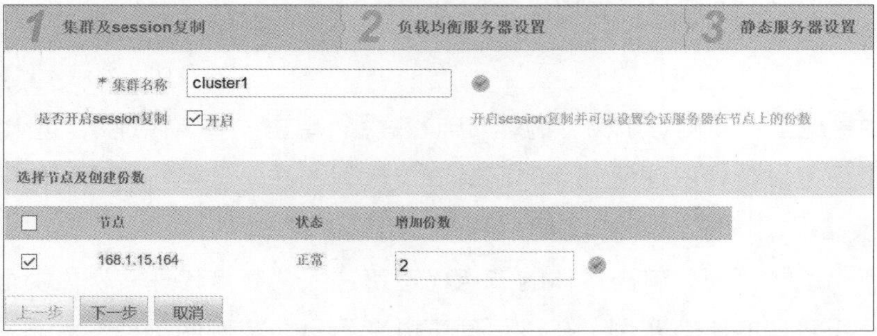

图 8-9　设置集群及 session 复制

集群及 session 复制的属性说明如下。

- 集群名称：集群的唯一标识，新建集群名称不能与已创建的集群名称相同。名称可由数字、字母、下划线和“-”组成，首字符为英文。

- 是否开启 session 复制：默认是不勾选的，开启后可以继续进行会话服务器配置，这里选择开启 session 复制。
- 选择节点及创建份数：可以通过复选框选择需要创建会话服务器的目标节点，同时可以设置创建的份数。选择节点并设置份数后，创建集群时集中管理工具会自动在指定的节点上创建好会话服务器。

03 单击“下一步”按钮，进行负载均衡服务器设置。选择一个已安装的负载均衡服务器，负载均衡服务器设置如图 8-10 所示。

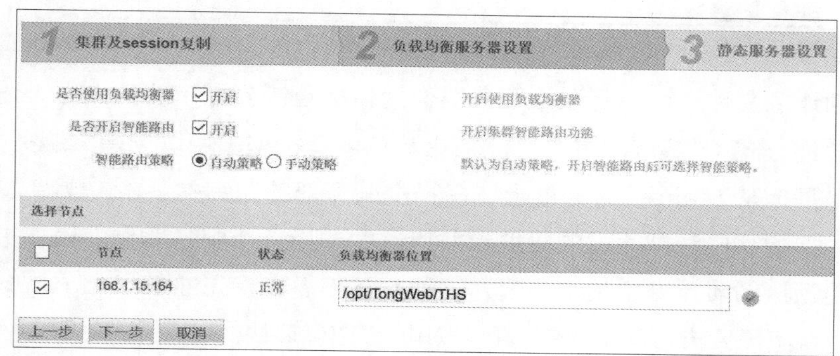

图 8-10　负载均衡服务器设置

负载均衡服务器设置属性说明如下。

- 是否使用负载均衡器：勾选后开启使用负载均衡器，最多能选择两个节点（作为高可用主备节点）。负载均衡服务器仅支持 THS。
- 是否开启智能路由：勾选后开启集群智能路由功能。
- 智能路由策略：一种是自动策略，由智能组件完成决策后自动执行；另一种是手动策略，智能组件完成决策后需要人工执行。

04 单击“下一步”按钮，进行静态服务器设置，如图 8-11 所示。

静态服务器用于动静分离部署场景，也就是当部署一个应用时选择动静分离部署，这会将静态资源部署到静态服务器上，使静态资源请求处理性能明显提升。静态服务器仅支持 THS。

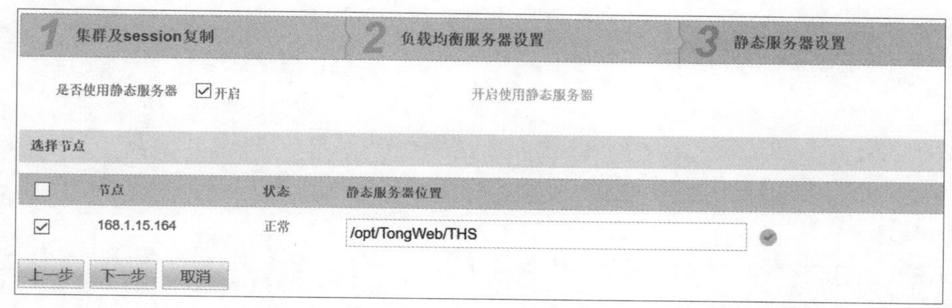

图 8-11　静态服务器设置

05 单击“下一步”按钮，进行服务器设置，如图 8-12 所示。

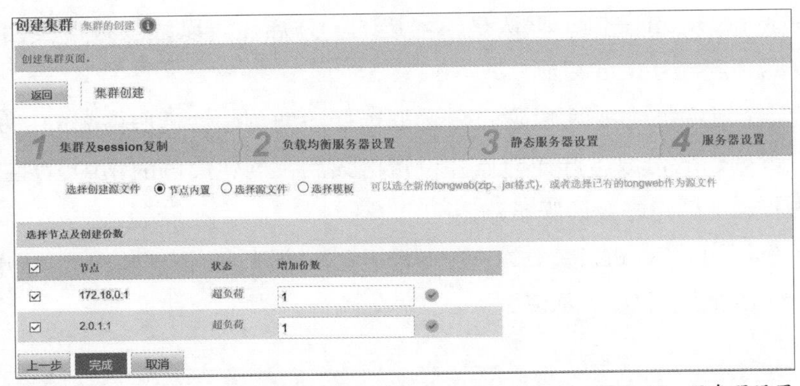

图 8-12 服务器设置

- 选择创建源文件：可以将这个服务器作为模板复制到指定的节点上。选择创建源文件有 3 种方式：“节点内置”可以指定节点内置类型，用以创建域服务器；“选择源文件”是指从 Master 服务器上选择一个服务器的压缩包（ZIP 或者 JAR）；“选择模板”是指从已经创建过的集群或非集群中选择一个服务器作为模板进行复制。建议使用默认的节点内置类型，因为这种方式不需要事先准备 TongWeb 模板，使用方便，且不需要进行网络复制，创建和扩容速度最快。
- 选择节点及创建份数：通过复选框选择需要创建服务器的目标节点（指注册到 Master 且是已连接状态的节点），并设置创建的份数。选择了节点并设置份数后，创建集群时集中管理工具会自动在指定的节点上创建好服务器。图 8-12 所示的服务器在两个节点上的份数均为 1。

06 单击“完成”按钮，将返回集群管理页面，并给出成功或失败详细提示信息。如图 8-13 所示，cluster1 集群创建成功。

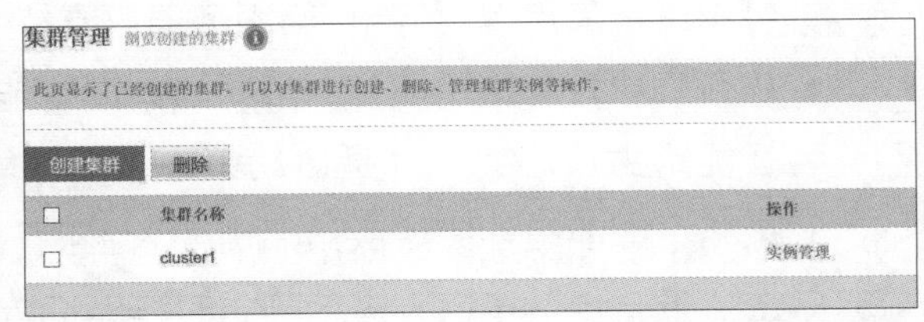

图 8-13 cluster1 集群创建成功

07 单击“实例管理”，集群实例管理如图 8-14 所示，可以看到 cluster1 中包含 1 个 THS、2 个 TongWeb 和 1 个 TDG。

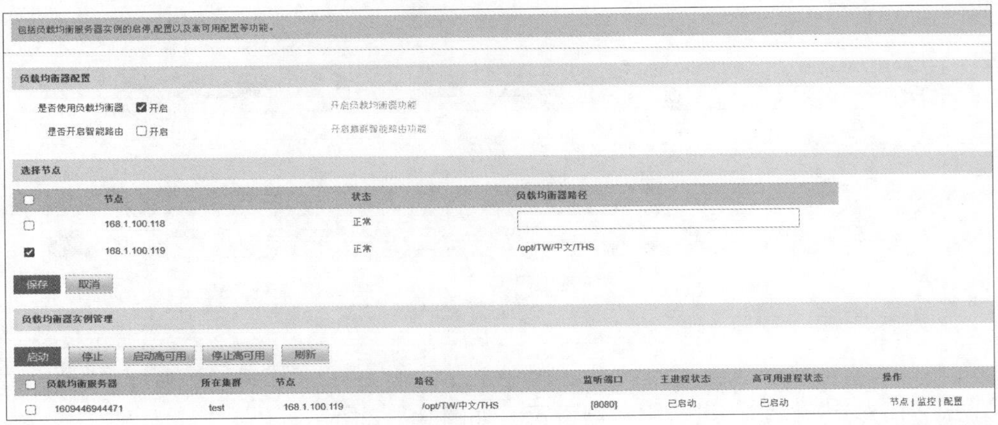

图 8-14 集群实例管理

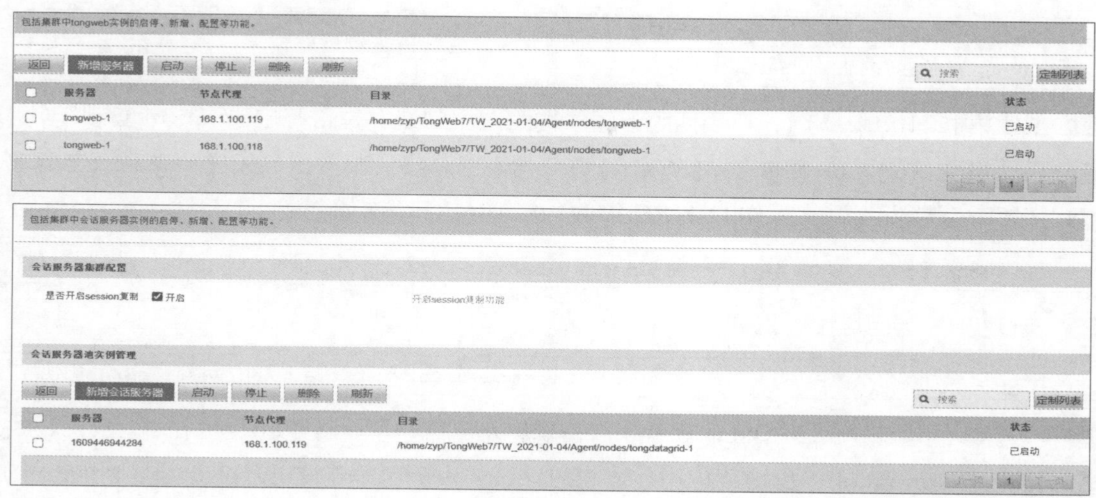

图 8-14　集群实例管理（续）

8.2.5 验证集群功能

1. 验证集群 session 亲和

验证集群 session 亲和的具体操作步骤如下。

01 在 THS 上配置 session 亲和。在 THS/bin/https.conf 的 Worker 配置中，每个 BalancerMember 后加上 route=serverN，xml 最外层加上：

```
Header add Set-Cookie "ROUTEID=.%{BALANCER_WORKER_ROUTE}e; path=/"
env=BALANCER_ROUTE_CHANGED
```

02 创建集群 cluster1 时，在会话服务器集群配置里不勾选“开启 session 复制”。

03 启动集群 cluster1 下的 TongWeb、负载均衡器、会话服务器，无启动先后顺序要求。

04 部署一个带 session 操作的应用到集群 cluster1 上，例如：

```
TW_HOME/samples/servletjsp-samples/servletjsp-tomcatexamples/TC_examples.war
```

05 通过 THS 访问应用，例如：

```
http://<THServerIP>:<THServerPort>/TC_examples/servlets/servlet/SessionExample
```

06 输入 SessionNAME 和值，查看该次请求转发到哪个 TongWeb。

07 停止此 TongWeb，再访问应用。请求应该被转发到另一个 TongWeb 上，但 SessionID 会变化，并且无法获取之前输入的 SessionNAME 和值。

2. 验证集群 session 复制

验证集群 session 复制的具体操作步骤如下。

01 在 THS 上配置 session 亲和。在 THS/bin/https.conf 的 Worker 配置中，每个 BalancerMember 后加上 route=serverN，xml 最外层加上：

```
Header add Set-Cookie "ROUTEID=.%{BALANCER_WORKER_ROUTE}e; path=/"
env=BALANCER_ROUTE_CHANGED
```

02 创建集群 cluster1 时，在会话服务器集群配置里勾选“是否开启 session 复制”。

03 启动集群 cluster1 下的 TongWeb、负载均衡器、会话服务器，无启动先后顺序要求。

04 部署一个带 session 操作的应用到集群 cluster1 上，例如：

```
TW_HOME/samples/servletjsp-samples/servletjsp-tomcatexamples/TC_examples.war
```

05 通过 THS 访问应用，例如：

```
http://<THServerIP>:<THServerPort>/TC_examples/servlets/servlet/SessionExample
```

06 输入 SessionNAME 和值，查看该次请求转发到哪个 TongWeb。

07 停止此 TongWeb，再访问应用。请求应该被转发到另一个 TongWeb 上，SessionID 保持不变，并且 SessionNAME 和值也不会丢失。

08 如果此时 session 信息丢失，说明 session 复制不成功，需重新检查配置。

8.2.6 集群管理及配置

一、服务器管理

“服务器管理”页面会显示受 Master 管理的 TongWeb，包含自动注册和手动注册到 Master 的 TongWeb。

1. 查看服务器管理实例信息

在集中管理工具左侧导航树中，单击“服务器管理”，进入“服务器管理”页面，如图 8-15 所示。页面会显示 TongWeb 实例列表，该列表列出系统中所有的 TongWeb 实例，包括服务器、所在集群、节点代理、目录、状态和操作。

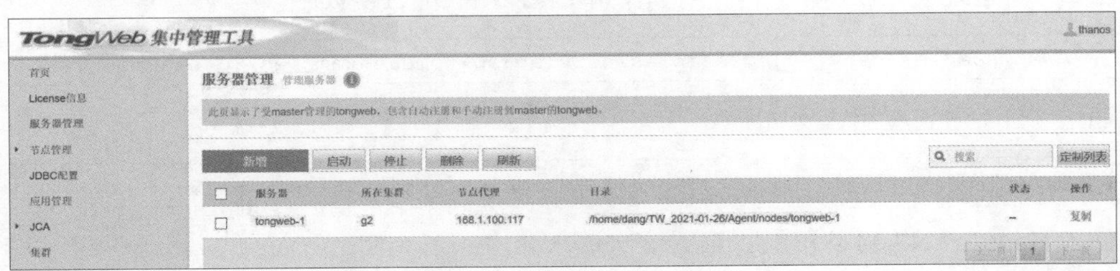

图 8-15 服务器管理

2. 添加或删除服务器实例

01 在服务器管理页面，单击“新增”按钮，进入“添加服务器”页面，选择节点代理和安装目录，添加服务器如图 8-16 所示。

02 单击“添加”按钮，操作成功，即可返回实例列表页，列表中会新增刚添加的实例。

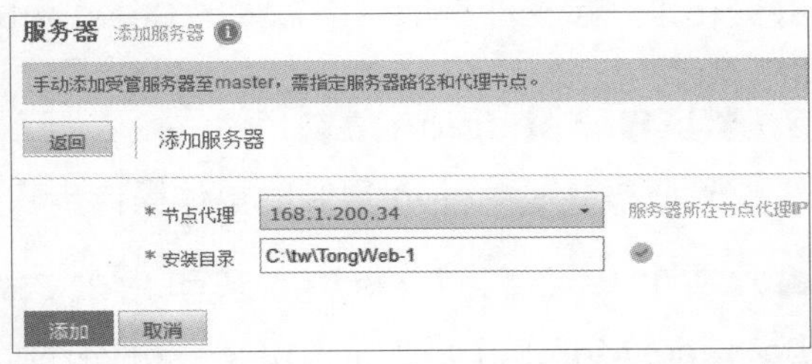

图 8-16 添加服务器

03 在服务器实例列表中选中一个或多个实例，单击“删除”按钮，即可删除选中的实例，默认为逻辑删除，如图 8-17 所示。如果想从物理机上把具体实例删除，需要在弹出的选项框中勾选“物理删除”。

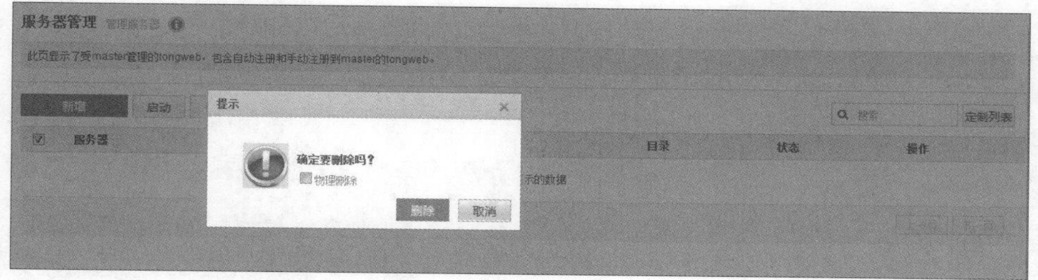

图 8-17 删除服务器实例

3. 启动或停止服务器实例

01 在服务器实例列表中，选中一个或多个实例，单击“启动”按钮，即可启动选中的实例，状态栏将更新至最新状态。

02 选中一个或多个实例，单击“停止”按钮，即可停止选中的实例，状态栏将更新至最新状态，这里的状态更新可能会有些许延时。

> **注意** TongWeb 实例是在集中管理工具上启动的，当 TongWeb 实例所在节点停止时，TongWeb 实例会一起停止。

4. 复制服务器实例

01 在服务器实例列表中，单击服务器实例后面的“复制”，进入“服务器复制”页面，如图 8-18 所示，可选择要复制服务器的节点和实例增加份数。

02 单击“复制”按钮，操作成功，即可返回实例列表，列表中将新增刚复制成功的实例。

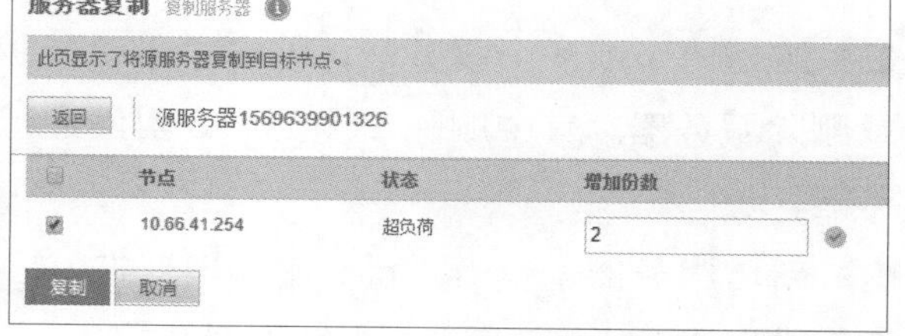

图 8-18 服务器复制

二、管理配置单个服务器实例

在服务器管理界面，单击“启动的服务器实例”，进入服务器实例具体配置界面，该界面标签页包括服务器信息、Web 容器配置、EJB 配置、JDBC 配置、应用管理、服务、安全服务、日志服务、启动参数配置。具体的配置说明可参见第 4 章、第 5 章及第 6 章。

三、集群实例管理

TongWeb 的集中管理工具能提供集群管理功能，便于用户进行集群创建、集群实例的查询和管理、集群的浏览等操作。集群实例管理包括 TongWeb、会话服务器、负载均衡服务器、静态服务器、集群配置服务。

在集中管理工具左侧导航树中，单击“集群”节点，进入集群管理页面。在集群管理列表中选择希望查看的集群，单击“实例管理”，默认打开的是“集群 test 中 TongWeb 管理”页面，如图 8-19 所示。

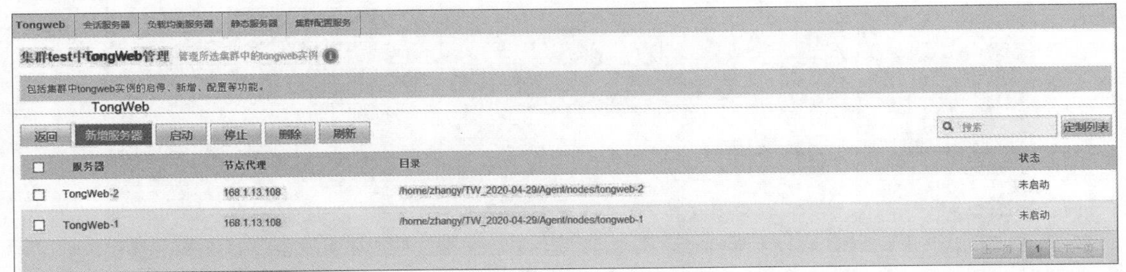

图 8-19　集群 test 中 TongWeb 管理

1. TongWeb 实例管理

01 进入“集群 cluster1 中 tongweb 管理”页面，如图 8-20 所示。在该页面中，可以对集群中的 TongWeb 实例进行新增、启动、停止、删除、刷新等操作。

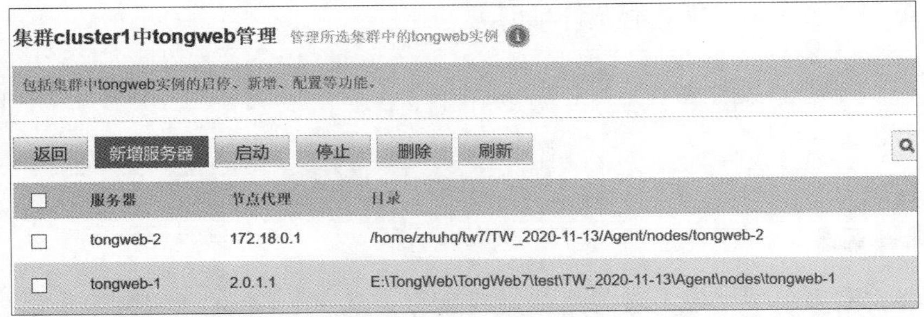

图 8-20　集群 cluster1 中 tongweb 管理

02 选择一个或多个服务器，单击“启动”“停止”“删除”按钮，则会同时启动、停止或删除服务器。其中删除 TongWeb 实例过程中需要注意，集群中至少需要保留一个服务器。

03 新增服务器：单击“新增服务器”按钮，进入“服务器新增”页面，如图 8-21 所示。在此页面可以选择节点（指注册到 master 且是已连接状态的节点）和增加服务器实例的份数。

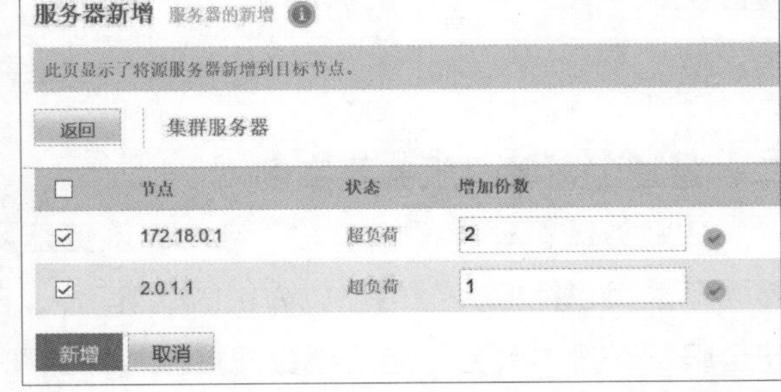

图 8-21　服务器新增

2. 会话服务器实例管理

01 单击图 8-19 页面上方的“会话服务器”，进入“集群 test 中会话服务器管理”页面，如图 8-22 所示，在该页面中可以对集群中的会话服务器进行新增、启动、停止、删除、刷新等操作。

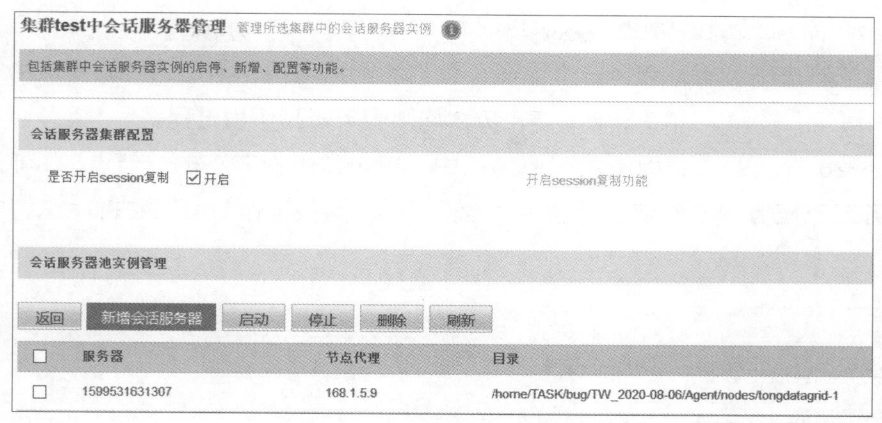

图 8-22 集群 test 中会话服务器管理

注意 如果关闭“开启 session 复制”，则会弹出提示“关闭将会删除该集群下所有的会话服务器，请确认！”

02 编辑会话服务器：单击“会话服务器”，进入会话服务器管理页面。单击列表里的服务器，进入“会话服务器配置”页面，可对监听端口进行修改，如图 8-23 所示。

03 新增会话服务器：单击“新增会话服务器”按钮，进入“会话服务器新增”页面，如图 8-24 所示，在此页面可以选择节点和增加会话服务器的份数。

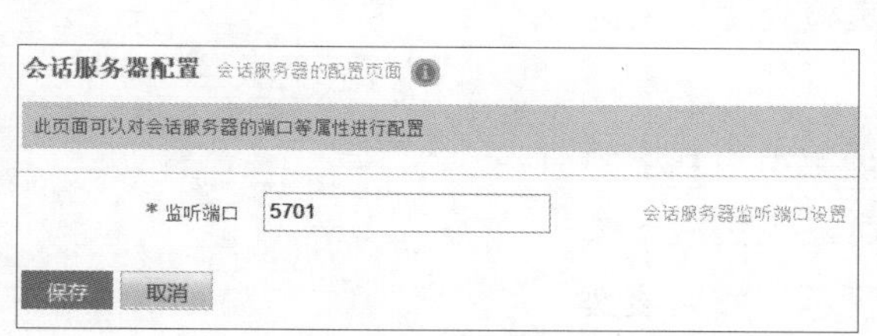

图 8-23 会话服务器配置

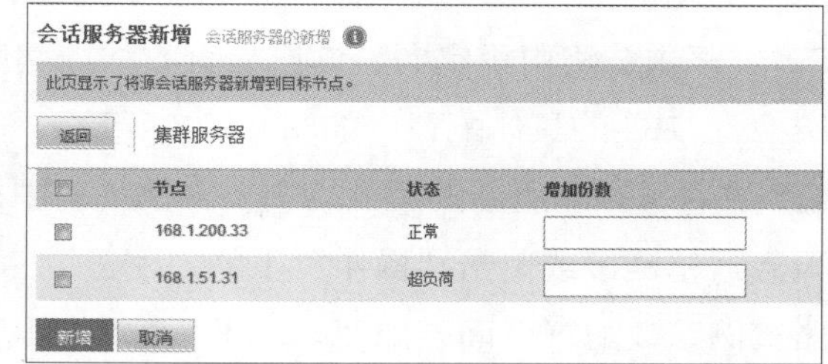

图 8-24 会话服务器新增

3. 负载均衡服务器实例管理

集中管理工具中的负载均衡服务器通过 THS 来搭建。

集中管理工具可以对集群中的负载均衡服务器 THS 进行配置以及查看运行状态，比如启用或停止负载均衡服务器主进程、开启或关闭负载均衡服务器高可用进程、重新选择负载均衡服务器节点、对单个 THS 负载均衡器实例参数进行配置。

01 在“负载均衡器实例管理”页面下（见图 8-25），可对负载均衡器实例进行管理。

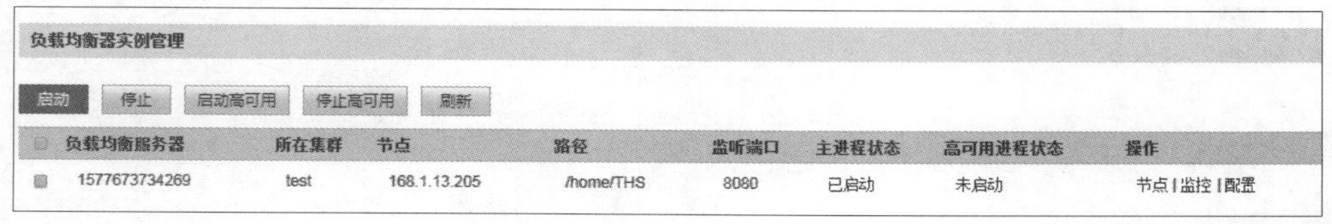

图 8-25 负载均衡器实例管理

- 启动或停止：选择一个或多个负载均衡器实例，单击“启动”或“停止”按钮，将会启动或停止负载均衡器实例主进程。

- 启动或停止高可用：选择一个或多个负载均衡器实例，单击“启动高可用”或“停止高可用”按钮，将会启动或停止负载均衡服务器高可用进程。

02 在图 8-25 所示的负载均衡器实例列表中，单击“操作”下的“节点”，可查看该负载均衡服务器已配置的工作节点，如图 8-26 所示，这些工作节点即集群中配置的服务器实例。

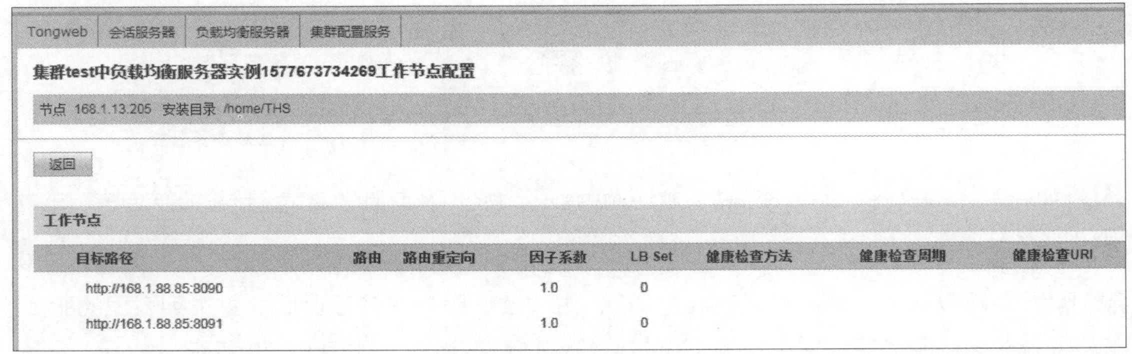

目标路径	路由	路由重定向	因子系数	LB Set	健康检查方法	健康检查周期	健康检查URI
http://168.1.88.85:8090			1.0	0			
http://168.1.88.85:8091			1.0	0			

图 8-26　负载均衡服务器工作节点配置

03 在图 8-26 所示的负载均衡器工作节点列表中，单击目录路径的超链接，可进行工作节点的使用通道、因子系数、LB Set、路由、路由重定向、健康检查方法、健康检查周期及健康检查 URI 的具体配置，如图 8-27 所示。

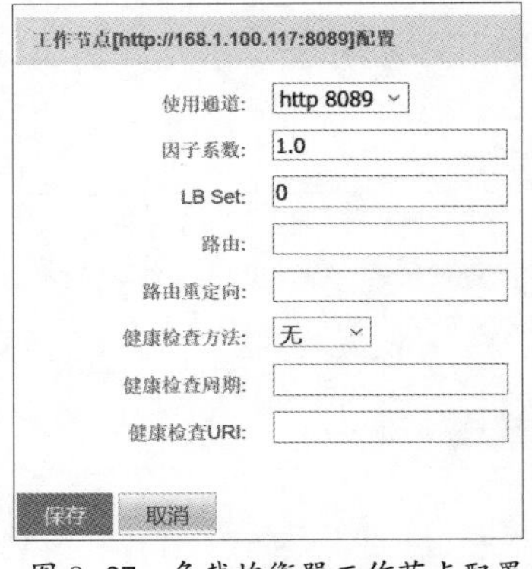

图 8-27　负载均衡器工作节点配置

04 在图 8-25 所示的负载均衡器实例列表中，单击负载均衡服务器超链接或单击“操作”下的“配置”，可进入负载均衡器实例参数配置页面，如图 8-28 ～图 8-31 所示。如果该实例对应节点状态为未连接，则无法进入参数配置页面，页面会出现提示“无法对未连接的节点进行操作”。

注意　视 THS 版本情况而定，如果其无 Web 管理控制台，将无 HA 配置项。

全局配置
成员最大个数: 100
负载算法: 轮询调度算法
超时时间: 1
最大尝试次数: 1
禁止会话故障转移: On Off
Session粘连: ROUTEID
保存 取消

图 8-28　负载均衡器实例参数全局配置

HA配置
浮动IP: 127.0.0.1
工作模式: 未设置
工作接口: 请选择
对端IP: 127.0.0.1
管理端口: 8000
保存 取消

图 8-29　负载均衡器实例参数 HA 配置

进程数配置

参数	值	说明
StartServers	3	默认启动进程数
MinSpareThreads	75	最小线程
MaxSpareThreads	250	最大线程
ThreadsPerChild	25	最大子线程数
ServerLimit	16	进程最大数
MaxRequestWorkers	400	最大请求数量
MaxConnectionsPerChild	0	最大连接次数,超过后释放线程

保存 取消

图 8-30 负载均衡器实例参数进程数配置

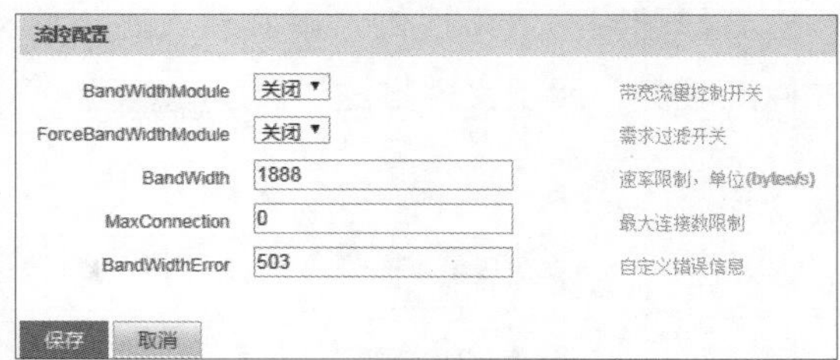

图 8-31 负载均衡器实例参数流控配置

05 在图 8-25 所示的负载均衡器实例列表中，单击“操作”下的“监控”，可进入“负载均衡器实例当前状态”监控页面，如图 8-32 所示。如果该实例对应节点状态未连接，则无法进入状态监控页面，页面会出现提示“无法对未连接的节点进行操作”。

> **注意** 视 THS 版本情况而定，如果其无 Web 管理控制台，将无法进入监控页面。

当前状态

CPU利用率	内存利用率	发送字节数	接手字节数	发送包数	接收包数
7.1%/(阈值 80.0%)	47.7%/(Total 33716523008)(阈值 80.0%)	7732118629	11620584437	19266311	122750111

主备状态

HA状态	工作接口	浮动IP
Backup	ens33	127.0.0.1

工作节点

目标路径	路由	路由重定向	因子系数	LB Set	状态	调度次数	等待请求	连接数	请求流量	响应流量	HC方式	HC周期
http://168.1.100.119:8081			1.0	0	异常	0	0	0	0	0	TCP	30000ms
http://192.168.56.101:8082			1.0	0	异常	0	0	0	0	0	TCP	30000ms

图 8-32 负载均衡器实例当前状态

4. 静态服务器实例管理

静态服务器管理可以对集群中的静态服务器 THS 进行配置以及查看运行状态，比如启动或停止静态服务器主进程、重新选择静态服务器节点。在集群 test 中静态服务器管理的实例列表下可对静态服务器实例进行配置，如图 8-33 所示。

Tongweb 会话服务器 负载均衡服务器 静态服务器 集群配置服务

集群test中静态服务器管理 管理所选集群中的静态服务器实例

包括静态服务器实例的启停,配置等功能。

静态服务器配置

是否使用静态服务器 ☑开启 开启静态服务器功能

选择节点

☐	节点	状态	静态服务器路径
☐	168.1.13.108	超负荷	
☐	168.1.4.109	正常	
☑	168.1.55.34	超负荷	/opt/TongWeb/THS

保存 取消

静态服务器实例管理

启动 停止 刷新

☐	静态服务器	所在集群	节点	路径	状态
☑	1588132548314	test	168.1.55.34	/opt/TongWeb/THS	已启动

图 8-33 静态服务器实例配置

5. 集群配置服务

集群配置服务可提供对集群节点的公共类路径推送 JAR 包（见图 8-34）或者 .class 文件的服务，属于文件推送工具。

集群配置服务 配置服务

此页显示了集群配置信息，您可以更新这些配置，并重新启动服务器使其生效。

公共JAR包目录

C:/ D:/ E:/ F:/

autodeploy
bin
conf
deployment
Hazelcast
lib
cdi-integration
classes
client
common
endorsed
genericra
sigar

已选择目录：C:/temp/tongweb-webprofile-1.5.0/lib/common/

公共classes目录

C:/ D:/ E:/ F:/

$360Section
$Recycle.Bin
360SANDBOX
Boot
Config.Msi
Documents and Settings

图 8-34　公共类路径配置

默认的推送文件源路径为 Master 根目录下的 lib/common 和 lib/classes，单击“保存”按钮，会将 common 和 classes 文件夹下的文件推送到集群的节点中，也可以更改为其他存放有要推送文件的目录。如果目的文件夹（节点的公共类路径）已存在同名文件，则会被覆盖（如果节点处于启动状态，则给出提示，待节点停止后覆盖）。重启集群中的节点会使公共类路径下的文件生效。

四、JDBC 配置

1. 创建 JDBC 连接池

01 在集中管理工具左侧导航树中，单击“JDBC 配置”，进入“连接池管理”页面，如图 8-35 所示。

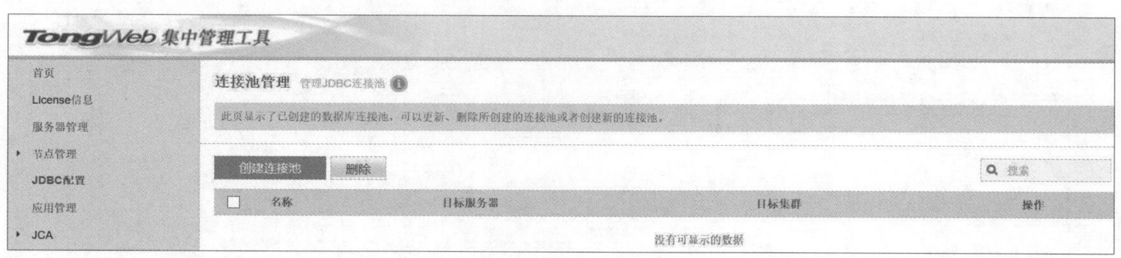

图 8-35　连接池管理

02 单击“创建连接池”按钮，将出现图 8-36 所示的创建连接池部署目标页面。

在此页面中添加 JDBC 连接池，与在单机版 TongWeb 管理控制台添加 JDBC 连接池类似，只多出一个选择部署目标的过程。这里可以选择将添加的 JDBC 连接池同时部署到集群和单个服务器上。

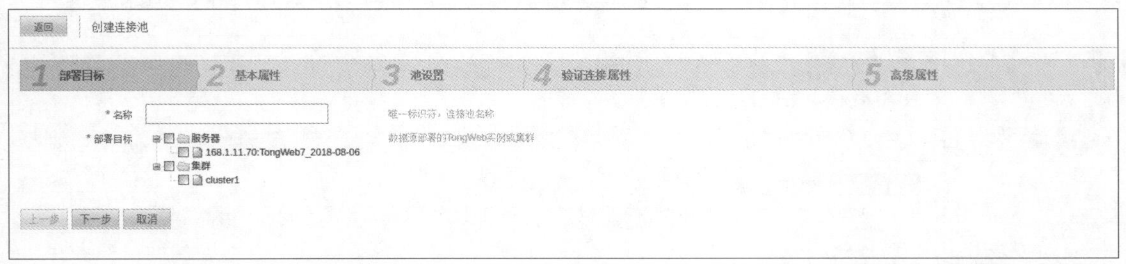

图 8-36　创建连接池部署目标

集群部署目标能展示所有已创建的集群，选择一个或者多个集群（集群中的所有 TongWeb 实例均为启动状态才可作为部署目标）为部署目标，则会在集群下的所有 TongWeb 实例中创建 JDBC 连接池。

服务器部署目标能显示系统中所有的不在集群中的 TongWeb 实例，未启动的 TongWeb 实例是灰色不可选的，启动的 TongWeb 实例是黑色可选的。如果选中的集群中存在未启动的实例，则页面会给出提示，用户需重新选择。

03 基本属性、池设置、验证连接属性及高级属性的配置，请参考单机版 TongWeb 管理控制台添加 JDBC 连接池的相关说明。单击“创建”按钮，操作成功将返回 JDBC 连接池列表，列表中将新增刚添加的 JDBC 连接池。

2. 删除 JDBC 连接池

在连接池管理页面，选中一个或多个 JDBC 连接池，单击“删除”按钮，如果所选中 JDBC 连接池的部署目标 TongWeb 实例的 NodeAgent 已连接，则删除成功；如果这些 TongWeb 实例的 NodeAgent 未连接，则只删除 Master 本地的 JDBC 连接池，并未删除具体实例上的相应 JDBC 连接池；如果数据源不存在任何目标实例，则该数据源记录也会被删除。

3. 更新 JDBC 连接池

在连接池管理页面，单击列表中某个 JDBC 连接池，可以进入此 JDBC 连接池编辑页面。对该连接池的属性进行编辑，单击“保存”按钮更新所有目标实例上的此连接池。

4. 测试连接 JDBC 连接池

在连接池管理页面，单击列表中某个 JDBC 连接池后面的“测试连接”，可以测试所有目标实例上的连接池。

5. 连接池目标调整

在连接池管理页面，单击列表中某个 JDBC 连接池后面的“目标调整”，可以调整连接池的目标。

五、应用管理

在集中管理工具左侧导航树中，单击“应用管理”，进入“应用管理”页面，如图 8-37 所示。该页面列表字段包括名称、前缀、应用类型、部署源类型、目标服务器、目标集群和操作。

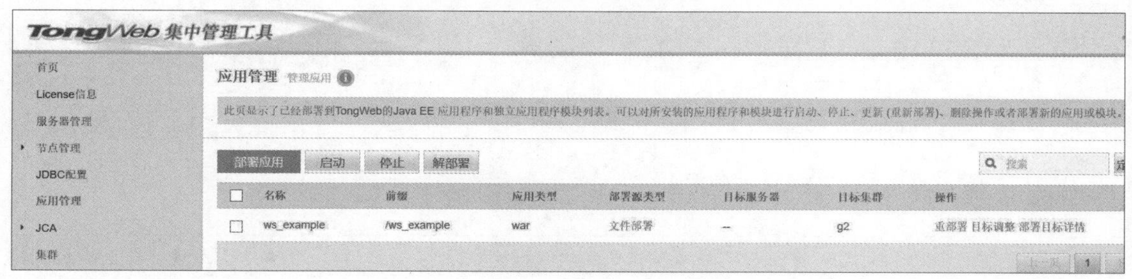

图 8-37　应用管理

1. 部署应用

01 单击“部署应用”按钮，进入“部署应用”界面，如图 8-38 所示。

02 “文件位置”可以选择“本机”和“服务器”两种类型，也可以选择“节点已有应用目录”，如图 8-39 所示。

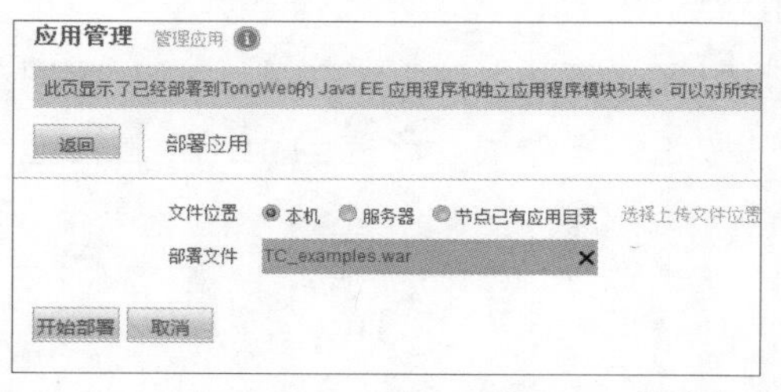

图 8-38　部署应用

图 8-39　选择文件位置

其中应用类型是必须选择的，而节点上部署目录一定要先保证节点上一定有此目录（节点需要同一种类型的平台），且后续选择添加的集群或服务器、对集群添加新的服务器、调整目标、重部署等操作时一定要保证操作节点上有配置的目录。

03 选择部署文件，单击“开始部署”按钮，进行基本属性配置，如图 8-40 所示。

部署目标可以选择部署到单个服务器上，也可以部署到集群上。如果部署到集群上，部署时会自动判断该集群中是否开启“session 高可用”，如果集群中开启“session 高可用”，则会在 TW_HOME/conf/sessionha 下生成“应用名称 .xml”配置文件，文件里自动添加 TDG 的配置信息且该配置文件的优先级高于应用的 WEB-INF/tongweb-web.xml 里的 tongdatagrid 配置文件。

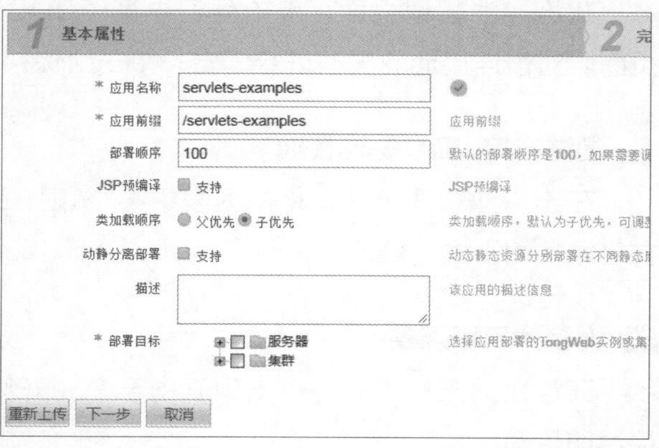

图 8-40　基本属性配置

部署时可以选择“动静分离部署”，

这种方式只支持部署在集群中。选择分离部署后，可以指定“是否开启监控”。如果开启监控，对于 WAR 应用会自动监控目录 TW_HOME/applications/heimdall/tongweb-deploy/App_Name，该目录静态文件发生变化会自动触发部署。对于目录部署的应用，该监控目录为应用所在目录，目前支持对静态资源的更新操作进行监控。

04 选择完部署目标后，单击“下一步”按钮，进入“确认信息”页面，如图 8-41 所示。单击“完成”按钮，完成整个应用的部署，返回到应用管理页面。

1 基本属性
2 完成部署！
即将完成部署，请确认以下信息
应用名称 servlets-examples
应用前缀 /servlets-examples
部署顺序 100
JSP预编译 不启用
类加载顺序 子优先
动静分离部署 不启用
描述
部署目标 test
test1
上一步
完成
取消

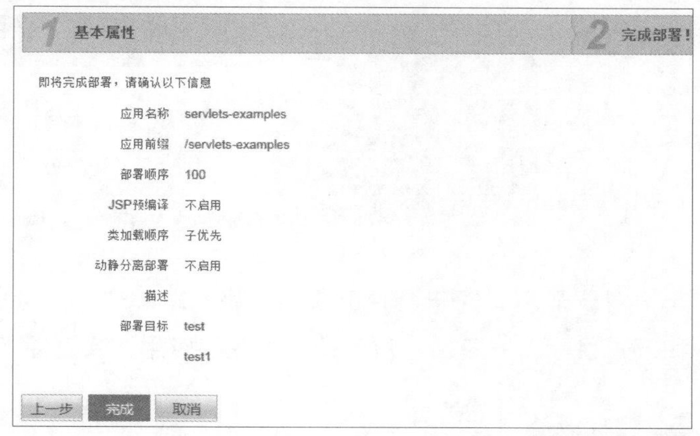

图 8-41 确认信息

2. 部署目标详情

在应用管理页面，单击已部署应用后面的“部署目标详情”，可以查看应用的部署详情信息。图 8-42 所示为“cluster1 集群服务器实例”页面。

cluster1 集群服务器实例
Apache访问
节点代理 安装目录 服务器状态 应用状态 操作
168.1.50.20 /home/test/Agent/nodes/tongweb-2 启动 已启动 访问
168.1.50.20 /home/test/Agent/nodes/tongweb-1 启动 已启动 访问
上一页 1 下一页

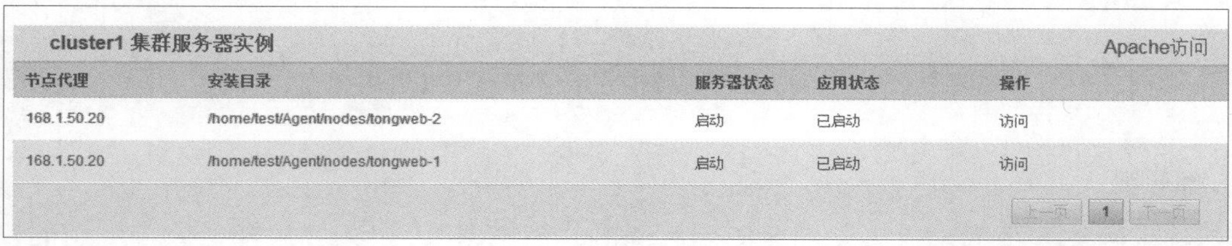

图 8-42 cluster1 集群服务器实例

在 cluster1 集群服务器实例页面，单击“访问”，可以快捷访问应用。如果是集群，还可以通过 Apache 进行访问。

3. 启动或停止应用

在应用管理页面，选中一个或多个已部署应用，单击“启动”按钮，便可启动选中的应用。

单击“停止”按钮，便可停止选中的应用，这里的状态更新可能会有些许延时。应用状态可以通过“部署目标详情”页面查看，如图 8-43 所示。

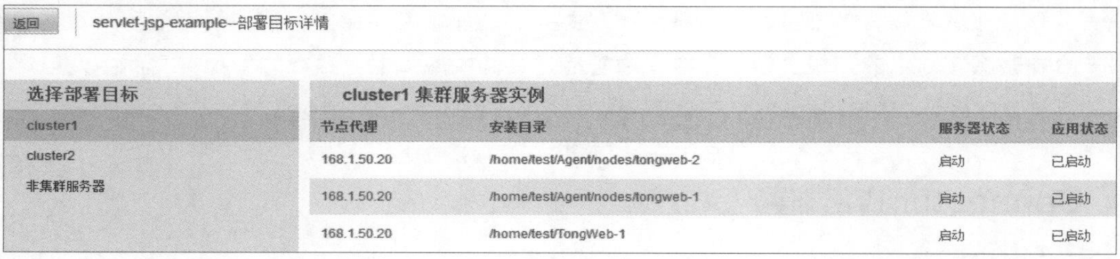

返回
servlet-jsp-example--部署目标详情
选择部署目标
cluster1
cluster2
非集群服务器
cluster1 集群服务器实例
节点代理 安装目录 服务器状态 应用状态
168.1.50.20 /home/test/Agent/nodes/tongweb-2 启动 已启动
168.1.50.20 /home/test/Agent/nodes/tongweb-1 启动 已启动
168.1.50.20 /home/test/TongWeb-1 启动 已启动

图 8-43 部署目标详情

注意 这里的启动和停止功能是统一对部署目标进行启动、停止。

4. 解部署

应用管理页面显示的是已经部署完成的应用，选中想要进行解部署的应用，单击列表最上方的“解部署”按钮，可以进行“解部署”的操作。如图 8-44 所示，将弹出提示对话框，单击“删除”按钮，可解部署所有部署目标上的应用。

图 8-44　解部署应用

对于开启动静态资源部署的应用，解部署时，会删除部署到静态服务器上的静态资源和部署目标上的应用。对于开启监控的应用，会删除 TongWeb 监控目录下的应用。

5. 目标调整

在应用管理页面，单击已部署应用后面的“目标调整”，可以调整应用的部署目标，如图 8-45 所示。

> **注意** 通过动静分离部署的应用，不提供目标调整，可以通过重部署来实现。

6. 重部署

在应用管理页面，单击已部署应用后面的“重部署”，进入“重部署应用”页面，如图 8-46 所示。可以使用原来的部署文件，也可以选择新的部署文件。

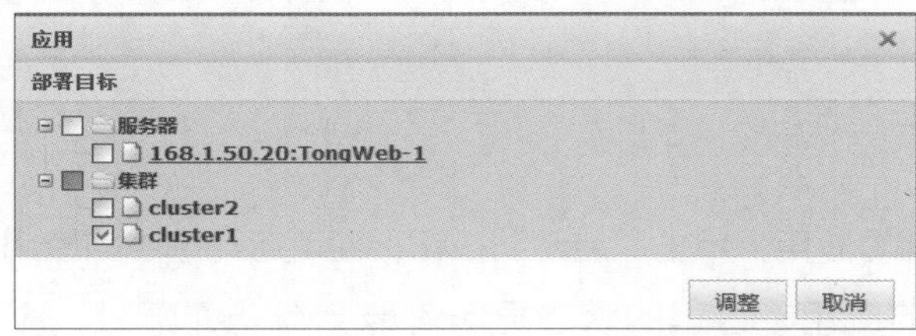

图 8-45　部署目标调整

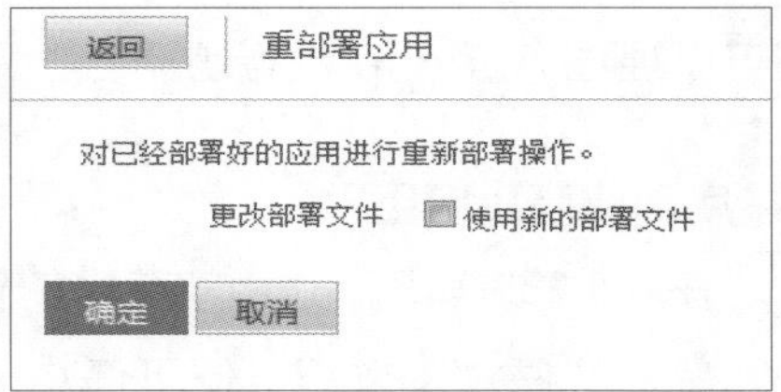

图 8-46　重部署应用

> **注意** 使用原来的部署文件部署，类加载顺序与原来的类加载顺序保持一致；使用新的部署文件部署，类加载顺序与新的部署文件的自定义部署描述文件中配置的一致。如果部署文件中无自定义部署描述文件或该文件未指定类加载顺序，默认使用子优先。

六、Connector 应用部署

1. Connector 应用部署

部署应用时，上传 RAR 应用后，进入应用部署页面，可设置应用名称、部署顺序、选择 Connector 应用关联的线程池（默认为 default-thread-pool）、设置描述和部署目

标，如图 8-47 所示。Connector 应用部署成功后，将被部署到所选部署目标上。

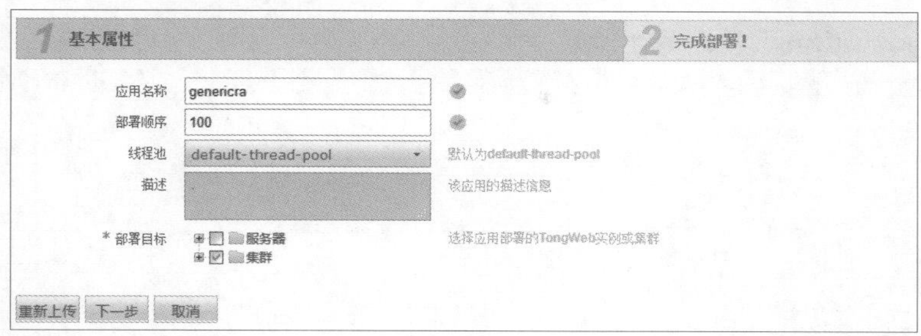

图 8-47　Connector 应用部署

说明　TongWeb 安装后会自动部署并启动自带的 Connector 应用 genericra，并使用默认提供的线程池 default-thread-pool。

2. Connector 应用查看与编辑

在应用列表中显示的是已经部署完成的应用，可选择 RAR 应用进行查看，编辑方式同单机一致。

3. Connector 应用重部署

应用重部署时，如果哪些节点上此应用关联了连接池、托管对象等资源，则不允许重部署操作。

4. Connector 应用解部署

应用解部署时，如果哪些节点上此应用关联了连接池、托管对象等资源，则不允许解部署操作。

说明　TongWeb 自带的 Connector 应用 genericra 不能解部署。

七、JCA

在集中管理工具中可以对 JCA 线程池、JCA 连接池、安全映射及拖管对象资源进行配置及部署。集群中的所有 TongWeb 实例均为开始状态才可以作为部署目标，这时可以在集群下的所在 TongWeb 实例中部署配置。

1. 添加或删除 JCA 线程池

在集中管理工具左侧导航树中，单击“JCA-JCA 线程池”，进入“JCA 线程池管理”页面，单击“创建 JCA 线程池”，出现图 8-48 所示的“创建 JCA 线程池”页面。

在此页面中添加 JCA 线程池，与在单机版 TongWeb 管理控制台添加 JCA 线程池类似，只多出一个选择部署目标的过程，这里可以选择将添加的 JCA 线程池同时部署到集群和单个服务器上。其他步骤请参考单机版 TongWeb 管理控制台添加 JCA 线程池的相关说明。

单击“保存”按钮，操作成功后会返回 JCA 线程池列表。列表中将新增刚添加的

JCA 线程池。

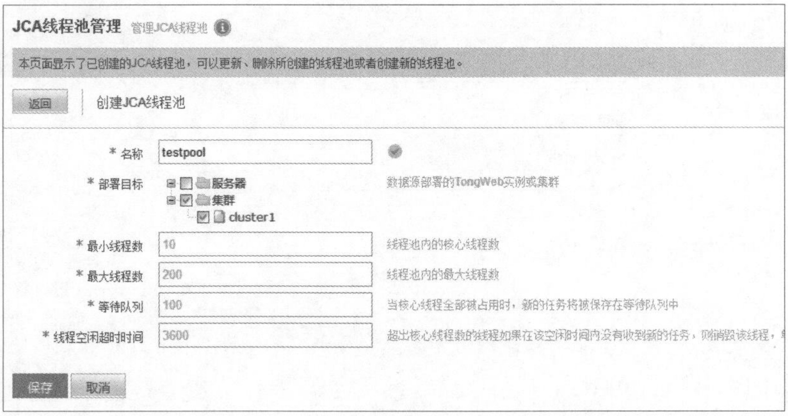

图 8-48　创建 JCA 线程池

选中一个或多个 JCA 线程池，单击“删除”按钮，如果所选中 JCA 线程池的部署目标 TongWeb 实例的 NodeAgent 已连接，则删除成功；如果这些 TongWeb 实例的 NodeAgent 未连接，则删除失败，并给出提示信息。

2. 更新 JCA 线程池

在 JCA 线程池管理页面，单击列表中某个 JCA 线程池，可以进入此 JCA 线程池编辑页面，对该线程池的属性进行编辑，编辑完成后单击“保存”按钮将更新所有目标实例上的此线程池。

3. JCA 线程池目标调整

在 JCA 线程池管理页面，单击列表中某个 JCA 线程池后面的“目标调整”，可以调整线程池的目标。

4. 添加或删除 JCA 连接池

在集中管理工具左侧导航树中，单击“JCA-JCA 连接池”，进入 JCA 连接池管理页面，单击“创建 JCA 连接池”，出现图 8-49 所示的创建 JCA 连接池页面。

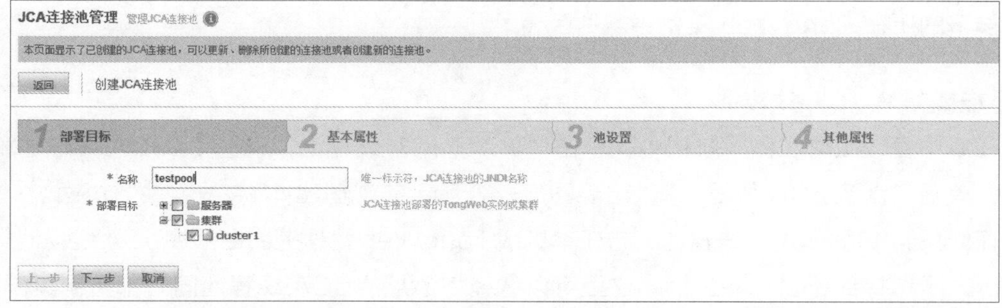

图 8-49　创建 JCA 连接池

在此页面中添加 JCA 连接池，与在单机版 TongWeb 管理控制台添加 JCA 连接池类似，只多出一个选择部署目标的过程，这里可以选择将添加的 JCA 连接池同时部署到集群和单个服务器上。其他步骤请参考单机版 TongWeb 管理控制台添加 JCA 连接池的相关说明。

单击“完成”按钮，操作成功后会返回 JCA 连接池列表。列表中将新增刚添加的 JCA 连接池。

选中一个或多个 JCA 连接池，单击“删除”按钮，如果所选中 JCA 连接池的部署目标 TongWeb 实例的 NodeAgent 已连接，则删除成功；如果这些 TongWeb 实例的 NodeAgent 未连接，则删除失败，并给出提示信息。

5. 更新 JCA 连接池

在 JCA 连接池管理页面，单击列表中某个 JCA 连接池可以进入此 JCA 连接池编辑页面，对该 JCA 连接池的属性进行编辑，编辑完成后单击“保存”按钮将更新所有目标实例上的此 JCA 连接池。

6. JCA 连接池目标调整

在 JCA 连接池管理页面，单击列表中某个 JCA 连接池后面的“目标调整”，可以调整连接池的目标。

7. 添加或删除安全映射

在集中管理工具左侧导航树中，单击“JCA-JCA 连接池”，进入连接池管理页面。选择创建好的一个连接池单击“安全映射”，进入该连接池的安全映射页面。单击列表上方的“创建安全映射”，出现图 8-50 所示的“创建安全映射”页面。

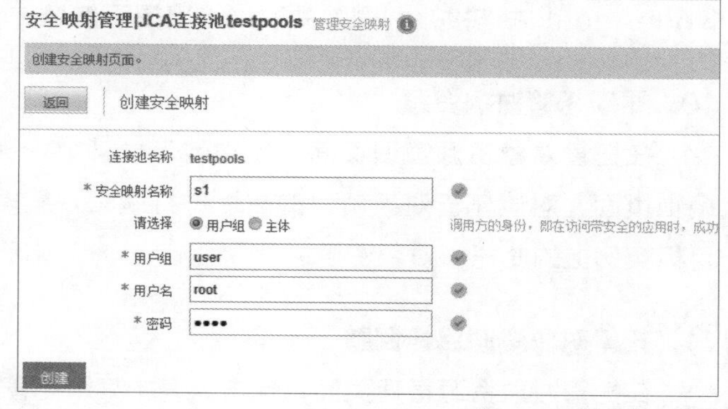

图 8-50 创建安全映射

在此页面中添加 JCA 连接池的安全映射，与在单机版 TongWeb 管理控制台添加 JCA 连接池的安全映射类似，创建和删除都同步到 JCA 连接池的部署目标上，创建失败会给出详细信息。

JCA 连接池的安全映射与安全域相关，安全域在集中管理工具的创建可参见安全服务相关章节。

8. 更新安全映射

在安全映射管理页面，单击列表中某个安全映射可以进入此安全映射编辑页面，对该安全映射的属性进行编辑，单击“保存”按钮将更新所有所属 JCA 连接池目标实例上的此安全映射。

9. 添加或删除 JCA 托管对象资源

在集中管理工具左侧导航树中，单击“JCA- 托管对象资源”，进入“托管对象资源管理”

页面。单击“创建托管对象资源”，出现图 8-51 所示的“创建托管对象资源”页面。

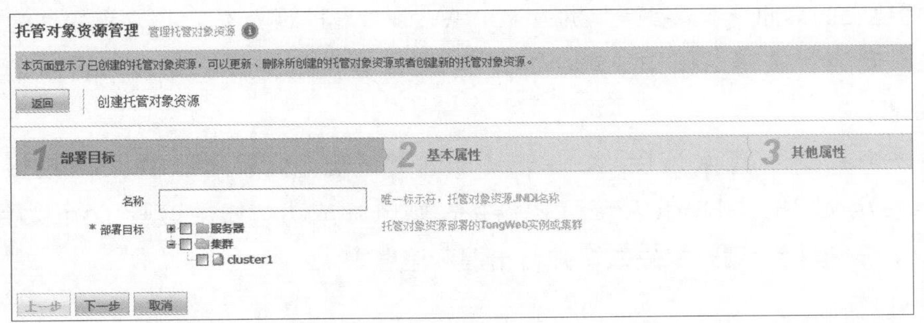

图 8-51　创建托管对象资源

在此页面中添加托管对象资源，与在单机版 TongWeb 管理控制台添加 JCA 托管对象资源类似，只多出一个选择部署目标的过程，这里可以选择将添加的托管对象资源同时部署到集群和单个服务器上。其他步骤请参考单机版 TongWeb 管理控制台添加托管对象资源的相关说明。

单击“创建”按钮，操作成功后会返回托管对象资源列表。列表中将新增刚添加的托管对象资源。

选中一个或多个托管对象资源，单击“删除”按钮，如果所选中托管对象资源的部署目标 TongWeb 实例的 NodeAgent 已连接，则删除成功；如果这些 TongWeb 实例的 NodeAgent 未连接，则删除失败，给出提示信息。

10. 更新托管对象资源

在托管对象资源管理页面，单击列表中某个托管对象资源，可以进入此托管对象资源编辑页面，对该托管对象资源的属性进行编辑，编辑完成后单击“保存”按钮将更新所有目标实例上的此托管对象资源。

11. 托管对象资源目标调整

在托管对象资源管理页面，单击列表中某个托管对象资源后面的“目标调整”，可以调整托管对象资源的目标。

八、智能路由

智能路由可对集群进行智能管理。它可对集群中节点和实例进行健康管理，自动收集健康信息传递给智能控制决策组件，还可对服务器实例进行弹性伸缩和智能路由，以实现智能管理。所有功能都是以集群为单位应用于集群的。

1. 健康管理

健康管理功能可以定义健康策略、设置达到健康的条件（阈值）、定时自动监控集群内节点的负载信息、智能控制组件自动进行实例的弹性伸缩。

健康管理的主要工作就是采集监视数据，并定时将监视数据发送给集中管理工具中的智能控制决策组件。可以对策略阈值进行配置，在集中管理工具左侧导航树中，单击“智能路由”→“阈值配置”，进入阈值设定页面，可进行 CPU 和内存占用扩容阈值（见图 8-52）及缩容阈值（见图 8-53）的设置。

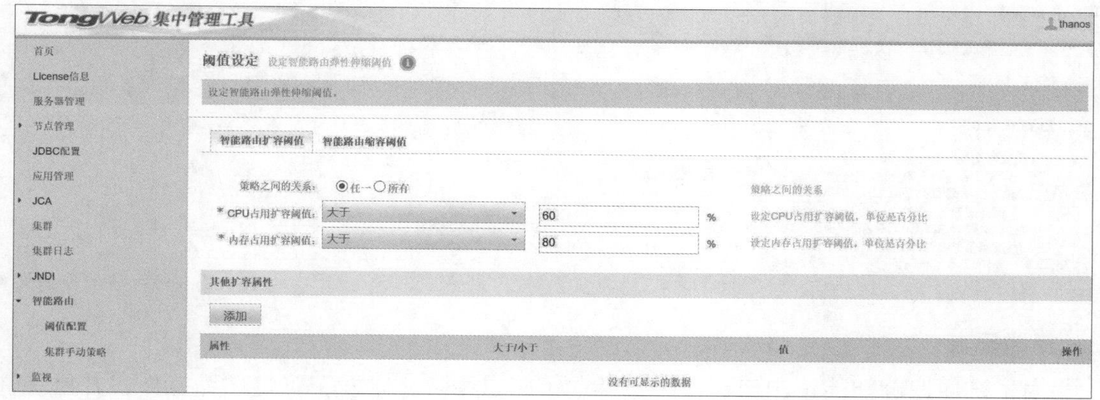

图 8-52 智能路由扩容阈值设定

图 8-53 智能路由缩容阈值设定

2. 智能决策及手动策略

智能决策组件是健康管理组件收集的监视数据的消息订阅者，用于接收健康管理组件发布的监视数据，可根据阈值和策略来进行判断并给出决策结果。

- 调整负载因子：直接根据决策调整负载均衡服务器负载因子。
- 扩容：分为两种情况，即启动未启动的服务器，或者在某个节点上进行复制、启动、修改路由表的操作。两种情况均需要所在节点未达到扩容策略阈值。
- 缩容：停止符合缩容策略的服务器。
- 运行状态良好，则无须处理。

智能决策组件对当前的监视量决策负责，但不立即执行。当某个集群在一段时间内的决策数量达到一定数值，再根据决策的比例进行实际的真实操作。

上述操作是自动策略模式下，智能决策组件对服务器实例进行的弹性伸缩操作。如果集群配置的是智能路由的手动策略，则仅对该决策进行记录而不是真实操作，集中管理工具控制台可提供手动策略的展示页面。在集中管理工具左侧导航树中，单击“智能路由”→“集群手动策略”，进入“集群手动策略”页面，如图 8-54 所示，按照提示进行手动操作即可。

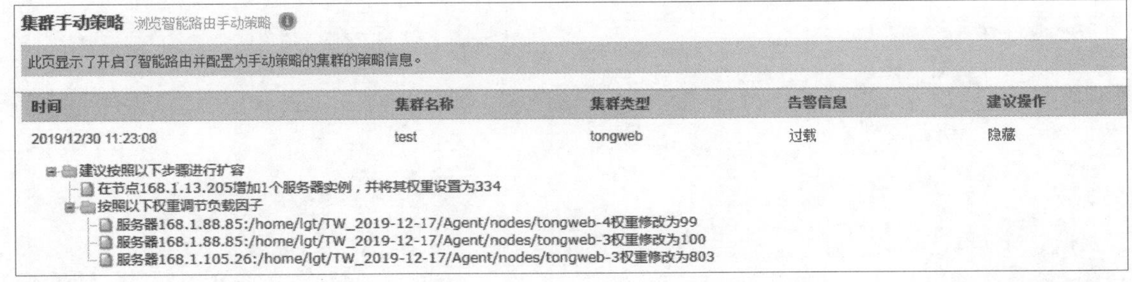

图 8-54 集群手动策略

3. 集群日志

为了方便追溯智能路由自动策略、手动策略是否真正触发了弹性伸缩操作，并且弹性操作做了哪些调整以及调整的详细结果，集中管理工具可提供集群日志功能来实现。在集中管理工具左侧导航树中，单击“集群日志”，进入“集群日志”页面，如图 8-55 所示。在该页面可查询集群中发生的所有事件的日志记录。

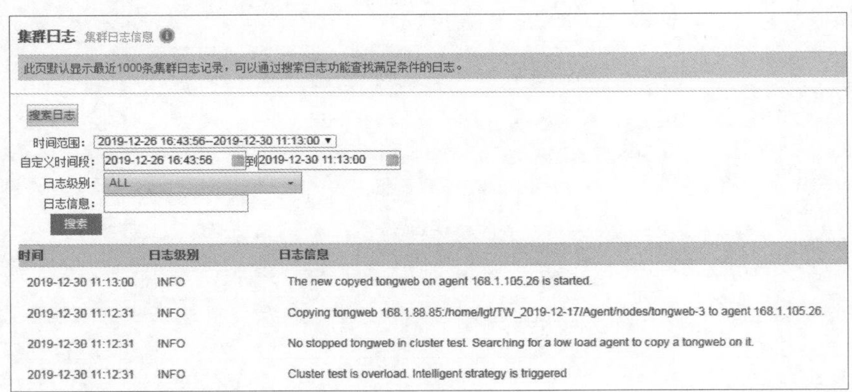

图 8-55 集群日志

九、JNDI

TongWeb 的集中管理工具可提供 JNDI 树，便于用户对管理的所有服务器进行 JNDI 信息的查询。TongWeb 集中管理工具对选择的服务器，分以下 5 个域进行展现。

1. 服务器资源域

在集中管理工具左侧导航树中，单击“JNDI”节点，选择要查询的应用服务器，选择“服务器资源域”，出现图 8-56 所示的 JNDI 树页面。该页面一共展示两个信息，JNDI 树和树节点对应的 JNDI 信息。

2. 远程 EJB 域

在集中管理工具左侧导航树中，单击“JNDI”节点，选择要查询的应用服务器，选择“远程 EJB 域”，出现图 8-57 所示的 JNDI 树页面。

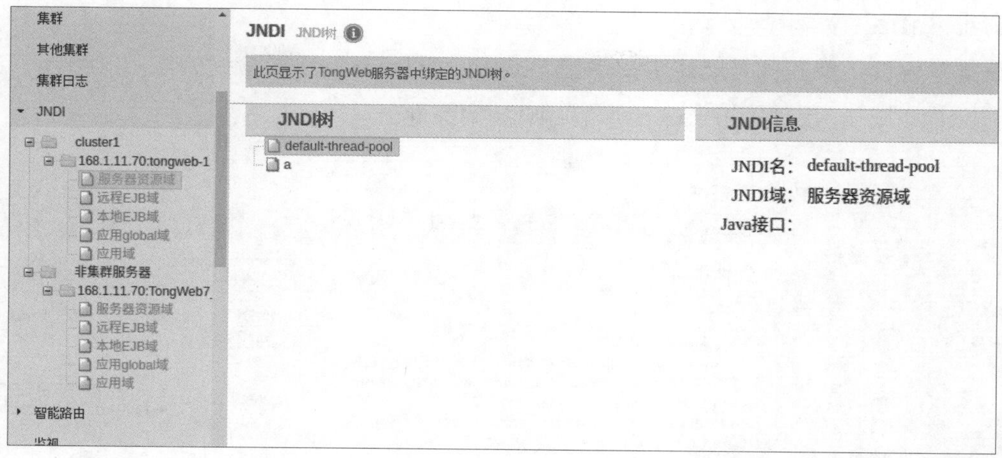

图 8-56　服务器资源域 JNDI 树

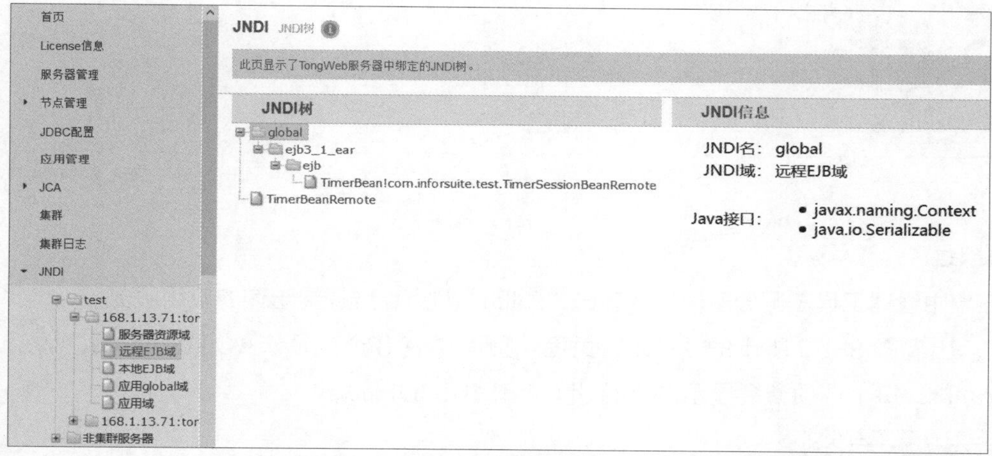

图 8-57　远程 EJB 域 JNDI 树

3. 本地 EJB 域

在集中管理工具左侧导航树中，单击“JNDI”节点，选择要查询的应用服务器，选择“本地 EJB 域”出现图 8-58 所示的 JNDI 树页面。

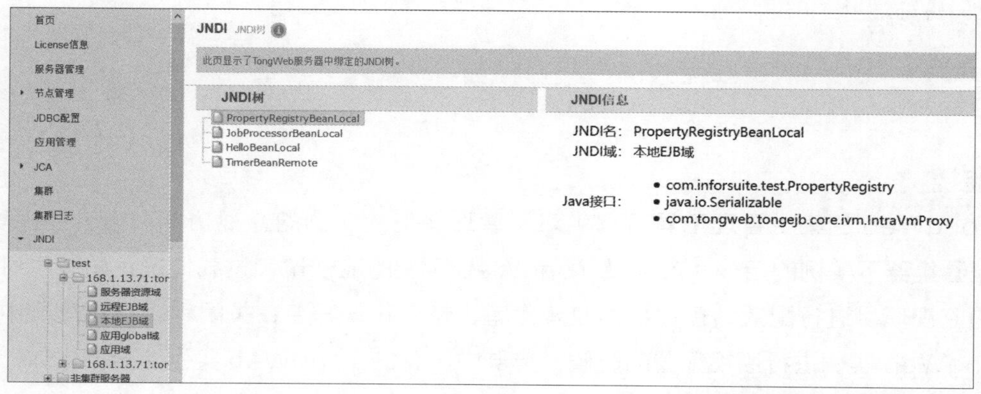

图 8-58　本地 EJB 域 JNDI 树

4. 应用 global 域

在集中管理工具左侧导航树中，单击“JNDI”节点，选择要查询的应用服务器，选择“应用 global 域”，出现图 8-59 所示的 JNDI 树页面。

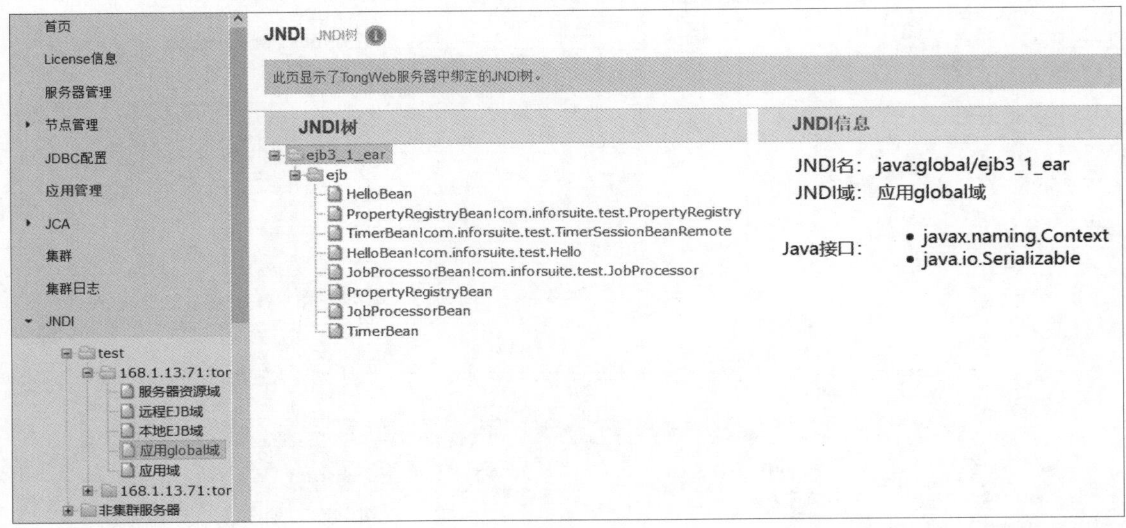

图 8-59 应用 global 域 JNDI 树

5. 应用域

在集中管理工具左侧导航树中，单击“JNDI”节点，选择要查询的应用服务器，选择“应用域”，出现图 8-60 所示的 JNDI 树页面。页面中有 3 个选项卡（如 console、sysweb、heimdall），每个选项卡会显示对应的 JNDI 树和 JNDI 信息。

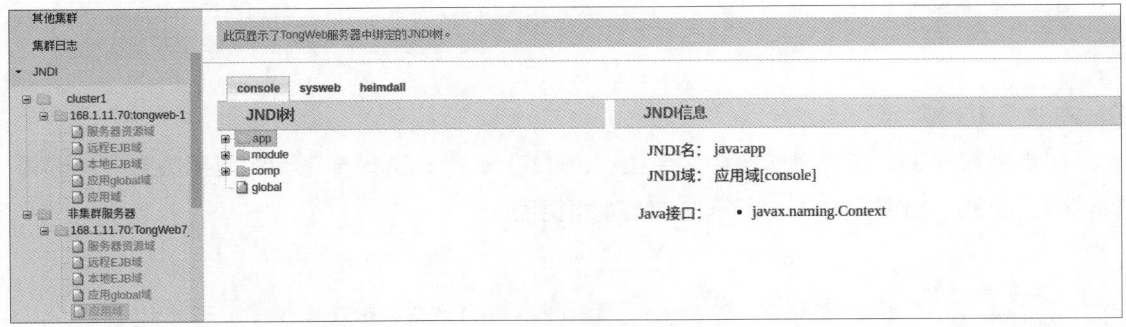

图 8-60 应用域 JNDI 树

十、监视

TongWeb 的集中管理工具可提供对所管理集群内实例的监视功能。通过监视功能，可以查看集群下实例的启停状态以及 TongWeb 实例的监视量和过载情况，同时也可以对具体的监视项目进行配置，包括数据收集频率、持久化、开启、关闭等。当对集群中的一个 TongWeb 实例进行监视配置的时候，集群中所有的 TongWeb 实例会全部生效，未启动的 TongWeb 实例将在启动后生效。

展开集中管理工具左侧导航树中的“监视”节点，单击“监控概览”后选择监控目标，进入图 8-61 所示的“监视”页面。

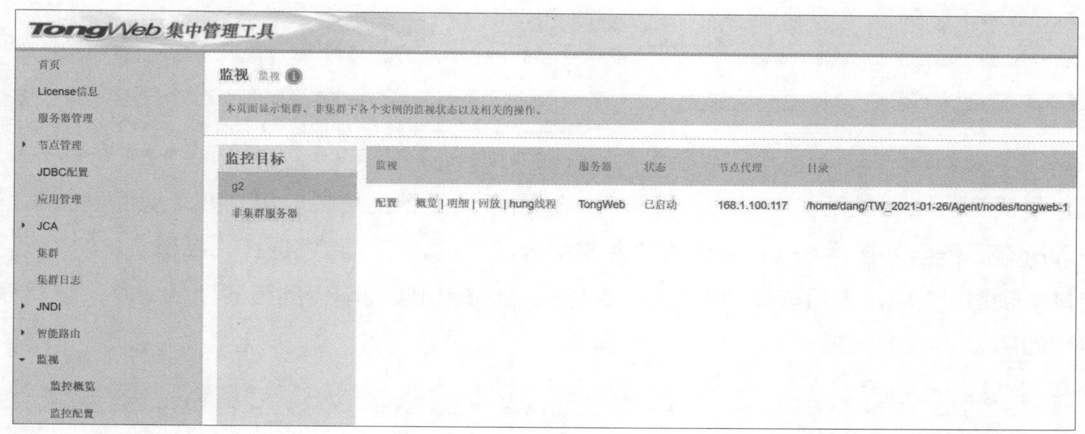

图 8-61 监视

页面左侧为集群和非集群导航，可以选择想要查看的集群，单击可以看到该集群下所有的实例列表，包括 TongWeb、TDG 等，目前只支持对 TongWeb 实例的监视，具体的监视配置和应用可参见 6.8 节。

十一、监控配置

监控配置可提供创建监控域、预警策略、预警行为模板，并且可以将这些配置策略模板应用到单个服务器或者集群中所有服务器的监控配置和阈值配置上。

1. 监控域

“监控域配置”页面可显示集中管理工具管理的所有服务器，可以查看服务器的策略信息和调整策略域。

01 单击集中管理工具左侧导航树中的“监视”→“监控配置”→“监控域”，可查看已经应用监视策略的服务器列表，如图 8-62 所示。

监控域配置 配置服务器使用何种监控策略

此页显示已经应用监控策略的服务器,可以重新选择策略应用到服务器实例或集群上。

调整策略域　　搜索　定制列表

服务器	所在集群	节点	路径	状态	当前策略
tongweb-1	test	168.1.5.9	/home/TASK/bug/TW_2020-08-06/Agent/nodes/tongweb-1	已启动	查看
tongweb-2	test	168.1.5.9	/home/TASK/bug/TW_2020-08-06/Agent/nodes/tongweb-2	已启动	查看

上一页 1 下一页

图 8-62 查看已经应用监视策略的服务器列表

02 在服务器列表的“当前策略”下，单击“查看”，可查看对应服务器当前的预警策略和预警行为配置，如图 8-63 所示。

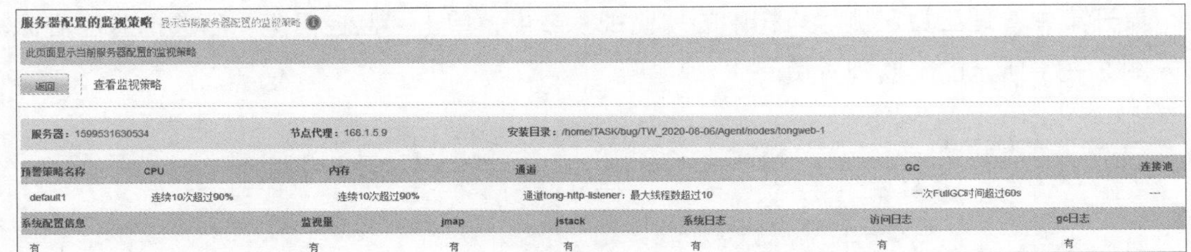

图 8-63　查看对应服务器当前预警策略和预警行为配置

03 调整策略域功能是将选择的预警策略、预警行为配置批量地应用到多个服务器和集群中的所有服务器。在图 8-68 中单击“调整策略域”按钮后，首先选择“预警策略”，然后选择“预警行为”，最后选择“作用域”，作用域即使用监视配置的服务器或集群。调整作用域如图 8-64 所示。

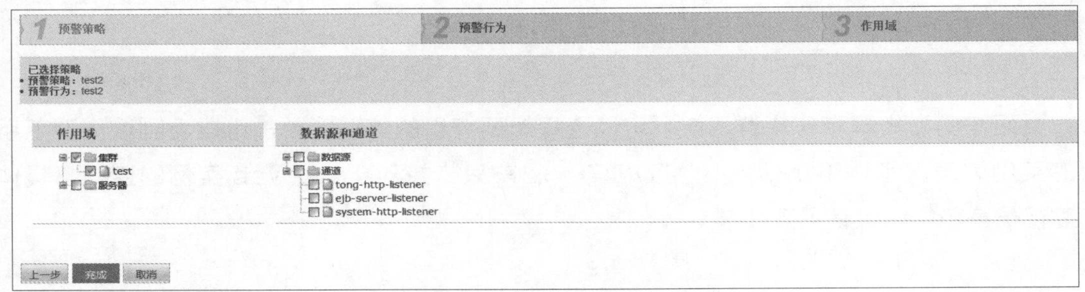

图 8-64　调整作用域

如果选择的预警策略包含“通道阈值配置”，则选择服务器后，在“数据源和通道”列下，会自动出现与所有被选中的服务器同名的通道集合供选择，同样在该列下也会出现与被选择的服务器的同名的数据源集合供选择。如果选择了某个或多个数据源，则被选择的数据源阈值会作用到被选择的服务器上，这一点和管理控制台的阈值配置中的数据源阈值配置有差别。

04 单击“完成”按钮将监视策略应用到被选择的服务器上。

> **注意** 作用域的集群下的节点需要提前在单机控制台上开启预警策略，设置的策略才能生效。
>
> 这里是将预警策略的配置和预警行为配置应用到服务器中，预警策略的名称一直为默认的 default1。

2. 预警策略

01 单击“监视”→“监控配置”→“预警策略”，可以创建或者删除预警策略。预警策略配置如图 8-65 所示。

02 单击“创建预警策略”，出现图 8-66 所示页面。

创建预警策略的属性说明如下。

- 策略名称：用户定义的预警策略的名称。
- 策略之间的关系：选择是达到策略条件中任意一条就生成快照，还是满足所有条件才生成快照。

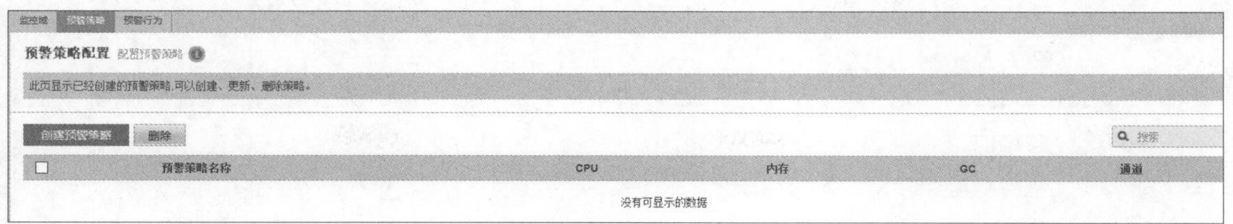

图 8-65 预警策略配置

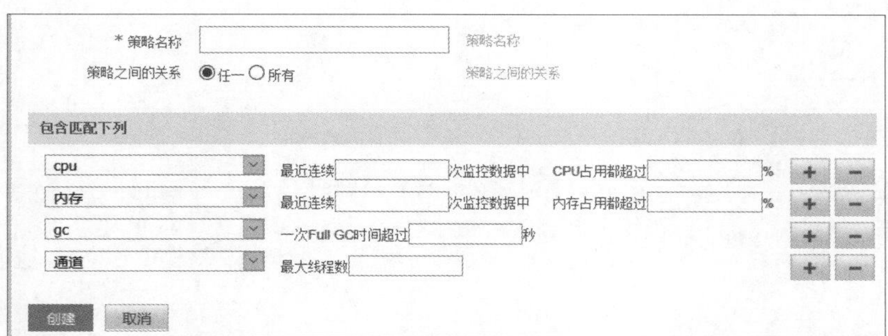

图 8-66 创建预警策略

- 包含匹配下列：策略条件，可配置 CPU、内存、GC、HTTP 通道、连接池状态达到某种条件作为策略。

当 TongWeb 一直满足预警策略中的条件时，为避免不断地生成快照影响服务器性能，规定自动生成快照在一小时内只能生成一定数量的快照，即使满足预警策略的条件，也不再生成新的快照。自动生成快照一小时内可生成的快照数量可在启动脚本中通过 -D tongweb.snapshotinhour 配置，默认值是 5。

3. 预警行为

目前预警行为仅可以配置生成快照功能，对应服务器管理控制台的预警策略中的“快照内容”功能。

01 单击“监视”→“监控配置”→“预警行为”，可以创建或者删除预警行为。预警行为配置如图 8-67 所示。

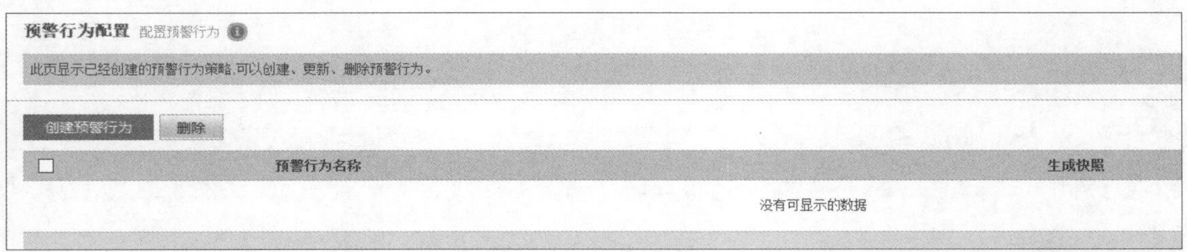

图 8-67 预警行为配置

02 单击“创建预警行为”按钮，出现图 8-68 所示页面。“生成快照”可设置生成的快照包含哪些内容，可选的内容有系统配置信息、访问日志、系统日志、“gc 日志”、jmap、jstack、监视量。

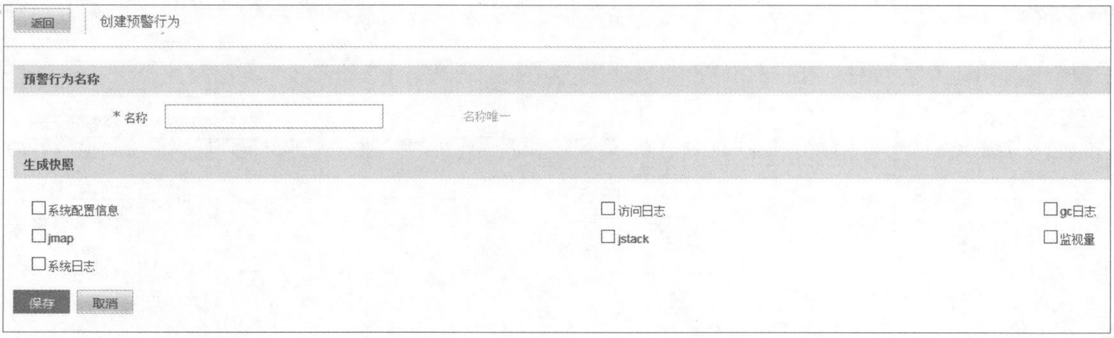

图 8-68　创建预警行为

注意 在单机控制台上，可以对 coredump 进行配置（只针对 Linux 环境的 TongWeb），集群上的配置不影响 TongWeb 的 coredump 配置。

十二、诊断

TongWeb 的集中管理工具可提供对所管理服务器的诊断功能，通过诊断功能，可以定义、创建、收集和访问由正在运行的服务器及其部署的应用生成的诊断数据。通过访问这些数据可以诊断和剖析服务器运行中出现的问题，如异常、性能问题及其他故障。

诊断功能模块有系统日志、访问日志、快照。

1. 系统日志

系统日志可记录 TongWeb 的运行状态。通过分析系统日志的错误信息，可帮助查找系统出错原因，以及通过日志的时间间隔找到耗时较多的系统操作，以便诊断系统故障原因和性能瓶颈。

01 在左侧导航树单击“诊断”→“系统日志”，选择要查看日志的服务器，如图 8-69 所示。

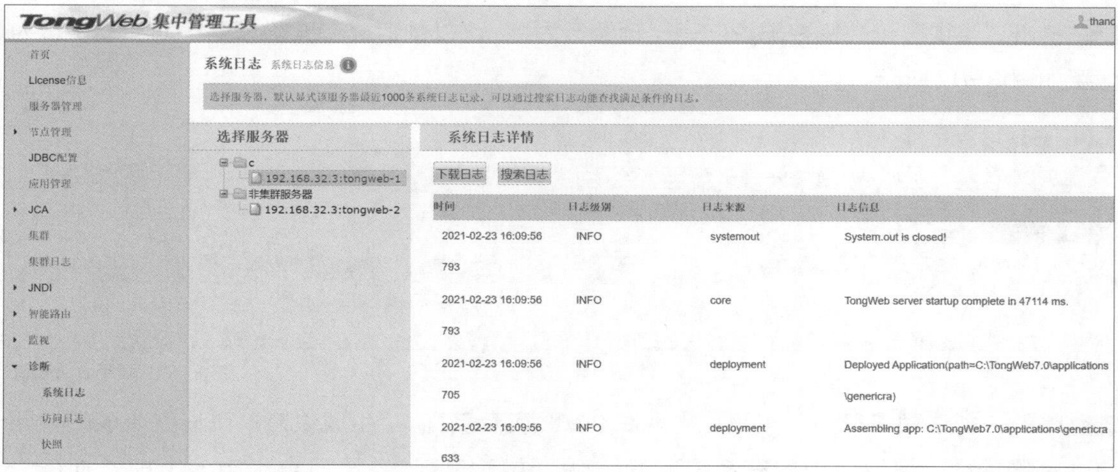

图 8-69　查看系统日志

02 单击页面中的“下载日志”按钮，出现图 8-70 所示的页面。

可以选择日志进行下载。可下载的日志包括当前的系统日志以及已经轮转的日志，可同时选择多个日志一起下载。下载到本地的文件名为 log.zip，解压后即可看到之前选择下载的日志。

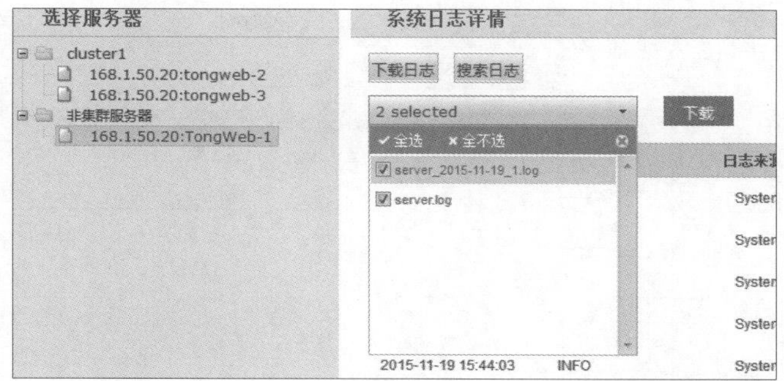

图 8-70 下载系统日志

单击“搜索日志”按钮，会弹出时间范围下拉列表框，该时间范围是通过分析系统日志所占硬盘空间而动态生成的，从而确保每次的日志搜索在较短的时间内完成。当单个系统日志大于 50MB 时，仅提供该日志的下载功能。否则可以对该时间范围内的日志进行条件过滤：自定义时间段，指在上述时间范围内更进一步的缩小搜索范围；日志级别和日志来源可通过下拉列表进行选择过；日志信息，指搜索包含该信息的日志记录。

2. 访问日志

访问日志记录的是访问 Web 应用时 HTTP 请求的相关信息，包括访问处理时长、访问链接、访问 IP、请求方式等。通过分析访问日志，可以找出处理耗时多的请求，以便诊断系统性能瓶颈。

在左侧导航树单击“诊断”→“访问日志”，选择要查看访问日志的服务器，如图 8-71 所示。

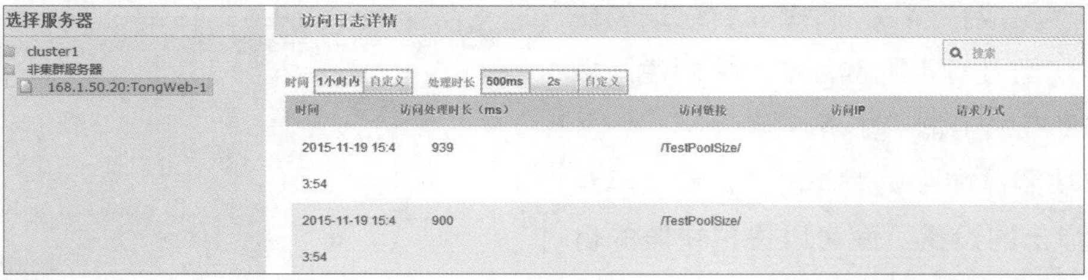

图 8-71 查看访问日志

在“访问日志详情”页面中，可以查看某一段时间内的访问日志信息，可以通过“处理时长”筛选访问日志信息，右上角的“搜索”可以过滤含有某些关键字的访问请求。

3. 快照

快照记录某一时刻 TongWeb 的整体信息，记录的内容可包括系统配置信息、系统日志、监视量访问日志、jstack、GC 日志、jmap、coredump、服务器监视量。即使系统出现故障或者性能瓶颈的时候没来得及获取需要的信息，过后根据快照记录的全面内容依然可以分析出现故障、性能瓶颈的原因。

在左侧导航树单击“诊断”→“快照”，选择要查看的服务器。快照详情如图 8-72 所示。

可以看到服务器已经生成的一个快照记录。生成的内容包括 coredump 和 GC 日志以外的其他所有信息。单击快照记录后面的“回放”，可图形化显示快照中 JVM、通道、数据源等相关信息，如图 8-73 所示。

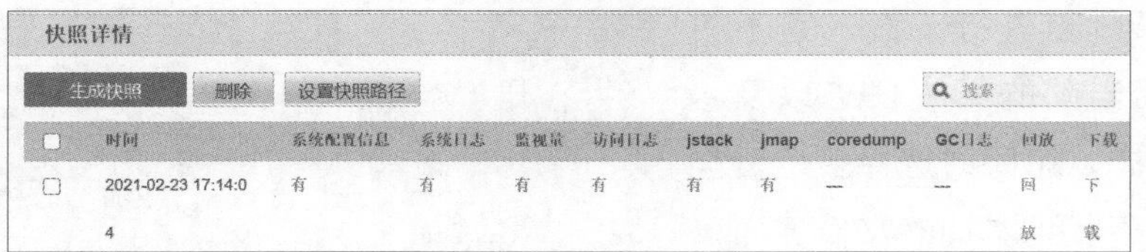

图 8-72　快照详情

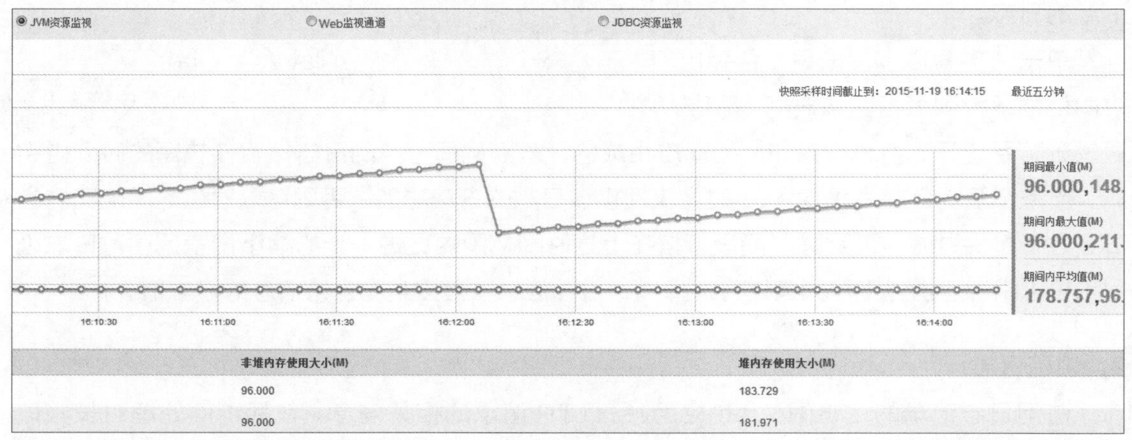

图 8-73　快照回放

单击快照记录后面的“下载”，可将全部快照内容打包下载到本地。下载的快照文件为 ZIP 格式，解压后可看到快照中的内容。

单击“生成快照”，选择需要记录的快照内容，如图 8-74 所示，单击“创建”按钮后可立即在服务器中生成快照。

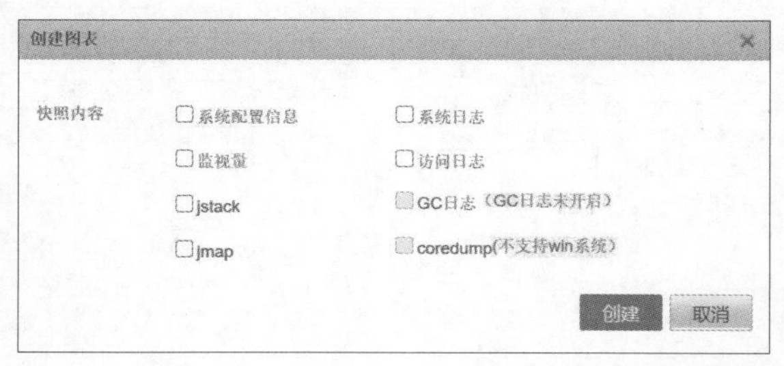

图 8-74　选择需要记录的快照信息

在“快照详情”页面单击“设置快照路径”，在弹出的设置页面可以设置快照的目录，设置成功后快照都会在新的目录中。同时读取的快照也为新目录下面的快照内容，设置新的快照路径之后，原目录下的快照信息将会删除。快照目录支持配置共享磁盘，需要将共享目录映射成磁盘才可使用。修改快照目录如图 8-75 所示。

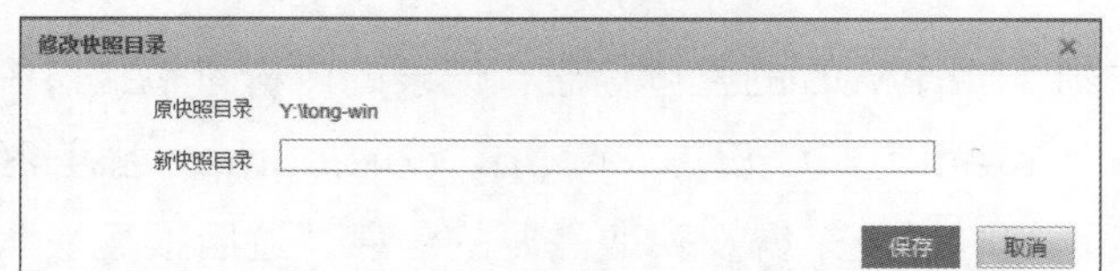

图 8-75　修改快照目录

十三、用户管理

集中管理工具可提供用户管理，其中用户分为 4 种角色：超级用户、部署用户、监控用户、管理用户。

- 超级用户：具有全部权限，是不可创建的，系统默认 thanos（密码为 thanos 123.com）为超级用户。
- 部署用户：具有所有的配置权限，如服务器管理、节点管理、JDBC 配置、应用管理、JCA 配置、集群配置、JNDI 配置等。部署用户是可创建的。
- 监控用户：具有所有的监控权限，如监视、诊断。监控用户是可创建的。
- 管理用户：具有用户管理的权限，是可创建的。

以上不同角色的用户登录后，根据各自的角色权限可以看到不同的左侧导航树。

1. 用户管理列表

在集中管理工具左侧导航树中，单击“用户管理”，进入用户管理页面，可以看到当前所有用户，列表展示列包括：用户名称、角色名称、用户权限，如图 8-76 所示。

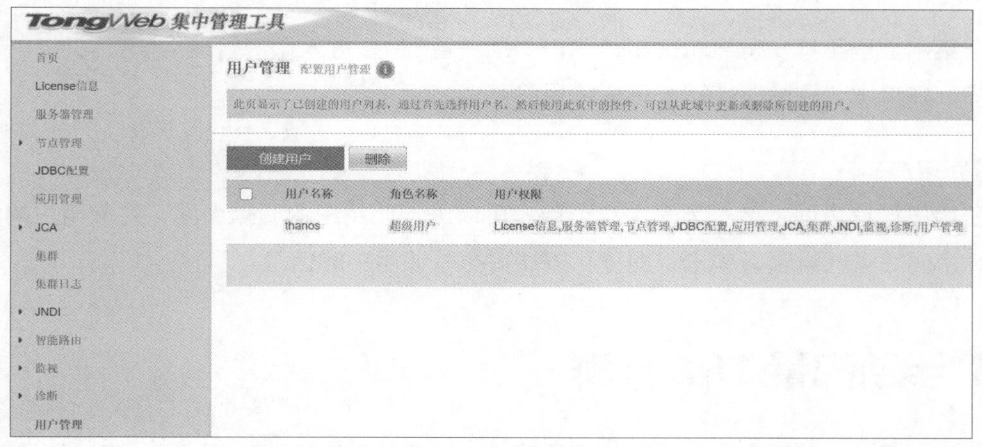

图 8-76　用户列表

2. 创建或删除用户

在集中管理工具左侧导航树中，单击“用户管理”，进入用户管理页面，单击“创建用户”，出现图 8-77 所示的用户创建页面。

图 8-77　用户创建

其中，用户名称必须唯一，角色名称有部署用户、监控用户和管理用户，用户权限在当前角色所拥有的权限中进行指定。当角色为部署用户时，选择“JDBC 配置”和“应用管理”可以进一步指定可以管理的应用或者 JDBC 连接池。当角色为监控用户并选择“监视”权限时，可指定可监视的 TongWeb 及其下面的应用或者 JDBC 连接池。用户密码的加密方式默认为 MD5，设置密码后，单击“保存”按钮即可。

创建成功并使用该用户登录后可以看到根据用户权限的不同，左侧导航树发生了变化，同时如果没有为该用户赋予相应 JDBC 连接池（或应用）的权限，则无法管理或监控该连接池（或应用）。连接池管理页面如图 8-78 所示。

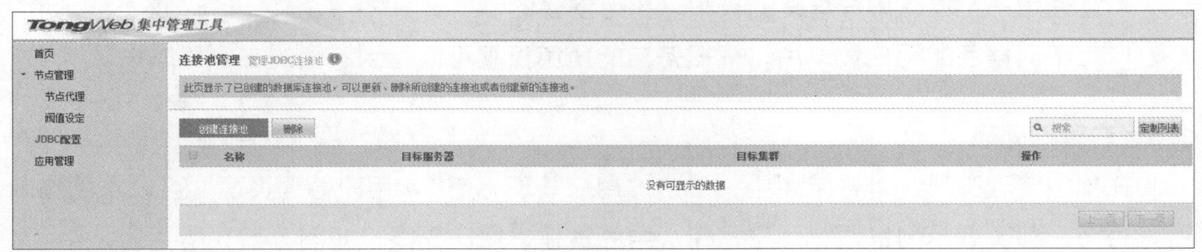

图 8-78 连接池管理

在集中管理工具左侧导航树中，单击“用户管理”，进入用户管理页面，勾选想要删除的用户，并单击“删除”按钮即可删除用户。

3. 更新用户

在用户管理页面，单击列表中某个用户可以进入此用户的编辑页面，对该用户的角色、权限、密码等进行编辑，单击“保存”按钮将更新该用户的信息。

8.3 手动配置 THS 集群

除了利用集中管理工具创建及管理集群外，还可以手动配置 THS 集群。以创建 1THS+2TW+2TDG 的集群为例，手动配置及启动步骤如下。

例如：TW1 及 TDG1 安装在 192.168.1.82 上，TW2 及 TDG2 安装在 192.168.1.83 上。

01 在 THS 上配置负载均衡的工作节点 TW1 及 TW2。

在 THS/bin/https.conf 里添加 <BalancerMember>，THS 会根据 lbmethod 设置的算法将访问流量分摊到设置的节点上：

```
<Proxy balancer://tongSSLCluster>
BalancerMember http://192.168.1.82:8088 loadfactor=1.0 lbset=0 route=server1 redirect=server2 hcinterval=30
BalancerMember http://192.168.1.83:8088 loadfactor=1.0 lbset=0 route=server2 redirect=server1 hcinterval=30
</Proxy>
…
ProxyPass / balancer://tongSSLCluster/ growth=100 maxattempts=0 nofailover=off lbmethod=iphash stickysession=ROUTEID
ProxyPassReverse / balancer://tongSSLCluster/
```

参数说明如下。

- BalancerMember：指定一个工作节点，其后的地址和端口为后端 TongWeb 地址及 HTTP 端口。
- loadfactor：负载系数，系数越大，调度的权重越大。
- lbset：初始的加载数值，轮询算法中使用，初始的值经过 N 个调度周期后减小为负值时开始调度第一次。
- route：route=serverN（会话亲和必配），如果 worker 节点为 JVM，则配置成 route=jvmRouteN。
- redirect：redirect=serverM 表示该节点故障时，重定向到 serverM。
- lbmethod：表示初始的负载算法。

02 启动 THS。

03 配置 TDG 缓存集群。

打开 TDG1 和 TDG2 在 TDG_Home\bin 目录下的配置文件 tongdatagrid.xml，找到 <tcp-ip> 属性，对两份配置文件进行如下相同修改：

```
<tcp-ip enabled="true">
<interface>192.168.1.82</interface>
<interface>192.168.1.83</interface>
</tcp-ip>
```

04 启动 TDG 缓存集群。

05 启动 TW 集群。

06 如果需要使用应用的 session 高可用特性，具体配置和参数说明可参考 8.4.7 小节。

8.4 TDG 集群

TDG 是 Java 编写的 JVM 集群和高度可扩展的数据分发平台，它拥有集群动态伸缩、单点失效转移、故障恢复、异步读写等特性，可提供诸多数据结构、锁、执行任务、消息订阅发布等的分布式实现，它同时还拥有非常不错的运行性能。

TongWeb 的 session 高可用特性使用 TDG 集群来存储 session，所以要使用 session 高可用特性需要先了解 TDG。

8.4.1 TDG 位置及目录

TDG 是自动安装的，TDG 目录结构和相关说明如表 8-3 所示。TDG 位于 TW_HOME/TongDataGrid 目录下，以下内容均以 TDG_Home 代表 TDG 根目录。

表 8-3 TDG 目录结构和相关说明

根目录	路径	文件名	说明
TDG_Home/	bin/	tongdatagrid.xml log4j.properties external.vmoptions startserver.bat stopserver.bat nohupstartserver.sh startserver.sh stopserver.sh	启动需要的配置文件 TDG 的日志配置文件 TDG 的启动参数配置 Windows 平台启动脚本 Windows 平台停止脚本 Linux/AIX 平台启动脚本，后台运行 Linux/AIX 平台启动脚本 Linux/AIX 平台停止脚本
	lib/	tongdatagrid.jar log4j.jar	TDG 核心 JAR 包 TDG 日志系统依赖的 JAR 包
	logs/		TDG 的日志文件存放位置

8.4.2 TDG 配置

TDG 的主配置文件为 TDG_Home/bin/tongdatagrid.xml，它的整体结构如下：

```
<?xml version="1.0" encoding="UTF-8"?>
<tongdatagrid xmlns="http://www.tongdatagrid.com/schema/config"
        xmlns:xsi="http://www.w3.org/2001/XMLSchema-instance"
        xsi:schemaLocation="http://www.tongdatagrid.com/schema/config
        http://www.tongdatagrid/schema/config/tongdatagrid-config-1.2.xsd">
    <properties>
        <property name="tongdatagrid.jmx">false</property>
        <property name="tongdatagrid.prefer.ipv4.stack">false</property>
    </properties>
    <group>
        <name>dev</name>
        <password>dev-pass</password>
    </group>
     <network>
        <port auto-increment="false">5701</port>
        <outbound-ports>
            <ports>0</ports>
        </outbound-ports>
        <join>
            <tcp-ip enabled="true">
                <interface>127.0.0.1</interface>
             </tcp-ip>
            <multicast enabled="false"/>
          </join>
        <interfaces enabled="true">
            <interface>127.0.0.1</interface>
        </interfaces>
      </network>
```

```
    <map name="*">
      <backup-count>1</backup-count>
          <async-backup-count>0</async-backup-count>
          <max-idle-seconds>1800</max-idle-seconds>
          <eviction-policy>LRU</eviction-policy>
          <max-size policy="PER_NODE">0</max-size>
          <eviction-percentage>25</eviction-percentage>
     </map>
</tongdatagrid>
```

1. 组名和组密码

缓存节点的组名和组密码用于将该缓存节点认证并加入指定的缓存集群。它在配置文件中的位置如下：

```
<tongdatagrid>
…
<group>
<name>dev</name>
<password>dev-pass</password>
</group>
…
</tongdatagrid>
```

配置说明如下。

<name> 和 <password> 可以是任意的字符串（特殊字符除外），但要保证加入同一缓存集群的各缓存节点配置一致。

2. 网络连接

网络连接配置是缓存节点形成缓存集群所必需的配置。它在配置文件中的位置如下：

```
<tongdatagrid>
…
    <properties>
        <property name="tongdatagrid.jmx">false</property>
        <property name="tongdatagrid.prefer.ipv4.stack">false</property>
    </properties>
…
<network>
        <port auto-increment="false">5701</port>
        <outbound-ports>
            <ports>0</ports>
        </outbound-ports>
        <join>
            <tcp-ip enabled="true">
                <interface>127.0.0.1</interface>
             </tcp-ip>
            <multicast enabled="false"/>
          </join>
        <interfaces enabled="true">
```

```
            <interface>127.0.0.1</interface>
        </interfaces>
    </network>
    …
    </tongdatagrid>
```

配置说明如下。

<property name=" tongdatagrid.prefer.ipv4.stack "> 用于指定是否使用 IPv4 地址，默认为 false。

<port> 表示此缓存节点在此机器上的监听端口号。<port> 的 auto-increment 属性表示如果指定的端口号被占用则自动加 1 尝试新的端口号，该功能默认是打开的，将 auto-increment 属性设为 false 可关闭该功能；<port> 的 port-count 属性表示尝试的次数，它只有在开启 auto-increment 功能后才生效，默认尝试 100 次，如果尝试次数大于 100 后还未找到可用端口，TDG 启动将会失败。

<outbound-ports> 表示此 TDG 节点连接集群中其他 TDG 节点所使用的出站端口，<outbound-ports> 可通过配置一个或多个 <ports> 来确定出站端口，默认值是 <ports>0</ports>，0 和 * 都表示由操作系统提供可用端口，它的配置形式举例如下。

- <ports>33000-35000</ports>：33000（含）和 35000（含）之间的所有端口。
- <ports>37000,37001,37002,37003</ports>：用逗号分隔开的多个端口号。
- <ports>38000,38500-38600</ports>：以上两种方式的混合使用。

<interface> 表示集群中某节点的连接地址，取值可以是某节点的机器名或机器 IP 地址，可以加或不加监听端口（推荐加端口配置），可以使用通配符 - 和 *，如 192.168.20.* 表示 192.168.20.0 到 192.168.20.255 之间的所有 IP 地址（包含 0 和 255），10.3.10.4-18 表示 10.3.10.4 到 10.3.10.18 之间的所有 IP 地址（包含 4 和 18）。<tcp-ip> 可以配置一个或多个 <interface>。这种集群组建方式是 TCP/IP 方式的。

<multicast> 表示以组播协议的方式组建集群。若要该协议生效，需要配置如下：

```
<multicast enabled="true">
<multicast-group>224.2.2.3</multicast-group>
<multicast-port>54327</multicast-port>
<multicast-time-to-live>32</multicast-time-to-live>
<multicast-timeout-seconds>2</multicast-timeout-seconds>
<trusted-interfaces>
<interface>192.168.255.*</interface>
</trusted-interfaces>
</multicast>
```

配置说明如下。

- enabled：[true|false]，指定是否使用组播协议来组建集群。
- <multicast-group>：组播分组的 IP 地址。当要创建同一个网段的集群时，需要配置这个参数。取值范围为 224.0.0.0 到 239.255.255.255，默认值为 224.2.2.3。

- <multicast-port>：组播协议启用套接字的端口，这个端口用于 Hazelcast 监听外部发送来的组网请求。默认值为 54327。
- <multicast-time-to-live>：组播协议发送包的 TTL。
- <multicast-timeout-seconds>：当节点启动后，这个参数（单位为秒）可指定当前节点等待其他节点响应的时间周期。例如，设置为 60 时，每一个节点启动后通过组播协议广播消息，如果主节点在 60s 内返回响应消息，则新启动的节点加入这个主节点所在的集群，如果设定时间内没有返回消息，那么节点会把自己设置为一个主节点，并创建新的集群（主节点可以理解为集群的第一个节点）。默认值为 2。
- <trusted-interfaces>：可信任成员的 IP 地址。当一个节点试图加入集群，如果其不是一个可信任节点，他的加入请求将被拒绝。可以设置一个 IP 地址范围（例如：192.168.1.* 或 192.168.1.100-110）。
- <interface>：指定 TDG 使用的网络接口地址，服务器可能存在多个网络接口，因此需要限定可用的 IP 地址。如果配置的 IP 地址找不到，会输出一个异常信息，并停止启动节点。

3. 备份和清除

本配置可以设定 session 备份数目、过期清除策略等，它在配置文件中的位置如下：

```
<tongdatagrid>
        ...
        <map name="*">
            <backup-count>1</backup-count>
            <async-backup-count>0</async-backup-count>
            <max-idle-seconds>1800</max-idle-seconds>
            <eviction-policy>LRU</eviction-policy>
            <max-size policy="PER_NODE">0</max-size>
            <eviction-percentage>25</eviction-percentage>
</map>
</tongdatagrid>
```

配置说明如下。

<backup-count> 表示同步备份数目，取值为 0、1、2、3 这 4 个整数之一。0 表示无备份，无备份状态下，该缓存节点宕机后，保存在此缓存节点上的 session 数据会丢失。默认值为 1。

<async-backup-count> 表示异步备份数目，异步备份可以提高 session 存储效率，但由于操作的异步性可能会有一定的概率导致读取到的 session 数据不是最新的，取值范围同 <backup-count>，默认值为 0。

<max-idle-seconds> 表示 session 的最大空闲时间，单位是秒，超过此时间的 session 数据会自动从缓存中清除。取值范围为大于等于 0 的整数，0 表示不清除，默认值为 1800。

<eviction-policy> 表示要使用的清除策略，取值为 LRU、LFU、NONE 之一，默认值为 LRU。

<max-size> 表示最大的 session 存储数，超过此数目后会按照清除策略清除一部分 session 数据，取值范围为大于等于 0 的整数，0 表示不清除，默认值为 0。

<eviction-percentage> 表示 session 清除的百分比，即达到配置的 session 最大数目时会按照此比例清除一部分不活动的 session，取值范围为 0 到 100 之间的整数，不包括 0 和 100，如 25 表示清除比例为 25%。

4. JMX 监控

开启 TDG 的 JMX 监控功能需要进行如下配置：

```
<tongdatagrid>
    <properties>
<property name="tongdatagrid.jmx">false</property>
        ...
</properties>
...
<tongdatagrid>
```

将上述配置中的 <property name="tongdatagrid.jmx"> 设置为 true 即可打开 TDG 的 JMX 监控功能。

5. 日志

TDG 默认使用 log4j 记录系统日志。

> **注意** TDG 日志配置文件是 TDG_Home/bin/log4j.properties。

8.4.3 TDG 启动

TDG 启动需要 Java 运行环境，设定好环境变量 JAVA_HOME 后可通过各平台的启动脚本启动。

> **注意** TDG 启动需要 Java 运行环境 JRE，推荐使用 JRE 7 及以上版本。

1. Windows 平台启动

在 TDG_Home\bin\ 下运行：

```
.\startserver.bat
```

2. Linux 平台启动

在 TDG_Home\bin\ 下运行：

```
sh startserver.sh
```

如果在 Linux 平台以 nohup 方式启动，可以在 TDG_Home/bin/ 下运行：

```
sh nohupstartserver.sh
```

8.4.4 TDG 停止

和启动类似，TDG 的停止也需要设置好相应的 Java 运行环境，设定好环境变量 JAVA_HOME 后可通过各平台的停止脚本停止 TDG。

1. Windows 平台停止

在 TDG_Home\bin\ 下运行：

```
.\stopserver.bat
```

2. Linux 平台停止

在 TDG_Home\bin\ 下运行：

```
sh stopserver.sh
```

8.4.5 TDG 动态伸缩

TDG 拥有动态伸缩能力。如果需要添加新的缓存节点到缓存集群，只要此缓存节点配置正确，直接启动便可被动态添加到缓存集群中，成为集群的一员（添加后缓存集群会自动进行数据迁移操作，以保证集群内各缓存节点均衡负载）；如果某个缓存节点需要关闭，则直接关闭其运行窗口或结束其进程即可，无须进行任何额外的操作，但建议配置缓存节点的 session 备份数大于 0，否则关闭缓存节点会造成此缓存节点上的 session 数据丢失。

8.4.6 缓存集群搭建

本小节将介绍如何搭建两个缓存节点的缓存集群示例，依照此示例也可以搭建更多缓存节点的缓存集群。

1. 环境要求

本示例介绍的缓存集群的搭建过程需要两台机器（配置包含两个缓存节点的缓存集群），操作系统可以是 Linux 或 Windows。举例如下：机器 1 的操作系统为 Windows，IP 地址为 168.1.50.21；机器 2 的操作系统为 Windows，IP 地址为 10.10.4.13。

2. 安装配置 TDG 集群

将 TDG 复制两份，分别放置到两台机器上。打开两个 TDG 的配置文件 TDG_Home\bin\tongdatagrid.xml，找到 <tcp-ip> 属性，对两份配置文件进行相同修改，修改如下：

```
<tcp-ip enabled="true">
<interface>168.1.50.21</interface>
<interface>10.10.4.13</interface>
</tcp-ip>
```

3. 启动 TDG 集群

依据机器的操作系统选择不同的启动脚本，分别启动两台机器上的 TDG（无先后顺序），本示例中 TDG 在两台 Windows 操作系统机器上的 TDG_Home\bin 下运行：

```
.\startserver.bat
```

8.4.7 session 高可用特性

session 高可用特性是指 Web 集群中某些节点故障后 session 数据不会丢失，Web 集群中其他可用节点仍然可以使用此 session 数据为用户请求提供服务，从而使得 Web 集群节点的失败和故障对用户请求透明化。

需要指出的是，session 高可用特性是为应用本身提供的特性，它是与 Web 集群没有任何关系的，即使单个的 Web 节点也可以使用 session 高可用特性。单个节点上如果部署了多个应用，那么每个应用也可以自由选择是否使用 session 高可用特性。这种选择是不受其他应用、Web 节点和 Web 集群的影响的。

在 session 高可用场景中，TongWeb 集群与 TDG 集群的关系如图 8-79 所示。

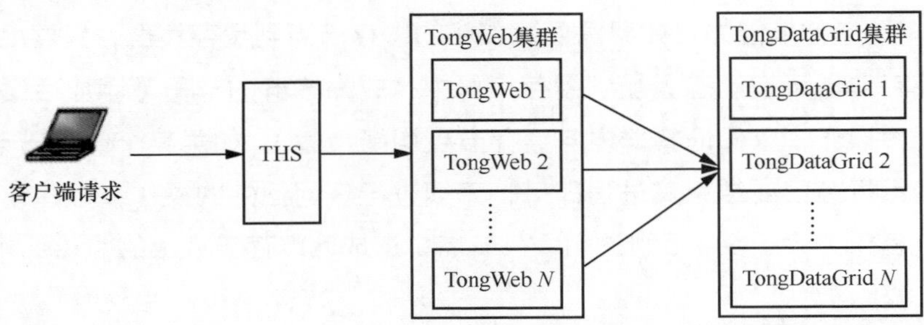

图 8-79　TongWeb 集群与 TDG 集群的关系

TongWeb 集群中的某个节点在处理客户端请求时，如果本节点上没有相应的 session 数据，则会到所请求应用配置的 TDG 集群中，查找相应的数据以响应用户的请求。TongWeb 集群并不和某个 TDG 节点关联，其关联整个 TDG 集群。客户端配置中指定的 IP 地址只用于建立与 TDG 集群的连接。

1. session 高可用特性配置

在部署应用的 WEB-INF/tongweb-web.xml 中添加如下配置：

```
<tongweb-web-app>
…
<property name="tongdatagrid-enabled" value="false"/>
<property name="tongdatagrid-cluster-members" value="127.0.0.1"/>
<property name="tongdatagrid-group-name" value="dev"/>
<property name="tongdatagrid-group-password" value="dev-pass"/>
<property name="tongdatagrid-asyncwrite" value="false"/>
<property name="tongdatagrid-timeout" value="100"/>
…
</tongweb-web-app>
```

或：

```
<tongweb-web-app>
<property name="tongdatagrid-asyncwrite" value="false"/>
<property name="tongdatagrid-timeout" value="5000"/>
<property name="tongdatagrid-group-password" value="dev-pass"/>
<property name="tongdatagrid-enabled" value="true"/>
<property name="tongdatagrid-multicast-group" value="224.2.2.3"/>
<property name="tongdatagrid-multicast-port" value="54327"/>
<property name="tongdatagrid-multicast-timetolive" value="32"/>
<property name="tongdatagrid-multicast-timeout-seconds" value="2"/>
<property name="tongdatagrid-multicast-trusted-interfaces" value="168.1.*.* "/>
<property name="tongdatagrid-stick" value="true"/>
<property name="tongdatagrid-group-name" value="dev"/>
</tongweb-web-app>
```

配置说明如下。

第一段配置为默认配置，是连接 TCP/IP 组建的集群的配置方式。

第二段配置是连接组播协议组建的集群的配置方式。

tongdatagrid-enabled：是否启用应用的 session 高可用特性，默认是 false，表示不启用，设置为 true 表示启用，启用后下面的配置才会生效。

tongdatagrid-cluster-members：要连接到的缓存集群地址，默认是 127.0.0.1，完整格式如 192.168.0.1:5701。其中冒号前面的部分是缓存集群内任意一个缓存节点所在机器的 IP 地址，如 192.168.0.1；冒号后面的部分是该缓存节点在此机器上的监听端口，如 5701（端口配置不是必需的，但建议配置）。如果有多个缓存节点，则要用英文逗号分隔，如 127.0.0.1,10.10.4.50:5701,192.168.0.1:5702,…。

tongdatagrid-group-name：要连接到的缓存集群组的名称，默认是 dev，用于连接到特定的缓存集群。

tongdatagrid-group-password：要连接到的缓存集群组的密码，默认是 dev-pass，用于连接到特定的缓存集群。

tongdatagrid-uriignore：不保存在 session 里的资源类型，是一个正则表达式，默认是 .*\\.(png|gif|jpg|css|js)$。

tongdatagrid-asyncwrite：是否开启异步存储 session 数据的功能，默认是 false，表示不开启。

tongdatagrid-timeout：session 备份超时时间 [单位为毫秒（ms）]，默认值为 5000。

tongdatagrid-copysafe：对象序列化时是否使用集合对象的副本，默认为 false 表示不使用，在多线程应用中使用了非线程安全的集合族对象（如 HashMap）时，推荐用户将此功能打开。

tongdatagrid-multicast-group：组播分组的 IP 地址。当要创建同一个网段的集群时，需要配置这个参数。取值范围为 224.0.0.0 到 239.255.255.255，默认 224.2.2.3。

tongdatagrid-multicast-port：组播协议启用套接字的端口，这个端口用于 Hazelcast

监听外部发送来的组网请求。默认值为 54327。

tongdatagrid-multicast-timetolive：组播协议发送包的 TTL。

tongdatagrid-multicast-timeout-seconds：当节点启动后，这个参数 [单位为秒（s）] 可指定当前节点等待其他节点响应的时间周期。如设置为 60 时，每一个节点启动后通过组播协议广播消息。如果主节点在 60s 内返回响应消息，则新启动的节点加入这个主节点所在的集群；如果设定时间内没有返回消息，那么节点会把自己设置为一个主节点（主节点可以理解为集群的第一个节点），并创建新的集群。默认值为 2。

tongdatagrid-multicast-trusted-interfaces：可信任成员的 IP 地址。当一个节点试图加入集群，如果其不是一个可信任节点，其加入请求将被拒绝。可以设置 IP 地址范围（如 192.168.1.* 或 192.168.1.100-110）。如有多个 IP 地址，可使用逗号隔开。

2．session 高可用特性启用

要启用应用的 session 高可用特性，需要启动 TDG 缓存集群，并且在应用的 WEB-INF/tongweb-web.xml 中将 tongdatagrid-enabled 属性设置为 true，如：

```
<property name="tongdatagrid-enabled" value="true"/>
```

开启应用的 session 高可用特性后，session 除正常的操作外还会在缓存集群中进行备份。如果 Web 集群中有节点故障，session 数据依然可以从缓存集群中获取，不会丢失 session，即实现应用的 session 高可用特性。

第 9 章

TongWeb 监控接口

TongWeb 的应用开发所涉及的领域包括 Web、EJB、JPA 等，并且 TongWeb 为了提高用户在这些领域的开发效率，还提供了许多辅助工具，包括 JMX 使用、REST 调用。本章将讲解 TongWeb 对 Web、EJB、JPA 开发提供的技术支持，并介绍辅助工具在实际开发中的使用方法。学习完本章后，读者将对使用 TongWeb 进行 Web、EJB、JPA 等开发有初步的了解。

本章包括如下主题：

- JMX 使用；
- REST 调用。

9.1 JMX 使用

JMX 是在 TongWeb 中用于获取监视量的工具，本节将讲解在 TongWeb 中使用 JMX 获取监视量的方法以及 JMX 对象 ObjectName 接口对应的数据。

9.1.1 获取 TongWeb 的监视量

用户可以编写客户端程序来远程访问 TongWeb 所在的 JVM 中的 Mbean，获取 TongWeb 运行时状态的监视信息。对此应用进行开发时所需的步骤如下。

1. 创建与 TongWeb 的 Mbean Server 的连接

```
JMXServiceURL jmxUrl = new JMXServiceURL(
"service:jmx:rmi:///jndi/rmi://127.0.0.1:7200/jmxrmi");
Map<String, String[]> env = new HashMap<String, String[]>();
env.put(JMXConnector.CREDENTIALS, new String[]{" 用户名 ", " 密码 "});
JMXConnector jmxConnector = JMXConnectorFactory.connect(jmxUrl, env);
MBeanServerConnection mbsc = jmxConnector.getMBeanServerConnection();
```

说明 127.0.0.1 为本机 IP 地址，应替换为 TongWeb 所在机器的 IP 地址。用户名、密码与 TongWeb 管理控制台相同（用户名为 thanos，密码为 thanos123.com）。

2. 获取 TongWeb 中监控 Mbean 的 ObjectName

通过 ObjectName.getInstance(“ObjectName”) 获取 ObjectName 实例，参数 {ObjectName} 见 9.1.2 小节。

3. 获取各 Mbean 的监视数据

通过获取的 ObjectName 调用对应 Mbean 的 getAttribute 方法，传入对应 Mbean 的 ObjectName 和具体监视量名称，可以获取对应 Mbean 的监视数据。

将得到的数据类型转化为 javax.management.openmbean.CompositeData Support 类型，通过 CompositeDataSupport.get(String key) 方法得到对应的数据。实现代码如下。

```
CompositeDataSupport data = (CompositeDataSupport)mbsc.
getAttribute(obj,"ThreadCount");
String value = data.get("count").toString();
return value;
```

返回的 CompositeDataSupport 类型的监视数据的结构如下：

```
{count=102, description=Returns the current number of live threads including
both daemon and non-daemon threads, lastSampleTime=1392625198939, name=ThreadCount,
startTime=1392616176215, unit=count}
```

因此通过 get 方法可以得到对应 key 的值。其中，通过 CompositeData.get ("count") 获取到的值是 Long 类型，通过 CompositeData.get("current") 获取到的值是 String

类型，通过 CompositeData.get("name") 获取监视量的名称，通过 CompositeData.get("description") 获取监视量的描述。

注意 如果获取的数据类型不是 CompositeData 的，需要引入 config-7.0.jar 包，将其强制转换为确定的类型后再取值。

4. 获取 JVM 集合

获取 TongWeb 的 JVM 集合数据的示例如下：

```
List<VirtualHost> virtualHosts = (List<VirtualHost>) mbsc.getAttribute(
ObjectName.getInstance("config:name=WebContainer,parent=/TongWeb/Server"),
attribute: "virtualHost");
System.out.println(virtualHosts);
```

9.1.2 JMX 接口列表

按 TongWeb 控制台菜单，可将 JMX 接口分为以下 5 类：Web 容器配置、JDBC 配置、应用管理、监视明细、监视配置。

一、Web 容器配置

Web 容器配置的基本信息如下。

- ObjectName：config:name=WebContainer,parent=/Tongweb/Server。
- 功能描述：虚拟主机管理、HTTP 通道管理、AJP 通道管理列表数据。
- 属性类型：有以下 3 种类型。
  - ◇ virtualHost：虚拟主机管理集合数据，类型为 List<VirtualHost>。
  - ◇ httpListener：HTTP 通道管理集合数据，类型为 List<HttpListener>。
  - ◇ ajpListener：AJP 通道管理集合数据，类型为 List<AjpListener>。

Web 容器配置的属性如表 9-1 所示。

表 9-1 Web 容器配置的属性

属性类型	属性名称	描述	数据类型	参考值
virtualHost	name	名称	String	—
	alias	别名	String	—
	listeners	通道	String	—
httpListener	name	名称	String	—
	status	状态	String	—
	port	端口	Integer	—
	defaultVirtualHost	默认虚拟主机	String	—
	sslEnabled	类型	Boolean	若值为 true，则类型为 https，反之为 http

续表

属性类型	属性名称	描述	数据类型	参考值
ajpListener	name	名称	String	—
	status	状态	String	—
	port	监听端口	Integer	—

二、JDBC 配置

JDBC 容器配置的基本信息如下。

- ObjectName：config:name=Server,parent=/Tongweb。
- 功能描述：连接池管理列表和单个数据源查看。
- 属性：jdbcConnectPool，表示连接池管理集合数据，类型为 List<JDBCConnectionPool>。

JDBC 容器配置的 JDBCConnectionPool 类型属性如表 9-2 所示。

表 9-2 JDBCConnectionPool 类型属性

属性名称	描述	数据类型	参考值
name	名称	String	—
jdbcDriver	驱动	String	—
jdbcUrl	连接 URL	String	—
userName	用户名	String	—
password	密码	String	—
jtaManaged	jta 管理	String	—
connectionProperties	连接参数	String	—
defaultAutoCommit	是否自动提交	String	—
commitOnReturn	释放连接时提交	String	—
initialSize	初始化连接数	String	—
maxActive	最大连接数	String	—
minIdle	最小空闲连接数	String	—
maxWaitTime	等待超时时间（毫秒）	String	—
validationQuery	默认测试 SQL 语句	String	—
validationQueryTimeout	验证超时（秒）	String	—
testOnBorrow	获取连接时验证	String	—
testOnConnect	创建连接时验证	String	—
testOnReturn	归还连接时验证	String	—

续表

属性名称	描述	数据类型	参考值
timeBetweenEvictionRuns	空闲检查周期	String	—
minEvictableIdleTime	空闲超时时间	String	—
removeAbandoned	泄露回收	String	—
removeAbandonedTimeout	泄露超时时间	String	—
logAbandoned	连接泄露时打印日志	String	—
validationInterval	连接验证时间间隔（毫秒）	String	—
maxAge	连接最大寿命	String	—

三、应用管理

应用管理的基本信息如下。

- ObjectName：com.tongweb.deploy:type=DeployCommand,name=DeployCommand。
- 功能描述：应用管理的列表。
- 属性：allapps，返回应用的列表数据，类型为 CompositeData[]。

应用管理的 DeployInfo 类型属性如表 9-3 所示。

表 9-3　应用管理的 DeployInfo 类型属性

属性名称	描述	数据类型	参考值
name	名称	String	—
contextRoot	前缀	String	—
type	应用类型	String	war、ear、rar
autoDeploy	部署方式	String	true（自动部署） false（控制台部署）
status	状态	String	started
deployOrder	部署顺序	String	100
location	文件位置	String	—
jspCompile	是否支持 JSP 预编译	String	true（支持） false（不支持）
delegate	类加载顺序，默认为子优先，可调整	String	true（父优先） false（子优先）
cacheMaxSize	静态资源缓存最大值，以 KB 为单位，默认值为 10240KB	String	—
description	该应用的描述信息	String	—

获取示例：

```
JMXServiceURL jmxUrl = new JMXServiceURL(
"service:jmx:rmi:///jndi/rmi://127.0.0.1:7200/jmxrmi");
Map<String, String[]> env = new HashMap<String, String[]>();
env.put(JMXConnector.CREDENTIALS, new String[]{"用户名", "密码"});
JMXConnector jmxConnector = JMXConnectorFactory.connect(jmxUrl, env);
MBeanServerConnection mbsc = jmxConnector.getMBeanServerConnection();
CompositeData[] list = (CompositeData[]) mbeanServer.invoke(
  ObjectName.getInstance("com.tongweb.deploy:type=DeployCommand,name=DeployCommand"),
    "allapps", null, null);
for (int i = 0; i < list.length; i++) {
     CompositeData data = list[i];
     System.out.println("应用: "+data.get("name")+", 类型: "+data.get("type")+", 状态: "+
data.get("status"));
    }
```

应用管理 EAR 子模块的基本信息如下。

- ObjectName：com.tongweb.deploy:type=DeployCommand,name=DeployCommand。
- 功能描述：应用管理 EAR 子模块的列表。
- 属性：getEarChildapps(DeployInfo)，EAR 子模块的列表，类型为 List<DeployInfo>。

应用管理 EAR 子模块的 DeployInfo 类型属性如表 9-4 所示。

表 9-4 应用管理 EAR 子模块的 DeployInfo 类型属性

属性名称	描述	数据类型	参考值
name	名称	String	—
contextRoot	前缀	String	—
type	应用类型	String	war、ejb
accessURLSSL	SSL 的访问地址	String	—
accessURL	访问地址	String	—

EAR 子模块获取示例如下：

```
JMXServiceURL jmxUrl = new JMXServiceURL(
"service:jmx:rmi:///jndi/rmi://127.0.0.1:7200/jmxrmi");
Map<String, String[]> env = new HashMap<String, String[]>();
env.put(JMXConnector.CREDENTIALS, new String[]{"用户名", "密码"});
JMXConnector jmxConnector = JMXConnectorFactory.connect(jmxUrl, env);
MBeanServerConnection mbsc = jmxConnector.getMBeanServerConnection();
ObjectName oName = ObjectName.getInstance(
       "com.tongweb.deploy:type=DeployCommand,name=DeployCommand");
CompositeType type = new CompositeType(
       "com.tongweb.deploy.interfaces.DeployInfo",
```

```
        "description", new String[]{"name"},
        new String[]{"name description"}, new OpenType[]{SimpleType.STRING});
DeployInfo deployInfo = new DeployInfo();
deployInfo.setName("ejb3_1_ear");
Object[] params = {DeployerUtils.toCompositeData(deployInfo)};
CompositeData[] compositeDatas =(CompositeData[])mbsc.invoke(
        oName, "getEarChildapps", params,
        new String[]{CompositeData.class.getName()});
    for (int i =0;i< compositeDatas.length;i++) {
        CompositeData data = compositeDatas[i];
        System.out.println("应用管理 EAR 子模块: "+" 名称: " + data.get("name")+" 前缀:
"+data.get("contextRoot")+" 应用类型 "+data.get("type")+" SSl 的访问地址 "+data.get
("accessURLSSL")+" 访问地址: "+data.get("accessURL"));
    }
```

四、监视明细

监视明细可获取 JVM 信息、操作系统信息、TongWeb 信息、数据源信息、应用信息等，下面分别对这些信息的具体监视参数及对应属性进行详细介绍。

1. JVM 内存信息

JVM 内存信息的基本信息如下。

- ObjectName ：java.lang:type=Memory。
- 功能描述：获取 JVM 内存信息。
- 属性类型：有以下 4 种类型。
  - ◇ HeapMemoryUsage ：堆内存使用，类型为 MemoryUsage。
  - ◇ NonHeapMemoryUsage ：非堆内存使用，类型为 MemoryUsage。
  - ◇ ObjectPendingFinalizationCount ：正在回收的对象数量，数据类型为 Integer。
  - ◇ Verbose ：是否有内存变动日志信息，数据类型为 Boolean。

JVM 内存信息的 MemoryUsage 类型属性如表 9-5 所示。

表 9-5　JVM 内存信息的 MemoryUsage 类型属性

属性名称	描述	数据类型	参考值
init	初始大小［单位字节（B）］	Long	—
used	已使用［单位字节（B）］	Long	—
committed	已提交［单位字节（B）］	Long	—
max	最大［单位字节（B）］	Long	—

2. JVM 内存池信息

JVM 内存池信息共 6 个模块，各模块基本信息如下。

- JVM 内存池信息 1

◇ ObjectName：java.lang:type=MemoryPool,name=PS Eden Space。

◇ 功能描述：获取 PS Eden Space 信息。

- JVM 内存池信息 2

◇ ObjectName：java.lang:type=MemoryPool,name=PS Survivor Space。

◇ 功能描述：获取 PS Survivor Space 信息。

- JVM 内存池信息 3

◇ ObjectName：java.lang:type=MemoryPool,name=PS Old Gen。

◇ 功能描述：获取 PS Old Gen 信息。

- JVM 内存池信息 4

◇ ObjectName：java.lang:type=MemoryPool,name=Metaspace。

◇ 功能描述：获取 Metaspace 信息（元空间 JDK 1.8+）。

- JVM 内存池信息 5

◇ ObjectName：java.lang:type=MemoryPool,name=Compressed Class Space。

◇ 功能描述：获取 Compressed Class Space 信息（压缩空间 JDK 1.8+）。

- JVM 内存池信息 6

◇ ObjectName：java.lang:type=MemoryPool,name=Code Cache。

◇ 功能描述：获取 Code Cache 信息。

JVM 内存池信息各模块的属性如表 9-6 所示。

表 9-6　JVM 内存池信息各模块的属性

模块	属性名称	描述	类型	参考值
1	Name	名称	String	PS Eden Space
	Type	类型	String	HEAP
	Usage	内存使用情况	CompositeData	—
2	Name	名称	String	PS Survivor Space
	Type	类型	String	HEAP
	Usage	内存使用情况	CompositeData	—
3	Name	名称	String	PS Old Gen
	Type	类型	String	HEAP
	Usage	内存使用情况	CompositeData	—
4	Name	名称	String	Metaspace
	type	类型	String	HEAP
	Usage	内存使用情况	CompositeData	—
5	Name	名称	String	Compressed Class Space
	type	类型	String	HEAP
	Usage	内存使用情况	CompositeData	—

续表

模块	属性名称	描述	类型	参考值
6	Name	名称	String	Code Cache
	Type	类型	String	HEAP
	Usage	内存使用情况	CompositeData	—

3. JVM 垃圾收集器信息

JVM 垃圾收集器信息的基本信息如下。

- ObjectName：
  - ◇ java.lang:type=GarbageCollector,name=PS MarkSweep。
  - ◇ java.lang:type=GarbageCollector,name=PS Scavenge。
- 功能描述：获取 JVM 垃圾收集器信息。
- 属性类型：有以下 5 种类型。
  - ◇ Name：垃圾收集器名称，数据类型为 String。
  - ◇ Valid：是否有效，数据类型为 Boolean。
  - ◇ CollectionCount：收集次数，数据类型为 Long。
  - ◇ CollectionTime：累积耗时 [单位毫秒（ms）]，数据类型为 Long。
  - ◇ MemoryPoolNames：管理的内存池名称，数据类型为 String。

4. JVM 线程信息

JVM 线程信息的基本信息如下。

- ObjectName：java.lang:type=Threading。
- 功能描述：获取 JVM 线程信息。
- 属性 / 操作类型：有以下 5 种类型。
  - ◇ ThreadCount：当前线程数，数据类型为 Integer。
  - ◇ PeakThreadCount：活跃线程数峰值，数据类型为 Integer。
  - ◇ TotalStartedThreadCount：所有运行过的线程数量，数据类型为 Long。
  - ◇ DaemonThreadCount：当前守护线程数量，数据类型为 Integer。
  - ◇ AllThreadIds：所有线程 ID，数据类型为 Long。

5. JVM 编译器信息

JVM 编译器信息的基本信息如下。

- ObjectName：java.lang:type=Compilation。
- 功能描述：获取 JVM 编译器信息。
- 属性类型：有以下 3 种类型。
  - ◇ CompilationTimeMonitoringSupported：是否支持监视编译耗时，数据类型为 Boolean。

◇ TotalCompilationTime：编译耗时近似值，数据类型为 Long。

◇ Name：编译器名称，数据类型为 String，参考值为 HotSpot 64-Bit Tiered Compilers。

6. JVM 类加载信息

JVM 类加载信息的基本信息如下。

- ObjectName：java.lang:type=ClassLoading。
- 功能描述：获取 JVM 类加载信息。
- 属性类型：有以下 4 种类型。

◇ LoadedClassCount：当前已加载的类数量，数据类型为 Integer。

◇ UnloadedClassCount：所有卸载过的类数量，数据类型为 Long。

◇ TotalLoadedClassCount：所有加载过的类数量，数据类型为 Long。

◇ Verbose：是否有类加载日志信息，数据类型为 Boolean。

7. JVM 运行时信息

JVM 运行时信息的基本信息如下。

- ObjectName：java.lang:type=Runtime。
- 功能描述：获取 JVM 运行时信息。
- 属性类型：有以下 14 种类型。

◇ SpecName：JVM 规范名称，数据类型为 String，参考值为 Java Virtual Machine Specification。

◇ SpecVersion：JVM 规范版本，数据类型为 String，参考值为 1.8。

◇ SpecVendor：JVM 规范供应商，数据类型为 String，参考值为 Oracle Corporation。

◇ VmName：JVM 实现名称，数据类型为 String，参考值为 Java HotSpot™ 64-Bit Server VM。

◇ VmVersion：JVM 实现版本，数据类型为 String，参考值为 25.144-b01。

◇ VmVendor：JVM 实现供应商，数据类型为 String，参考值为 Oracle Corporation。

◇ StartTime：JVM 启动时间，数据类型为 Long。

◇ Uptime：JVM 运行时长，数据类型为 Long。

◇ LibraryPath：库文件路径，数据类型为 String。

◇ BootClassPath：引导类路径，数据类型为 String。

◇ ClassPath：系统类路径，数据类型为 String。

◇ BootClassPathSupported：是否支持从引导类路径搜索类文件，数据类型为 Boolean。

◇ InputArguments：JVM 启动输入参数，数据类型为 String。

◇ SystemProperties：系统属性列表，数据类型为 TabularDataSupport。

8．操作系统信息

操作系统信息的基本信息如下。

- ObjectName：java.lang:type=OperatingSystem。
- 功能描述：获取操作系统信息。
- 属性类型：有以下 4 种类型。

◇ Name：系统名称，数据类型为 String，参考值为 Linux。

◇ Version：系统版本，数据类型为 String，参考值为 3.10.0-957.el7.x86_64。

◇ Arch：系统架构，数据类型为 String，参考值为 amd64。

◇ AvailableProcessors：核心处理器数量，数据类型为 Integer，参考值为 4。

系统使用信息的基本信息如下。

- ObjectName：monitor:name=systemStatus,type=SystemStatusMonitor。
- 功能描述：获取系统使用信息。
- 属性类型：有以下两种类型。

◇ CpuPercent：CPU 使用率，数据类型为 Integer，参考值为 10。

◇ MemPercent：内存使用率，数据类型为 Integer，参考值为 70。

9．TongWeb 信息

TongWeb 信息的基本信息如下。

- ObjectName：TONGWEB:type=Server。
- 功能描述：获取 TongWeb 信息。
- 属性类型：有以下 5 种类型。

◇ serverInfo：服务器名称，数据类型为 String，参考值为 TongWeb。

◇ serverNumber：服务器版本，数据类型为 String，参考值为 7.0.4.2。

◇ serverBuilt：服务器构建日期，数据类型为 String，参考值为 2021-01-05 09:53:02。

◇ address：停止服务监听地址，数据类型为 String，参考值为 localhost。

◇ port：停止服务监听端口，数据类型为 Integer，参考值为 8005。

10．通道信息

通道信息的基本信息如下。

- ObjectName：monitor:name=listeners,type=HttpListenerMonitor。
- 功能描述：获取 TongWeb 通道信息。
- 属性类型：有以下两种类型。

◇ count(listenerName)：连接数、线程数对象，类型为 HttpListenerMonitor$Counter。

◇ stat(listenerName)：统计信息，类型为 HttpListenerMonitor$Stat。

通道信息的属性如表 9-7 所示。

表 9-7　通道信息的属性

属性类型	属性名称	描述	数据类型	参考值
HttpListenerMonitor$Counter	connectionCount	当前连接数	Integer	—
	keepAliveCount	当前 keep-alive 连接数	Integer	—
	currentThreadCount	当前线程池线程数	Integer	—
	currentThreadsBusy	正在执行任务的线程数	Integer	—
	threadPoolUsage	线程池使用率（正在执行任务的线程数与线程池最大值的比例）	Integer	—
HttpListenerMonitor$Stat	bytesSent	发送的字节数	Integer	—
	bytesReceived	接收的字节数	Integer	—
	processingTime	处理时间	Integer	—
	errorCount	错误数	Integer	—
	maxTime	最大处理时间［单位毫秒（ms）］	Integer	—
	requestCount	请求数	Integer	—

11. 数据源信息

数据源实时信息的基本信息如下。

- ObjectName：com.tongweb.hulk:type=Pool (datasourcename)。
- 功能描述：获取数据源实时信息。
- 属性类型：有以下 4 种类型。
  - ◇ ActiveConnections：当前正在使用的连接数，数据类型为 Integer。
  - ◇ IdleConnections：当前空闲的连接数，数据类型为 Integer。
  - ◇ TotalConnections：当前池中连接总数，数据类型为 Integer。
  - ◇ ThreadsAwaitingConnection：等待连接的线程数，数据类型为 Integer。

数据源配置信息的基本信息如下。

- ObjectName：com.tongweb.hulk:type=PoolConfig (datasourcename)。
- 功能描述：获取数据源配置信息。
- 属性类型：有以下 12 种类型。
  - ◇ ConnectionTimeout：maxWait，单位为毫秒（ms），不能小于 250，线程等待获取连接最大时长，超出后则得到异常信息，数据类型为 Long。
  - ◇ MaximumPoolSize：正整数，不会小于 minimumIdle 和 defaultPoolSize

的最大值，数据类型为 Integer。

◇ Password：密码，数据类型为 String。只可写入不能读取。

◇ IdleTimeout：minEvictableIdleTimeMillis，单位为毫秒，不能小于 10000，且不能大于 maxLifetime，数据类型为 Long。

◇ ValidationInterval：连接验证时间间隔，即上次验证到当前时间点。若不超过此值，则认为验证通过，无须再验证，数据类型为 Long。

◇ PoolName：连接池名称，数据类型为 String。

◇ Username：用户名，数据类型为 String。只可写入不能读取。

◇ MinimumIdle：MinIdle，最小连接数，数据类型为 Int。

◇ MaxLifetime：MaxAge，单位为毫秒，不能小于 30000，连接的最大寿命，超出后回收，数据类型为 Long。

◇ ValidationTimeout：最长验证时间，数据类型为 Long。

◇ LeakDetectionThreshold：RemoveAbandonedTimeout 最长未归还时间，超出后认为泄露，数据类型为 Long。

◇ DefaultPoolSize：InitialSize 初始连接池大小，数据类型为 Integer。

12. 事务信息

事务信息的基本信息如下。

- ObjectName：monitor:name=trans,type=TransactionManagerMonitor。
- 功能描述：获取事务信息。
- 属性类型：有以下两种类型。
  - ◇ count()：事务数对象，类型为 TransactionManagerMonitor$Counter。
  - ◇ stat()：配置信息，类型为 TransactionManagerMonitor $Stat。

事务信息的属性如表 9-8 所示。

表 9-8　事务信息的属性

属性类型	属性名称	描述	数据类型	参考值
TransactionManager Monitor$Counter	commits	所有提交的事务数	Long	—
	rollbacks	所有回滚的事务数	Long	—
	active	当前事务数	Long	—
TransactionManager Monitor $Stat	defaultTransactionTimeoutMilliseconds	默认的事务超时时间	String	1 HOURS

13. JCA 信息

JCA 信息的基本信息如下。

- ObjectName：monitor:name={JCAConnectionPoolName},group=jca。

- 功能描述：获取 JCA 信息。
- 属性类型：有以下 3 种类型。
  - ◇ BusyNum：正在使用的连接数，数据类型为 Integer。
  - ◇ ConnNum：连接池中的连接数，数据类型为 Integer。
  - ◇ FreeNum：空闲连接数，数据类型为 Integer。

14. 应用细节信息

应用细节信息的基本信息如下。

- ObjectName：TONGWEB:j2eeType=WebModule,name=//server/{appName},*。（* 代表 jconsole 中应用的具体参数。）
- 功能描述：获取应用细节信息。
- 属性类型：有以下 16 种类型。
  - ◇ baseName：应用名称，数据类型为 String。
  - ◇ path：未编码应用路径，数据类型为 String。
  - ◇ encodedPath：URL 编码应用路径，数据类型为 String。
  - ◇ docBase：应用目录，数据类型为 String。
  - ◇ workDir：应用工作目录（JSP 编译缓存），数据类型为 String。
  - ◇ delegate：父优先加载，数据类型为 String。
  - ◇ requestCount：应用请求数，数据类型为 String。
  - ◇ errorCount：应用请求错误数，数据类型为 String。
  - ◇ processingTime：应用请求处理时间，数据类型为 Long。
  - ◇ maxTime：应用请求最大处理时间（毫秒），数据类型为 Long。
  - ◇ minTime：应用请求最小处理时间（毫秒），数据类型为 Long。
  - ◇ sessionTimeout：会话超时时间，数据类型为 String。
  - ◇ startTime：应用启动时间，数据类型为 Long。
  - ◇ startupTime：应用启动耗时，数据类型为 Long。
  - ◇ cookies：是否基于 Cookie 存取会话 ID，数据类型为 Boolean。
  - ◇ ignoreAnnotations：是否忽略注解，数据类型为 Boolean。

15. 应用会话信息

应用会话信息的基本信息如下。

- ObjectName：TONGWEB:type=Manager,host=server,context=/{appName}。
- 功能描述：获取应用会话信息。
- 属性类型：有以下 8 种类型。
  - ◇ expiredSessions：过期的会话数，数据类型为 Long。
  - ◇ maxActive：活跃会话数峰值，数据类型为 Integer。

◇ maxActiveSessions：限制的最大活跃会话数，数据类型为 Integer。
◇ rejectedSessions：拒绝的会话数，数据类型为 Integer。
◇ pathname：会话保存文件，数据类型为 String，参考值为 SESSIONS.ser。
◇ sessionCounter：创建过的所有会话数，数据类型为 Long。
◇ sessionMaxAliveTime：最大会话存活时长 [单位秒（s）]，数据类型为 Integer。
◇ sessionAverageAliveTime：失效会话平均存活时长（秒），数据类型为 Integer。

16. 应用类加载器信息

应用类加载信息的基本信息如下。

- ObjectName：TONGWEB:type=Loader,host=server,context=/{appName}。
- 功能描述：获取应用类加载信息。
- 属性类型：有以下 4 种类型。
  ◇ loaderClass：类加载器全名称，数据类型为 String。
  ◇ delegate：父优先加载，数据类型为 Boolean。
  ◇ loaderRepositories：类加载路径，数据类型为 String。
  ◇ reloadable：可重复加载，数据类型为 Boolean。

17. 应用资源缓存信息

应用资源缓存信息的基本信息如下。

- ObjectName：TONGWEB:type=WebResourceRoot,host=server,context=/{appName},name=Cache。
- 功能描述：获取应用资源缓存信息。
- 属性类型：有以下 5 种类型。
  ◇ size：当前缓存数，数据类型为 Long。
  ◇ maxSize：最大缓存数，数据类型为 Long。
  ◇ hitCount：命中缓存，数据类型为 Long。
  ◇ lookupCount：查找次数，数据类型为 Long。
  ◇ ttl：缓存条目存活时长（毫秒），数据类型为 Long，参考值为 5000。

五、监视配置

监视配置信息的基本信息如下。

- ObjectName：config:name=Server,parent=/Tongweb。
- 功能描述：获取监视配置信息。
- 属性类型：有以下一种类型。
  ◇ monitorService：监视配置服务信息，类型为 MonitorService。

监视配置信息的属性如表 9-9 所示。

表 9-9　监视配置信息的属性

属性类型	属性名称	描述	数据类型	参考值
MonitorService	monitorConfig	监控配置集合信息	List<MonitorConfig>	—
	monitoringEnabled	是否启用监控	Boolean	—
	flushInterval	检测周期（秒）	Integer	—
	flushTimeThreshold	数据存活时间（秒）	Integer	—
	persistEnabled	数据是否持久化	Boolean	—
MonitorConfig	name	监控项名称	String	—
	monitoringEnabled	是否启用监控	Boolean	—
	produceInterval	采集数据周期（秒）	Integer	—
	persistEnabled	数据是否持久化	Boolean	—

9.2 REST 调用

REST 接口是通过 HTTP 请求的 URL 定位目标资源，以及请求的 Method 表示对这个资源进行的操作。本节会提供所有模块的 REST 接口以及部分调用示例。

9.2.1 REST 接口列表

表 9-10 所示为所有模块的 REST 接口的请求地址。

表 9-10　所有模块的 REST 接口的请求地址

功能名称	类型	请求地址
Web 容器配置	GET	/rest/api/web_container
JDBC 配置	GET	/rest/api/jdbc_config
EJB-BEANS 配置	GET	/rest/api/ejb_container
EJB 远程调用配置	GET	/rest/api/ejb_config
应用管理列表	GET	/rest/api/application_management
应用管理列表子模块（仅 ear 类型才有子模块）	GET	/rest/api/{appName}/subModules
JCA 线程池	GET	/rest/api/jca_thread_pool
JCA 连接池	GET	/rest/api/jca_connector_pool
托管对象资源	GET	/rest/api/jca_adapter_resource
JVM 内存信息	GET	/rest/api/jvm_memory_detail

续表

功能名称	类型	请求地址
JVM 内存池信息	GET	/rest/api/jvm_memory_pool
JVM 垃圾收集器信息	GET	/rest/api/jvm_garbage_collector_detail
JVM 线程信息	GET	/rest/api/jvm_threading_detail
JVM 编译器信息	GET	/rest/api/jvm_compilation_detail
JVM 类加载信息	GET	/rest/api/jvm_classloading_detail
JVM 运行时信息	GET	/rest/api/runtime_detail
操作系统基本信息	GET	/rest/api/operating_system_detail
操作系统使用情况	GET	/rest/api/operating_system_usage
TongWeb 信息	GET	/rest/api/tongweb_server_detail
通道信息	GET	/rest/api/listener_detail
数据源信息	GET	/rest/api/datasource_detail
事务信息	GET	/rest/api/transaction_detail
JCA 信息	GET	/rest/api/jca_detail
应用细节信息	GET	/rest/api/application_detail
应用会话信息	GET	/rest/api/application_session
应用类加载器信息	GET	/rest/api/application_classloader
应用资源缓存信息	GET	/rest/api/application_resource_cache
监视配置	GET	/rest/api/monitor_config

9.2.2 接口地址调用示例

接口地址中给出的不是全部参数的对应值，具体调用示例参见表 9-11。

表 9-11 REST 接口地址调用示例

功能名称	请求类型	请求地址及说明
Web 容器配置	GET	/rest/api/web_container?attrName=virtualHost,httpListener,ajpListener
JDBC 配置	GET	/rest/api/jdbc_config?attrName=jdbcConnectionPool
EJB-BEAN 配置	GET	/rest/api/ejb_container?attrName=stateless,stateful
EJB 远程调用配置	GET	/rest/api/ejb_config?attrName=remote
应用管理列表	GET	/rest/api/application_management?operatorName=allapps
应用管理列表子模块	GET	/rest/api/{appName}/subModules 此 appName 从应用列表中获取，仅 type 为 EAR 类型的应用有子模块

续表

功能名称	请求类型	请求地址及说明
JCA 线程池	GET	/rest/api/jca_thread_pool?attrName=jcaThreadPool
JCA 连接池	GET	/rest/api/jca_connector_pool?attrName=jcaConnectionPool
托管对象资源	GET	/rest/api/jca_adapter_resource?attrName=adapterAdminobjectResource
JVM 内存	GET	/rest/api/jvm_memory_detail?attrName=HeapMemoryUsage,NonHeapMemoryUsage,ObjectPendingFinalizationCount,Verbose
JVM 内存池	GET	/rest/api/jvm_memory_pool?attrName=Name,Type,Usage
JVM 垃圾收集器	GET	/rest/api/jvm_garbage_collector_detail?attrName=Name,Valid,CollectionCount,CollectionTime,MemoryPoolNames
JVM 线程	GET	/rest/api/jvm_threading_detail?attrName=ThreadCount,PeakThreadCount&operatorName=findDeadlockedThreads
JVM 编译器信息	GET	/rest/api/jvm_compilation_detail?attrName=CompilationTimeMonitoringSupported,TotalCompilationTime,Name
JVM 类加载信息	GET	/rest/api/jvm_classloading_detail?attrName=LoadedClassCount,UnloadedClassCount,TotalLoadedClassCount,Verbose
JVM 运行时信息	GET	/rest/api/runtime_detail?attrName=SpecName,SpecVersion,SpecVendor,VmName,VmVersion
操作系统基本信息	GET	/rest/api/operating_system_detail?attrName=Name,Version,Arch,AvailableProcessors
操作信息使用信息	GET	/rest/api/operating_system_usage?attrName=CpuPercent,MemPercent
TongWeb 信息	GET	/rest/api/tongweb_server_detail?attrName=serverInfo,serverNumber,serverBuilt,address,port
通道信息	GET	/rest/api/listener_detail?operatorName=count:{httpListenerName},stat:{httpListenerName} httpListenerName 参考 Web 容器配置接口的 httpListener 值中的 name 属性，以下示例： /rest/api/listener_detail?operatorName=count:system-http-listener,stat:system-http-listener /rest/api/listener_detail?operatorName=count:tong-http-listener,stat:tong-http-listener /rest/api/listener_detail?operatorName=count:ejb-server-listener,stat:ejb-server-listener

续表

功能名称	请求类型	请求地址及说明
数据源信息	GET	/rest/api/datasource_detail?pathValue=${datasourceId}&attrName=Name,DriverClassName datasourceId 参考 JDBC 配置接口的 name 属性
事务信息	GET	/rest/api/transaction_detail?operatorName=count,stat
JCA 信息	GET	/rest/api/jca_detail?pathValue={jcaConnectorPoolName}&attrName=BusyNum,ConnNum,FreeNum jcaConnectorPoolName 参考 JCA 连接池中 name 属性
应用细节信息	GET	/rest/api/application_detail?pathValue={appName}&vhost={virtualHost}&attrName=baseName,path,docBase,workDir appName 参考应用管理列表（或子模块）接口的 name 属性，支持 EJB、WAR 类型，virtualHost 为虚拟主机名称，默认为 server
应用会话信息	GET	/rest/api/application_session?pathValue={appName}&vhost={virtualHost}&attrName=expiredSessions,maxActive,maxActiveSessions,rejectedSessions,pathname appName 参考应用管理列表（或子模块）接口的 name 属性，支持 EJB、WAR 类型，virtualHost 为虚拟主机名称，默认为 server
应用类加载器信息	GET	/rest/api/application_classloader?pathValue={appName}&vhost={virtualHost}&attrName=loaderClass,delegate,loaderRepositories,reloadable appName 参考应用管理列表（或子模块）接口的 name 属性，支持 WAR 类型，virtualHost 为虚拟主机名称，默认为 server
应用资源缓存信息	GET	/rest/api/application_resource_cache?pathValue={appName}&vhost={virtualHost}&attrName =size,maxSize,hitCount,lookupCount,ttl appName 参考应用管理列表（或子模块）接口的 name 属性，支持 EJB、WAR 类型，virtualHost 为虚拟主机名称，默认为 server
监视配置	GET	/rest/api/monitor_config?attrName=monitorService

9.2.3 请求参数及返回值

上一小节提供了各模块的接口 REST 地址。对于接口请求参数和返回值格式的描述如下。

接口请求参数描述如下。

- attrName：对应 JMX 功能中 MBEAN 的属性列表，支持多个以“,”分隔。
- operatorName：对应 JMX 功能中 MBEAN 的操作列表，支持多个以“,”分隔。如果操作中含有参数，可用“:”分隔名称和值，如 operatorName=count: system-http-listener。如果某个操作有多个参数，则参数间用“|”分隔，如 operatorName=point:x|y。
- pathValue：对应 JMX 功能中 MBEAN 的 ObjectName 中含有 {} 指定的数据，若 ObjectName 值中不含有 {}，可忽略此属性。

返回值格式描述如下。

- name：功能名称。
- success：true 表示调用成功；false 表示调用失败。
- message：调用失败原因，当 success=false 时可用。
- errorInfo：调用失败堆栈，当 success=false 时可用。
- data：存放真实数据；结构是 [<Key（String 类型），value（Object 类型）>]，Key 为要查询的属性或操作，value 为对应的数据。

成功调用返回值示例：

```
{
    "name": "WEB_CONTAINER",
    "success": true,
    "errorInfo": null,
    "message": null,
    "data": [{
        "ajpListener": [],
        "httpListener": [
            {
                "name": "system-http-listener",
                "port": 9060,
                "status": null,
                "http2-enabled": null,
                "ssl-enabled": null,
                "default-virtual-host": "admin",
                "create-time": "2019-09-19 11:12:17"
            },
            {
                "name": "tong-http-listener",
                "port": 8080,
                "status": null,
                "address": null,
                "http2-enabled": null,
                "ssl-enabled": null,
                "default-virtual-host": "server",
                "create-time": "2019-09-19 11:12:17"
            },
            {
                "property": [],
                "name": "ejb-server-listener",
                "port": 5100,
                "status": null,
                "address": null,
                "http2-enabled": null,
                "ssl-enabled": null,
                "default-virtual-host": "admin",
                "create-time": "2019-09-19 11:12:19"
            }
        ],
        "virtualHost": [
            {
```

```
            "property": [],
            "name": "admin",
            "listeners": "system-http-listener,tong-https-listener",
            "alias": null,
            "status": null,
            "addValve": null,
            "accesslog-enabled": false,
            "accesslog-dir": "logs/access",
            "sso-enabled": false,
            "remote-filter-enabled": false,
            "app-base": null,
            "auto-deploy": null,
            "deploy-on-startup": null,
            "deploy-ignore": null,
            "undeploy-old-version": null
        },
        {
            "property": [],
            "name": "server",
            "listeners": "tong-http-listener,tong-https-listener,tong-ajp-listener",
            "alias": null,
            "status": null,
            "addValve": null,
            "accesslog-enabled": false,
            "accesslog-dir": "logs/access",
            "sso-enabled": false,
            "remote-filter-enabled": false,
            "app-base": "autodeploy",
            "auto-deploy": true,
            "deploy-on-startup": null,
            "deploy-ignore": null,
            "undeploy-old-version": null
        }
    ]
  }]
}
```

第 10 章 TongWeb 性能监控工具

使用 APM 工具，能够获取大量精准的监控信息、迅速定位应用的性能瓶颈、协助开发 / 运维人员优化应用性能。

TongWeb 可为应用提供基础运行环境，并且需要确保其性能稳定，因此可提供代码级的应用性能诊断和分析工具 TongAPM，TongAPM 属于 TongWeb 内置功能。在本章中我们将学习 TongAPM 的安装及配置，以及使用 TongAPM 进行慢请求分析、类方法分析、线程剖析、JDBC 分析、内存分析等。

本章包括如下主题：

- TongAPM 安装及配置；
- 慢请求分析；
- 类方法分析；
- 线程剖析；
- JDBC 分析；
- 内存分析。

10.1 TongAPM 安装及配置

使用 TongAPM 前，需要先安装 APM 工具并进行 APM 配置。

10.1.1 安装 APM 工具

TongAPM 由客户端 tongapm.jar 和管理控制台 tongapm.war 两个文件组成，这两个文件存在于 TW_HOME/lib/apm 目录下。tongapm.war 不能单独部署使用，必须和 tongapm.jar 一起使用。

01 使用 APM 需要配置 JVM 的启动参数，通常情况下可以通过 TW_HOME/bin/external.vmoptions 文件指定 APM 的 JAR 包路径来开启 APM 功能，使用方式如下。

- JDK 9 及以下版本，需要在 ${TW7_HOME}/bin/external.vmoptions 添加以下参数：

```
-javaagent:${TongWeb_Home}/lib/apm/tongapm.jar
-Xbootclasspath/a:${TongWeb_Home}/lib/apm/tongapm.jar
```

- JDK 9 以上版本的使用步骤如下。
  - ◇ 将 ${TW7_HOME}/lib/apm/tongapm.jar 复制到 ${TW7_HOME}/lib/endorsed 目录下。
  - ◇ 在 ${TW7_HOME}/bin/external.vmoptions 中添加以下参数：

```
-javaagent:${TongWeb_Home}/lib/apm/tongapm.jar
```

02 配置完参数后，重启 TongWeb。

03 登录管理控制台，部署 tongapm.war 到应用服务器上，部署成功的页面如图 10-1 所示。

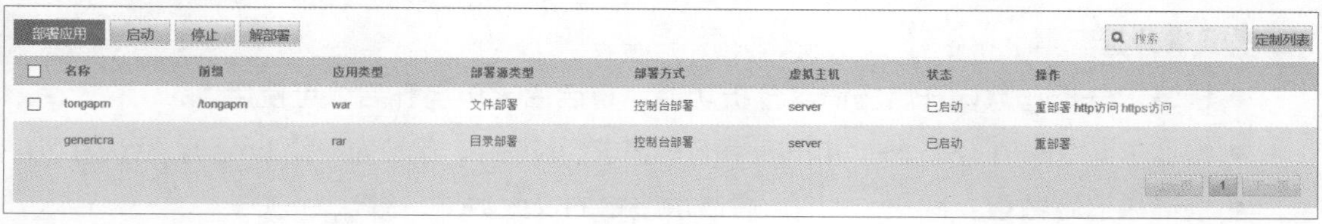

图 10-1 tongapm.war 部署成功

04 单击 tongapm 后面的“HTTP 访问”，即可进入 TongAPM 应用性能管理控制台，如图 10-2 所示。

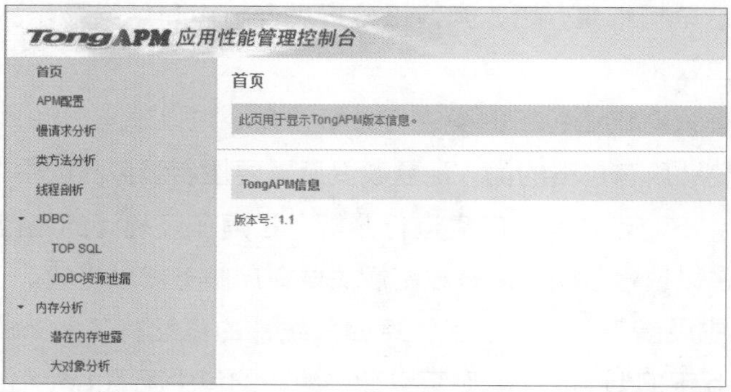

图 10-2 TongAPM 应用性能管理控制台

10.1.2 APM 配置

在 TongAPM 应用性能管理控制台中，单击“APM 配置”，进入“APM 配置”页面，如图 10-3 所示。

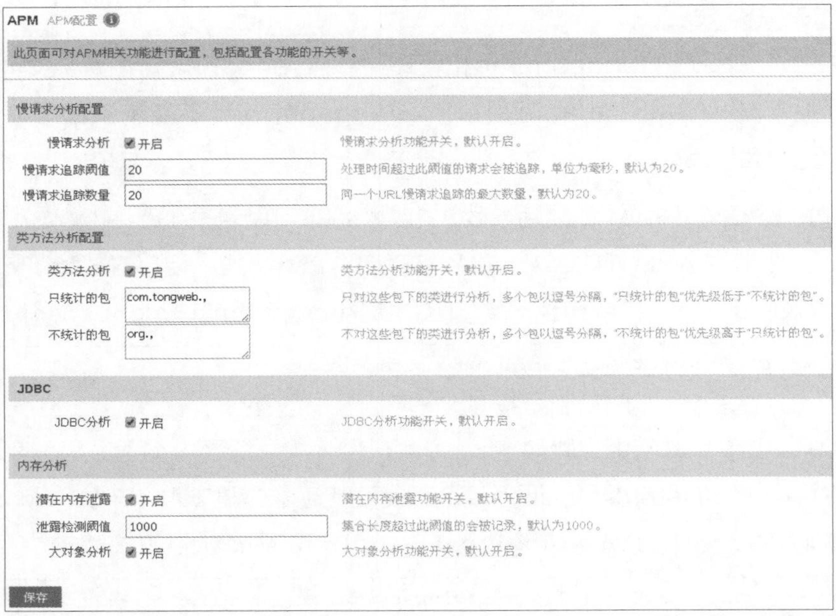

图 10-3　APM 配置

APM 配置页面的属性介绍如下。

1. 慢请求分析配置

- 慢请求分析：默认开启慢请求分析功能，重启后需再次开启才可使用。
- 慢请求追踪阈值：处理时间超过此阈值的请求会被追踪，单位为毫秒（ms），默认为 20。
- 慢请求追踪数量：同一个 URL 慢请求追踪的最大数量，默认为 20。

2. 类方法分析配置

- 类方法分析：类方法分析功能开关。只有开启该功能后，才能在“类方法分析”页面看到类方法分析结果，否则类方法分析页面将没有结果显示。配置改变后需要重启服务器以生效。
- 只统计的包：只对这些包下的类进行分析，多个包以逗号分隔。如果只统计的包没有配置，则统计所有包下的类。配置改变后需要重启服务器以生效。
- 不统计的包：不对这些包下的类进行分析，是指在只统计的包范围内要排除的包或子包，多个包以逗号分隔。配置改变后需要重启服务器以生效。

不统计的包优先级高于只统计的包。例如只统计的包配置了 com.tongweb，如果要排除 com.tongweb 下的 UTIL 包，则可以在不统计的包中配置 com.tongweb.util。

3. JDBC

默认开启 JDBC 分析功能，开启后可查看可疑的数据库连接泄露等问题。

4. 内存分析

- 潜在内存泄露：默认开启潜在内存泄露功能，该功能用于分析可能存在内存泄露的 Java 集合对象，如 ArrayList、HashMap、HashSet 等对象。
- 泄露检测阈值：集合长度超过此阈值的会被视为可能存在内存泄露问题，默认为 1000。
- 大对象分析：默认开启大对象分析功能，该功能可分析占用内存较大的对象，也可用以辅助分析应用内存相关问题。

10.2 慢请求分析

慢请求分析可用于定位平均响应时间较长的请求 URL，并根据设置的处理时间和请求数量的阈值对其进行慢请求追踪，通过对单次请求的过程分解做进一步的定位和分析。

10.2.1 慢请求分析

单击 APM 应用性能管理控制台左侧导航树中的“慢请求分析”，进入“慢请求分析”页面，如图 10-4 所示。在该页面中显示的应用请求按请求平均响应时间从高到低排序，也可以按照请求次数进行排序。若请求响应时间均未达到 APM 配置中的慢请求追踪阈值，则追踪一列为灰色且显示“不可追踪”。

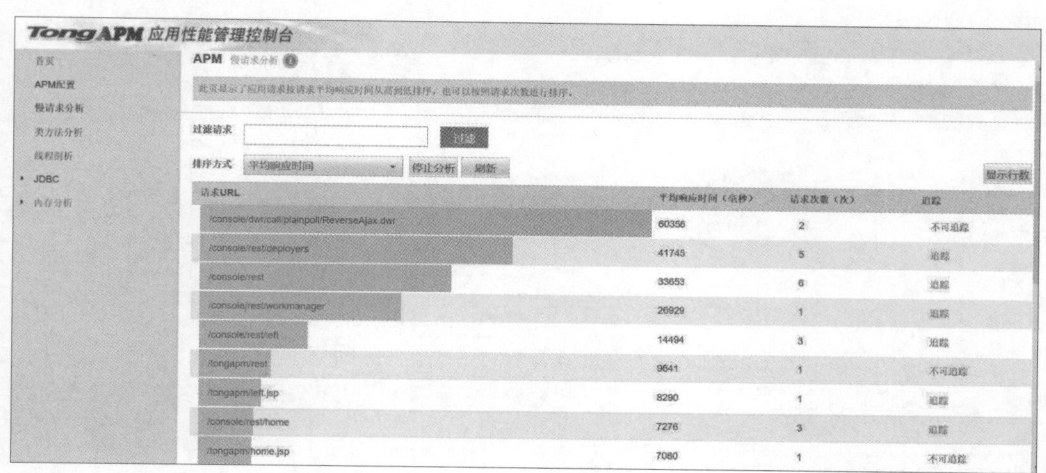

图 10-4 慢请求分析

慢请求分析的属性介绍如下。

- 过滤请求：修改“过滤请求”后只显示包含输入值的结果，通过此功能可方便、快速定位需要查看的结果。
- 排序方式：分为“平均响应时间”和“请求次数”，默认显示前 20 条记录。

停止分析表示停止请求分析功能并清除历史数据。单击“停止分析”按钮后按钮会自动转换为“启动分析”按钮，单击“启动分析”按钮后会重新开始进行请求分析。单击“刷新”按钮后，可以按当前页面选择条件展示统计的最新分析结果。调整“显示行数”的值可控制每页显示的记录数。

10.2.2 慢请求追踪

慢请求追踪功能可以提供更细粒度的模块调用过程，能更加精准地定位应用瓶颈，并且能对单次请求的应用过程进行分解。

在“慢请求分析结果”页面单击关注的 URL 或者对应的追踪按钮，即可跳转到该 URL 对应的慢请求追踪列表。该列表可展示此 URL 请求中，响应时间大于设置的阈值时间的请求及其耗时。该列表中最大数量为慢请求追踪数量配置的最大值，如图 10-5 所示。

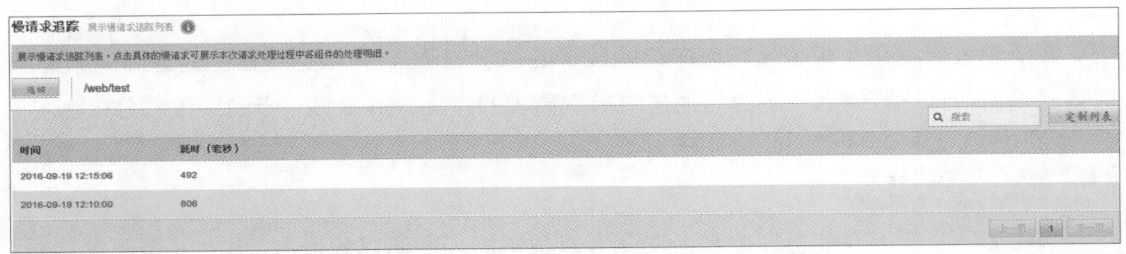

图 10-5　慢请求追踪列表

在慢请求追踪列表中选择关注的单次请求，即可跳转到此次请求的“慢请求过程分解”页面，该页面可详细展示此次请求的关键模块调用情况，如图 10-6 所示。

慢请求过程分解 展示慢请求处理过程中各组件的处理过程分解明细

展示慢请求处理过程中各组件的处理过程分解明细，包括组件的处理耗时、耗时占比、堆栈追踪等信息。

/web/test

时间戳（毫秒）	耗时（毫秒）	耗时定位	时间线	耗时占比	过程分解	模块	堆栈	SQL
0	492			100%	◢ MyFilter_1.doFilter(13)	Filter		
0	101	➡		20%	Application code in MyFilter_1.doFilter(13)	Application		
101	391			79%	◢ MyFilter_2.doFilter(13)	Filter		
101	100	➡		20%	Application code in MyFilter_2.doFilter(13)	Application		
201	291			59%	◢ MyServlet.doGet(20)	Servlet		
201	103	➡		20%	Application code in MyServlet.doGet(20)	Application		
304	134			27%	◢ TestEJBBean.test(18)	EJB		
304	102	➡		20%	Application code in TestEJBBean.test(18)	Application		
406	32			6%	◢ TestEJBBean.test3(68)	EJB		
406	17			3%	◢ TestEJBBean.insertData(76)	EJB		
407	1			0%	InitialContext.lookup(392)	JNDI		
408	1			0%	ThorManagedDataSource.getConnection(110)	DataSource		
410	2			0%	Socket[addr=/168.1.50.20,port=1522,localport=34746]	Socket		
414	8			1%	◢ OracleStatement.execute(1637)	JDBC		

INSERT INTO ejbtable VALUES('test url:node_3')

堆栈
- oracle.jdbc.driver.OracleStatement.execute(OracleStatement.java)
- com.tongapm.agent.jdbc.bean.StatementWrapper.execute(StatementWrapper.java:102)
- ejb.TestEJBBean.insertData(TestEJBBean.java:83)
- ... 64 more

时间戳（毫秒）	耗时（毫秒）	耗时定位	时间线	耗时占比	过程分解	模块	堆栈	SQL
415	3			0%	Socket[addr=/168.1.50.20,port=1522,localport=34746]	Socket		
423	15			3%	◢ TestEJBBean.query(98)	EJB		
425	0			0%	InitialContext.lookup(392)	JNDI		
425	1			0%	ThorManagedDataSource.getConnection(110)	DataSource		
426	8			1%	◢ OracleStatement.executeQuery(1225)	JDBC		
427	6			1%	Socket[addr=/168.1.50.20,port=1522,localport=34746]	Socket		
438	53			10%	Socket[addr=/168.1.50.20,port=1522,localport=34746]	Socket		

图 10-6　慢请求过程分解

慢请求过程分解页面可以展示各个模块之间的调用关系，它分为以下 9 列。

- 时间戳：模块调用的相对起始时间，以毫秒为单位。第一个关键模块的起始时间为 0。
- 耗时（毫秒）：模块执行耗时，以毫秒为单位。
- 耗时定位：以醒目箭头标注出可能耗时久的模块。
- 时间线：以类似柱状图的形式标注该模块的调用耗时。
- 耗时占比：该模块占整个调用的耗时百分比。
- 过程分解：模块调用的对应类及方法和行号。
- 模块：模块的具体分类。
- 堆栈：可单击按钮以树形图展示对应的堆栈信息。
- SQL ：模块执行的 SQL 语句，未执行 SQL 语句则没有对应的按钮。

10.3 类方法分析

单击 APM 应用性能管理控制台左侧导航树中的“类方法分析”，进入“类方法分析”页面，如图 10-7 所示。该页面可展示类方法平均执行时间的排序结果，也可以按照执行次数进行排序。

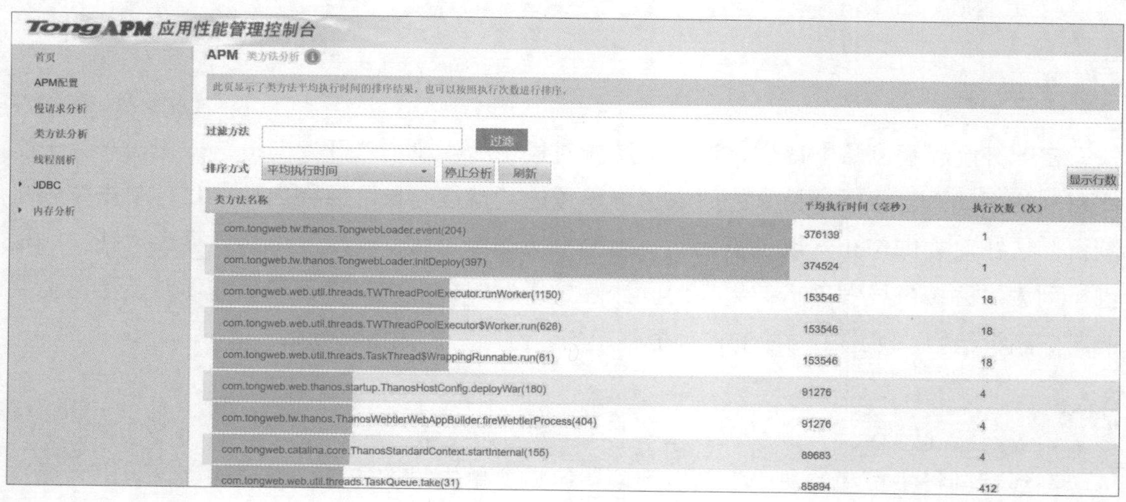

图 10-7　类方法分析

类方法分析的属性介绍如下。

- 过滤方法：修改“过滤方法”后只显示包含输入值的结果，通过此功能可方便、快速定位需要查看的结果。
- 排序方式：分为“平均执行时间”和“执行次数”，默认显示前 20 条记录。

停止分析表示停止类方法分析功能并清除历史数据。单击“停止分析”按钮后按钮会自动转换为“启动分析”按钮。单击“启动分析”按钮后会重新进行类方法分析。单击“刷新”按钮后，可展示按当前页面选择条件统计的最新分析结果。调整“显示行数”的值可控制每页显示的记录数。

10.4 线程剖析

在不影响用户体验的情况下，线程剖析可以非常低的系统开销采集线程状态。线程剖析完成后，会显示代码消耗的时间和比例。

10.4.1 剖析功能

单击 APM 应用性能管理控制台左侧导航树中的“线程剖析”，出现“线程剖析”页面，如图 10-8 所示。

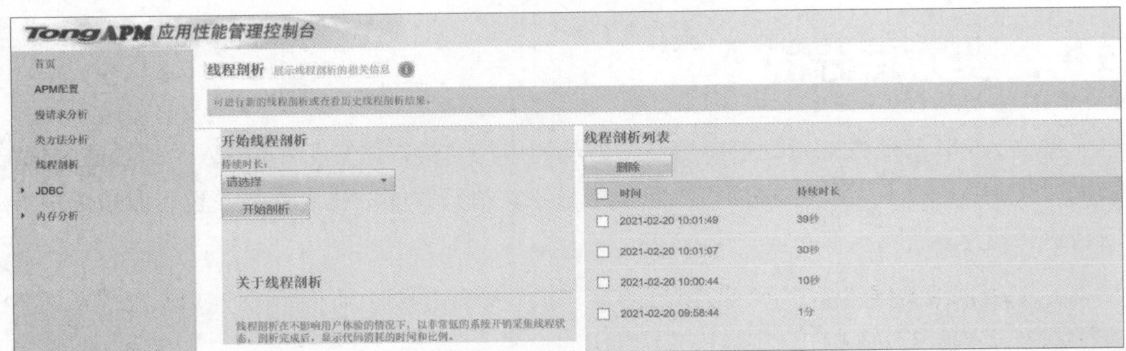

图 10-8　线程剖析

在“开始线程剖析”区域，选择“持续时长”后，单击“开始剖析”按钮，开始一次线程剖析活动。当该活动持续的时长达到设置的“持续时长”后将自动停止，单击“停止剖析”按钮可立即停止本次剖析活动。当剖析活动停止后，本次剖析结果会出现在“线程剖析列表”区域。线程剖析结果按时间排序，最近的剖析结果排在最上方。对于不再需要的历史剖析结果，可选中对应的选项框并单击“删除”按钮将其删除。

10.4.2 展示功能

在线程剖析主页面的“线程剖析列表”区域，单击某次的剖析结果时间，可进入该次线程剖析的“剖析结果”页面，如图 10-9 所示。

剖析结果页面可展示在该剖析时间段内，系统内线程栈运行的时间统计信息，具体包括运行时间、运行时间比例、类名、方法名、源码行号等信息。例如第一个线程的运行时间为 594.55s，运行时间比例为 41.62%，类名及方法名为 com.tongweb.quartz.simpl.Simple.Thread.Pool$Worker.Thread.run，SimpleThreadPool.java:553 表示源码行号，java.long.Object.wait(Native Method) 是其中耗时最长的方法调用。

图 10-9 剖析结果

在“树展示设置”区域，通过选择要显示的线程类型，可以控制结果树的展示内容。其中，“Agent 线程”表示 APM 功能线程，“后台任务线程”表示系统内的守护线程，“其它线程”表示未被归类的线程。通过选择“自顶向下”或“自底向上”可控制树的展示方向，其中，“自顶向下”是以线程栈的栈底为根节点进行展示的，而“自底向上”是以线程栈的栈顶为根节点进行展示的。完成“树展示设置”后，单击“刷新”按钮，可依据“树展示设置”展示新的结果树。

在“线程剖析结果”区域，单击“展开最耗时”按钮，可展开结果树上执行最耗时的线程栈节点。最耗时的判别规则为：以一个根节点为基础，对比该节点下所有子节点执行消耗的时间，展开最耗时的某个子节点，关闭其他子节点；接着再以展开的最耗时的子节点为基础，继续往下判断展开其最耗时的子节点，如果某个节点的子节点个数小于 2，则不再继续展开。

单击“展开所有”按钮，可展开树上的所有节点；单击“收起所有”按钮，可关闭树上的所有节点。

10.5 JDBC 分析

JDBC 是一种用于执行 SQL 语句的 Java API，支持多种关系数据库统一访问。通过 JDBC 分析可以对 SQL 的耗时进行查询和对 JDBC 泄露进行监测。

10.5.1 TOP SQL

APM 应用性能管理控制台可以监控 SQL 执行时间，并通过 TOP SQL 的方式展示耗时最长的 SQL 语句。展开 APM 应用性能管理控制台左侧导航树中的“JDBC”，单击“TOP SQL”，进入“TOP SQL”页面，如图 10-10 所示。

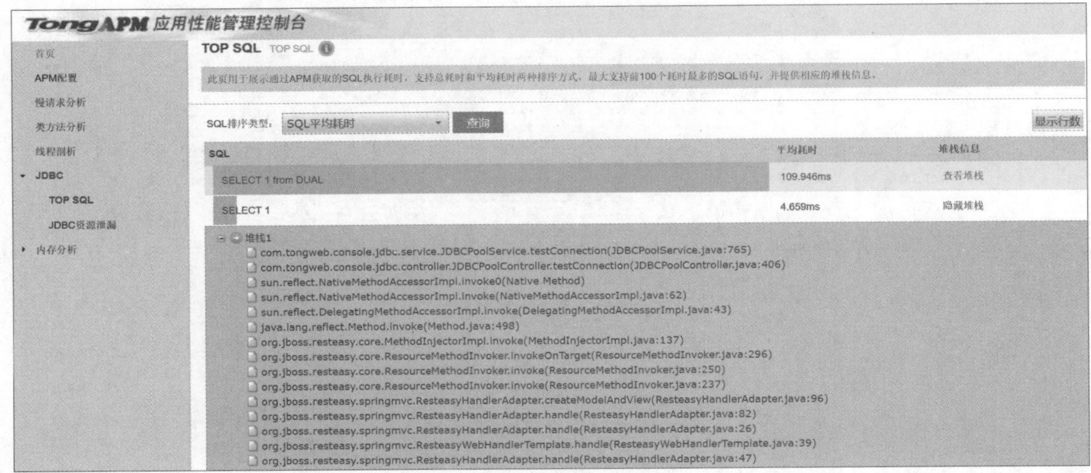

图 10-10　TOP SQL

TOP SQL 页面的各属性介绍如下。

- SQL 排序类型：分为“SQL 平均耗时”和“SQL 总耗时”两种类型，可分别对当前应用的 SQL 进行统计和查询，查询数量最多支持 100 个。

“堆栈信息”对应 SQL 同时支持堆栈信息的查询，通过“查看堆栈”能够对 SQL 的执行进行代码级定位。

10.5.2 “JDBC 资源泄漏”

TongAPM 支持对 TongWeb 数据源中的 JDBC 连接和 Statement 泄露进行监测，数据源包括主流数据库如 Oracle、MySQL、SQL Server2000、DB2、Sybase、Informix。

展开 APM 应用性能管理控制台左侧导航树中的“JDBC”，单击“JDBC 资源泄漏”，进入“JDBC 资源泄漏”页面，如图 10-11 所示。

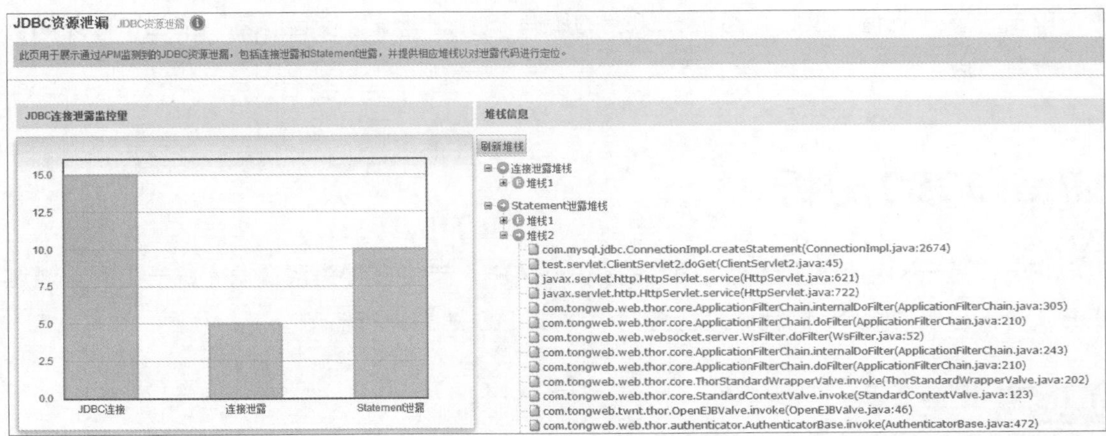

图 10-11　“JDBC 资源泄漏”

“JDBC 连接泄露监控量”区域以柱状图进行展示，监控量包括当前的 JDBC 连接、连接泄露、“Statement 泄露”。“堆栈信息”区域分别展示连接泄露堆栈和 Statement 泄露的堆栈信息，单击“+”按钮可查看对应资源泄露的详细堆栈信息。

10.6 内存分析

Java 内存溢出是一个比较复杂的问题，通常需要借助专业的内存分析工具分析内存 dump，再结合程序自身的逻辑进行逐步分析。

内存泄露最终会导致内存溢出问题。TongAPM 的内存泄露分析功能能够对多数情况的内存泄露进行实时监控，并给出可能的潜在内存泄露分析以及大对象分析。

10.6.1 潜在内存泄露分析

开启 APM 后，可以监控应用服务器的内存状态，判断是否存在潜在内存泄露风险。展开 APM 应用性能管理控制台左侧导航树中的“内存分析”，单击“潜在内存泄露”，进入“潜在内存泄露”页面，如图 10-12 所示。

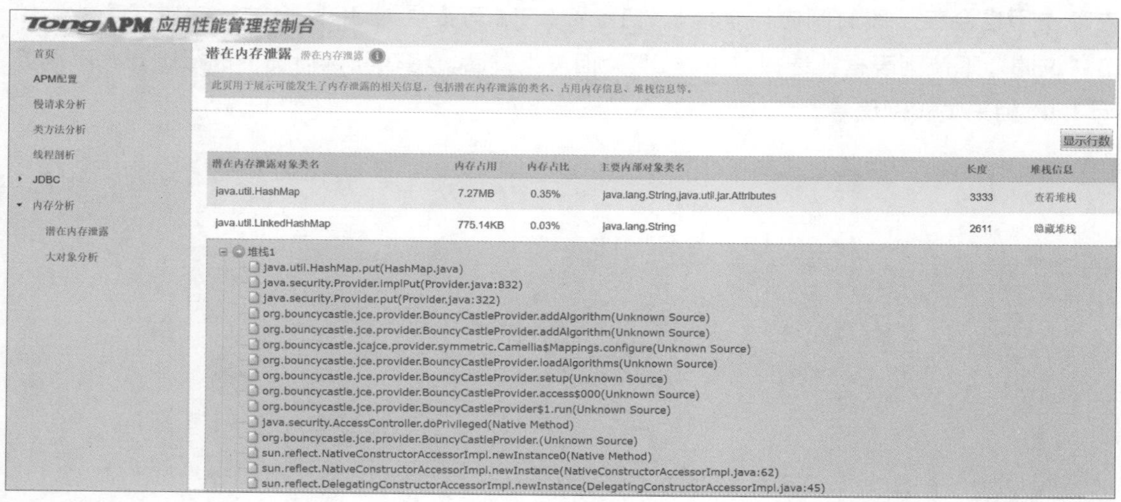

图 10-12 潜在内存泄露

潜在内存泄露页面主要以列表形式展示，展示信息包括潜在内存泄露对象类名、内存占用、内存占比、主要内部对象类名、长度、堆栈信息。对应的泄露对象同时支持堆栈信息的查询，通过单击相应的“查看堆栈”，能够对潜在内存泄露位置进行代码级的定位。单击后相应的“查看堆栈”会变成“隐藏堆栈”。

10.6.2 大对象分析

通过 TongAPM 的大对象分析功能可以持续监控 JVM 中大对象实例数和占用内存持续增长的类实例信息，该功能可为内存泄露分析提供辅助分析决策。

注意 该功能依赖于 jmap 命令，要正常使用该功能需要确保 jmap 命令能够正常执行。

展开 APM 应用性能管理控制台左侧导航树中的“内存分析”，单击“大对象分析”，进入“大对象分析”页面，如图 10-13 所示。

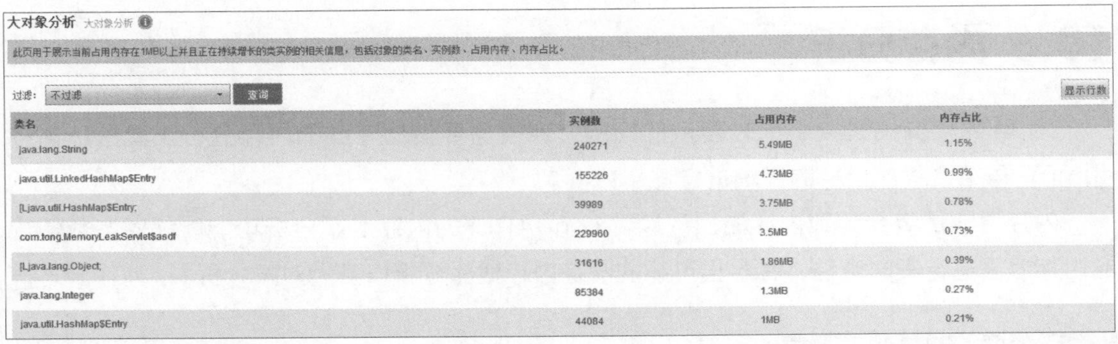

大对象分析 大对象分析

此页用于展示当前占用内存在1MB以上并且正在持续增长的类实例的相关信息，包括对象的类名、实例数、占用内存、内存占比。

过滤： 不过滤 查询 显示行数

类名	实例数	占用内存	内存占比
java.lang.String	240271	5.49MB	1.15%
java.util.LinkedHashMap$Entry	155226	4.73MB	0.99%
[Ljava.util.HashMap$Entry;	39989	3.75MB	0.78%
com.tong.MemoryLeakServlet$asdf	229960	3.5MB	0.73%
[Ljava.lang.Object;	31616	1.86MB	0.39%
java.lang.Integer	85384	1.3MB	0.27%
java.util.HashMap$Entry	44084	1MB	0.21%

图 10-13 大对象分析

该页面可展示当前占用内存 1MB 以上，并且正在持续增长的类实例的相关信息，包括对象的类名、实例数、占用内存和内存占比。

由于在实际使用过程中，JDK 相关类实例变化波动较大，部分 JDK 相关类实例数和内存占用也会在一段时间内持续增长，TongAPM 可提供对 JDK 相关类的过滤功能。单击“过滤”下拉列表框，选择“过滤 JDK 相关类”后，将在默认情况下进行过滤，不再显示 JDK 相关类实例信息。

第 11 章 TongWeb 性能调优

JVM 和 TongWeb 中具备许多可以提高 TongWeb 性能的工具和参数，本章将以 TongWeb 的性能调优为例，讲解其中一些工具和参数的使用方法。学习本章后，读者可以根据实际场景结合本章的建议尝试解决 TongWeb 性能优化问题。

本章包括如下主题：

- 外部调优；
- 内部调优；
- 调优案例。

11.1 外部调优

在 JVM 中，有许多用于性能调优的工具，运用这些工具能够提高 Java 程序运行的速度，本节将以 JVM 的实际调优为例，讲解这些工具的使用方法。在讲解这些工具的使用方法之前，首先介绍 JVM 内存模型、JVM 内存分配参数和垃圾收集基础，然后结合这些模型及参数讲解常用的 JVM 调优思路以及调优方法。学习本节后，读者将能够在 Java 应用程序调优时运用这些工具。

11.1.1 JVM

JVM 是一种虚构出来的计算机，也是一种规范。它可通过在实际的计算机上仿真模拟各类计算机的功能实现。JVM 其实类似于一台计算机运行在 Windows 或者 Linux 这些操作系统环境下。它直接和操作系统进行交互，与硬件不直接交互，而是通过操作系统完成和硬件进行交互的工作。

这里介绍的是 JDK 8 JVM 内存模型。内存是非常重要的系统资源，是硬盘和 CPU 的中间仓库及桥梁，支撑着操作系统和应用程序的实时运行。JVM 内存布局规定了 Java 在运行过程中内存申请、分配、管理的策略，保证 JVM 高效稳定地运行。

1. 内存分配参数

JVM 内存结构分配对 Java 应用程序的性能有较大的影响，此处将讲解设置 Java 应用程序内存大小以及内存结构的方法。-XX 参数被称为不稳定参数，此类参数的设置很容易引起 JVM 性能上的差异。此类参数共有以下 3 种类型。

- 布尔类型：-XX:+<option> '+' 表示启用该选项；-XX:-<option> '-' 表示关闭该选项。
- 数字类型：-XX:<option>=<number> 可跟随单位，例如 m 或 M 表示兆字节、k 或 K 表示千字节、g 或 G 表示吉字节。32K 与 32768 大小相同。
- 字符串类型：-XX:<option>=<string> 通常用于指定一个文件、路径或一系列命令列表。例如 -XX:HeapDumpPath=./dump.core。

JDK 8 对内存区域的划分中去掉了之前版本的持久代 (PermGen)、-XX:PermSize 和 -XX:MaxPermSize 参数，也不会发生 java.lang.OutOfMemoryError: PermGen 异常。取而代之的是元空间 (Metaspace)，元空间 GC 与堆区 GC 独立。

JVM 堆区内存模型如图 11-1 所示。

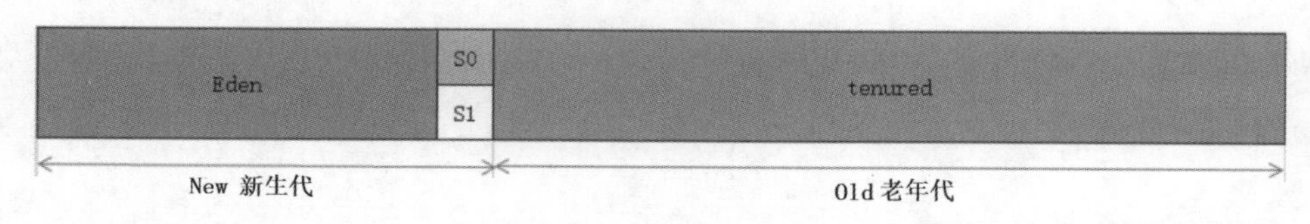

图 11-1 JVM 堆区内存模型

JVM 默认比例是 Eden:S0:S1:Tenured=8:1:1:20。JVM“浪费”掉 S1，即 30 份内存只有 29 份内存实际储存数据。Old:New=2:1，对应参数 -XX:NewRatio=2；Eden:S0=8:1，对应参数 -XX:SurvivorRatio=8。堆区内存回收分为新生代区的 YGC 和老年代区的 FGC。

MetaspaceSize 为触发 FGC 的阈值，默认约为 21MB。如进行配置，则最小阈值为自定义配置大小。如果空间使用达到阈值，将触发 FGC，同时扩大该值。如果元空间实际使用小于阈值，那么在 GC 的时候也会缩小该值。

MaxMetaspaceSize 为元空间的最大值，如果设置太小，可能会导致频繁触发 FGC，甚至 OOM。

JVM 内存常见参数如下。

- -Xms128M：设置堆内存最小值。
- -Xmx128M：设置堆内存最大值。
- -XX:Metaspacesize=256m：元数据空间大小。
- -XX:MaxMetaspacesize=256m：元数据空间最大空间。
- -XX:NewSize=64M：设置新生代区最小值。
- -XX:MaxNewSize=64M：设置新生代区最大值。
- -XX:NewRatio=2：设置老年代区与新生代区的比例。
- -Xmn64M：设置新生代区大小，等价于 -XX:NewSize=64M 与 -XX:MaxNewSize=64M 两个参数，此值一旦设置则 -XX:NewRatio 无效。
- -XX:SurvivorRatio=8：设置 Eden 区与两个 S 区之和的比例。
- -verbose:gc：输出每次 GC 的相关情况。
- -Xloggc：../logs/gc.log 日志文件的输出路径。
- -XX:+PrintGC：输出 GC 日志。
- -XX:+PrintGCDetails：输出 GC 的详细日志。
- -XX:+PrintGCTimeStamps：输出 GC 的时间戳（以基准时间的形式）。
- -XX:+PrintGCDateStamps：输出 GC 的时间戳（以日期的形式，如 2019-11-20T21:53:59.234+0800）。
- -XX:+PrintHeapAtGC：在进行 GC 的前后输出堆的信息。
- -Xint：关闭 JIT。
- -XX:Reservedcodecache=15m：空间大小。

2. 最大堆内存

最大堆内存指的是新生代和老年代大小之和的最大值，它是 Java 应用程序的堆上限，最大堆可以通过 -Xmx 参数进行指定。JVM 中最大堆内存的大小有 3 方面限制：相关操作系统的数据模型（32 位还是 64 位）限制、系统的可用虚拟内存限制、系统的可用物理内存限制。32 位系统下，堆内存大小一般限制在 1.5 ~ 2GB；64 位操作系统对内存无限制。另外，“整个堆内存大小 = 新生代大小 + 老年代大小 + 持久代大小”。持久代一般固定大小为 64MB，所以增大新生代后，将会减小老年代的大小。此值对系统性能影响较大，Oracle 官方推荐配置为整个堆的 3/8。

说明　JDK 8 中已经去掉了持久代 PermGen Space，取而代之为元空间 Metaspace。Metaspace 占用的是本地内存，不再占用 JVM 内存。

示例，设置 JVM 堆内存最大值为 1024MB：

```
java -Xmx1024m <ClassName>
```

3. 最小堆内存

最小堆内存是指 JVM 启动时所占据的操作系统内存大小。最小堆内存可以通过 JVM 的 -Xms 参数进行设置。Java 应用程序在运行时，首先会被分配 -Xms 指定的内存大小，并尽可能尝试在这个空间段内运行程序。当 -Xms 指定的内存大小确实无法满足应用程序时，JVM 才会向操作系统申请更多的内存，直到内存大小达到 -Xmx 指定的最大内存为止。若超过 -Xmx 的值，则抛出 Out Of Memory Error 异常。

示例，设置 JVM 堆内存最小值为 512MB：

```
java -Xms512m <ClassName>
```

注意　如果 -Xms 的数值较小，JVM 为了保证系统能在指定内存范围内运行，就会更加频繁地进行 GC 操作以释放失效的内存空间。这样会增加触发 MGC 和 FGC 的次数，并对系统性能产生一定的影响。

4. 新生代

参数 -Xmn 用于设置新生代的大小，新生代的大小一般设置为整个堆空间大小的 1/4 到 1/3。设置一个较大的新生代会减小老年代的大小，此值对系统性能以及 GC 行为有很大的影响。

新生代默认的大小为 3.5MB 左右，但是 PrintGCDetails 的运行会将新生代的大小减小为 2 MB。新生代的大小减小后，MinorGC 的触发次数将从 4 次增加到 9 次。在 HotSpot 虚拟机中，用于设置新生代大小的两个属性如下。

- -XX:New Size：设置新生代的初始大小。
- -XX:MaxNewSize：设置新生代大小的最大值。

注意　通常情况下，设置 -Xmn 的效果等同于设置 -XX:NewSize 和 -XX:MaxNewSize。如果再对 -XX:NewSize 和 -XX:MaxNewSize 进行设置，可能会导致内存振荡和不必要的系统开销。

5．持久代与元空间

JDK 8 对内存区域的划分中去掉了之前版本的持久代（PermGen），-XX:PermSize 和 -XX:MaxPermSize 参数同时失效，也不会发生 java.lang.OutOfMemoryError: PermGen 异常。取而代之的是元空间（Metaspace），元空间 GC 与堆区 GC 独立。JDK 1.8 同 JDK 1.7 相比，最大的差别就是元数据区取代了持久代。元空间的本质和持久代类似，都是对 JVM 规范中方法的实现。不过元空间与持久代之间最大的区别在于：元数据空间并不在 JVM 中，而是使用本地内存。可用 -XX:MaxMetaspaceSize 和 -XX:MetaspaceSize 参数进行相应的元空间的调整。

6．线程栈

线程栈是线程的一块私有空间，线程栈空间的大小通常会在 JVM 中设置。在线程中分配局部变量和函数调用时都需要在栈中开辟空间。如果开辟的空间太大或太小都会影响到变量和函数，具体影响如下。

- 空间太小：线程在运行时，可能没有足够的空间分配局部变量或者达不到函数的调用深度，这会导致程序异常退出。
- 空间太大：如果栈空间过大，那么开设线程所需的内存成本就会上升，系统所能支持的线程总数就会下降。操作系统可用于线程栈的内存减少，从而间接减少程序所能支持的线程数量。

示例，设置线程栈为 128KB：

```
java -Xss128K <ClassName>
```

7．堆的比例分配

-XX:SurvivorRatio 参数用来设置新生代中 Eden 空间和 S0 空间的比例关系，S0 和 S1 空间又分别称为 from 和 to，它们的职能和空间大小都是相同的，并且在触发 MinorGC 后会互换角色。

示例，设置堆比例分配为 8：

```
java -XX:SurvivorRatio=8 <ClassName>
```

11.1.2 垃圾回收

Java 的一大特点是自动垃圾回收处理。因为有了自动垃圾回收处理的机制，开发人员才无须过于关注系统资源。虽然自动垃圾回收减轻了开发人员的工作量，但是它也增加了软件系统的负担，不合理的垃圾回收方法和策略会对系统性能造成不良影响。本小节将讲解垃圾收集器的作用及常用垃圾收集器的选择和配置。

1．垃圾收集器的作用

垃圾收集器是 Java 与 C++ 的显著区别，在 C++ 中程序员必须小心谨慎地处理每一项内存分配，且使用完后必须手动释放分配的内存空间。如果内存释放不干净，分配内存后会出现无法对齐释放的内存块的现象，这会引起内存泄露，严重的会导致程序瘫痪。为了解决这个问题，Java 使用了垃圾收集器来替代 C++ 的纯手动内存管理，以减轻程序员的负担，并减小出错的概率。

垃圾收集器可以有多种不同的方法实现，具体的实现方法有引用记数法、标记清楚算法、复制算法，标记压缩算法、增量算法等。垃圾收集器的类型有按照线程数收集、按照工作模式收集、按照碎片处理方式收集和按照工作内存区间收集。具体如何进行收集可以参考 GC 的相关文档，这里不进行介绍。

2. 收集器选择

JVM 给了 3 种选择：串行收集器、并行收集器、并发收集器。串行收集器只适用于小数据量的情况，所以这里主要介绍并行收集器和并发收集器的使用。JVM 会根据当前系统配置进行判断。

吞吐量优先的并行收集器的典型配置如下。

- -XX:+UseParallelGC：选择垃圾收集器为并行收集器。此配置仅对新生代有效，即新生代使用并发收集器，而老年代仍旧使用串行收集器。
- -XX:ParallelGCThreads=20：配置并行收集器的线程数，即同时对多少个线程一起进行垃圾回收。此值最好配置与处理器数目相等。
- -XX:+UseParallelOldGC：配置老年代垃圾收集方式为并行收集。
- -XX:MaxGCPauseMillis=100：设置每次新生代垃圾回收的最长时间，如果无法满足此时间，JVM 会自动调整新生代大小，以满足此值。
- -XX:+UseAdaptiveSizePolicy：设置此选项后，并行收集器会自动选择新生代区大小和相应的 Survivor 区比例，以达到目标系统规定的最低相应时间或者收集频率等。新创建的对象都会被分配到 Eden 区，这些对象经过第一次 Minor GC 后，如果仍然存活，将会被移到 Survivor 区。对象在 Survivor 区中每经过一次 Minor GC，年龄就会增加 1 岁，当它的年龄增加到一定程度时，就会被移动到老年代中。此值建议在使用并行收集器时一直打开。

响应时间优先的并发收集器的典型配置如下。

- -XX:+UseConcMarkSweepGC：设置老年代收集方式为并发收集。测试中配置这个以后，-XX:NewRatio=4 的配置失效了，原因不明。所以，此时新生代大小最好用 -Xmn 进行设置。
- -XX:+UseParNewGC：设置新生代收集方式为并行收集。可与 CMS 收集同时使用。JVM 会根据系统配置自行设置，所以无须再设置此值。
- -XX:CMSFullGCsBeforeCompaction=5：由于并发收集器不对内存空间进行压缩、整理，所以运行一段时间以后会产生“碎片”，使得运行效率降低。此值设置运行多少次 GC 以后，对内存空间进行压缩、整理。

- -XX:+UseCMSCompactAtFullCollection：打开对老年代的压缩。可能会影响性能，但是可以消除碎片。

其他参数配置说明如下。

- -XX:+UseSerialGC：设置串行收集器。
- -XX:GCTimeRatio=n：设置垃圾回收时间占程序运行时间的百分比。公式为 $1/(1+n)$。
- -XX:+CMSIncrementalMode：设置为增量模式。适用于单 CPU 情况。
- -XX:+CMSParallelRemarkEnabled：降低标记停顿。
- -XX:+UseConcMarkSweepGC：如果启用了 CMSClassUnloadingEnabled，垃圾回收会清理持久代，移除不再使用的 classes。这个参数只有在 UseConcMarkSweepGC 也启用的情况下才有用。

11.1.3 JVM 调优总结

对 JVM 内存的系统级进行调优，主要目的是减少 GC 的频率和 FGC 的次数。

1. 新生代大小选择

响应时间优先的应用：尽可能设置得大，直到接近系统的最低响应时间限制（根据实际情况选择）。在此情况下，新生代收集发生的频率也是最小的。同时，减少到达老年代的对象。

吞吐量优先的应用：尽可能设置得大，可以到达 GB。因为对响应时间没有要求，垃圾收集可以并行进行，一般适合 8 个 CPU 以上的情况。

2. 老年代大小选择

响应时间优先的应用：老年代使用并发收集器，所以其大小需要谨慎设置。一般要考虑并发会话率和会话持续时间等参数。如果堆内存设置小了，可能会造成内存碎片、高回收频率以及应用暂停而使用传统的标记清除方式；如果堆内存设置大了，则需要较长的收集时间。最优化的方案一般需要参考并发垃圾收集信息、持久代并发收集次数、传统 GC 信息、花在新生代和老年代回收上的时间比例、减少新生代和老年代花费的时间等数据获得，一般会提高应用的效率。

吞吐量优先的应用：一般吞吐量优先的应用都有一个很大的新生代和一个较小的老年代。这样可以尽可能回收大部分短期对象，减少中期的对象，而老年代尽可能存放长期存活对象。

3. 较小堆引起的碎片问题

因为老年代的并发收集器使用标记、清除算法，所以不会对堆空间进行压缩。当收集器回收时，会把相邻的空间进行合并，这样可以分配给较大的对象。但是，当堆空间较小时，运行一段时间以后就会出现“碎片”。如果并发收集器找不到足够的空间，那么并发收集器将会停止，然后使用传统的标记、清除方式进行回收。如果出现“碎片”，可能需要进行如下配置。

- -XX:+UseCMSCompactAtFullCollection：使用并发收集器时，开启对老年代的压缩。

● -XX:CMSFullGCsBeforeCompaction=0：上面配置开启的情况下，设置触发多少次 FGC 后，对老年代进行压缩。

4. JVM 的内存限制

32 位 Windows、32 位 JDK 的内存限制是 1612MB，64 位 Windows、64 位 JDK 没有限制。

11.2 内部调优

TongWeb 中有许多用于调优的参数，运用这些参数能够提高 TongWeb 并发处理的效率。本节将讲解日志、Web 容器、JDBC 连接池中部分调优参数的用法。学习本节后，读者将具备使用 TongWeb 内部调优参数提高并发处理效率的能力。

11.2.1 日志调优

在程序开发过程中，日志信息是必不可少的。应用服务器为每个模块定义了一个 Logger，每个 Logger 有一个 Level（级别），Level 的合法值有 SERVER、WARNING、INFO、CONFIG、FINE、FINER、FINEST 和 OFF（级别由高到低）。只有日志信息级别等于或高于模块设定的日志级别时，该日志级别才能显示。如果用户设置某模块的日志级别为 WARNING，则该模块中只有 WARNING、SERVER 级别的日志信息才可以显示。用户应该慎重选择在程序开发、调试和实际运行中分别需要什么级别的日志信息，使之在以后可以被其他的应用处理和分析。避免不必要的日志信息可以提高记录跟踪能力和应用的性能。默认情况下所有模块的日志级别为 INFO。在应用的性能测试时，可把 System out 关闭（设成 OFF），进行其他调试时可以设置成 INFO。选择日志级别如图 11-2 所示。

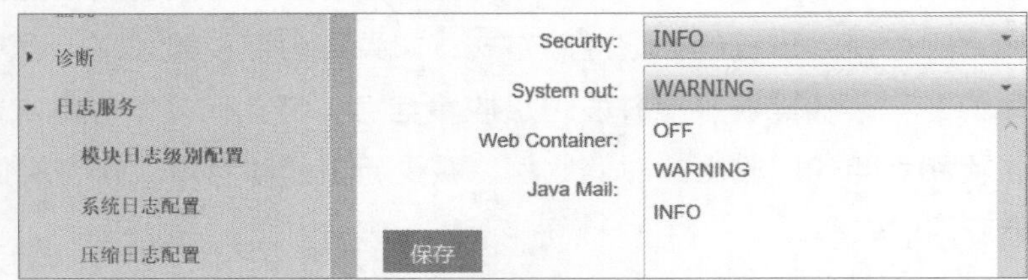

图 11-2 选择日志级别

说明 应用通常采用 log4j 日志输出，并输出在 TongWeb 的 server.log 中。

11.2.2 Web 容器调优

一、调整工作线程池

1. 调整最大工作线程数

工作线程的大小对性能影响比较大，如果线程池的最大工作线程数设置太小，将导致请求处于等待状态，增加响应时间。如果线程池的最大工作线程数设置太大，过多的线程增加了线程切换的开销，也将影响性能。线程池的最大工作线程数高于正在处理请求的线程高峰值 5% 左右是比较理想的。

工作线程池的调整方法如下。

用系统正式运营时的最大并发用户数进行压力测试，测试 dump 应用服务器运行时的堆栈，查看其中 http-worker 线程的状态。根据线程的状态来判断是否应该增加处理请求的线程池的线程数。如果所有线程状态为 RUNNABLE，说明线程池中所有线程都处于忙碌状态，应该增加线程池的线程数；如果为 WAITING 状态的工作线程超过当前配置的线程池的最大工作线程数的 5%，则应该减少线程池的最大工作线程数。

在管理控制台的监视配置中将通道信息的监视功能打开后（见图 11-3），进入“监视明细”页面查看当前正在处理请求的线程数 currentThreadsBusy（见图 11-4）。

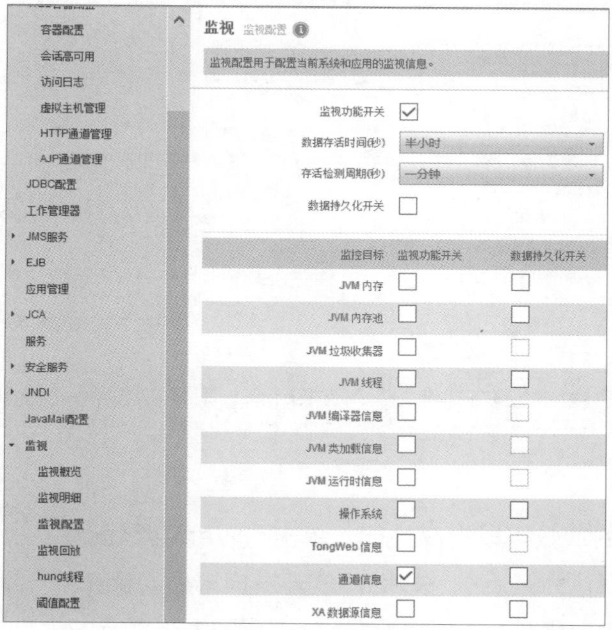

图 11-3　打开通道信息监视功能

可根据这个监视量的值调整工作线程池的最大工作线程数。进入管理控制台的“Web 容器配置”，单击“HTTP 通道管理”。单击需要编辑的通道名称，在“线程池属性”下，配置“最大线程数”。调整最大线程数如图 11-5 所示。

2. 调整最小工作线程数

系统正式运营时，一般 60% 以上的时间用户数都远远小于最大并发用户数。因此，可以用估计的大多数情况下的并发用户数进行压力测试，看看需要多少工作线程。按照高于所需线程数的 5% 的策略调整工作线程池的最小工作线程数。

进入管理控制台的“Web 容器配置”，单击“HTTP 通道管理”。单击需要编辑的通道名称，在“线程池属性”下，配置“初始线程数”。调整初始线程数如图 11-5 所示。

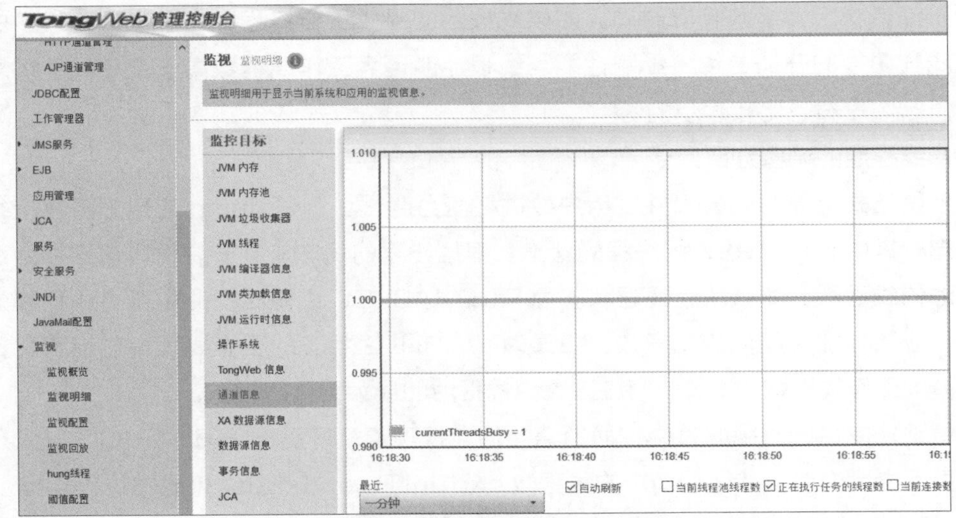

图 11-4　监视明细

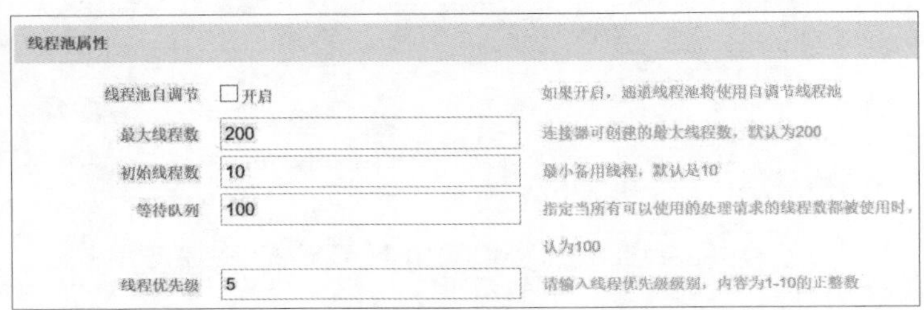

图 11-5　调整最大线程数

说明　TongWeb 可实现线程池的自动优化，可在图 11-5 里开启“线程池自调节”。

二、JSP 编译

减少 JSP 编译的次数可以提高性能。单击“Web 容器配置”→“容器配置”，关闭“JSP 开发模式”（默认为开启）。关闭 JSP 开发模式后，仅在第一次访问 JSP 页面才执行编译，当 JSP 发生变化时，也不重新编译，如图 11-6 所示。

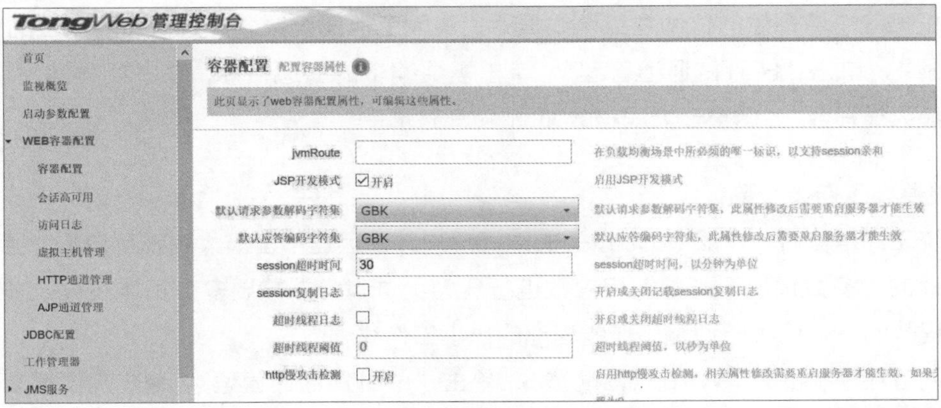

图 11-6　关闭 JSP 开发模式

三、开启 HTTP 通道的压缩

HTTP 通道可以使用 GZIP 压缩，压缩比通常为 3：1 到 10：1，这样可以大大节省服务器的网络带宽，提升浏览器的浏览速度。HTTP 通道主要用来压缩 HTML、CSS、JavaScript 等静态文本文件，对动态生成的包括 CGI、PHP、JSP、servlet 和 SHTML 等输出的网页也能进行压缩。

单击“Web 容器配置”→“HTTP 通道管理”，进入“编辑 HTTP 通道”页面，选择“压缩文本数据”（默认）或“强制压缩”（压缩所有数据），如图 11-7 所示。

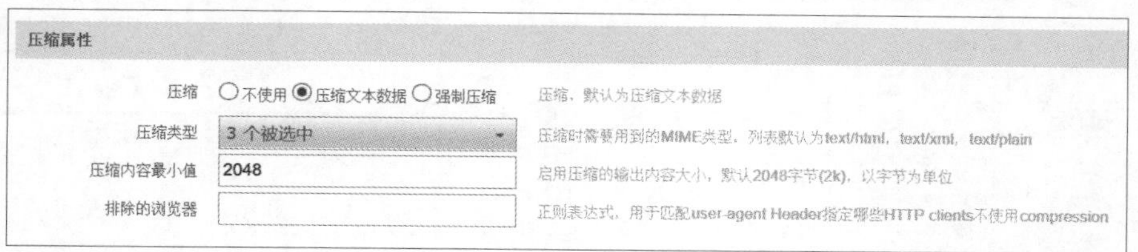

图 11-7　开启 HTTP 通道压缩

使用 GZIP 会增加服务器压缩的压力（CPU 消耗）、客户端解压缩的压力，故而对服务器的配置需求更高。另外压缩也会耗费时间，想占用更小的空间，得到高压缩比，就会牺牲较长的时间。因此，是否开启压缩需根据网络传输的实际情况进行选择。

11.2.3 JDBC 连接池调优

一、调整连接池

连接池的最小连接数和最大连接数的调整对于应用和数据库有较大的影响。单击管理控制台导航树的“JDBC 配置”后选择“连接池”，进入“池设置”页面，可对“初始化连接数”及“最大连接数”做调整，如图 11-8 所示。

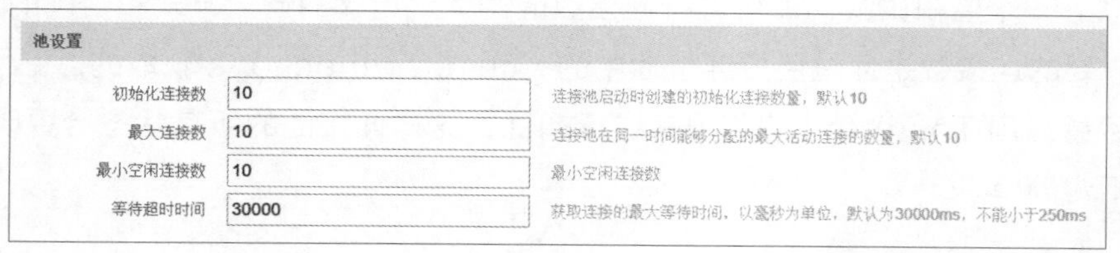

图 11-8　池设置

1. 通过业务估算设置连接池的最小连接数（初始化连接数）

一般来说，可以按照业务高峰时期的压力来估算连接数。比如，在高峰时期，每秒有 5000 个并发请求，每个请求的处理时间为 2ms，总共需要 5000×2ms=10s，如果业务要求在 1s 内处理完，连接池的最小连接数应该设置为 10 个（适当上浮 1～2 个）。当然在业务低峰时期，10 个连接数的设置可能偏大了些，所以这里对于连接数的最小值设置也做了一个权衡。保守起见，以高峰时需要的连接数来设置最小连接数，以避免大并发请求时无法及时提供连接的发生。当然也会带来一些额外的代价，即牺牲掉部分的数据库和应用的资源。

如果对于业务不能准确地估计，可以通过以下方式对连接池的最小连接数进行调优。

2. 通过 TongWeb 监控对连接池的最小连接数（初始化连接数）进行调优

通过 TonWeb 管理控制台上的“监视”来监测数据库连接池中各个属性的变化，如图 11-9 所示。

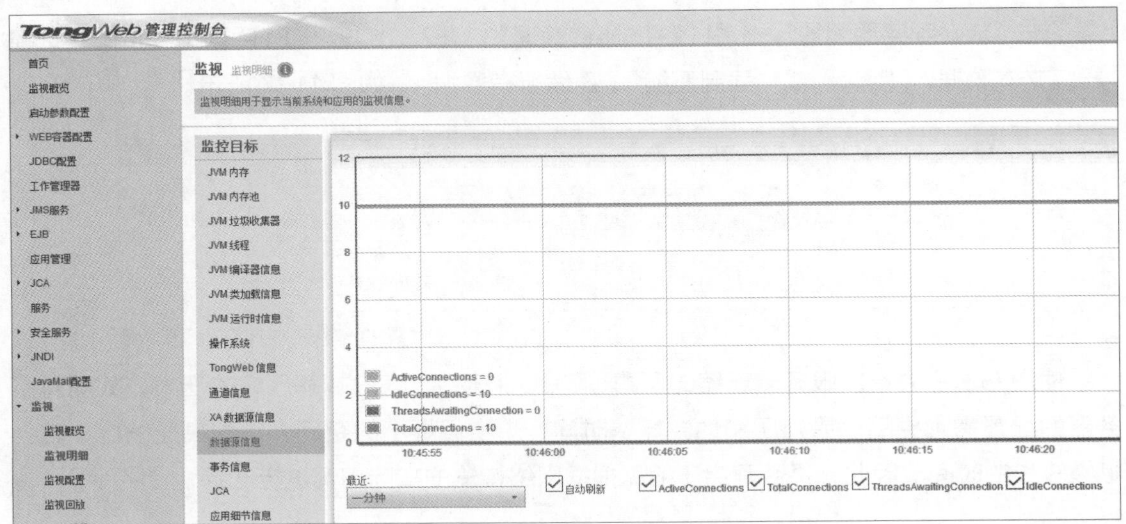

图 11-9 测数据库连接池中各个属性的变化

数据源监视量说明如下。

- ActiveConnections：当前正在使用的连接数。
- TotalConnections：已创建的总连接数。
- ThreadsAwaitingConnections：等待连接的线程数。
- IdleConnections：当前空闲的连接数。

通过以上 4 个监视量我们即可进行连接数的调优，具体的调优方式和之前的方式一致。但高峰时需要的连接数是通过监控连接池中的 ActiveConnections 获取的。

建议尽量采用 TongWeb 的监视来进行调优，这样连接池的所有状态会更明确，调优也会变得相对简单。

3. 设置连接池的最大连接数

因为在调整“连接池最小连接数”的时候，已经是按业务的高峰时期的数据进行的调整，所以调整“最大连接数”的意义并不大，只需为“最大连接数”设置一个安全的阈值，即可保证其不超过数据库的连接数，也保证在业务偶尔分布不均匀时，应用能够获取连接。

二、使用语句缓存

当数据库收到一个 Statement 后，数据库引擎会先解析 Statement，然后检查其是否有语法错误。一旦 Statement 被正确地解析，数据库会选出执行 Statement 的最优路径，但是这个计算开销非常大。数据库会首先检查是否有相关的索引可以对此提供帮助，不论索引是否能将一个表中的全部行都读取出来。数据库对数据进行统计，然后选出最优途径。当决定查询方案后，数据库引擎将会执行它。

理想的情况是，当我们多次发送一个 Statement 到数据库时，数据库应该对 Statement 的存取方案进行重用，如果方案曾经被生成过的话，这将减小 CPU 的使用率。

因此可以在 Java 中，通过使用 PrepareStatement 来获取更好的性能，但需要通过标签来代替连接时实际使用的参数，如：

```
PreparedStatement ps = conn.prepareStatement("select a, b from t where c = ?");
```

Statement 发送给数据库的是带有参数“c=?”的 SQL 语句，每次迭代都会发送相同的 Statement 到数据库，只是参数“c=?”不同。这种方法允许数据库重用 Statement 的存取方案，能有更高的效率。这可以使应用速度更快，并且使用更少的 CPU。

进入 TongWeb 管理控制台的 JDBC 配置页面，单击对应的 JDBC 连接池，在高级属性中可开启“语句缓存”，并设置“语句最大缓存数”（连接池中的连接能缓存的 SQL 语句最大数）。配置语句缓存如图 11-10 所示。

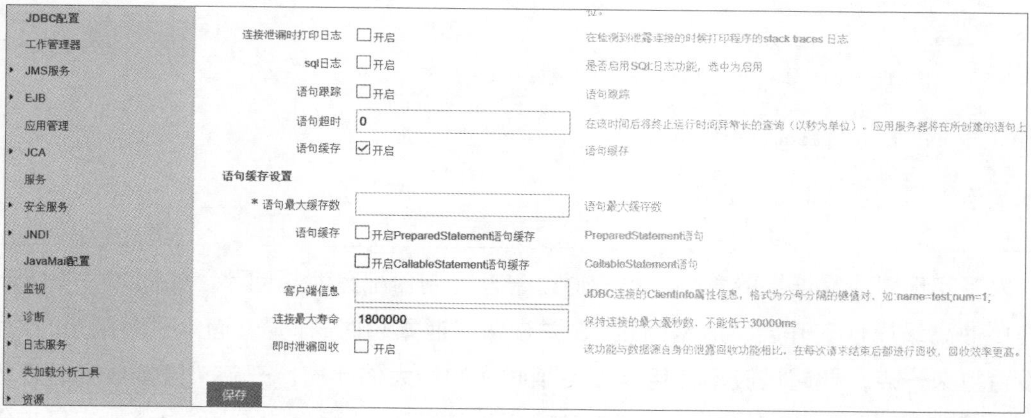

图 11-10 配置语句缓存

如何确定最佳的缓存大小呢？采用最严谨的方法需要知道有多少不同的 Statement 发送到数据库中。如果应用中没有加入 SQL 日志记录，可以考虑使用第三方工具，如 P6Spy，拦截向数据库发送的驱动程序，并在日志中记录有用的 Statement 数量。

需要注意以下两点。

- 连接池会为每个连接都建立语句缓存，有多少个 PreparedStatement 就有多少个连接（使它们是相同的查询），所以要注意使用语句缓存。
- 当连接的空闲超时期满后，连接池要重新调整，需要把多余的连接从连接池中删除，其造成的开销可能超过语句缓存带来的好处。

一个好的建议是在项目上为应用创建两个数据源。创建一个大的数据源（比如建立 30 个连接），但不使用语句缓存；创建另一个小的数据源使用语句缓存，其中连接池的最小连接数和最大连接数设置一致，避免连接池的调整。

三、检测连接泄露

连接泄露与内存泄露一样，不会直接导致性能的减弱，但是会引起系统资源的使用效率降低，常常需要通过分配额外资源来解决。但系统资源并不是无限的，如果分配额外资源来解决连接泄露的问题，那么提供给应用的资源就会变少。

Java 企业级应用中，通常在使用完 JDBC 连接（包括 Statement 和 ResultSet）后关闭连接。例如：

```
Connection connection = null;
PreparedStatement stmt = null;
ResultSet rs = null;
try {
    Connection connection = getConnection();
    PreparedStatement stmt = connection.prepareStatement("Select a from b where c = 1";
    ResultSet rs = stmt.executeQuery();
    ....
}catch (Exception exc) {
    ...
}finally{
    try {
        if (rs != null) rs.close();
        if (stmt != null) stmt.close();
        if (connection != null) connection.close();
    }catch (SQLException exc) {
    ...
    }
}
```

为了实现对泄露连接的管理，可以通过管理控制台配置泄露回收，如图 11-11 所示。在连接池高级属性下开启“泄露回收”，并设置“泄露超时时间”。通常“泄露超时时间”要设置得久一点，要超过应用使用连接持续时间的最大估计值。开启“连接泄漏时打印日志”，一旦应用代码中存在忘记关闭连接的情况，就可以从程序的 stack traces 日志中检测到有连接泄露发生。

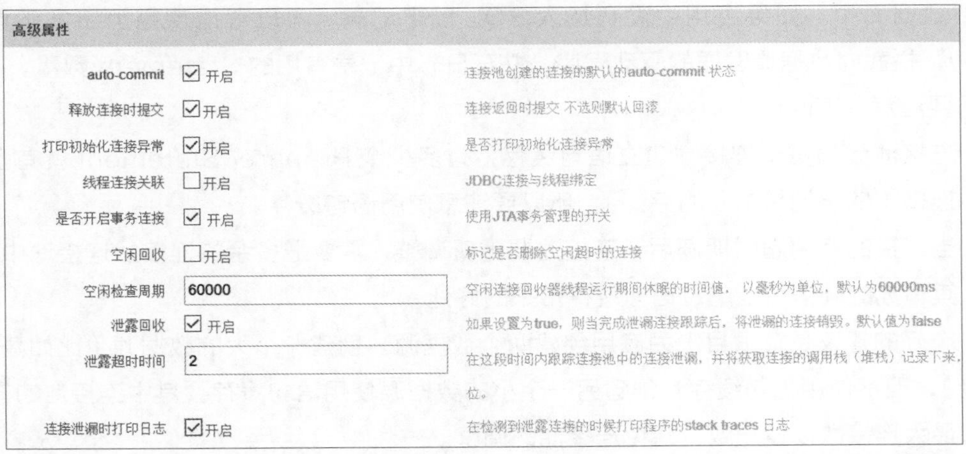

高级属性		
auto-commit	☑ 开启	连接池创建的连接的默认的auto-commit 状态
释放连接时提交	☑ 开启	连接返回时提交 不选则默认回滚
打印初始化连接异常	☑ 开启	是否打印初始化连接异常
线程连接关联	☐ 开启	JDBC连接与线程绑定
是否开启事务连接	☑ 开启	使用JTA事务管理的开关
空闲回收	☐ 开启	标记是否删除空闲超时的连接
空闲检查周期	60000	空闲连接回收器线程运行期间休眠的时间值， 以毫秒为单位，默认为60000ms
泄露回收	☑ 开启	如果设置为true，则当完成泄漏连接跟踪后，将泄漏的连接销毁。默认值为false
泄露超时时间	2	在这段时间内跟踪连接池中的连接泄漏，并将获取连接的调用栈（堆栈）记录下来， 位。
连接泄漏时打印日志	☑ 开启	在检测到泄露连接的时候打印程序的stack traces 日志

图 11-11　配置泄露回收

11.3 调优案例

1. 问题现象

不重启 TongWeb 的情况下，在 TongWeb 管理控制台反复部署应用会导致 TongWeb 日志报错如下：

```
java.lang.IllegalStateException: Illegal access: this web application instance has been stopped already. Could not load [redis.clients.util.Pool]. The following stack trace is thrown for debugging purposes as well as to attempt to terminate the thread which caused the illegal access.
```

或：

```
OutOfMemoryError: Metaspace, OutOfMemoryError:PermGen space
```

2. 问题原因

应用经常会启动一些端口或线程。在应用服务器上卸载、反复部署应用时，若应用代码写得不规范，就不能正常停止应用建立的线程，会导致应用卸载不彻底。老应用未停止线程加载类时会报出异常："this web application instance has been stopped already"。同时会导致不能卸载 class，反复加载 class 会导致元数据区不足报错："OutOfMemory Error：Metaspace"。

3. 解决方法

TongWeb 的重部署实际操作就是对应用停止后进行重启，而这个过程除了 class 的重新加载以外，web.xml 中定义的一些资源，如 listener、filter、servlet 等也会重启。所以这时需要在 listener 或 servlet 的 destroy 中停止应用启动的端口或线程，这样 TongWeb 在停止应用时会调用 listener 或 servlet 的 destroy() 方法，从而销毁应用创建的资源。而很多应用却忽略了这一点。

如重写 listener contextDestroyed 和 servlet destroy 方法，停止应用的端口和线程，如图 11-12 所示。

```
#重写listener contextDestroyed()方法
public void contextDestroyed(ServletContextEvent arg0) {
    // 停止应用的端口
    //停止应用的线程
}
#重写servlet destroy()方法
public void destroy() {
    // 停止应用的端口
    //停止应用的线程
}
```

图 11-12　重写 listener contextDestroyed 和 servlet destroy 方法

实际上应用常用 Spring 初始化，注意将 Spring 资源关闭，如图 11-13 所示。

```
#典型的场景就是启动了quartz线程池。无关闭quartz线程池步骤，则重部署一次应用，线程池就多增加一份。
<bean id="SpringQtzJobMethod"  class="org.springframework.scheduling.quartz.MethodInvokingJobDetailFactoryBean">


#通过annotation关闭实例
import javax.annotation.PostConstruct;
import javax.annotation.PreDestroy;
import org.springframework.stereotype.Component;

@Component
public class Test{
    public Test(){
        System.out.println("test constructor...");
    }

    //对象创建并赋值之后调用
    @PostConstruct
    public void init(){
        System.out.println("test....@PostConstruct...");
    }

    //容器移除对象之前
    @PreDestroy
    public void detory(){
        System.out.println("test....@PreDestroy...");
    }
}
```

图 11-13　关闭 Spring 资源

4. 临时解决办法

在修改不了应用的前提下，只要重部署了应用就需要重启 TongWeb，释放无用的线程和 Metaspace 区内存，否则多次重部署后还会报错。

增大 -XX:MetaspaceSize=256m 和 -XX:MaxMetaspaceSize=512m 参数只能减少 OutOfMemoryError：Metaspace 出现的频率。

若重部署应用而不重启 TongWeb，通常会引发以下 4 类问题。

（1）容易导致内存溢出，报错如下。

- JDK 7 及以下：OutOfMemoryError:PermGen space。
- JDK 8 及以上：OutOfMemoryError：Metaspace。

（2）应用启动的端口占用，报错：address has been used。

（3）线程不断增加而不释放，报错：this web application instance has been stopped already。

（4）反复加载动态库，报错：UnsatisfiedLinkError Native Library xxx.so already loaded。

同时引申出另外一个问题：在不重启 TongWeb 的情况下，能否动态更新应用、在线升级应用版本？实际场景下很多应用没有在卸载前关闭应用资源，这样会导致 TongWeb 的热部署功能、应用版本在线更新功能基本不可用。

第 12 章 TongWeb 故障分析

我们已经了解了 TongWeb 监控的各项性能指标及调优方法。诊断及排除故障是管理员的日常工作之一，当系统运行指标异常、出现故障时，运维人员应立即诊断、尽快恢复，将损失降至最低。在本章中，我们将讲解 TongWeb 运行过程中可能会出现哪些故障，如启动异常、内存溢出、CPU 占用过高、数据库连接错误等常见故障，以及如何进行故障诊断，如何快速分析和解决这些故障。

本章包括如下主题：

- 启动异常故障；
- 内存溢出故障；
- CPU 占用过高；
- 数据库连接故障；
- 系统 I/O 故障。

12.1 启动异常故障

TongWeb 启动失败、控制台无法访问、无法使用 80 端口、JVM 内存无法调大等是常见的启动异常故障，本节将讲解如何处理启动异常故障。

12.1.1 TongWeb 启动失败

TongWeb 启动失败有以下几种情况，相应的故障现象及解决方法如下。

（1）故障现象。启动日志错误，具体的代码如下。

```
JAVA_HOME was not setted.
JAVA_HOME directory is wrong
```

故障分析：没有安装 JDK 或没有设置正确的 JAVA_HOME 环境变量。

解决方法：检查 JAVA_HOME 环境变量是否正确。

（2）故障现象。启动日志错误，具体的代码如下。

```
Error occurred during initialization of VM
Could not reserve enough space for object heap
```

故障分析：JVM 内存设置过大，没有足够的可用内存。

解决方法：合理设置 JVM 内存。

（3）故障现象。启动日志错误，具体的代码如下。

```
[INFO] [System.out] [License expired.]
```

或：

```
[INFO] [System.out] [License is not for this version of product.]
```

故障分析：License 过期或不合法。

解决方法：重新获取合法的 License。

（4）故障现象。启动日志错误，具体的代码如下。

```
[2016-06-12 09:51:15] [SEVERE] [admin] [openRemote JMX Port error. ]
java.net.BindException: Address already in use: JVM_Bind
at java.net.TwoStacksPlainSocketImpl.socketBind(Native Method)
```

故障分析：TongWeb 相关端口被占用。

解决方法：停止占用 TongWeb 端口的进程。

（5）故障现象：在 UNIX/Linux 平台下，以普通用户安装启动的 TongWeb，后来又以 root 用户启动过，再切回普通用户时，TongWeb 无法启动。

故障分析：TongWeb 或应用文件权限被更改。

解决方法：通过 chown 命令更改 TongWeb 整个目录文件属主。

（6）故障现象：TongWeb 启动脚本报格式错误，启动失败。

故障分析：启动批处理或 Shell 脚本格式修改错误。

解决办法：为防止 startserver、external.vmoptions 出现修改错误，可以使用图形用户界面进行修改。启动 TongWeb，登录管理控制台，进入启动参数配置页面，即可重新指定 JVM 参数、服务器参数和环境变量 JAVA_HOME。

（7）故障现象：在 Linux 平台下通过 SSH 登录，以 ./startserver.sh 方式启动 TongWeb，当 SSH 断开后 TongWeb 自动停止，启动失败。

故障分析：通过 SSH 登录 Linux 系统，当 SSH 断开以后，控制进程收到 SIGHUP 信号退出，会导致该会话期内的其他进程退出。这样通过 startserver.sh 启动的 TongWeb 进程也会退出。

解决方法：在 UNIX/Linux 下用 nohup 命令启动，该命令可以在退出账户或关闭终端之后继续运行相应的进程。使用 nohup ./startserver.sh & 或 ./startservernohup.sh 方式启动 TongWeb。

> 提示 上述解决方法适用于 TongWeb 所有的版本。

12.1.2 控制台无法访问

启动 TongWeb 但控制台无法访问，解决此问题的具体步骤如下。

01 先确认 TongWeb 是否已经启动成功，可通过 JDK 的 jps -v 命令或 ps -ef|grep java 命令查看 TongWeb 的进程是否存在，具体的运行代码如下。

```
7044 ThorBootstrap -Xmx512m -XX:MaxPermSize=192m -XX:+UnlockDiagnosticVMOptions
-XX:+LogVMOutput -Djava.security.auth.login.config=TW_HOME/conf/security/login.config
......
```

查看 TongWeb 日志 server.log 中是否已显示启动完成，只有启动完成才能访问控制台。日志中出现如下内容表示启动完成。

```
[INFO] [core] [TongWeb server startup complete in 72757 ms]
```

02 检查 conf/tongweb.xml 中的配置，确认控制台使用端口，并通过 netstat 命令确认端口已启动，具体的运行代码如下。

```
Windows 平台： netstat -ano | find "9060"
Linux 平台：netstat -an | grep 9060
tongweb.xml 中的配置：
#TongWeb 控制台访问端口，若有 ssl-enabled 为 true 说明是 HTTPS
<http-listener name="system-http-listener" port="9060" ssl-enabled="true"
```

03 通过 ping <TongWeb 机器 IP> 或 telnet <TongWeb 机器 IP> 9060 命令测试网络状态，常见情况如下。

- 网络不通：检查各网络设备，保证网络通畅。
- 网络通，但端口不通：通常是防火墙导致端口不通，需要确认网络联通，开启防火墙端口。

04 某些 Windows 平台下，需要把控制台站点加入 IE 的“受信任的站点”才可以访问，如图 12-1 所示。

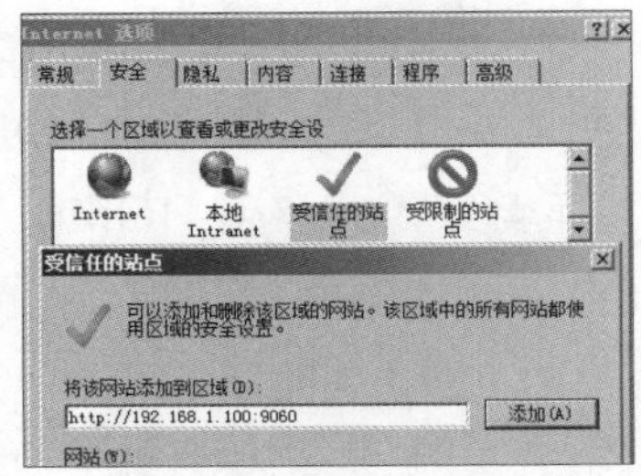

图 12-1 添加受信任的站点

12.1.3 无法使用 80 端口

在 UNIX/Linux 平台下，普通用户安装 TongWeb、Apache 或 Nginx，并配置 80 端口，启动时会报出 80 端口没有权限。原因是 UNIX/Linux 平台限制，80 端口只有 root 用户才能使用，解决办法是以 root 用户启动 TongWeb、Apache 或 Nginx。

12.1.4 JVM 内存无法调大

服务器剩余物理内存很大，应用需要使用更大的 JVM 内存，但 JVM 内存无法调大到 4GB 以上。如果在检查剩余物理内存足够的情况下发生这种问题，此时需要确认的信息有以下两点。

（1）计算机的操作系统必须为 64 位，32 位操作系统无法管理更多物理内存。

（2）安装的 JDK 必须为 64 位，32 位的 JDK 在 Windows 下仅能设为 1.5GB 左右，在不同的 UNIX/Linux 系统下仅能设为 2 ~ 3GB。

> 提示　以上方法适用于 TongWeb 所有版本以及所有 Java 类应用。

12.2 内存溢出故障

Java 内存溢出是常见问题，下面介绍几种内存溢出问题的解决办法。这些方法不仅适用于 TongWeb，也适用于 Java 程序。

> 注意　内存溢出问题产生的具体原因很多，此类问题需要使用者了解 JVM 的内存机制。这里只是举例说明常见解决办法，实际使用中 JDK 版本不同可能会稍有差异，本书内容无法覆盖所有 JDK 版本的情况。

12.2.1 OutOfMemoryError：PermGen space

这类问题常发生于 Oracle JDK 和 Open JDK 上，IBM JDK 一般没有此问题。原因是程序中使用了大量的 JAR 包或 .class 文件，使 JVM 装载类的空间不够，与 PermSize 区的内存大小有关。解决这类问题只需要增加 JVM 中的 -XX:PermSize 和 -XX:MaxPermSize 参数的大小即可，具体方法如下：

```
-XX:PermSize=256m  -XX:MaxPermSize=512m
```

另外要注意清理应用中无用的 JAR 包和 .class 文件，在 TongWeb 上反复重部署应用后，需要重启 TongWeb 以释放 PermSize 区内存。

12.2.2 OutOfMemoryError：unable to create new native thread

这种情况通常是由于 Java 进程的线程数太多，但也可能是由于 TongWeb 的线程数设置过多或是应用启用的线程数过多。通过 Oracle JDK 的 jstack 命令 jstack <PID> 可以看到线程堆栈中线程的个数和状态。IBM JDK 可用 kill -3 <PID> 命令在进程的起始目录下生成以 javacore 开头的线程分析文件，根据分析结果调整设置的线程数或是优化应用启用的线程数。

还有一种情况是 UNIX/Linux 的 max user processes 参数配置太小，用 ulimit -a 可查看 max user processes 值并适当调大。

12.2.3 OutOfMemoryError：GC overhead limit exceeded

此问题常见于 JDK 6 上，在 JVM 的启动参数中增加 -XX:-UseGCOverheadLimit 即可解决。

12.2.4 OutOfMemoryError：Java heap space

产生这种问题的原因是 JVM 中创建的对象太多，在进行垃圾回收之前，JVM 分配的堆内存空间已满。初步解决办法是增加 JVM 中 Xms（初始堆大小）和 Xmx（最大堆大小）参数的大小，例如，调整至 -Xms2048m、-Xmx2048m。如果无论怎样优化 JVM 参数都会出现 Java heap space，则应用中存在内存泄露的地方。具体分析方法如下。

（1）Oracle JDK 和 Open JDK 要求使用与 TongWeb 相同版本的 JDK，并支持 JDK 自带命令 jmap 的 -heap:format=b 参数。

（2）出现 OutOfMemoryError：Java heap space 时，不要重启 Java 进程，保留进程继续执行后续操作。

（3）利用 JDK 的 jps -v 命令查出 Java 的进程号。

（4）通过 jmap -histo <PID> > mem.txt 输出文本日志，文本日志很小，生成过程很快。

（5）可以采用 jmap -dump:live,format=b,file=heap.bin <PID> 命令，在当前执行命令目录下生成完整的内存镜像文件。如果内存设为 2GB，则生成的内存镜像文件也有 2GB。

（6）如果手动生成 heap.bin 文件比较烦琐，可以增加 JVM 参数。当内存溢出时自动生成 heap.bin，具体的代码如下：

```
-XX:+HeapDumpOnOutOfMemoryError  -XX:HeapDumpPath=/home/heap.bin
```

（7）当采用 IBM JDK 时，内存溢出时通常会默认在 Java 进程的起始目录下生成以 heapdump 开头的内存镜像文件。

（8）如果 TongWeb 打开监控功能，达到阈值时会自动生成内存镜像文件。

（9）生成的 mem.txt 文件可以用文本工具打开查看，内存镜像文件可以用 Memory-

Analyzer、HeapAnalyzer 等内存分析工具分析。分析这些文件需要用内存较大的计算机，建议用 64 位 Windows 计算机，安装 64 位 MemoryAnalyzer 软件，物理内存建议至少为内存镜像文件的 3 倍。

12.2.5 OutOfMemoryError 故障原因总结

在 Java 类程序运行过程中，会出现各种 OutOfMemoryError 故障，具体原因有以下几点。

（1）Java 类程序的内存是由 JVM 自身来管理的，不再需要为新的操作重新写配对的 delete/free 代码，这时 JVM 会回收不可达的对象所占用的内存空间，但是 TongWeb 不负责内存管理。

（2）JVM 内存管理主要依靠 -Xms、-Xmx、-Xmn、-XX:MaxPermSize、-XX:+UseConcMarkSweepGC、-XX:+DisableExplicitGC 等参数，来调整其内存大小及垃圾回收策略。

（3）JVM 在进行垃圾回收，特别是 FGC 时，会停止所有正在工作的线程来整理内存，这会造成系统的暂停，所以用户会感到系统变慢或无响应。

（4）JVM 虽然可自动回收内存，但并不代表程序就不用关心内存问题了，如果对象已经无用，但又一直被引用，JVM 是无法将其回收的，这会引起垃圾回收无法清理出内存，导致内存被占完，于是 OutOfMemoryError 问题产生。

针对上面的四种故障原因，具体解决办法如下。

- 设置合理的内存大小和垃圾回收策略：JVM 内存不是设置越大越好，以尽量减少 GC 执行时间为准则。例如 FULL GC，GC 时间越短，系统的吞吐量越高、响应时间越快。
- 优化 JVM 内存无效果，还是有内存溢出的情况，需要结合 jmap、jstack、MemoryAnalyzer、HeapAnalyze 等工具和命令进行代码分析。
- TongWeb 不会导致内存溢出问题，通常 TongWeb 内存溢出是运行在 TongWeb 中的应用导致的，需要重点分析应用。

> 提示　以上方法适用于所有 Java 类程序。

12.3 CPU 占用过高

CPU 占用过高故障的原因分析过程一般如下。

01 首先使用 jstack PID 命令，输出 CPU 占用过高进程的线程栈。

```
jstack  5683 > 5683.txt
```

02 以 Linux 平台为例，使用 top -H -p PID 命令查看对应进程中哪个线程占用 CPU 过高。在示例中可以看到是 5726 ～ 5729 这 4 个线程占用的 CPU 比较高，具体的代码如下。

```
[goocar@LoginSVR ~]$ top -H -p 5683
top - 09:14:06 up 270 days, 18:33,  8 users,  load average: 7.94, 9.70, 10.31
Tasks:  48 total,   2 running,  46 sleeping,   0 stopped,   0 zombie
Cpu(s): 20.4% us, 30.5% sy,  0.0% ni, 43.8% id,  5.4% wa,  0.0% hi,  0.0% si
Mem:  16625616k total, 16498560k used,   127056k free,    22020k buffers
Swap: 16771820k total,  9362112k used,  7409708k free,  2224122k cached

PID   USER     PR  NI  VIRT  RES   SHR  S %CPU %MEM    TIME+  COMMAND
5728 ecar    160 2442m 1.3g 288m R 38.38.4208:06.62 java
5726 ecar    160 2442m 1.3g 288m S 37.38.4209:08.91 java
5727 ecar    160 2442m 1.3g 288m R 37.38.4212:14.04 java
5729 ecar    160 2442m 1.3g 288m S 35.68.4211:39.23 java
5683 ecar    160 2442m 1.3g 288m S  0.08.40:00.00 java
 5685 ecar    180 2442m 1.3g 288m S  0.08.40:01.62 java
 5686 ecar    160 2442m 1.3g 288m S  0.08.421:12.33 java
```

03 将线程的 PID 转成十六进制数，例如 5729 = 0x1661，到第一步命令执行后输出的 5683.txt 里，找到 0x1661 下的线程调用栈，具体的代码如下。

```
"Server-3" prio=10 tid=0x6f1fc000 nid=0x1661 runnable [0x6d67f000]
   java.lang.Thread.State: RUNNABLE
    at sun.nio.ch.FileDispatcher.write0(Native Method)
    at sun.nio.ch.SocketDispatcher.write(SocketDispatcher.java:29)
    at sun.nio.ch.IOUtil.writeFromNativeBuffer(IOUtil.java:104)
    at sun.nio.ch.IOUtil.write(IOUtil.java:60)
    at sun.nio.ch.SocketChannelImpl.write(SocketChannelImpl.java:334)
    - locked <0x77f3b3c0> (a java.lang.Object)
    at java.lang.Thread.run(Thread.java:619)
```

04 通过分析调用栈涉及的各类代码，可最终找到 CPU 占用过高的原因。

12.4 数据库连接故障

若遇到数据库连接故障，可参考以下方法进行解决。

12.4.1 数据源无法连接到数据库

在 TongWeb 上配置数据源后，单击“测试连接”显示连接拒绝，连不上数据库，主要原因是数据库未启动、数据源配置不正确，需要从以下几方面检查。

（1）检查数据库是否正常启动、TongWeb 与数据库服务器之间的网络是否联通、数据库端口是否开通。

（2）检查数据库的可用连接数是否够用、是否允许连接池连接。

（3）检查数据库 JDBC 驱动包 JAR 文件是否已放在 TongWeb 的 lib 目录下，且 JDBC 驱动包的版本与数据库对应。

说明 JDBC 驱动包由数据库厂家提供。

（4）检查数据源配置，主要是检查驱动类名、URL 格式、用户名和密码是否正确，例如 Oracle 的驱动类名、URL 格式、用户名和密码是否正确，具体的案例如下。

驱动类名为 oracle.jdbc.driver.OracleDriver：

```
URL: jdbc:oracle:thin:@192.168.100.126:1521:ORCL
```

注意 驱动类名与 URL 格式是由各个数据库厂商提供的，非 TongWeb 定义的。

（5）经过以上检查后，如果单击“测试连接”还显示连接拒绝，则查看 server.log 日志，查找具体原因。

提示 上述方法适用于 TongWeb 的所有版本，本质上无论是使用 TongWeb 数据源，还是 C3P0、DBCP 开源数据源，数据源不匹配通常是数据源配置不当引起的。

12.4.2 数据源泄露

应用使用了 TongWeb 的数据源，且配置连接数够用，但在长时间运行后出现数据源的连接数占满的情况，应用无法获取连接，报错如下：

```
[2021-08-16 13:13:23 424] [WARNING] [http-nio2-8088-exec-4] [systemout] [java.sql.
SQLTransientConnectionException: testdb - Numbers of connections
 reached pool maxsize: {testdb}stats (total=0}, active={0} idle={0} waiting={0}) ,
so request timed out after 30000ms.]
[2021-08-16 13:13:23 425] [WARNING] [http-nio2-8088-exec-4] [systemout] [        at
com.tongweb.hulk.pool.HulkPool.createTimeoutException(HulkPool.java:581)]
[2021-08-16 13:13:23 425] [WARNING] [http-nio2-8088-exec-4] [systemout] [        at
com.tongweb.hulk.pool.HulkPool.getConnection0(HulkPool.java:185)]
[2021-08-16 13:13:23 425] [WARNING] [http-nio2-8088-exec-4] [systemout] [        at
com.tongweb.hulk.pool.HulkPool.getConnection(HulkPool.java:118)]
[2021-08-16 13:13:23 425] [WARNING] [http-nio2-8088-exec-4] [systemout] [        at
com.tongweb.hulk.pool.HulkPool.getConnection(HulkPool.java:113)]
[2021-08-16 13:13:23 425] [WARNING] [http-nio2-8088-exec-4] [systemout] [        at
com.tongweb.hulk.HulkDataSource.getConnection(HulkDataSource.java:66)]
[2021-08-16 13:13:23 426] [WARNING] [http-nio2-8088-exec-4] [systemout] [        at
com.tongweb.tongejb.resource.jdbc.DecoratorDS.getConnection(DecoratorDS.java:26)]
[2021-08-16 13:13:23 426] [WARNING] [http-nio2-8088-exec-4] [systemout] [        at
com.tongweb.tongejb.resource.jdbc.managed.local.ManagedConnection.newConnection
(ManagedConnection.java:208)]
[2021-08-16 13:13:23 426] [WARNING] [http-nio2-8088-exec-4] [systemout] [        at
com.tongweb.tw.thanos.ThanosManagedConnection.invoke(ThanosManagedConnection.
java:70)]
[2021-08-16 13:13:23 426] [WARNING] [http-nio2-8088-exec-4] [systemout] [        at
com.sun.proxy.$Proxy157.prepareStatement(Unknown Source)]
[2021-08-16 13:13:23 426] [WARNING] [http-nio2-8088-exec-4] [systemout] [        at
com.tongweb.demo.jdbc.GlobalDataSource.doGet(GlobalDataSource.java:63)]
[2021-08-16 13:13:23 426] [WARNING] [http-nio2-8088-exec-4] [systemout] [        at
javax.servlet.http.HttpServlet.service(HttpServlet.java:622)]
[2021-08-16 13:13:23 426] [WARNING] [http-nio2-8088-exec-4] [systemout] [        at
javax.servlet.http.HttpServlet.service(HttpServlet.java:729)]
[2021-08-16 13:13:23 426] [WARNING] [http-nio2-8088-exec-4] [systemout] [        at
com.tongweb.catalina.core.ApplicationFilterChain.internalDoFilter(ApplicationFilt
erChain.java:230)]
[2021-08-16 13:13:23 426] [WARNING] [http-nio2-8088-exec-4] [systemout] [        at
com.tongweb.catalina.core.ApplicationFilterChain.doFilter(ApplicationFilterChain.
java:165)]
[2021-08-16 13:13:23 426] [WARNING] [http-nio2-8088-exec-4] [systemout] [        at
com.tongweb.web.websocket.server.WsFilter.doFilter(WsFilter.java:53)]
[2021-08-16 13:13:23 426] [WARNING] [http-nio2-8088-exec-4] [systemout] [        at
com.tongweb.catalina.core.ApplicationFilterChain.internalDoFilter(ApplicationFilt
erChain.java:192)]
```

出现这种情况的原因有两种，详细信息如下。

（1）SQL 执行时间太长，导致长时间占用数据库连接不释放。

（2）应用代码有缺陷，获取数据库连接后，在请求处理完成时没有释放数据源。

具体对应的解决办法如下。

（1）打开 SQL 监控，检查连接执行的 SQL 总时间是否过长。

（2）配置“泄露超时时间”和开启“连接泄漏时打印日志”，如图 12-2 所示。

泄露超时时间	300
连接泄漏时打印日志	☑开启

图 12-2　数据源配置

当达到设置时间后，TongWeb 日志中会输出应用哪里占用连接而没有释放，具体输出的日志如下：

```
[2021-08-16 13:09:43 702] [WARNING] [testdb jdbc-scheduler] [data-source] [java.
lang.Exception: A potential connection leak detected for connection pool testdb
        at com.tongweb.hulk.HulkDataSource.getConnection(HulkDataSource.java:66)
        at com.tongweb.tongejb.resource.jdbc.DecoratorDS.getConnection(DecoratorDS.
java:26)
        at com.tongweb.tongejb.resource.jdbc.managed.local.ManagedConnection.
newConnection(ManagedConnection.java:208)
        at com.tongweb.tw.thanos.ThanosManagedConnection.invoke(ThanosManagedConnection.
java:70)
        at com.sun.proxy.$Proxy157.prepareStatement(Unknown Source)
        at com.tongweb.demo.jdbc.GlobalDataSource.doGet(GlobalDataSource.java:63)
        at javax.servlet.http.HttpServlet.service(HttpServlet.java:622)
        at javax.servlet.http.HttpServlet.service(HttpServlet.java:729)
        at com.tongweb.catalina.core.ApplicationFilterChain.internalDoFilter(Appl
icationFilterChain.java:230)
        at com.tongweb.catalina.core.ApplicationFilterChain.doFilter(Application
FilterChain.java:165)
        at com.tongweb.web.websocket.server.WsFilter.doFilter(WsFilter.java:53)
        at com.tongweb.catalina.core.ApplicationFilterChain.internalDoFilter(Appl
icationFilterChain.java:192)
        at com.tongweb.catalina.core.ApplicationFilterChain.doFilter(Application
FilterChain.java:165)
        at com.tongweb.catalina.core.StandardWrapperValve.invoke(StandardWrapper
Valve.java:198)
        at com.tongweb.catalina.core.StandardContextValve.invoke(StandardContext
Valve.java:108)
         at com.tongweb.catalina.core.ThanosStandardContextValve.invoke(ThanosStan
dardContextValve.java:107)
        at com.tongweb.tomee.catalina.OpenEJBValve.invoke(OpenEJBValve.java:44)
        at com.tongweb.catalina.authenticator.AuthenticatorBase.invoke(Authenticator
Base.java:452)
        at com.tongweb.catalina.core.StandardHostValve.invoke(StandardHostValve.
java:140)
        at com.tongweb.tomee.catalina.OpenEJBSecurityListener$RequestCapturer.invoke
(OpenEJBSecurityListener.java:97)
```

通过以上两点可以分析应用占用连接情况，如果不从应用角度修改，那么可通过以下两种方式设置释放数据库连接。

（1）打开数据源的“泄露回收”功能，当达到泄露超时时间后强制关闭连接。

（2）打开数据源中的“即时泄漏回收”功能，在每次请求后都进行即时回收，该方式回收效率更高。

12.4.3 超出打开游标的最大数

TongWeb 运行一段时间后，日志报错如下：

```
java.sql.SQLException: ORA-01000: maximum open cursors exceeded
```

报错的具体原因如下。

（1）数据库的游标最大数设置太小。

（2）应用创建 Statement 后没有关闭连接。

具体的解决办法如下。

（1）调大数据库的游标最大数，具体操作可参考数据库相关文档。

（2）检查应用代码，关闭未释放的 Statement。

（3）如果使用 TongWeb 数据源，可不修改应用，选中数据源的“语句跟踪”选项框，这样可以跟踪未关闭的 Statement。

12.4.4 数据源连接断开

TongWeb 与数据库之间由于网络不稳定或防火墙的原因，会经常出现数据库连接断开的情况。为了得到有效的数据库连接，在配置 TongWeb 数据源时，需配置以下两项。

（1）在“重新定义测试 SQL 表名”中配置一个自定义表名进行验证。

（2）开启“获取连接时验证”和“创建连接时验证”。

当应用每次获取数据库连接时，都会先执行该 SQL，验证是否为有效连接，如果验证为无效连接则重建连接。验证连接属性如图 12-3 所示。

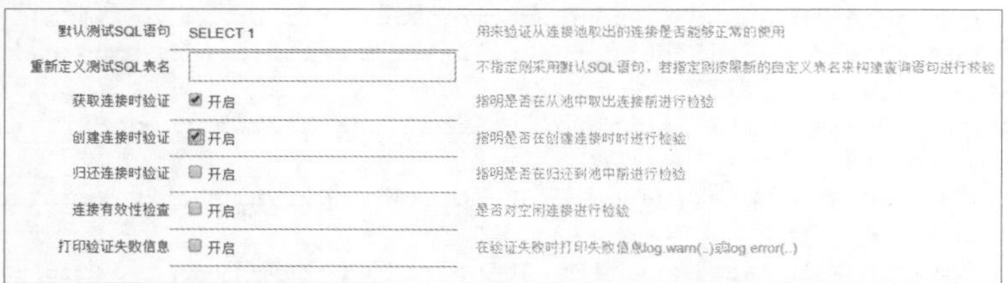

图 12-3　验证连接属性

12.5 系统 I/O 故障

12.5.1 文件 I/O 出现 too many open files 异常

TongWeb 后台报告 too many open files 异常，主要原因是在 UNIX/Linux 平台下，由于操作系统的限制，单一进程可以打开的文件数有限制，从而引起 TongWeb 报告异常，解决这一问题需要调节限制参数 open files，解决办法如下。

通常 open files 默认值为 1024，安装 TongWeb 时必会增大此参数。例如 Linux 管理用户可以在 /etc/security/limits.conf 配置文件中，设置他们的打开文件极限的句柄数，具体的运用代码如下。

```
* soft nofile 65535
* hard nofile 65535
```

当设置完极限的句柄数后，可使用 ulimit -a 命令查看 open files 值，修改生效后重启 TongWeb 即可。

注意 不同 UNIX/Linux 平台修改方式可能不同。

12.5.2 网络 I/O 出现 TIME_WAIT 状态连接过多

通过 netstat -an 命令查看 Apache、Nginx、TongWeb 等端口时，TIME_WAIT 状态连接过多，通常的解决办法是在 UNIX/Linux 下优化操作系统需要的 TCP/IP 参数。

在 /etc/sysctl.conf 中修改 TCP 参数，不同操作系统可能不同。下面以 Linux 为例进行说明，Linux 中 /etc/sysctl.conf 一般默认内容如下：

```
# Kernel sysctl configuration file for Linux
# For binary values, 0 is disabled, 1 is enabled.  See sysctl(8) and
# sysctl.conf(5) for more details.
# Controls IP packet forwarding
net.ipv4.ip_forward = 0
# Controls source route verification
net.ipv4.conf.default.rp_filter = 1
# Do not accept source routing
net.ipv4.conf.default.accept_source_route = 0
# Controls the System Request debugging functionality of the kernel
kernel.sysrq = 0
# Controls whether core dumps will append the PID to the core filename.
# Useful for debugging multi-threaded applications.
kernel.core_uses_pid = 1
# Controls the use of TCP syncookies
net.ipv4.tcp_syncookies = 1
# Disable netfilter on bridges.
net.bridge.bridge-nf-call-ip6tables = 0
net.bridge.bridge-nf-call-iptables = 0
net.bridge.bridge-nf-call-arptables = 0
# Controls the default maxmimum size of a mesage queue
kernel.msgmnb = 65536
# Controls the maximum size of a message, in bytes
kernel.msgmax = 65536
# Controls the maximum shared segment size, in bytes
kernel.shmmax = 68719476736
# Controls the maximum number of shared memory segments, in pages
kernel.shmall = 4294967296
```

主要增加或修改内容如下：

```
# 开启 SYN Cookies。当出现 SYN 等待队列溢出时，启用 cookies 来处理，可防范少量 SYN 攻击，默认为 0，
表示关闭
net.ipv4.tcp_syncookies=1
# 开启重用。允许将 TIME-WAIT sockets 重新用于新的 TCP 连接，默认为 0，表示关闭
net.ipv4.tcp_tw_reuse=1
# 开启 TCP 连接中 TIME-WAIT sockets 的快速回收，默认为 0，表示关闭
net.ipv4.tcp_tw_recycle=1
# 修改系统默认的 TIMEOUT 时间
net.ipv4.tcp_fin_timeout=10
net.ipv4.tcp_keepalive_time = 30
# 其他参数略
```

修改完成后，在 Shell 中运行如下命令：

```
sysctl -p /etc/sysctl.conf
```

附录

英文缩写释义

英文缩写	英文全称	中文释义
AIX	Advanced Interactive eXecutive	IBM 开发的类 UNIX 操作系统
AJP	Apache JServ Protocol	定向包协议
API	Application Programming Interface	应用程序接口
APM	Application Performance Management	应用性能管理
APR	Apache Portable Runtime	Apache 可移植运行库
ASDP	Application Security Defense Platform	应用安全防御
ASP	Active Server Pages	动态服务器页面
B/S	Browser/Server	浏览器 / 服务器
C/S	Client/Server	客户端 / 服务器
CDI	Contexts and Dependency Injection	上下文和依赖注入
CGI	Common Gateway Interface	公共网关接口
CPU	Central Processing Unit	中央处理器
CMS	Conc Mark Sweep	并发垃圾收集器
CSS	Cascading Style Sheets	层叠样式表
DevOps	Development & Operations	过程、方法与系统的统称
DN	Distinguished Name	完全限定名
DNS	Domain Name System	域名系统
DS	Data Source	数据源
EIS	Enterprise Information System	企业信息系统
EL	Expression Language	表达式语言
EJB	Enterprise JavaBean	企业级 JavaBean
ESB	Enterprise Service Bus	企业服务总线
FGC	Full Garbage Collection	全堆范围的垃圾回收
GC	Garbage Collection	垃圾回收
GUI	Graphical User Interface	图形用户界面
HA	High Ability	高可用性
IT	Internet Technology	互联网技术
HTML	Hyper Text Markup Language	超文本标记语言
HTTP	Hyper Text Transfer Protocol	超文本传送协议

续表

英文缩写	英文全称	中文释义
HTTPS	Hyper Text Transfer Protocol over SecureSocket Layer	超文本传送安全协议
IaaS	Infrastructure as a Service	基础设施即服务
ID	Identity	身份
I/O	Input/Output	输入 / 输出
JAAS	Java Authentication Authorization Service	Java 认证和授权服务
Java EE	Java Platform，Enterprise Edition	Java 平台企业版
Java ME	Java Platform Micro Edition	Java 平台微型版
Java SE	Java Platform Standard Edition	Java 平台标准版
JAXR	Java API for XML Registries	与 XML 注册服务进行交互的 API
JCA	Java EE Connector Architecture	Java 连接器架构
JCP	Java Community Process	由 Java 开发者以及被授权者组成的国际组织
JDBC	Java Database Connectivity	Java 数据库连接
JDK	Java Development Kit	Java 开发工具包
JDWP	Java Debug Wire Protocol	Java 调试协议
JIT	Just-In-Time	即时编译器
JKS	Java Key Store	密钥库文件
JMS	Java Message Service	Java 消息服务
JMX	Java Management Extensions	Java 管理扩展
JNDI	Java Naming and Directory Interface	Java 命名和目录接口
JPA	Java Persistence API	Java 持久化 API
JRE	Java Runtime Environment	Java 运行环境
JSF	Java Server Faces	构建 Java Web 应用程序的标准框架
JSP	Java Server Pages	Java 服务器页面
JSR	Java Specification Requests	Java 规范提案
JSTL	JSP Standard Tag Library	JSP 标准标签库
JTA	Java Transaction API	Java 事务 API
JVM	Java Virtual Machine	Java 虚拟机

续表

英文缩写	英文全称	中文释义
LB	Load Balancer	负载均衡器
LDAP	Lightweight Directory Access Protocol	轻型目录访问协议
LTPA	Lightweight Third Party Authentication	轻量级第三方认证
MGC	Minor GC	最小范围的垃圾回收
MIME	Multipurpose Internet Mail Extensions	多用途互联网邮件扩展
NIS	Network Information Service	网络信息服务
OOM	Out of Memory	内存溢出
OSI	Open System Interconnection	开放系统互联
OWASP	Open Web Application Security Project	开放式 Web 应用程序安全项目
PaaS	Platform as a Service	平台即服务
POJO	Plain Ordinary Java Object	简单 Java 对象
P2P	Point-To-Point	点到点
RASP	Runtime application self-protection	运行时应用自我保护
REST	Representational State Transfer	表示状态转换
RFC	Request for Comments	一系列以编号排定的互联网通信协议
RMI	Remote Method Invocation	远程方法调用
SaaS	Software as a Service	软件即服务
servlet	Server Applet	服务端小程序
SOA	Service-Oriented Architecture	面向服务的体系结构
SOAP	Simple Object Access Protocol	简单对象访问协议
SPI	Service Provider Interface	服务提供者接口
SQL	Structure Query Language	结构查询语言
SSL	Secure Sockets Layer	安全套接字协议
SSH	Secure Shell	安全外壳协议
SSO	Single Sign On	单点登录
TCK	Test Compatibility Kit	兼容性测试集
TCP	Transmission Control Protocol	传输控制协议
TDG	TongDataGrid	东方通会话缓存服务器
THS	TongHttpServer	东方通负载均衡服务器

续表

英文缩写	英文全称	中文释义
TLQ	TongLINK/Q	东方通消息中间件
TTL	Time to Live	存活时间
TW	TongWeb	东方通应用服务器
TLS	Transport Layer Security	传输层安全协议
UI	User Interface	用户界面
URI	Uniform Resource Identifier	统一资源标识符
URL	Uniform Resource Locator	统一资源定位系统
VM	Virtual Machine	虚拟机
W3C	World Wide Web Consortium	万维网联盟
XML	Extensible Markup Language	可扩展标记语言
XSS	Cross-site scripting	跨站脚本
YGC	Young Garbage Collection	对新生代堆进行垃圾回收